新时期小城镇规划建设管理指南丛书

小城镇建设实用施工技术指南

黄志安　主编

天津大学出版社
TIANJIN UNIVERSITY PRESS

图书在版编目(CIP)数据

小城镇建设实用施工技术指南/黄志安主编. —天津:天津大学出版社,2014.9

(新时期小城镇规划建设管理指南丛书)

ISBN 978 - 7 - 5618 - 5186 - 9

Ⅰ.①小… Ⅱ.①黄… Ⅲ.①小城镇-城市建设-工程施工-施工技术-指南 Ⅳ.①TU984 - 62

中国版本图书馆 CIP 数据核字(2014)第 212522 号

出版发行		天津大学出版社
出 版 人		杨欢
地 址		天津市卫津路 92 号天津大学内(邮编:300072)
电 话		发行部:022 - 27403647
网 址		publish. tju. edu. cn
印 刷		北京紫瑞利印刷有限公司
经 销		全国各地新华书店
开 本		140mm×203mm
印 张		14
字 数		351 千
版 次		2015 年 1 月第 1 版
印 次		2015 年 1 月第 1 次
定 价		36. 00 元

小城镇建设实用施工技术指南
编 委 会

主　编：黄志安

副主编：张蓬蓬

编　委：张　娜　　孟秋菊　　梁金钊　　刘伟娜

　　　　张微笑　　吴　薇　　相夏楠　　聂广军

　　　　桓发义　　李　丹　　胡爱玲

内 容 提 要

本书根据《国家新型城镇化规划（2014—2020 年)》及中央城镇化工作会议精神，系统介绍了小城镇建设实用施工工艺与技术要求。全书主要内容包括小城镇建设概述、小城镇建筑施工技术、小城镇路桥施工技术、小城镇给排水工程施工技术、小城镇电力工程施工技术、小城镇燃气工程施工技术等。

本书内容丰富、涉及面广，而且集系统性、先进性、实用性于一体，既可供从事小城镇建设、管理的相关技术人员以及建制镇与乡镇领导干部学习工作时参考使用，也可作为高等学院相关专业师生的学习参考资料。

前　言

　　城镇是国民经济的主要载体，城镇化道路是决定我国经济社会能否健康持续稳定发展的一项重要内容。发展小城镇是推进我国城镇化建设的重要途径，是带动农村经济和社会发展的一大战略，对于从根本上解决我国长期存在的一些深层次矛盾和问题，促进经济社会全面发展，将产生长远而又深刻的积极影响。

　　我国现在已进入全面建成小康社会的决定性阶段，正处于经济转型升级、加快推进社会主义现代化的重要时期，也处于城镇化深入发展的关键时期，必须深刻认识城镇化对经济社会发展的重大意义，牢牢把握城镇化蕴含的巨大机遇，准确研判城镇化发展的新趋势新特点，妥善应对城镇化面临的风险挑战。

　　改革开放以来，伴随着工业化进程加速，我国城镇化经历了一个起点低、速度快的发展过程。1978—2013 年，城镇常住人口从1.7 亿人增加到 7.3 亿人，城镇化率从 17.9％提升到 53.7％，年均提高 1.02 个百分点；城市数量从 193 个增加到 658 个，建制镇数量从 2 173 个增加到 20 113 个。京津冀、长江三角洲、珠江三角洲三大城市群，以 2.8％的国土面积集聚了 18％的人口，创造了 36％的国内生产总值，成为带动我国经济快速增长和参与国际经济合作与竞争的主要平台。城市水、电、路、气、信息网络等基础设施显著改善，教育、医疗、文化体育、社会保障等公共服务水平明显提高，人均住宅、公园绿地面积大幅增加。城镇化的快速推进，吸纳了大量农村劳动力转移就业，提高了城乡生产要素配置效率，推动了国民经济持续快速发展，带来了社会结构深刻变革，促进了城乡居民生活水平全面提升，取得的成就举世瞩目。

根据世界城镇化发展普遍规律，我国仍处于城镇化率 30%～70% 的快速发展区间，但延续过去传统粗放的城镇化模式，会带来产业升级缓慢、资源环境恶化、社会矛盾增多等诸多风险，可能落入"中等收入陷阱"，进而影响现代化进程。随着内外部环境和条件的深刻变化，城镇化必须进入以提升质量为主的转型发展新阶段。另外，由于我国城镇化是在人口多、资源相对短缺、生态环境比较脆弱、城乡区域发展不平衡的背景下推进的，这决定了我国必须从社会主义初级阶段这个最大实际出发，遵循城镇化发展规律，走中国特色新型城镇化道路。

面对小城镇规划建设工作所面临的新形势，如何使城镇化水平和质量稳步提升、城镇化格局更加优化、城市发展模式更加科学合理、城镇化体制机制更加完善，已成为当前小城镇建设过程中所面临的重要课题。为此，我们特组织相关专家学者以《国家新型城镇化规划（2014—2020 年）》《中共中央关于全面深化改革若干重大问题的决定》、中央城镇化工作会议精神、《中华人民共和国国民经济和社会发展第十二个五年规划纲要》和《全国主体功能区规划》为主要依据，编写了"新时期小城镇规划建设管理指南丛书"。本套丛书的编写紧紧围绕全面提高城镇化质量，加快转变城镇化发展方式，以人的城镇化为核心，有序推进农业转移人口市民化，努力体现小城镇建设"以人为本，公平共享""四化同步，统筹城乡""优化布局，集约高效""生态文明，绿色低碳""文化传承，彰显特色""市场主导，政府引导""统筹规划，分类指导"等原则，促进经济转型升级和社会和谐进步。本套丛书从小城镇建设政策法规、发展与规划、基础设施规划、住区规划与住宅设计、街道与广场设计、水资源利用与保护、园林景观设计、实用施工技术、生态建设与环境保护设计、建筑节能设计、给水厂设计与运行管理、污水处理厂设计与运行管理等方面对小城镇规划建设管理进行了全面系统的论述，内容丰富，资料翔实，集理论与实践于一体，具有很强的实用价值。

本套丛书涉及专业面较广，限于编者学识，书中难免存在纰漏及不当之处，敬请相关专家及广大读者指正，以便修订时完善。

编者

目 录

第一章 小城镇建设概述

第一节 小城镇概述

一、小城镇的概念

我国小城镇迄今虽无统一的科学定义,但说法较多,主要有以下几种。

"小城镇一般是指建制镇的镇政府所在地的建成区,已经具有一定的人口、工业、商业规模,是当地农村社区行政、经济和文化中心,具有较强的辐射能力";"小城镇一般是指建制镇和集镇的镇区,属于城乡过渡的中介状态";"小城镇主要是指建制镇和集镇(乡政府驻地),可包括 10 万人口以下的县级市在内,但必须区分镇域人口和镇区人口、镇区农业人口和镇区非农业人口,只有镇区非农业人口达到一定规模才能称之为小城镇",等等。

小城镇是指对乡村一定区域的经济社会发展起着带动作用,镇区人口规模一般在 3 万~5 万人最多不超过 10 万人的县政府所在地的城关镇及县城以外的建制镇。

二、小城镇的类型

小城镇是面向农村、一定区域的政治、经济、文化的中心,也是以人口集聚为主体,以物质开发、利用、生产为特点,以集聚效益为目的,集政治、经济、物资为一体的有机实体。因此,小城镇基本类型的划分以其职能的主要特征为依据。根据小城镇比较突出的功能特征,可划分以下几种基本职能类型。

(1)行政中心小城镇。是一定区域的政治、经济、文化中心;县政府所在地的县城镇;镇政府所在地的建制镇;乡政府所在地的乡集镇

（将来能升为建制镇）。城镇内的行政机构和文化设施比较齐全。

（2）工业型小城镇。小城镇的产业结构以工业为主，在农村社会总产值中工业产值占的比重大，从事工业生产的劳动力占劳动力总数的比重大。乡镇工业有一定的规模，生产设备和生产技术有一定的水平，产品质量、品种能占领市场。工厂设备、仓储库房、交通设施比较完善。

（3）农工型小城镇。小城镇的产业结构以第一产业为基础，多数是我国商品粮、经济作物、禽畜等生产基地，并有为其服务的产前、产中、产后的社会服务体系，如饲料加工、冷藏、运输、科技咨询、金融信贷等机构为周围地域农业发展提供服务，并以周围农村生产的原料为基础发展乡镇的工业或手工业。

（4）工矿型小城镇。随着矿产资源的开采与加工而逐渐形成的小城镇，或原有的小城镇随着矿产开发而服务职能不断增强，基础设施建设比较完善，为其服务的商业、运输业、建筑业、服务业等也随之得到发展。

（5）旅游型小城镇。具有名胜古迹或自然资源，以发展旅游业及为其服务的第三产业或无污染的第二产业为主的小城镇。这些小城镇的交通运输、旅馆服务、饮食业等都比较发达。

（6）交通型小城镇。这类小城镇都具有位置优势，多位于公路、铁路、水运、海运的交通中心，能形成一定区域内的客流、物流中心。

（7）流通型小城镇。指以商品流通为主的小城镇，其运输业和服务行业比较发达，设有贸易市场或专业市场、转运站、客栈、仓库等。

（8）历史文化古镇。指具有一些有代表性的、典型民族风格的或鲜明的地域特点的建筑群，即有历史价值、艺术价值和科学价值文物的小城镇，可发展为旅游型小城镇。

三、小城镇的功能

1. 小城镇的聚集功能

（1）聚集人口。小城镇一般具有比农村优越的生活条件和服务设施，这就吸引着先富裕起来的农民，来到小城镇购地建房、购房，并在小城镇落户。同时,小城镇还蕴藏着潜在的投资效益,吸引着大批投资者和科技成果拥有者去从事产业开发,创造了大批就业岗位,这也必然吸引大量农村剩余劳动力向小城镇转移。

(2)聚集产业。相对于农村来说,小城镇具有较完善的能源、交通、通信、供水、供电等基础设施和社会服务系统,这也吸引着第二产业向小城镇集中。人口聚集扩大了消费市场,为第三产业创造了发展的机会。

(3)聚集资金。小城镇在发展过程中往往聚集着地方财政、集体和个体经济、外地和外商投资等方面的资金。

(4)聚集物资。小城镇是城乡接合部,是城乡商品交换的重要场所,城市的工业产品和生产资料通过小城镇流向广大农村,而农村的农产品又经此销售给城市,再加上小城镇由于自身产业所需要原料和产品的"吞吐",形成了小城镇的物资聚集效应。

(5)聚集信息。小城镇对外联系较广,流动人口较多,产业构成相对齐全,容易形成产加销、农工贸一条龙的综合信息网。再加上通信联络、广播宣传、文化教育等相对集中以及技术推广、行业管理服务等机构的共同作用,从而形成了区域内的信息中心。

(6)聚集人才。小城镇的生产经济和社会的发展,政府对小城镇发展的政策倾斜,都为从事科技、经济、管理等方面的人才提供了广阔的用武之地,使城乡人才聚集得以实现。

2. 小城镇吸收辐射功能

(1)小城镇通过发展城市大工业的配套产业和辅助产业,以参与城市分工和经济协作等形式接受大城市的能量。

(2)小城镇通过以下几种形式向农村腹地进行辐射。

1)赋予性辐射,即资金的补给,用于缓解农村简单再生产和扩大生产过程中的资金不足。

2)协作性辐射,多采取联营等形式,实行科技服务,提高农村产业技术水平。

3)吸收性辐射,即吸引农村剩余劳动力进入小城镇从事二、三产业,然后通过这些就业者将新观念、新技术、新方法反馈农村。

4)带动性辐射,即通过公司(龙头)＋基地＋农户的形式,大力发展农业产业化经营,带动农村经济的发展。

小城镇的聚集功能和辐射功能是相互促进的,聚集能力愈大,聚集功能就愈强,其辐射面就愈广,辐射能量愈大。

第二节　小城镇建设实用施工

一、小城镇基础设施特点

1. 小城镇基础设施的分散性

由于我国小城镇分布面很广,也很分散,特别是一些分布在山区、僻远地区的小城镇,依托区域和城市基础设施的可能性很小。小城镇基础设施的分散性是小城镇基础设施规划复杂性及区别于城市基础设施规划的主要因素之一。

2. 小城镇基础设施的明显区域差异性

小城镇基础设施的明显区域差异性主要包括小城镇基础设施现状和建设基础的差异,相关资源和需求的差异,设施布局和系统规划的差异以及规模大小和经济运行的差异。

3. 小城镇基础设施的规划建设超前性

小城镇基础设施作为小城镇生存与发展必须具备的基本要素,毋庸置疑,在小城镇经济、社会发展中起着至关重要的作用。小城镇基础设施建设是小城镇经济社会发展的前提和基础。作为前提和基础,小城镇基础设施建设必须超前于其社会经济的发展。

二、小城镇建设实用施工技术内容

小城镇建设实用施工技术包括小城镇建筑施工技术、小城镇路桥施工技术、小城镇给排水施工技术、小城镇电力施工技术、小城镇燃气施工技术等。

第二章 小城镇建筑施工技术

第一节 土方工程施工技术

一、土方工程基础知识

1. 土方工程施工特点

常见的土方工程有平整场地,挖一般土方,挖沟槽土方,挖基坑土方,冻土开挖,挖淤泥,流砂,管沟土方,回填等。

(1)平整场地:是指室外设计地坪与自然地坪平均厚度在±0.3 m以内的就地挖、填、找平。

(2)挖土方:底宽≤7 m且底长>3倍底宽为沟槽;底长≤3倍底宽且底面积≤150 m² 为基坑;超出上述范围则为一般土方。

(3)冻土开挖:冻土是指 0 ℃以下,并含有冰的各种岩石和土壤。冻土是一种对温度极为敏感的土体介质,含有丰富的地下冰。因此,冻土具有流变性,其长期强度远低于瞬时强度。冻土开挖按冻土的厚度和弃土运距来开挖。

(4)回填:回填分为回填方、余方弃置。

2. 土的分类

在土方工程施工中,根据土开挖的难易程度将土分为松软土、普通土、坚土、砂砾坚土、软石、次坚石、坚石、特坚石共八类土,见表 2-1。

表 2-1 土的分类

土的分类	土(岩)的名称	压实系数 f	质量密度 /(kg/m³)
一类土 (松软土)	略有黏性的砂土;粉土、腐殖土及疏松的种植土;泥炭(淤泥)	0.5~0.6	600~1 500

续表

土的分类	土(岩)的名称	压实系数 f	质量密度 /(kg/m³)
二类土 (普通土)	潮湿的黏性土和黄土;软的盐土和碱土;含有建筑材料碎屑、碎石、卵石的堆积土和种植土	0.6～0.8	1 100～1 600
三类土 (坚土)	中等密实的黏性土或黄土;含有碎石、卵石或建筑材料碎屑潮湿的黏性土或黄土	0.8～1.0	1 800～1 900
四类土 (砂砾坚土)	坚硬密实的黏性土或黄土;含有碎石、砾石(体积分数在10%～30%,质量在25 kg以下石块)的中等密实黏性土或黄土;硬化的重盐土;软泥灰岩	1～1.5	1 900
五类土 (软石)	硬的石炭纪黏土;胶结不紧的砾岩;软的、节理多的石灰岩及贝壳石灰岩;坚实的白垩土;中等坚实的页岩、泥灰岩	1.5～4.0	1 200～2 700
六类土 (次坚石)	坚硬的泥质页岩;坚实的泥灰岩;角砾状花岗岩;泥灰质石灰岩;黏土质砂岩;云母页岩及砂质页岩;风化的花岗岩、片麻岩和正长岩;滑石质的蛇纹岩;密实的石灰岩;硅质胶结的砾岩;砂岩;砂质石灰质页岩	4～10	2 200～2 900
七类土 (坚石)	白云岩;大理石;坚实的石灰岩、石灰质及石英质的砂岩;坚硬的砂质页岩;蛇纹岩;粗粒正长岩;有风化痕迹的安山岩及玄武岩;片麻岩、粗面岩;中粗花岗岩;坚实的片麻岩、粗面岩;辉绿岩;玢岩;中粗正长岩	10～18	2 500～2 900
八类土 (特坚石)	坚实的细粒花岗岩;花岗片麻岩;闪长岩;坚实的玢岩、角闪岩、辉长岩、石英岩;安山岩、玄武岩;最坚实的辉绿岩、石灰岩及闪长岩;橄榄石质玄武岩;特别坚实的辉长岩、石英岩及玢岩	18～25以上	2 700～3 300

注:1. 土的级别相当于一般16级土石分类级别。

2. 压实系数 f 相当于普氏岩石强度系数。

3. 土的基本性质

(1)土的天然密度和干密度。土在天然状态下单位体积的质量,称为土的天然密度(简称密度),通常用环刀法测定。一般黏土的密度为1 800～2 000 kg/m³,砂土为1 600～2 000 kg/m³。土的密度按下式计算,即:

$$\rho = \frac{m}{V} \tag{2-1}$$

式中　ρ——土的密度（kg/m³）；

　　　m——土的总质量（kg）；

　　　V——土的体积（m³）。

干密度是土的固体颗粒质量与总体积的比值，用下式表示，即：

$$\rho_{\mathrm{d}} = \frac{m_{\mathrm{s}}}{V} \tag{2-2}$$

式中　m_{s}——土中固体颗粒的质量（kg）。

干密度的大小反映了土颗粒排列的紧密程度。干密度越大，土体就越密实。填土施工中的质量控制通常以干密度作为指标。干密度常用环刀法和烘干法测定。

（2）土的天然含水量。在天然状态下，土中水的质量与固体颗粒质量之比的百分率称为土的天然含水量。其反映了土的干湿程度，用w表示，即：

$$w = \frac{m_{\mathrm{w}}}{m_{\mathrm{s}}} \tag{2-3}$$

式中　m_{w}——土中水的质量（kg）；

　　　m_{s}——土中固体颗粒的质量（kg）。

通常情况下，$w \leqslant 5\%$ 的为干土；$5\% < w \leqslant 30\%$ 的为潮湿土；$w > 30\%$ 的为湿土。

（3）土的可松性。自然状态下的土（原土）经开挖后，其体积因松散而增加，虽经回填夯实，仍不能恢复到原状土的体积，这种性质称为土的可松性。土的可松性程度用可松性系数表示如下：

$$K_{\mathrm{p}} = \frac{V_2}{V_1} \tag{2-4}$$

$$K'_{\mathrm{p}} = \frac{V_3}{V_1} \tag{2-5}$$

式中　K_{p}——最初可松性系数；

　　　K'_{p}——最终可松性系数；

　　　V_1——自然状态下土的体积；

V_2——土经开挖后的松散体积；

V_3——土经回填压实后的体积。

可松性系数对土方的调配，计算土方运输量、填方量及运输工具都有影响，尤其是大型挖方工程，必须考虑土的可松性系数。

（4）土的渗透性。土的渗透性一般是指水流通过土中孔隙难易程度的性质，或称透水性。地下水的补给与排泄条件，以及在土中的渗透速度都与土的渗透性有关。在计算地基沉降的速率和地下水涌水量时都需要土的渗透性指标。

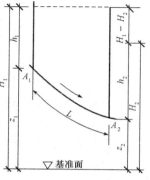

地下水在土中的渗透速度一般可按达西（Darcy）根据实验得到的直线渗透定律计算。其计算公式如下（图 2-1）。

$$v = ki \qquad (2-6)$$

图 2-1　水的渗流

式中　v——水在土中的渗透速度（cm/s），它不是地下水的实际流速，而是在一单位时间（s）内流过一单位土截面（cm²）的水量（cm³）；

i——水力梯度，$i = \dfrac{H_1 - H_2}{L}$，即图 2-1 中 A_1 和 A_2 两点的水头差（$H_1 - H_2$）与两点间的流线长度（L）之比，图中 h_1、h_2 为两点的压头，z_1、z_2 为位头，则 H_1、H_2 为总水头；

k——土的渗透系数（cm/s），与土的渗透性质有关的待定常数。

在式（2-6）中，当 $i = 1$ 时，$k = v$，即土的渗透系数，其值等于水力梯度为 1 时的地下水渗透速度，k 值的大小反映了土渗透性的强弱。

为了简化计算，如采用该直线在横坐标上的截距 i'_1 作为计算起始梯度，则用于黏性土的达西定律的公式如下：

$$v = k(i - i'_1) \qquad (2-7)$$

土的渗透系数可以通过室内渗透试验或现场抽水试验来测定。各种土的渗透系数变化范围参见表 2-2。

表 2-2　　　　　　　　　各种土的渗透系数参考值

土的名称	渗透系数/(cm/s)	土的名称	渗透系数/(cm/s)
致密黏土	$<10^{-7}$	粉砂、细砂	$10^{-2}\sim10^{-4}$
粉质黏土	$10^{-6}\sim10^{-7}$	中砂	$10^{-1}\sim10^{-2}$
粉土、裂隙黏土	$10^{-4}\sim10^{-6}$	粗砂、砾石	$10^{2}\sim10^{-1}$

二、土方工程量的计算和调配

1. 土方边坡

在开挖基坑、沟槽或填筑路堤时,为了防止塌方,保证施工安全及边坡稳定,其边沿应考虑放坡,土方边坡的坡度为其高度 H 与底宽 B 之比(图 2-2),即:

$$土方边坡坡度 = \frac{H}{B} = \frac{\frac{1}{B}}{H} = 1 : m \tag{2-8}$$

式中,$m = B/H$,称为坡度系数。其意义为:当边坡高度已知为 H 时,其边坡宽度 B 等于 mH。

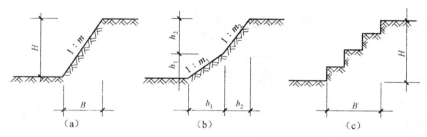

图 2-2　土方边坡坡度
(a)直线形;(b)折线形;(c)踏步形

2. 基坑、基槽土方量计算

基坑土方量的计算可近似按拟柱体(由两个平行的平面作上下底的多面体)体积公式来计算(图 2-3)。

$$V = \frac{H}{6}(F_1 + 4F_0 + F_2) \tag{2-9}$$

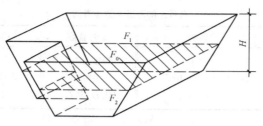

图 2-3 基坑土方量计算

式中 H——基坑深度(m);

F_1——基坑上底面面积(m^2);

F_2——基坑下底面面积(m^2);

F_0——基坑中截面面积(m^2)。

基槽和路堤土方量可沿其长度方向分段后,用同样的方法计算(图 2-4):

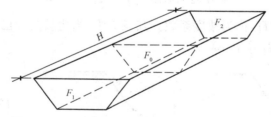

图 2-4 基槽土方量计算

$$V_1 = \frac{H}{6}(F_1 + 4F_0 + F_2) \qquad (2-10)$$

式中 V_1——第一段的土方量(m^3);

H——第一段的长度(m)。

式中其他符号意义同前。

然后将各段的土方量相加,即得总土方量:

$$V = V_1 + V_2 + \cdots + V_n \qquad (2-11)$$

式中 $V_1, V_2, \cdots, V_n$——各段的土方量(m^3)。

3. 场地平整土方量计算

(1)场地设计标高的影响因素。场地设计标高是进行场地平整和土方量计算的依据,也是总图规划和竖向设计的依据。合理确定场地的设计标高,对减少土方量,节约土方运输费用,加快施工进度等都有重要的经济意义。选择设计标高时应考虑以下因素:满足生产工艺和运输的要求;尽量利用地形,使场内挖填平衡,以减少土方运输费用;有一定泄水坡度(≥2‰),满足排水要求;考虑最高洪水位的影响。

　　1)初步确定场地设计标高。首先将场地的地形图根据要求的精度划分成边长为10～40m的方格网,如图2-5(a)所示。在各方格左上角逐一标出其角点的编号;然后求出各方格角点的地面标高,标于各方格的左下角;地形平坦时,可根据地形图上相邻两等高线的标高,用插入法求得;地形起伏较大或无地形图时,可在地面用木桩打好方格网,然后用仪器直接测出。

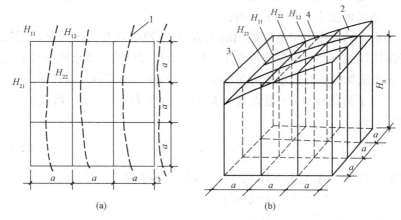

图 2-5　场地设计标高计算示意图
1—等高线;2—自然地面;3—设计标高平面;4—自然地面与设计标高平面的交线(零线)

　　按照场地内土方在平整前及平整后相等的原则,场地设计标高可按下式计算:

$$H_0 = \frac{\sum H_1 + 2\sum H_2 + 3\sum H_3 + 4\sum H_4}{4n} \qquad (2\text{-}12)$$

式中　H_1——一个方格仅有的角点标高(m);

　　　H_2——两个方格共有的角点标高(m);

H_3——三个方格共有的角点标高(m);

H_4——四个方格共有的角点标高(m);

n——方格数。

2)场地设计标高的调整。按式(2-12)所计算的设计标高 H_0 是理论值,实际上还需要考虑以下因素进行调整。

①土的可松性影响。考虑土的可松性后,场地设计标高应调整为:

$$H'_0 = H_0 + \Delta h \qquad (2-13)$$

式中 H'_0——调整后的设计标高(m);

H_0——计算设计标高(m);

Δh——设计标高调整值(m)。

②场地挖方和填方的影响。

由于场地内大型基坑挖出的土方、修筑路堤填高的土方,以及经过经济比较而将部分挖方就近弃土于场外或将部分填方就近从场外取土,上述做法均会引起挖填土方量的变化。必要时,亦需调整设计标高。

为了简化计算,场地设计标高的调整值 H'_0,可按下列近似公式确定,即:

$$H'_0 = H_0 \pm \frac{Q}{na^2} \qquad (2-14)$$

式中 Q——场地根据 H_0 平整后多余或不足的土方量(m³);

a——方格网的边长(m)。

式中其他符号意义同前。

③场地泄水坡度的影响。

按上述计算和调整后的场地设计标高,平整后场地是一个水平面,但实际上由于排水的要求,场地表面均有一定的泄水坡度,平整场地的表面坡度应符合设计要求,如无设计要求时,一般应向排水沟方向做不小于2‰的坡度。所以,在计算的 H_0 或经调整后的 H'_0 基础上,要根据场地要求的泄水坡度,最后计算出场地内各方格角点实际施工时的设计标高。当场地为单向泄水或双向泄水时,场地各方格角点的设计标高求法如下。

a. 单向泄水时,场地各方格角点的设计标高[图 2-6(a)]。以计算出的设计标高 H_0 或调整后的设计标高 H'_0 作为场地中心线的标高,场地内任意一个方格角点的设计标高为:

$$H_{dn} = H_0 \pm li \qquad (2\text{-}15)$$

式中　H_{dn}——场地内任意一点方格角点的设计标高(m);

　　　　l——该方格角点至场地中心线的距离(m);

　　　　i——场地泄水坡度(不小于 2‰);

　　　　$\pm$——该点比 H_0 高则取"+",反之取"—"。

b. 双向泄水时,场地各方格角点的设计标高[图 2-6(b)]。以计算出的设计标高 H_0 或调整后的标高 H'_0 作为场地中心点的标高,场地内任意一个方格角点的设计标高为:

$$H_{dn} = H_0 \pm l_x i_x \pm l_y i_y \qquad (2\text{-}16)$$

式中　l_x、l_y——该点于 $x-x$、$y-y$ 方向上距场地中心线的距离(m);

　　　　i_x、i_y——场地在 $x-x$、$y-y$ 方向上泄水坡度。

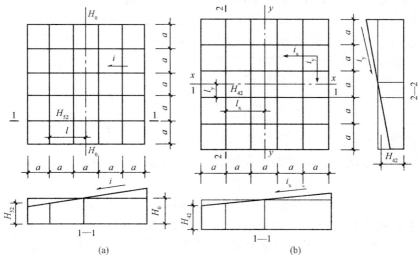

图 2-6　场地泄水坡度示意图

(a)单向泄水;(b)双向泄水

(2)土方量计算。场地平整土方量的计算方法,通常有方格网法和断面法两种。当场地地形较为平坦时,宜采用方格网法;当场地地形起伏较大、断面不规则时,宜采用断面法。下面主要介绍方格网法。

方格边长一般取 10 m、20 m、30 m、40 m 等长度。根据每个方格角点的自然地面标高和设计标高,算出相应的角点挖填高度,然后计算出每一个方格的土方量,并计算出场地边坡的土方量,这样即可求得整个场地的填、挖土方量。其具体步骤如下。

1)计算场地各方格角点的施工高度。各方格角点的施工高度(挖或填的高度)可按下式计算:

$$h_n = H_n - H \tag{2-17}$$

式中　h_n——角点的施工高度(m),以"+"为填,"-"为挖;

　　　H_n——角点的设计标高(m);

　　　H——角点的自然地面标高(m)。

2)确定零线。在一个方格网内同时有填方或挖方时,要先计算出方格网边线的零点位置。所谓"零点"是指方格网边线上不挖不填的点。把零点位置标注于方格网上,将各相邻边线上的零点连接起来,即为零线。零线是挖方区和填方区的分界线,零线求出后,场地的挖方区和填方区也随之标出。一个场地内的零线不是唯一的,有可能是一条,也可能是多条。当场地起伏较大时,零线可能出现多条。

零点的位置可按下式计算:

$$x_1 = \frac{h_1}{h_1 + h_2} \cdot a ; x_2 = \frac{h_2}{h_1 + h_2} \cdot a \tag{2-18}$$

式中　x_1, x_2——角点至零点的距离(m);

　　　h_1, h_2——相邻两角点的施工高度(m),均用绝对值表示;

　　　a——方格网的边长(m)。

3)计算场地方格挖填土方量。场地各方格土方量的计算,一般有下述四种类型,可采用四角棱柱体的体积计算方法:

①方格四个角点全部为填方(或挖方),如图 2-7 所示。其土方量为:

$$V = \frac{a^2}{4}(h_1 + h_2 + h_3 + h_4) \tag{2-19}$$

②方格的相邻两角点为挖方,另两角点为填方,如图 2-8 所示。

其挖方部分的土方量为：

$$V_{1,2} = \frac{a^2}{4}\left(\frac{h_1^2}{h_1+h_4} + \frac{h_2^2}{h_2+h_3}\right) \tag{2-20}$$

填方部分的土方量为：

$$V_{3,4} = \frac{a^2}{4}\left(\frac{h_4^2}{h_1+h_4} + \frac{h_3^2}{h_2+h_3}\right) \tag{2-21}$$

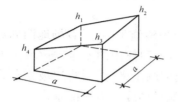

图 2-7 全挖（全填）方格

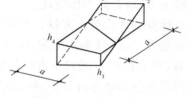

图 2-8 两挖两填方格

③方格的三个角点为挖方，另一个角点为填方，或者相反时，如图 2-9 所示。其填方部分土力量为：

$$V_4 = \frac{a^2}{6}\left(\frac{h_4^3}{(h_1+h_4)(h_3+h_4)}\right) \tag{2-22}$$

挖方部分土方量为：

$$V_{1,2,3} = \frac{a^2}{6}(2h_1 + h_2 + 2h_3 - h_4) + V_4 \tag{2-23}$$

④方格的一个角点为挖方，相对的角点为填方，另两个角点为零点时，如图 2-10 所示。其挖（填）方土方量为：

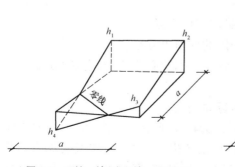

图 2-9 三挖一填（或三填一挖）方格

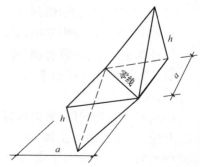

图 2-10 一挖一填方格

$$V = \frac{a^2}{6} h \tag{2-24}$$

必须指出,以上的计算公式是根据平均中断面的近似公式推导而得,当方格中地形不平时误差较大,但计算简单,目前用人工计算土方量时多用此法。为提高计算精度,也可将方格网按等高线走向再划成三角棱柱体进行计算,但此法计算工作量太大,一般适宜用电子计算机计算土方量,在此不作赘述。

4)计算场地边坡土方量。在场地平整施工中,沿着场地四周都需要做成边坡,以保持土体稳定,保证施工和使用的安全。边坡土方量的计算,可先把挖方区和填方区的边坡画出来,然后将边坡划分为两种近似的几何形体进行计算,如三角棱柱体或三角棱锥体。

4. 土方调配

(1)土方调配原则。

1)土方调配应力求做到挖方与填方基本平衡和就近调配、运距最短。

2)土方调配应考虑近期施工与后期利用相结合的原则。

3)土方调配应考虑分区与全场相结合的原则。

4)合理布置挖、填方分区线,选择恰当的调配方向、运输线路,使土方机械和运输车辆的性能得到充分发挥。

5)好土用在对回填质量要求高的地区。

6)土方调配应尽可能与大型地下建筑物的施工相结合。

(2)土方调配图表的编制。

1)划分调配区:画出零线,确定挖填方区。

2)计算土方量:计算各调配区的挖填土方量。

3)计算调配区之间的平均运距:根据重心位置,确定平均运距。

4)进行土方调配。

5)绘制土方调配图(采取就近原则)。

开挖土方时,边坡土体的下滑力产生剪应力,此剪应力主要由土体的内摩阻力和内聚力平衡,一旦土体失去平衡,边坡就会塌方。为了防止塌方,保证施工安全,在基坑(槽)开挖超过一定限度时,土壁应放坡开挖,或者加临时支撑以保证土壁的稳定。

三、土方边坡与土壁支撑

1. 土方边坡及其稳定

(1)土方边坡基本规定。

1)当地质条件良好、土质均匀且地下水位低于基坑(槽)或管沟底面标高时,挖方边坡可做成直立壁不加支撑,但深度不宜超过表 2-3 规定的数值;挖方深度在 5 m 以内不加支撑的边坡的最陡坡度应符合表 2-4 的规定。

表 2-3 土方挖方边坡可做成直立壁不加支撑的最大允许深度

土质情况	最大允许挖方深度/m
密实、中密的砂土和碎石类土(充填物为砂土)	≤1
硬塑、可塑的粉土及粉质黏土	≤1.25
硬塑、可塑的黏土和碎石类土(充填物为黏性土)	≤1.5
坚硬的黏土	≤2

注:当挖方深度超过表中规定的数值时,应考虑放坡或做成直立壁加支撑。

表 2-4 深度在 5 m 内的基坑(槽)、管沟边坡的最陡坡度(不加支撑)

土的类别	边坡坡度(高∶宽)		
	坡顶无荷载	坡顶有静载	坡顶有动载
中密的砂土	1∶1.00	1∶1.25	1∶1.50
中密的碎石类土(充填物为砂土)	1∶0.75	1∶1.00	1∶1.25
软土(经井点降水后)	1∶1.00	—	—
硬塑的粉土	1∶0.67	1∶0.75	1∶1.00
中密的碎石类土(充填物为黏性土)	1∶0.50	1∶0.67	1∶0.75
硬塑的粉质黏土、黏土	1∶0.33	1∶0.50	1∶0.67
老黄土	1∶0.10	1∶0.25	1∶0.33

注:1. 静载指堆土或材料等;动载指机械挖土或汽车运输作业等。静载或动载距挖方边缘的距离应保证边坡和直立壁的稳定,堆土或材料应距挖方边缘 0.8 m 以外,高度不超过 1.5 m。

2. 当有成熟施工经验时,可不受本表限制。

　　2)对使用时间较长的临时性挖方边坡坡度,在山坡整体稳定的情况下,当地质条件良好,土质较均匀,高度在 10 m 以内时应符合表 2-5 的规定。

表 2-5　　　　使用时间较长、高 10 m 以内的临时性挖方边坡坡度值

土的类别		边坡坡度(高:宽)
砂土(不包括细砂、粉砂)		1:1.25~1:1.5
一般黏性土	坚硬	1:0.75~1:1
	硬塑	1:1~1:1.15
碎石类土	充填坚硬、硬塑黏性土	1:0.5~1:1
	充填砂土	1:1~1:1.5

　　注:1. 使用时间较长的临时性挖方是指使用时间超过一年的临时道路、临时工程的挖方。

　　　2. 挖方经过不同类别的土(岩)层或深度超过 10 m 时,其边坡可做成折线形或台阶形。

　　　3. 有成熟施工经验时,可不受本表限制。

　　3)在山坡整体稳定的情况下,边坡的开挖应符合以下规定:边坡的坡度允许值,应根据当地经验,参照同类土(岩)体的稳定坡度值确定。当地质条件良好,土(岩)质比较均匀时,可按表 2-6、表 2-7 确定。

表 2-6　　　　　　　　　　土质边坡坡度允许值

土的类别	密实度或状态	坡度允许值(高宽比)	
		坡高在 5 m 以内	坡高为 5~10 m
碎 石 土	密实	1:0.35~1:0.50	1:0.50~1:0.75
	中密	1:0.50~1:0.75	1:0.75~1:1.00
	稍密	1:0.75~1:1.00	1:1.00~1:1.25
黏 性 土	坚硬	1:0.75~1:1.00	1:1.00~1:1.25
	硬塑	1:1.00~1:1.25	1:1.25~1:1.50

　　注:1. 表中碎石土的充填物为坚硬或硬塑状态的黏性土。

　　　2. 对于砂土或充填物为砂土的碎石土,其边坡坡度允许值均按自然休止角确定。

　　　3. 引自《建筑地基基础工程施工质量验收规范》(GB 50202—2002)。

表 2-7　　　　　　　　　　　岩石边坡坡度允许值

岩石类土	风化程度	坡度允许值（高宽比）		
		坡高在 8 m 以内	坡高 8～15 m	坡高 15～30 m
硬质岩石	微风化	1∶0.10～1∶0.20	1∶0.20～1∶0.35	1∶0.30～1∶0.50
	中等风化	1∶0.20～1∶0.35	1∶0.35～1∶0.50	1∶0.50～1∶0.75
	强风化	1∶0.35～1∶0.50	1∶0.50～1∶0.75	1∶0.75～1∶1.00
软质岩石	微风化	1∶0.35～1∶0.50	1∶0.50～1∶0.75	1∶0.75～1∶1.00
	中等风化	1∶0.50～1∶0.75	1∶0.75～1∶1.00	1∶1.00～1∶1.50
	强风化	1∶0.75～1∶1.00	1∶1.00～1∶1.25	—

4）遇到下列情况之一时，边坡的坡度允许值应另行设计。

①边坡的坡度大于表 2-6、表 2-7 的规定。

②地下水比较发育或具有软弱结构面的倾斜地层。

③岩层层面的倾斜方向与边坡的开挖面的倾斜方向一致，且两者走向的夹角小于 $45°$。

5）对于土质边坡或易于软化的岩质边坡，在开挖时应采取相应的排水和坡脚、坡面保护措施，并不得在影响边坡稳定的范围内积水。

6）开挖土石方时，宜从上到下依次进行；挖、填土宜求平衡，尽量分散处理弃土，如必须在坡顶或山腰大量弃土时，应进行坡体稳定性验算。

（2）边坡处理方法。

1）刷坡处理。

①对于土坡一般应开出不小于 1∶（0.75～1）的坡度，将不稳定的土层挖去；当有两种土层时，则应设台阶形边坡；同时，在坡顶、坡脚设置截水沟和排水沟，以预防地表雨水冲刷坡面。

②对一般难以风化的岩石，如花岗岩、石灰岩、砂岩等，可按 1∶（0.2～0.3）开坡，但应避免出现倒坡。

③对易风化的泥岩、页岩，一般宜开出 1∶（0.3～0.75）的坡度，并在表面做护面处理。

2）易风化岩石边坡护面处理。

①抹石灰炉渣面层[图 2-11(a)]。砂浆配合比为白灰：炉渣＝1：(2～3)(质量比)，并掺相当石灰质量分数 6%～7% 的纸筋、草筋或麻刀拌和。炉渣粒径不大于 5 mm,石灰用淋制的石灰膏。人工将拌和好的砂浆压抹在边坡表面,厚 20～30 mm,一次抹平并压实、抹光、拍打紧密,最后在表面刷卤水并用卵石磨光。对怕水侵蚀的边坡,在表面干燥后刷(刮)热沥青胶一道罩面。

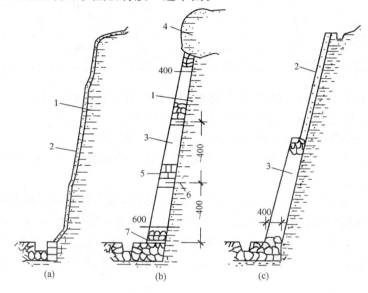

图 2-11　易风化岩石边坡护面处理
(a)石灰炉渣抹面或喷水泥粉煤灰砂浆保护层;(b)卵石保护墙
(c)抹面与卵石(块石)墙结合的保护层

1—易风化泥岩;2—抹白灰炉渣厚 20～30 mm 或喷水泥粉煤灰砂浆;3—砌大卵石保护墙
4—危岩;5—钢筋混凝土圈梁;6—锚筋 ⌀25 mm@3000,锚入岩石 1.0～1.5m;7—泄水孔 ⌀50@3000

②抹水泥粉煤灰砂浆面层。砂浆配合比为水泥：粉煤灰：砂浆＝1：1：2(质量比)，并掺入适量石灰膏,用喷射法施工,分两次喷涂,每次厚 10～15 mm,总厚 20～30 mm。

③砌卵石保护墙[图 2-11(b)]。墙体用直径为 150 mm 以上的大卵石、M5 水泥石灰炉渣砂浆砌筑,砂浆配合比为水泥：石灰：炉渣＝

1：(0.3～0.7)：(4～6.5)(质量比)，护墙厚40～60 cm。在护墙高度方向每隔3～4 m设一道混凝土圈梁，配筋为6ϕ16或ϕ12，用锚筋与岩石连接。墙面每2×2 m设一个ϕ50泄水孔，水流较大时则在护墙上做一道垂直方向的水沟集中把水排出。每隔10 m留一条竖向伸缩缝，中间填塞浸渍沥青的木板。

④上部抹石灰炉渣面层，下部砌卵石(块石)墙相结合的方法[图2-11(c)]。

(3)边坡护面处理。边坡护面处理，如图2-11所示。

(4)边坡加固。土方开挖边坡危岩的加固法见表2-8。

表2-8　　　　　　　　　　　　边坡危岩的加固法

项　目	加固法示意图	加固法说明
用纵向钢筋拉条或水平腰带捆锁加固		用纵向钢筋拉条将危岩拴牢在上部完整的岩石上，并用混凝土锚固桩固定，或用水平钢筋腰带将孤石、探头大块石拴紧在两侧坚固的岩石上。拉条腰带一般采用1～4根Φ25钢筋，两端锚入岩石中深度不小于1.5 m。小的孤石用其中一种，对较大的孤石可同时纵横向都拴。施工采取先埋锚筋，砂浆硬化后，再与锚筋电焊联结
砌矮支承墙加固		对高度不大的探头悬岩和大块石，采用砌块石矮支承墙的方法，并可借以将背面易风化的岩石封闭，同时在底部砌护脚以防止被雨水掏空

项　　目	加固法示意图	加固法说明
设支墩、悬臂梁或钢支撑架支顶加固		对整体性较好、高度不大的特大悬岩,可采取砌块石支墩支顶;对离地面较高的悬头悬岩,可采取用钢筋混凝土悬臂梁,或钢支撑架和拉筋相结合的方法顶固,利用下部岩石作支座使上部悬石保持稳定
用扒钉拉结条或铆钉加固		对附在边坡或大块石上的有裂缝的石头,尽量打去,如打去影响上部或周围岩石稳固的,可采用 $\phi28$、深 1.5 m 的扒钉或拉结条将它固定在附近坚固岩石上;较厚的"巴壳"用铆钉钉固,在背面岩石上脱空部分,用 C10 混凝土填补密实
用锚杆加固倾斜危岩		对倾斜度较大且与坡向相近的裂隙较发育的危岩,当除去很困难,工程量较大时,可采用钢锚杆或预应力锚杆进行加固,使之与背部较完整的岩层连成整体,以阻止危岩滑坍,稳定边坡
较宽危岩裂隙,用填塞法做封闭处理		对陡壁岩体上大小不等的裂隙(纵的和横的,宽为 10～500 mm),应将缝隙内的树根、草皮、浮土清理干净,树根清不掉的用火烧,然后用 M10 水泥砂浆填实,大裂隙应用细石混凝土以封实,过大缝隙应砌块石或填以块石混凝土,以防止因雨水沿裂隙侵蚀而造成上部岩体发生崩塌

2. 土壁支撑

土方开挖时,如地质和周围条件允许可以放坡,但在不允许要求放坡宽度开挖或有防止地下水渗入要求时,一般可采用支撑护坡,以保证施工顺利和安全,也可减少对邻近建筑或地下设施的不利影响。

(1)沟、槽支撑法。

一般沟、槽的支撑方法见表 2-9。

表 2-9　　一般沟、槽的支撑方法表

支撑方式	示意图	支撑方法及适用条件
间断式水平支撑		两侧挡土板水平放置,用工具或木横撑借木楔顶紧,挖一层土,支顶一层。 适于能保持立壁的干土或天然湿度的黏土类土,地下水很少,深度在 2 m 以内
断续式水平支撑		挡土板水平放置,中间留出间隔,并在两侧同时对称立竖楞木,再用工具或木横撑上下顶紧。 适于能保持直立壁的干土或天然湿度的黏土类土,地下水很少,深度在 3 m 以内
连续式水平支撑		挡土板水平连续放置,不留间隙,然后两侧同时对称立竖楞木,上下各顶一根撑木,端头加木楔顶紧。 适于较松散的干土或天然湿度的黏土类土,地下水很少,深度为 3～5 m
连续或间断式垂直支撑		挡土板垂直放置,连续或留适当间隙,然后每侧上下各水平顶一根楞木,再用横撑顶紧。 适于土质较松散或湿度很高的土,地下水较少,深度不限

支撑方式	示意图	支撑方法及适用条件
水平垂直混合支撑		沟槽上部设连续或水平支撑,下部设连续或垂直支撑。 适于沟槽深度较大,下部有含水土层的情况

（2）基坑支撑法。

1）一般基坑支撑方法。一般基坑的支撑方法见表 2-10。

表 2-10　　　　　　　　　　一般基坑的支撑方法

支撑方式	示意图	支撑方法及适用条件
斜柱支撑		水平挡土板钉在柱桩内侧,柱桩外侧用斜撑支顶,斜撑底端支在木桩上,在挡土板内侧回填土。 适于开挖较大型、深度不大的基坑或使用机械挖土
锚拉支撑		水平挡土板支在柱桩的内侧,柱桩一端打入土中,另一端用拉杆与锚桩拉紧,在挡土板内侧回填土。 适于开挖较大型、深度不大的基坑或使用机械挖土、而不能安设横撑时使用
短桩横隔支撑		打入小短木桩,部分打入土中,部分露出地面,钉上水平挡土板,在背面填土。 适于开挖宽度大的基坑,当部分地段下部放坡不够时使用

续表

支撑方式	示意图	支撑方法及适用条件
临时挡土墙支撑	装土、砂草袋或干砌、浆砌毛石	沿坡脚用砖、石叠砌或用草袋装土、砂堆砌，使坡脚保持稳定 适于开挖宽度大的基坑，当部分地段下部放坡不够时使用

2）深基坑支撑（护）方法。深基坑支撑（护）方法见表 2-11。

表 2-11　　　　　　　　　　深基坑的支撑（护）方法

支撑（护）方式	示意图	支撑（护）方法及适用条件
型钢桩、横挡板支撑	型钢桩　挡土板　1—1　楔子　型钢桩　挡土板	沿挡土位置预先打入钢轨、工字钢或 H 型钢桩，间距 1～1.5 m，然后边挖方，边将 3～6 cm 厚的挡土板塞进钢桩之间挡土，并在横向挡板与型钢桩之间打入楔子，使横板与土体紧密接触。 适于地下水较低、深度不很大的一般黏性或砂土层中应用
钢板桩支撑	钢板桩　横撑　水平支撑	在开挖基坑的周围打钢板桩或钢筋混凝土板桩，板桩入土深度及悬臂长度应经计算确定，如基坑宽度很大，可加水平支撑。 适于一般地下水、深度和宽度不很大的黏性砂土层中应用
钢板桩与钢构架结合支撑	钢板桩　钢横撑　钢支撑　钢横撑　钢柱	在开挖的基坑周围打钢板桩，在柱位置上打入暂设的钢柱，在基坑中挖土，每下挖 3～4 m，装上一层构架支撑体系，挖土在钢构架网格中进行，也可不预先打入钢柱，随挖随接长支柱。 适于在饱和软弱土层中开挖较大、较深基坑，钢板桩刚度不够时采用

续一

支撑(护)方式	示意图	支撑(护)方法及适用条件
挡土灌注桩支撑	锚桩　钢横撑 拉杆　钻孔灌注桩	在开挖基坑的周围,用钻机钻孔,现场灌注钢筋混凝土桩,达到强度后,在基坑中间用机械或人工挖土,下挖 1 m 左右装上横撑,在桩背面装上拉杆与已锚桩拉紧,然后继续挖土至要求深度。在桩间土方挖成外拱形,使之起土拱作用。如基坑深度小于 6 m,或邻近有建筑物,也可不设锚拉杆,采取加密桩距或加大桩径处理。 　　适于开挖较大、较深(>6 m)基坑,邻近有建筑物,不允许支护,背面地基有下沉、位移时采用
挡土灌注桩与土层锚杆结合支撑	钢横撑 钻孔灌注桩 土层锚桩	同挡土灌注桩支撑,但在桩顶不设锚桩锚杆,而是挖至一定深度,每隔一定距离向桩背面斜下方用锚杆钻机打孔,安放钢筋锚杆,用水泥压力灌浆,达到强度后,安上横撑,拉紧固定,在桩中间进行挖土,直至设计深度。如设 2～3 层锚杆,可挖一层土,装设一次锚杆。 　　适于大型较深基坑,施工期较长,邻近高层建筑,不允许支护,邻近地基不允许有任何下沉位移时采用
地下连续墙支护	地下室梁板 地下连续墙	在开挖的基坑周围,先建造混凝土或钢筋混凝土地下连续墙,达到强度后,在墙中间用机械或人工挖土,直至要求深度。跨度、深度很大时,可在内部加设水平支撑及支柱。用逆做法施工,每下挖一层,把下一层梁、板、柱浇筑完成,以此作为地下连续墙的水平框架支撑,如此循环作业,直到地下室的底层全部挖完土,浇筑完成。 　　适于开挖较大、较深(>10 m)、有地下水、周围有建筑物、公路的基坑,作为地下结构的外墙一部分,或用于高层建筑的逆做法施工,作为地下室结构的部分外墙

续二

支撑（护）方式	示意图	支撑（护）方法及适用条件
地下连续墙与土层锚杆结合支护		在开挖基坑的周围先建造地下连续墙支护，在墙中部用机械配合人工开挖土方至锚杆部位，用锚杆钻机在要求位置钻孔，放入锚杆，进行灌浆，待达到强度后，装上锚杆横梁，或锚头垫座，然后继续下挖至要求深度，如设 2～3 层锚杆，每挖一层装一层，采用快凝砂浆灌浆。 适于开挖较大、较深（>10 m）、有地下水的大型基坑，周围有高层建筑，不允许支护有变形、采用机械挖方，要求有较大空间、不允许内部设支撑时采用
土层锚杆支护		沿开挖基坑。边坡每 2～4 m 设置一层水平土层锚杆，直到挖土至要求深度。 适于较硬土层或破碎岩石中开挖较大、较深基坑、邻近有建筑物必须保证边坡稳定时采用
板桩（灌注桩）中央横顶支撑		在基坑周围打板桩或设挡土灌注桩，在内侧放坡挖中间部分土方到坑底，先施工中间部分结构至地面，然后再利用此结构作支撑向板桩（灌注桩）支水平横顶撑，挖除放坡部分土方，每挖一层支一层水平横顶撑，直至设计深度，最后再建该部分结构。 适于开挖较大、较深的基坑，支护桩刚度不够，又不允许设置过多支撑时用
板桩（灌注桩）中央斜顶支撑		在基坑周围打板桩或设挡土灌注桩，在内侧放坡挖中间部分土方到坑底，并先施工好中间部分基础，再从基础向桩上方支斜顶撑，然后再把放坡的土方挖除，每挖一层，支一层斜撑，直至坑底，最后建该部分结构。 适于开挖较大、较深基坑、支护桩刚度不够、坑内不允许设置过多支撑时用

续三

支撑(护)方式	示意图	支撑(护)方法及适用条件
分层板桩支撑	一级混凝土板桩　拉杆　二级混凝土板桩　锚桩	在开挖厂房群基础时,周围先打支护板桩,然后在内侧挖土方至群基础底标高,再在中部主体深基础四周打二级支护板桩,挖主体深基础土方,施工主体结构至地面,最后施工外围群基础。适于开挖较大、较深基坑,当中部主体与周围群基础标高不等而又无重型板桩时采用

四、降低地下水位

开挖基坑(槽)、管沟或其他土方时,土的含水层常被切断,地下水会不断渗入坑内。为保证施工,防止边坡塌方和地基承载能力下降,必须降低基坑地下水位。降低地下水位的方法有集水井降水和井点降水两种。

1. 集水井降水

集水井降水法是在基坑或沟槽开挖时,在开挖基坑的一侧、两侧或中间设置排水沟,并沿排水沟方向每间隔 20～30 m 设一集水井(或在基坑的四角处设置),使地下水流入集水井内,再用水泵抽出坑外,如图 2-12 所示。

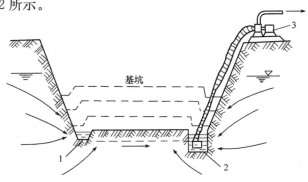

图 2-12　集水井降水

1—排水沟;2—集水坑;3—水泵

四周的排水沟和集水井应设置在基础范围之外、地下水流的上游。

一般小面积基坑排水沟深 0.3～0.6 m，底宽不应小于 0.2～0.3 m，水沟的边坡为 1∶(1～1.5)，沟底设有 0.2%～0.5%纵坡。基坑面积较大时，排水沟截面尺寸应相应加大，以保证排水畅通。另外，排水沟深度应始终保持比挖土面低 0.4～0.5 m。

集水井的直径或宽度一般为 0.7～0.8 m。其深度随着挖土的加深而加深，要始终低于挖土面 0.8～1.0 m，井壁用方木板支撑加固。至基底以下井底应填以 20cm 厚碎石或卵石，以防止泥砂进入水泵；同时井底面应低于坑底 1～2 m。

基坑排水常采用动力水泵，有机动、电动、真空及虹吸泵等。选用水泵类型时，一般取水泵的排水量为基坑涌水量的 1.5～2 倍。当基坑涌水量 $Q < 20$ m³/h 时，可用隔膜式泵或潜水电泵；当 $Q = 20～60$ m³/h 时，可用隔膜式或离心式水泵或潜水电泵；当 $Q > 60$ m³/h 时，多用离心式水泵。

2. 井点降水

基坑中直接抽出地下水的方法比较简单，施工费用低，应用比较广，但当土为细砂或粉砂时，地下水渗流时会出现流砂、边坡坍方及管涌等可能，使施工困难，工作条件恶化，并有可能引起附近建筑物下沉的危险，此时常用井点降水的方法进行降水施工。

井点降水就是在基坑开挖前，预先在基坑四周埋设一定数量的滤水管(井)，在基坑开挖前和开挖过程中，利用真空原理，不断抽出地下水，使地下水位降低到坑底以下，从而解决了地下水涌入坑内的问题，如图 2-13(a)所示；防止了边坡由于受地下水流的冲刷而引起的塌方，如图 2-13(b)所示；使坑底的土层消除了地下水位差引起的压力，因此防止了坑底土的上涌，如图 2-13(c)所示；由于没有水压力，使板桩减少了横向荷载，如图 2-13(d)所示；由于没有地下水的渗流，也就消除了流砂现象，如图 2-13(e)所示。降低地下水位后，由于土体固结，还能使土层密实，增加地基土的承载能力。

井点降水的方法有轻型井点、喷射井点、电渗井点、管井井点、深井井点、无砂混凝土管井点以及小沉井井点等。可根据土的种类，透

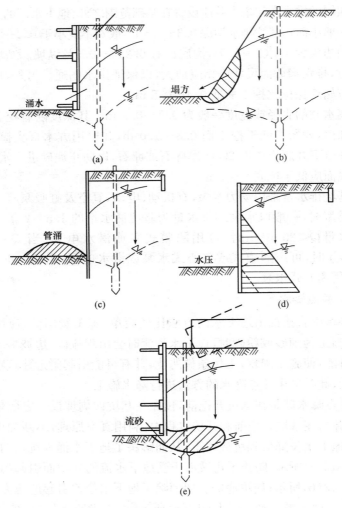

图 2-13　井点降水的作用

(a)防止涌水;(b)使边坡稳定;(c)防止土的上涌;(d)减少横向荷载;(e)防止流砂

水层位置、厚度,土层的渗透系数,水的补给源,井点布置形式,要求降水深度,邻近建筑、管线情况,工程特点,场地及设备条件以及施工技术水平等情况,作出比较后选用一种或两种降水方法。

（1）轻型井点降水。

1）轻型井点设备。设备由滤管、井点管、弯联管、集水总管和抽水设备组成。

滤管为进水设备，长度一般为 1.0～1.5 m，直径常与井点管相同。管壁上钻有直径为 10～18 mm 的呈梅花形状的滤孔，管壁外包两层滤网，内层为细滤网，采用网眼为 30～50 孔/cm² 的黄铜丝布、生丝布或尼龙丝布；外层为粗滤网，采用网眼为 3～10 孔/cm² 的铁丝布或尼龙丝布或棕树皮。为避免滤孔淤塞，在管壁与滤网间用铁丝绕成螺旋状隔开，滤网外面再围一层 8 号粗铁丝保护层，滤管下端放一个锥形的铸铁头。

井点管用直径为 38～55 mm、长 5～7 m 的钢管（或镀锌钢管），井点管上端用弯联管与总管相连。

弯联管宜用透明塑料管或用橡胶软管。

集水总管一般用直径为 75～100 mm 的钢管分节连接，每节长 4 m，每间隔 0.8～1.6 m 设一个连接井点管的接头。

抽水设备有三种类型，一是真空泵轻型井点设备，由真空泵、离心泵和气水分离器组成，这种设备国内已有定型产品供应，设备真空度高（67～80 kPa），带井点数多（60～70 根），降水深度较深（5.5～6.0 m）；但该设备较复杂，易出故障，维修管理困难，耗电量大，适用于重要的较大规模的工程降水。二是射流泵轻型井点设备，它由离心泵、射流泵（射流器）、水箱等组成。射流泵抽水是由高压水泵供给工作水，经射流泵后产生真空，引射地下水流。其构造简单，制造容易，降水深度较深（可达 9 m），成本低，操作维修方便，耗电少，但其所带的井点管一般只有 25～40 根，总管长度 30～50 m。若采用两台离心泵和两个射流器联合工作，能带动井点管 70 根，总管长 100 m。这种形式目前应用较广，是一种有发展前途的抽水设备。

2）轻型井点的布置。轻型井点的布置应根据基坑形状与大小、地质和水文情况、工程性质、降水深度等确定。

①平面布置。当基坑（槽）宽小于 6 m 且降水深度不超过 6 m 时，可采用单排井点，布置在地下水上游一侧，两端延伸长度以不小于槽

宽为宜,如图 2-14 所示。当宽度大于 6 m 或土质不良、渗透系数较大时,宜采用双排井点,布置在基坑(槽)的两侧。当基坑面积较大时宜采用环形井点,如图 2-15 所示;考虑运输设备入道,一般在地下水下游方向布置成不封闭。井点管距离基坑壁一般可取 0.7～1.0 m,以防局部发生漏气。井点管间距为 0.8 m、1.2 m、1.6 m,由计算或经验确定。井点管在总管四角部分应适当加密。

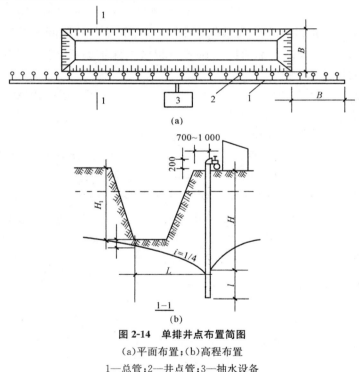

图 2-14 单排井点布置简图

(a)平面布置;(b)高程布置

1—总管;2—井点管;3—抽水设备

②高程布置。轻型井点的降水深度,从理论上讲可达 10.3 m,但由于管路系统的水头损失,其实际的降水深度一般不宜超过 6 m。井点管的埋置深度 h 可按下式计算,如图 2-15(b)所示。

$$h \geqslant H_1 + \Delta h + iL \tag{2-25}$$

式中　H_1——井点管埋设面至基坑底面的距离(m);

Δh——降低后的地下水位至基坑中心底面的距离，一般为0.5～

1.0 m，人工开挖取下限，机械开挖取上限；

i——水曲线坡度。对环状或双排井点取 $1/10\sim1/15$；对单

排井点取 $1/4$；

L——井点管中心至基坑中心的短边距离(m)。

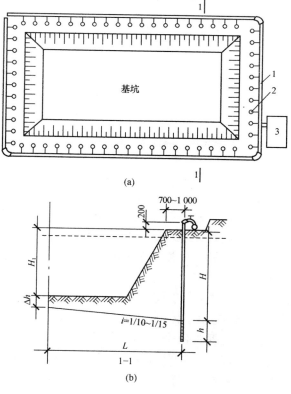

（a）

（b）

图 2-15　环形井点布置简图

（a）平面布置；（b）高程布置

1—总管；2—井点管；3—抽水设备

当 h 值小于降水深度 6 m 时，可用一级井点；h 值稍大于 6 m 时，

若降低井点管的埋设面后，能满足降水深度要求时，仍可采用一级井

点；当一级井点达不到降水深度要求时，则可采用二级井点或喷射井点，如图 2-16 所示。

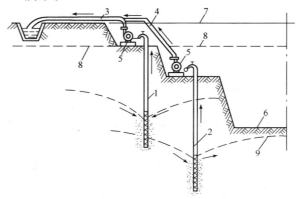

图 2-16　二级轻型井点降水示意图
1—第一级轻型井点；2—第二级轻型井点；3—集水总管；4—连接管
5—水泵；6—基坑；7—原地面线；8—原地下水位线；9—降低后地下水位线

3）施工工艺流程。轻型井点施工工艺流程：放线定位→铺设总管→冲孔→安装井点管、填砂砾滤料、上部填黏土密封→用弯联管将井点管与总管接通→安装抽水设备→开动设备试抽水→测量、观测井中地下水位变化。

4）井点管埋设。井点管的埋设一般采用水冲法进行，借助于高压水冲刷土体，用冲管扰动土体助冲，将土层冲成圆孔后埋设井点管。整个过程可分冲孔与埋管两个施工过程，如图 2-17 所示。冲孔的直径一般为 300 mm，以保证井管四周有一定厚度的砂滤层；冲孔深度宜比滤管底深 0.5 m 左右，以防冲管拔出时部分土颗粒沉于底部而触及滤管底部。

井孔冲成后，立即拔出冲管，插入井点管，并在井点管与孔壁之间迅速填灌砂滤层，以防孔壁塌土。砂滤层的填灌质量是保证轻型井点顺利抽水的关键。一般宜选用干净粗砂，填灌均匀，并填至滤管顶上 1～1.5 m，以保证水流畅通。井点填砂后，须用黏土封口，以防漏气。

井点管埋设置完毕后，需进行试抽，以检查有无漏气、淤塞现象，

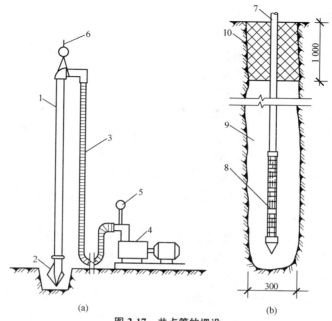

图 2-17　井点管的埋设

(a)冲孔；(b)埋管

1—冲管；2—冲嘴；3—胶皮管；4—高压水泵；5—压力表

6—起重机吊钩；7—井点管；8—滤管；9—填砂；10—黏土封口

出水是否正常，如有异常情况，应检修好方可使用。

（2）喷射井点降水。

当基坑开挖较深或降水深度大于 6 m 时，必须使用多级轻型井点才可收到预期效果。但要增大基坑土方开挖量，延长工期并增加设备数量，不够经济。此时，宜采用喷射井点降水，它在渗透系数为 3～50 m/d 的砂土中应用最为有效，在渗透系数为 0.1～2 m/d 的粉质砂土、粉砂、淤泥质土中效果也较显著，其降水深度可达 8～20 m。

1)喷射井点设备。喷射井点根据其工作时使用液体或气体的不同，分为喷水井点和喷气井点两种。其设备主要由喷射井管、高压水泵（或空气压缩机）和管路系统组成，如图 2-18(a)所示。喷射井管 1 由内管 8 和外管 9 组成，在内管下端装有升水装置——喷射扬水器与滤管 2 相连,如图 2-18(b)所示。在高压水泵 5 作用下,具有一定压力水头(0.7～0.8 MPa)的高压水经进水总管 3 进入井管的内外管之间的环形空间,并经扬水器的侧孔流向喷嘴 10。由于喷嘴截面的突然缩小,流速急剧增加,压力水由喷嘴以很高的流速喷入混合室 11,将喷嘴口周围空气吸入,被急速水流带走,因该室压力下降而造成一定真空度。此时地下水被吸入喷嘴上面的混合室,与高压水汇合,流经扩散管 12 时,由于截面扩大,流速减低而转化为高压,沿内管上升经排水总管排于集水池 6 内,此池内的水,一部分用水泵 7 排走,另一部分供高压水泵压入井管用。如此循环不断,将地下水逐步抽出,降低了地下水位。高压水泵宜采用流量为 50～80 m³/h 的多级高压水泵,每套能带动 20～30 根井管。

2)喷射井点布置与使用。喷射井点的管路布置、井管埋设方法及要求与轻型井点相同。喷射井管间距一般为 2～3 m,冲孔直径为 400～600 mm,深度应比滤管深 1 m 以上,如图 2-18(c)所示。使用时,为防止喷射器损坏,需先对喷射井管逐根冲洗,开泵时压力要小一些(小于 0.3 MPa),以后再逐步足,如发现井管周围有翻砂、冒水现象,应立即关闭井管检修。工作水应保持清洁,试抽两天后应更换清水,此后视水质污浊程度定期更换清水,以减轻工作水对喷射嘴及水泵叶轮等的磨损。

(3)管井井点降水。

管井井点又称大口径井点,适于渗透系数大(20～200 m/d)、地下水丰富的土层和砂层,或在集水井法易造成土粒大量流失,引起边坡塌方及用轻型井点难以满足要求的情况下使用。具有排水量大、降水深、排水效果好、可代替多组轻型井点作用等特点。

1)管井井点系统主要设备。由滤水井管、吸水管和抽水机械等组成,如图 2-19 所示。滤水井管的过滤部分,可采用钢筋焊接骨架,外包孔眼为 1～2 mm 的滤网,长 2～3 m;井管部分,宜用直径为 200 mm 以上的钢管或其他竹木、混凝土等管材。吸水管宜用直径为 50～100 mm 的胶皮管或钢管,插入滤水井管内,其底端应插到管井抽吸时的最低水位以下,必要时装设逆止阀,上端装设带法兰盘的短钢管一节。

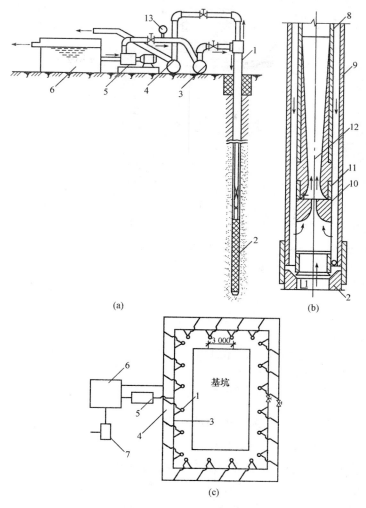

图 2-18　喷射井点设备及平面布置简图

(a)喷射井点设备简图;(b)喷射扬水器详图;(c)喷射井点平面布置

1—喷射井管;2—滤管;3—进水总管;4—排水总管;5—高压水泵

6—集水池;7—水泵;8—内管;9—外管;10—喷嘴;11—混合室

12—扩散管;13—压力表

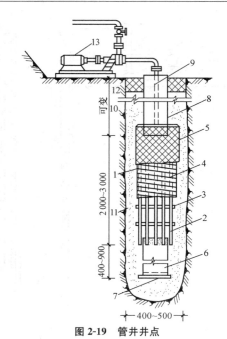

图 2-19　管井井点

1—滤水井管；2—φ14 钢筋焊接骨架；3—6×30 铁环@250
4—10 号铁丝垫筋@25 焊于管架上；5—孔眼为 1～2 mm 铁丝网点焊于垫筋上
6—沉砂管；7—木塞；8—φ150～φ250 钢管；9—吸水管；10—钻孔
11—填充砂砾；12—黏土；13—水泵

　　2)管井布置。沿基坑外圈四周呈环形或沿基坑(或沟槽)两侧或单侧呈直线布置。井中心距基坑(或沟槽)边缘的距离,根据所用钻机的钻孔方法而定,当用冲击式钻机用泥浆护壁时为 0.5～1.5 m;当用套管法时不小于 3 m。管井的埋设深度和间距根据所需降水面积和深度以及含水层的渗透系数等因素而定,埋深 5～10 m,间距 10～50 m,降水深度为 3～5 m。

五、土方填筑与压实

1. 填筑要求

　　填方土料应符合设计要求,保证填方的强度和稳定性,如设计无要求时,应符合以下规定。

(1)碎石类土、砂土和爆破石渣(粒径不大于每层铺土厚的 2/3),可用于表层下的填料。

(2)含水量符合压实要求的黏性土,可作各层填料。

(3)淤泥和淤泥质土,一般不能用作填料,但在软土地区,经过处理含水量符合压实要求的,可用于填方中的次要部位。

(4)碎块草皮和有机质含量大于 5％的土,只能用在无压实要求的填方。

(5)含有盐分的盐渍土中,仅中、弱两类盐渍土,一般可以使用,但填料中不得含有盐晶、盐块或含盐植物的根茎。

(6)不得使用冻土、膨胀性土作填料。

(7)含水率要求。

1)填土土料含水量的大小,直接影响到夯实(碾压)质量,在夯实(碾压)前应预试验,以得到符合密实度要求条件下的最优含水量和最少夯实(或碾压)遍数。含水量过小,夯压(碾压)不实;含水量过大,则易成橡皮土。

2)当填料为黏性土或排水不良的砂土时,其最优含水量与相应的最大干密度应用击实试验测定,见表 2-12。

表 2-12　　　　　　　土的最优含水量和最大干密度参考表

项　次	土的种类	变动范围	
		最优含水量/(％)(质量分数)	最大干密度/(t/m³)
1	砂　土	8～12	1.80～1.88
2	黏　土	19～23	1.58～1.70
3	粉质黏土	12～15	1.85～1.95
4	粉　土	16～22	1.61～1.80

注:1. 表中土的最大干密度应以现场实际达到的数字为准。

　　2. 一般性的回填,可不作此项测定。

3)土料含水量一般以手握成团,落地开花为适宜。当含水量过大,应采取翻松、晾干、风干、换土回填、掺入干土或其他吸水性材料等

措施;如土料过干,则应预先洒水湿润,每 1 m³ 铺好的土层需要补充的水量(L)按下式计算:

$$V=\frac{\rho_w}{1+w}(w_{op}-w) \tag{2-26}$$

式中　V——单位体积内需要补充的水量(L);

　　　w——土的天然含水量(%)(以小数计);

　　　w_{op}——土的最优含水量(%)(以小数计);

　　　ρ_w——填土碾压前的密度(kg/m³)。

在气候干燥时,须采取加速挖土、运土、平土和碾压过程,以减少土的水分散失。

4)当填料为碎石类土(充填物为砂土)时,碾压前应充分洒水湿透,以提高压实效果。

2. 填筑方式

(1)填方边坡高度限制。填方边坡的高度限制,见表 2-13。

表 2-13　　　　　　　永久性填方边坡的高度限制

土的种类	填方高度/m	边坡坡度
黏土类土、黄土、类黄土	5	1 : 1.50
粉质黏土、泥灰岩土	6~7	1 : 1.50
中砂或粗砂	10	1 : 1.50
砾石或碎石土	10~12	1 : 1.50
易风化岩土	12	1 : 1.50
轻微风化、尺寸 25 cm 内的石料	6 以内	1 : 1.33
	6~12	1 : 1.50
轻微风化、尺寸大于 25 cm 的石料,边坡用最大石块、分排整齐铺砌	12 以内	1 : 1.50~1 : 0.75
轻微风化、尺寸大于 40 cm 的石料,其边坡分排整齐	5 以内	1 : 0.50
	5~10	1 : 0.65
	>10	1 : 1.00

注:1. 当填方高度超过本表限值时,其边坡可做成折线形,填方下部的边坡坡度应为 1 : 1.75~1 : 2.00。

　　2. 凡永久性填方,土的种类未列入本表者,其边坡坡度不得大于 $\varphi+45°/2$,φ 为土的自然倾斜角。

（2）人工填土。

1）回填土时从场地最低部分开始，由一端向另一端自下而上分层铺填。每层虚铺厚度，用人工木夯夯实时不大于 20 cm；用打夯机械夯实时不大于 25 cm。

2）深浅坑（槽）相连时，应先填深坑（槽），相平后与浅坑全面分层填夯。如果采取分段填筑，交接处应填成阶梯形。墙基及管道回填应在两侧用细土同时均匀回填、夯实，防止墙基及管道中心线位移。

3）人工夯填土，用 60～80 kg 的木夯或铁、石夯，由 4～8 人拉绳，两人扶夯，举高不小于 0.5 m，一夯压半夯，按次序进行。

4）较大面积人工回填用打夯机夯实。两机平行时其间距不得小于 3 m，在同一夯打路线上，前后间距不得小于 10 m。

（3）机械填土。

1）推土机填土。

①填土应由下而上分层铺填，每层虚铺厚度不宜大于 30 cm。大坡度堆填土，不得居高临下，不分层次，一次堆填。

②推土机运土回填，可采取分堆集中，一次运送，分段距离为 10～15 m，以减少运土漏失量。

③土方推至填方部位时，应提起一次铲刀，成堆卸土，并向前行驶 0.5～1.0 m，利用推土机后退时将土刮平。

④用推土机来回行驶进行碾压，履带应重叠一半。

⑤填土程序宜采用纵向铺填顺序，从挖土区段至填土区段，以 40～60cm 距离为宜。

2）铲运机填土。

①铲运机铺土，铺填土区段长度不宜小于 20 m，宽度不宜小于 8 m。

②铺土应分层进行，每次铺土厚度不大于 30～50 cm（视所用压实机械的要求而定），每层铺土后，利用空车返回时将地表面刮平。

③填土顺序一般尽量采取横向或纵向分层卸土，以利行驶时初步压实。

3）自卸汽车填土。

①自卸汽车成堆卸土，须配以推土机推土、摊平。

②每层的铺土厚度不大于 30～50 cm(随选用的压实机具而定)。

③填土可利用汽车行驶作部分压实工作,行车路线须均匀分布于填土层上。

④汽车不能在虚土上行驶,卸土推平和压实工作须采取分段交叉进行。

3. 填筑压实方法

(1)压实一般要求。

1)填土压实应控制土的含水率在最优含水量范围内,土料含水量一般以手握成团,落地开花为宜。当土料含水量过大,可采取翻松、晾干、风干、换土回填、掺入干土或其他吸水材料等措施;如土料过干,则应洒水湿润,增加压实遍数,或使用大功率压实机械等措施。

2)填方应从最低处开始,由下向上水平分层铺填碾压(或夯实)。

3)在地形起伏之处,应做好接槎,修筑 1:2 阶梯形边坡,每步台阶高可取 50 cm,宽 100 cm。分段填筑时,每层接缝处应做成大于 1:1.5 的斜坡,碾迹重叠 0.5～1.0 m,上下层错缝距离不应小于 1 m。接缝部位不得在基础、墙角、柱墩等重要部位。

4)压实填土的质量要求应符合表 2-14 的规定。

表 2-14　　　　　　　　　压实填土的质量控制

结构类型	填土部位	压实系数 λ_c	控制含水量(%)
砌体承重结构和框架结构	在地基主要受力层范围内	≥0.97	$w_{op}\pm 2$
	在地基主要受力层范围以下	≥0.95	
排架结构	在地基主要受力层范围内	≥0.96	
	在地基主要受力层范围以下	≥0.94	

(2)人工夯实。

1)人工打夯前应将填土初步整平,打夯要按一定方向进行,一夯压半夯,夯夯相接,行行相连,两遍纵横交叉,分层夯打。夯实基槽及地坪时,行夯路线应由四边开始,然后夯向中间。

2)用蛙式打夯机等小型机具夯实时,一般填土厚度不宜大于 25 cm,打夯之前对填土应初步平整,打夯机依次夯打,均匀分布,不留间隙。施工时的分层厚度及压实遍数应符合表 2-15 的规定。

表 2-15   **填土施工时的分层厚度及压实遍数**

压实机具	分层厚度/mm	每层压实遍数
平碾	250～300	6～8
振动压实机	250～350	3～4
柴油打夯机	200～250	3～4
人工打夯	不大于 200	3～4

注:1. 压实系数 λ_c 为压实填土的控制干密度 ρ_d 与最大干密度 ρ_{dmax} 的比值,w_{op} 为最优含水量。

2. 地坪垫层以下及基础底面标高以上的压实填土,压实系数不应小于 0.94。

3)基坑(槽)回填应在相对两侧或四周同时进行回填与夯实,压实填土的边坡允许值应符合表 7-16 的规定。

表 2-16   **压实填土的边坡允许值**

填料类别	压实系数 λ_c	边坡允许值(高宽比)			
		填土厚度 H/m			
		$H \leqslant 5$	$5 < H \leqslant 10$	$10 < H \leqslant 15$	$15 < H \leqslant 20$
碎石、卵石	0.94～0.97	1:1.25	1:1.50	1:1.75	1:2.00
砂夹石(其中碎石、卵石占全重30%～50%)		1:1.25	1:1.50	1:1.75	1:2.00
土夹石(其中碎石、卵石占全重30%～50%)		1:1.25	1:1.50	1:1.75	1:2.00
粉质黏土、黏粒含量 $\rho_c \geqslant 10\%$ 的粉土		1:1.50	1:1.75	1:2.00	1:2.25

注:当压实填土厚度大于 20 m 时,可设计成台阶进行压实填土的施工。

4)回填管沟时,应用人工先在管子周围填土夯实,并应从管道两边同时进行,直至管顶 0.5 m 以上。在不损坏管道情况下,方可采用机械填土回填和压实。

(3)机械压实。

1)填土在碾压机械碾压之前,宜先用轻型推土机、拖拉机推平,低速行驶预压 4～5 遍,采用振动平碾压实,使其表面平实。爆破石渣或碎石类土,应先静压再振压。

2)碾压机械压实填方时应控制行驶速度:一般平碾、振动碾压不超过 2 km/h;羊足碾碾压不超过 3 km/h,并要控制压实遍数。

3)用压路机进行填方碾压,应采用"薄填、慢驶、多次"的方法,填土厚度不应超过 25～30 cm;碾压方向应从两边逐渐压向中间,碾轮每次重叠宽度为 15～25 cm,边角、坡度压实不到之处,应辅以人工打夯或小型机具夯实。压实密实度除另有规定外,应压至轮子下沉量不超过 1～2 cm 为宜。每碾压完一层后,应用人工或机械(推土机)将表面拉毛,以利于接合。

4)用羊足碾碾压时,填土宽度不宜大于 50 cm,碾压方向应从填土区的两侧逐渐压向中心。每次碾压应有 15～20 cm 重叠,同时随时清除黏着于羊足之间的土料。为提高上部土层密实度,羊足碾碾压过后,宜再辅以拖式平碾或压路机压平。

5)用铲运机及运土工具进行压实,铲运机及运土工具的移动须均匀分布于填筑层的表面,逐次卸土碾压,如图 2-20 所示。

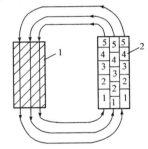

图 2-20　铲运机在填土地段逐次卸土碾压

1—挖土区;2—卸土碾压区

六、土方机械化施工

1. 机械挖方适用条件

机械挖方主要适用于一般建筑的地下室,半地下室土方,基槽深度超过 2.5 mm 的住宅工程,条形基础槽宽超过 3 m 或土方量超过 500 m³ 的其他工程。

2. 挖掘机械作业方法

(1)拉铲挖掘机作业法,见表 2-17。

表 2-17 拉铲挖掘机开挖方法

作业名称	开挖方法	适用范围
沟端开挖法 	拉铲停在沟端,倒退着沿沟纵向开挖。开挖宽度可以达到机械挖土半径的两倍,能两面出土,汽车停放在一侧或两侧,装车角度小,坡度较易控制,并能开挖较陡的坡	适于就地取土、填筑路基及修筑堤坝等
沟侧开挖法 	拉铲停在沟侧沿沟横向开挖,沿沟边与沟平行移动,如沟槽较宽,可在沟槽的两侧开挖。本法开挖宽度和深度均较小,一次开挖宽度约等于挖土半径,且开挖边坡不易控制	适于开挖土方就地堆放的基坑、槽以及填筑路堤等工程
三角开挖法 A、B、C…拉铲停放位置 1、2、3…开挖顺序	拉铲按"之"字形移位,与开挖沟槽的边缘成45°角左右。本法拉铲的回转角度小,生产率高,而且边坡开挖整齐	适于开挖宽度在 8 m 左右的沟槽

续一

作业名称	开挖方法	适用范围
分段拉土法 A B	在第一段采取三角挖土,第二段机身沿 *AB* 线移动进行分段挖土。如沟底(或坑底)土质较硬,地下水位较低时,应使汽车停在沟下装土,铲斗装土后稍微提起即可装车,能缩短铲斗起落时间,又能减小臂杆的回转角度	适于开挖宽度大的基坑、槽、沟渠工程
层层拉土法 	拉铲以从左到右,或从右到左的顺序逐层挖土,直至全深。本法可以挖得平整,拉铲斗的时间可以缩短。当土装满铲斗后,可以从任何高度提起铲斗,运送土时的提升高度可减少到最低限度,但落土时要注意将拉斗钢绳与落斗钢绳一起放松,使铲斗垂直下落	适于开挖较深的基坑,特别是圆形或方形基坑
顺序挖土法 	挖土时先挖两边,保持两边低、中间高的地形,然后向中间挖土。本法挖土只两边遇到阻力,较省力,边坡可以挖得整齐,铲斗不会发生翻滚现象	适于开挖土质较硬的基坑
转圈挖土法 	拉铲在边线外顺圆周转圈挖土,形成四周低中间高,可防止铲斗翻滚。当挖到 5 m 以下时,则需配合人工在坑内沿坑周边往下挖一条宽 50 cm,深 40~50 cm 的槽,然后进行开挖,直至槽底平,接着再人工挖槽,再用拉铲挖土,如此循环作业至设计标高为止	适于开挖较大、较深圆形基坑

续二

作业名称	开挖方法	适用范围
扇形挖土法 	拉铲先在一端挖成一个锐角形，然后挖土机沿直线按扇形后退，挖土直至完成。本法挖土机移动次数少，汽车在一个部位循环，道路少，装车高度小	适于挖直径和深度不大的圆形基坑或沟渠

（2）正铲挖掘机作业法，见表2-18。

表 2-18　　　　　　　　　　正铲挖掘机的开挖方法

作业名称	开挖方法	适用范围
正向开挖，侧向装土法 	正铲向前进方向挖土，汽车位于正铲的侧向装车。本法铲臂卸土回转角度最小（<90°），装车方便，循环时间短，生产效率高	适于开挖工作面较大，深度不大的边坡、基坑（槽）、沟渠和路堑等，为最常用的开挖方法
正向开挖，反方装土法 	正铲向前进方向挖土，汽车停在正铲的后面。本法开挖工作面较大，但铲臂卸土回转角度较大（在180°左右），且汽车要侧行车，增加工作循环时间，生产效率降低（回转角度180°，效率降低约23%，回转角度130°降低约13%）	适于开挖工作面狭小且较深的基坑（槽）、管沟和路堑等

作业名称	开挖方法	适用范围
分层开挖法 (a) (b)	将开挖面按机械的合理高度分为多层开挖[图(a)]，当开挖面高度不能成为一次挖掘深度的整数倍时，则可在挖方的边缘或中部先开挖一条浅槽作为第一次挖土运输线路[图(b)]，然后再逐次开挖直至基坑底部	适于开挖大型基坑或沟渠，工作面高度大于机械挖掘的合理高度时采用
上下轮换开挖法 	先将土层上部 1 m 以下土挖深30～40 cm，然后挖土层上部 1 m厚的土，如此上下轮换开挖。本法挖土阻力小，易装满铲斗，卸土容易	适于土层较高，土质不太硬，铲斗挖掘距离很短时使用
顺铲开挖法 	铲斗从一侧向另一侧一斗挨一斗地顺序开挖，使每次挖土增加一个自由面，阻力减小，易于挖掘。也可依据土质的坚硬程度使每次只挖 2～3 个斗牙位置的土	适于土质坚硬，挖土时不易装满铲斗，而且装土时间长时采用
间隔开挖法 	即在扇形工作面上第一铲与第二铲之间保留一定距离，使铲斗接触土体的摩擦面减少，两侧受力均匀，铲土速度加快，容易装满铲斗，生产效率提高	适于开挖土质不太硬、较宽的边坡或基坑、沟渠等
多层挖土法 	将开挖面按机械的合理开挖高度，分为多层同时开挖，以加快开挖速度，土方可以分层运出，也可分层递送，至最上层（或下层）用汽车运去，但两台挖土机沿前进方向，上层应先开挖保持 30～50 cm 距离	适于开挖高边坡或大型基坑

作业名称	开挖方法	适用范围
中心开挖法	正铲先在挖土区的中心开挖，当向前挖至回转角度超过 90°时，则转向两侧开挖，运土汽车按八字形停放装土。本法开挖移位方便，回转角度小（<90°）。挖土区宽度宜在 40 m 以上，以便于汽车靠近正铲装车	适于开挖较宽的山坡地段或基坑、沟渠等

（3）反铲挖掘机作业法，见表 2-19。

表 2-19　　　　　　　　反铲挖掘机开挖方法

作业名称	开挖方法	适用范围
沟端开挖法 (a) (b)	反铲停于沟端，后退挖土，同时往沟一侧弃土或装汽车运走［图(a)］。挖掘宽度可不受机械最大挖掘半径限制，臂杆回转半径仅 45°～90°，同时可挖到最大深度。对较宽基坑可采用图(b)方法，其最大一次挖掘宽度为反铲有效挖掘半径的两倍，但汽车须停在机身后面装土，生产效率降低。或采用几次沟端开挖法完成作业	适于一次成沟后退挖土，挖出土方随即运走时采用，或就地取土填筑路基或修筑堤坝等
沟侧开挖法	反铲停于沟侧沿沟边开挖，汽车停在机旁装土或往沟一侧卸土。本法铲臂回转角度小，能将土弃于距沟边较远的地方，但挖土宽度比挖掘半径小，边坡不好控制，同时机身靠沟边停放，稳定性较差	适于横挖土体和需将土方甩到离沟边较远的距离时使用

作业名称	开挖方法	适用范围
沟角开挖法 	反铲位于沟前端的边角上,随着沟槽的掘进,机身沿着沟边往后作"之"字形移动。臂杆回转角度平均在45°左右,机身稳定性好,可挖较硬土体,并能挖出一定的坡度	适于开挖土质较硬、宽度较小的沟槽(坑)
多层接力开挖法 	用两台或多台挖土机设在不同作业高度上同时挖土,边挖土、边向上传递到上层,由地表挖土机连挖土带装车。上部可用大型反铲,中、下层用大型或小型反铲,以便挖土和装车,均衡连续作业,一般两层挖土可挖深10 m,三层可挖深15 m左右。本法开挖较深基坑,可一次开挖到设计标高,一次完成,可避免汽车在坑下装运作业,提高生产效率,且不必设专用垫道	适于开挖土质较好、深10 m以上的大型基坑、沟槽和渠道

第二节　基础工程施工技术

一、地基处理

1. 换填法

当建筑物的地基土比较软弱、不能满足上部荷载对地基强度和变形的要求时,常采用换填来处理。具体实践中可分为以下几种情况。

(1)挖:就是挖去表面的软土层,将基础埋置在承载力较大的基岩或坚硬的土层上。此种方法主要用于软土层不厚、上部结构荷载不大的情况。

（2）填：当软土层很厚，而又需要大面积进行加固处理，则可在原有的软土层上直接回填一定厚度的好土或砂石、矿石等。

（3）换：就是将挖与填相结合，即换土垫层法，施工时先将基础下一定范围内的软土挖去，然后用人工填筑的垫层作为持力层，按其回填的材料不同可分为砂垫层、碎石垫层、素土垫层、灰土垫层等。

换填法适用于淤泥、淤泥质土、膨胀土、冻胀土、素填土、杂填土及暗沟、暗塘、古井、古墓或拆除旧基础后的坑穴等的地基处理。

换土垫层的处理深度应根据建筑物的要求，由基坑开挖的可能性等因素综合决定，一般多用于上部荷载不大，基础埋深较浅的多层民用建筑的地基处理工程中，开挖深度不超过 3 m。

2. 灰土基础

灰土垫层是将基础底面以下一定范围内的软弱土挖去，用按一定体积配合比的灰土在最优含水量情况下分层回填夯实（或压实）。灰土垫层的材料为石灰和土，石灰和土的体积比一般为 3：7 或 2：8。灰土垫层的强度是随用灰量的增大而提高，但当用灰量超过一定值时，其强度增加很小。灰土地基施工工艺简单，费用较低，是一种应用广泛、经济、实用的地基加固方法。其适用于加固处理 1～3 m 厚的软弱土层。

（1）材料质量要求。

1）土料：采用就地挖土的黏性土及塑性指数大于 4 的粉土，土内不得含有松软杂质和耕植土；土料应过筛，其颗粒不应大于 15 mm。

2）石灰：应用Ⅲ级以上新鲜的块灰，含氧化钙、氧化镁越高越好，使用前 1～2 d 消解并过筛，其颗粒不得大于 5 mm，且不应夹有未熟化的生石灰块粒及其他杂质，也不得含有过多水分，灰土中石灰氧化物含量对强度的影响见表 2-20。

表 2-20	灰土中石灰氧化物含量对强度的影响		（%）
活性氧化钙含量	81.74	74.59	69.49
相对强度	100	74	60

3)灰土土质、配合比、龄期对强度的影响见表 2-21。

表 2-21　　灰土土质、配合比、龄期对强度的影响　　(MPa)

龄期 \ 灰土比 \ 土种类		黏　土	粉质黏土	粉　土
7d	4∶6	0.507	0.411	0.311
	3∶7	0.669	0.533	0.284
	2∶8	0.526	0.537	0.163

4)水泥(代替石灰):可选用 32.5 级或 42.5 级普通硅酸盐水泥,安定性和强度应经复试合格。

(2)施工工艺流程。

1)检验土料和石灰粉的质量。首先检查土料种类和质量以及石灰材料的质量是否符合标准的要求,然后分别过筛。如果是块灰闷制的熟石灰,要用 6～10 mm 的筛子过筛,若是生石灰粉则可直接使用;土料要用 16～20 mm 的筛子过筛,均应确保粒径的要求。

2)灰土拌和。

①灰土的配合比应用体积比,除设计有特殊要求外,一般为 2∶8 或 3∶7。基础垫层灰土必须过标准斗,严格控制配合比。拌和时必须均匀一致,至少翻拌两次,拌和好的灰土颜色应一致。

②灰土施工时,应适当控制含水量。工地检验方法是:用手将灰土紧握成团,两指轻捏即碎为宜。如土料水分过大或不足时,应晾干或洒水湿润。

3)槽底清理。对其槽(坑)应先验槽,消除松土,并打两遍底夯,要求平整干净。若有积水、淤泥应晾干;局部有软弱土层或孔洞,应及时挖除后用灰土分层回填夯实。

4)分层铺灰土。每层的灰土铺摊厚度,可根据不同的施工方法,按表 2-22 选用。

表 2-22 灰土最大虚铺厚度

夯实机具种类	质量/t	虚铺厚度/mm	备 注
石夯、木夯	0.04～0.08	200～250	人力送夯,落距 400～500 mm,一夯压半夯,夯实后 80～100 mm 厚
轻型夯实机械	0.12～0.4	200～250	蛙式夯机、柴油打夯机,夯实后为100～150 mm 厚
压路机	6～10	200～250	双轮

5)夯打密实。夯打(压)的遍数应根据设计要求的干土质量密度或现场试验确定,一般不少于三遍。

6)找平验收。灰土最上一层完成后,应拉线或用靠尺检查标高和平整度,超高处用铁锹铲平,低洼处应及时补打灰土。

(3)施工技术要点。

1)灰土料的施工含水量应控制在最优含水量的±2%范围内,最优含水量可以通过击实实验确定,也可按当地经验取用。

2)灰土分段施工时,不得在墙角、柱基及承重窗间墙下接缝,上下两层的接缝距离不得小于 500 mm,接缝处应夯压密实,并做成直槎。当灰土地基高度不同时,应做成阶梯形,每阶梯宽度不少于 500 mm;对作辅助防渗层的灰土,应将地下水位以下结构包围,并处理好接缝,同时注意接缝质量,每层虚土从留缝处往前延伸 500 mm,夯实时应夯过接缝 300 mm 以上,接缝时,用铁锹在留缝处垂直切齐,再铺下段夯实。

3)灰土应当日铺填夯压,入槽(坑)灰土不得隔日夯打。夯实后的灰土 30d 内不得受水浸泡,及时进行基础施工与基坑回填,或在灰土表面做临时性覆盖,避免日晒雨淋。雨季施工时,应采取适当防雨、排水措施,以保证灰土在基槽(坑)内无积水的状态下进行。刚打完的灰土,如突然遇雨,应将松软灰土除去,并补填夯实;稍受湿的灰土可在晾干后补夯。

4)冬季施工必须在基层不冻的状态下进行,土料应覆盖保温,冻土及夹有冻块的土料不得使用;已熟化的石灰应在次日用完,以充分利用石灰熟化时的热量,当日拌和灰土应当日铺填夯完,表面应用塑料布及草袋覆盖保温,以防灰土垫层早期受冻降低强度。

　　5)施工时应注意妥善保护定位桩、轴线桩,防止碰撞位移,并应经常复测。

　　6)对基础、基础墙或地下防水层、保护层以及从基础墙伸出的各种管线,均应妥善保护,防止回填灰土时碰撞或损坏。

　　7)夜间施工时,应合理安排施工顺序,要配备足够的照明设施,防止铺填超厚或配合比错误。

　　8)灰土地基打完后,应及时进行基础的施工和地坪面层的施工,否则应临时遮盖,防止日晒雨淋。

　　9)每一层铺筑完毕后,应进行质量检验并认真填写分层检测记录,当某一填层不符合质量要求时,应立即采取补救措施,进行整改。

3. 砂和砂石基础

　　砂和砂石地基(垫层)是采用级配良好、质地坚硬的中粗砂和碎石、卵石等,经分层夯实,作为基础的持力层,提高基础下地基强度,降低地基的压应力,减少沉降量,加速软土层的排水固结作用。砂石垫层应用范围广泛,施工工艺简单,用机械和人工都可以使地基密实,工期短,造价低;适用于 3.0 m 以内的软弱、透水性强的黏性土地基,不适用于加固湿陷性黄土和不透水的黏性土地基。

　　(1)材料要求。

　　1)砂宜用颗粒级配良好、质地坚硬的中砂或粗砂,当用细砂、粉砂时应掺加粒径 20～50 mm 的卵石(或碎石),但要分布均匀。砂中不得含有杂草、树根等有机物。用作排水固结的地基材料,含泥量宜小于 3%。

　　2)采用工业废粒料作为地基材料,应符合表 2-23 的技术条件。

表 2-23　　　　　　　　　　　干渣技术条件

项　　目	质量检验	项　　目	质量检验
稳定性	合格	泥土和有机杂质含量	<5%
松散重度/(kN/m³)	>11		

　　干渣有分级干渣、混合干渣和原状干渣。小面积垫层采用 8～

40 mm 与 40～60 mm 的分级干渣或 0～60 mm 的混合干渣；大面积铺填时,可采用混合干渣或原状干渣,原状干渣最大粒径不大于 200 mm 或不大于碾压分层虚铺厚度的 1/3。

3)砂石。用自然级配的砂石(或卵石、碎石)混合物,粒级应在 50 mm 以下,其含量应在 50%以内,不得含有植物残体、垃圾等杂物,含泥量小于 5%。

(2)施工准备。

1)设置控制铺筑厚度的标志,如水平标准木桩或标高桩,或在固定的建筑物墙上、槽和沟的边坡上弹上水平标高线或钉上水平标高木橛。

2)在地下水位高于基坑(槽)底面的工程中施工时,应采取排水或降低地下水位的措施,使基坑(槽)保持无水状态。

3)铺筑前,应组织有关单位共同验槽,包括轴线尺寸、水平标高、地质情况,有无孔洞、沟、井、墓穴等。应在未做地基前处理完毕并办理隐检手续。

4)检查基槽(坑)、管沟的边坡是否稳定,并清除基底上的浮土和积水。

(3)施工技术要点。

1)铺设垫层前应验槽,将基底表面浮土、淤泥、杂物清除干净,两侧应设一定坡度,防止振捣时塌方。

2)垫层底面标高不同时,土面应挖成阶梯或斜坡搭接,并按先深后浅的顺序施工,搭接处应夯压密实。分层铺设时,接头应做成斜坡或阶梯形搭接,每层错开 0.5～1.0 m,并注意充分捣实。

3)人工级配的砂砾石,应先将砂、卵石拌和均匀后,再铺夯压实。

4)垫层铺设时,严禁扰动垫层下卧层及侧壁的软弱土层,以防止被践踏、受冻或受浸泡,降低其强度。如垫层下有厚度较小的淤泥或淤泥质土层,在碾压荷载下抛石能挤入该层底面时,可采取挤淤处理。先在软弱土面上堆填块石、片石等,然后将其压入以置换和挤出软弱土,再作垫层。

(5)垫层应分层铺设,分层夯或压实,基坑内预先安好 5 m×5 m

的网格标桩,控制每层砂垫层的铺设厚度。振夯压要做到交叉重叠1/3,防止漏振、漏压。夯实、碾压遍数、振实时间应通过试验确定。用细砂作垫层材料时,不宜使用振捣法或水撼法,以免产生液化现象。

(6)当地下水位较高或在饱和的软弱地基上铺设垫层时,应加强基坑内及外侧四周的排水工作,防止砂垫层泡水引起砂的流失,保持基坑边坡稳定;或采取降低地下水位措施,使地下水位降低到基坑底500 mm 以下。

(7)当采用水撼法或插振法施工时,以振捣棒振幅半径的 1.75 倍为间距(一般为 400~500 mm)插入振捣,依次振实,以不再冒气泡为准,直至完成;同时,应采取措施做到有控制地注水和排水。垫层接头应重复振捣,插入式振动棒振完所留孔洞应用砂填实;在振动首层的垫层时,不得将振动棒插入原土层或基槽边部,以避免使泥土混入砂垫层而降低砂垫层的强度。

(8)垫层铺设完毕,应立即进行下道工序施工,严禁小车及人在砂层上面行走,必要时应在垫层上铺板行走。

(9)回填砂石时,应注意保护好现场轴线桩、标准高程桩,防止碰撞位移,并应经常复测。

(10)夜间施工时,应合理安排施工顺序,配备足够的照明设施,防止级配砂石不准或铺筑超厚。

(11)级配砂石成活后,应连续进行上部施工,否则应经常适当洒水湿润。

4. 强夯施工

(1)施工机具。强夯施工的主要机具和设备有起重设备、夯锤、脱钩装置等。

1)起重设备。起重机是强夯施工的主要设备,施工时宜选用起重能力大于 100 kN 的履带式起重机,为防起重机起吊夯锤时倾翻和弥补起重量的不足,也可在起重机臂杆端部设置辅助门架。

2)夯锤。夯锤的形状有圆台形和方形,夯锤的材料是用整个铸钢(或铸铁)或用钢板壳填筑混凝土,夯锤的质量在 8~40 t,夯锤的底面积取决于表面土层,对砂石、碎石、黄土,一般面积为 2~4 m^2,黏性土一般为 3～4 m²,淤泥质土为 4～6 m²。为消除作业时夯坑对夯锤的气垫作用,夯锤上应对称设置 4～6 个直径为 250～300 mm 上下贯通的排气孔,如图 2-21 所示。

3)脱钩装置。用履带式起重机作强夯起重设备时,都采用通过动滑轮组以脱钩装置起落夯锤。脱钩装置用得较多的是工地自制的,脱钩装置由吊环、耳板、销环、吊钩等组成,要求有足够的强度,使用灵活,脱钩快速、安全。

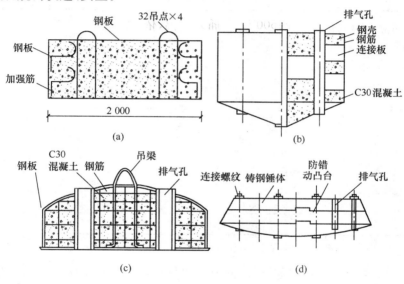

图 2-21 夯锤构造

(a)平底方形锤;(b)锥形圆柱形锤;(c)平底圆柱形锤;(d)球形圆台形锤

(2)施工技术要点。

1)夯实地基处理应符合下列规定。

①强夯和强夯置换施工前,应在施工现场有代表性的场地选取一个或几个试验区,进行试夯或试验性施工。每个试验区面积不宜小于 20 m×20 m,试验区数量应根据建筑场地复杂程度、建筑规模及建筑类型确定。

②场地地下水位高,影响施工或夯实效果时,应采取降水或其他

技术措施进行处理。

2)强夯置换处理地基,必须通过现场试验确定其适用性和处理效果。

3)强夯处理地基的设计应符合下列规定。

①强夯法的有效加固深度,应根据现场试夯或地区经验确定。在缺少试验资料或经验时,可按表 2-24 进行预估。

表 2-24　　　　　　　　强夯法的有效加固深度　　　　　　　　(m)

单击夯击能/(kN·m)	碎石土、砂土等 粗颗粒土	粉土、粉性土、湿陷性 黄土等细颗粒土
1 000	4.0～5.0	3.0～4.0
2 000	5.0～6.0	4.0～5.0
3 000	6.0～7.0	5.0～6.0
4 000	7.0～8.0	6.0～7.0
5 000	8.0～8.5	7.0～7.5
6 000	8.5～9.0	7.5～8.0
8 000	9.0～9.5	8.0～8.5
10 000	9.5～10.0	8.5～9.0
1 200	10.0～11.0	9.0～10.0

注:强夯法的有效加固深度应从起夯面算起。

②夯点的夯击次数,应根据现场试夯的夯击次数和夯沉量关系曲线确定,并应同时满足下列条件。

a. 最后两击的平均夯沉量,宜满足表 2-25 的要求,当单击夯击能 E 大于 12 000 kN·m 时,应通过试验确定。

表 2-25　　　　　　　　强夯法最后两击平均夯沉量

单击夯击能/(kN·m)	最后两击平均夯沉量不大于/mm
$E \leqslant 4\ 000$	50
$4\ 000 \leqslant E < 6\ 000$	100
$6\ 000 \leqslant E < 8\ 000$	150
$8\ 000 \leqslant E < 12\ 000$	200

b. 夯坑周围地面不应发生过大的隆起。

c. 不因夯坑过深而发生提锤困难。

③夯击遍数应根据地基土的性质确定,可采用点夯 2~4 遍,对于渗透性较差的细颗粒土,应适当增加夯击遍数;最后以低能量满夯 2 遍,满夯可采用轻锤或低落距锤多次夯击,锤印搭接。

④两遍夯击之间,应有一定的时间间隔,间隔时间取决于土中超静孔隙水压力的消散时间。当缺少实测资料时,可根据地基土的渗透性确定,对于渗透性较差的黏性土地基,间隔时间不应少于 2~3 周;对于渗透性好的地基可连续夯击。

⑤夯击点位置可根据基础底面形状,采用等边三角形、等腰三角形或正方形布置。第一遍夯击点间距可取夯锤直径的 2.5~3.5 倍,第二遍夯击点应位于第一遍夯击点之间,以后每遍夯击点间距可适当减小。对处理深度较深或单击夯击能较大的工程,第一遍夯击点间距宜适当增大。

⑥强夯处理范围应大于建筑物基础范围,每边超出基础外缘的宽度宜为基底下设计处理深度的 1/2~2/3,且不应小于 3 m;对可液化地基,基础边缘的处理宽度不应小于 5 m;对湿陷性黄土地基,应符合现行国家标准《湿陷性黄土地区建筑规范》(GB 50025—2004)的有关规定。

⑦根据初步确定的强夯参数,提出强夯试验方案,进行现场试夯。应根据不同土质条件,待试夯结束一周至数周后,对试夯场地进行检测,并与夯前测试数据进行对比,检验强夯效果,确定工程采用的各项强夯参数。

⑧根据基础埋深和试夯时所测得的夯沉量,确定起夯面标高、夯坑回填方式和夯后标高。

⑨强夯地基承载力特征值应通过现场静载荷试验确定。

⑩强夯地基变形计算,应符合现行国家标准《建筑地基基础设计规范》(GB 50007—2011)的有关规定。强夯后有效加固深度内土的压缩模量,应通过原位测试或土工试验确定。

4)强夯处理地基的施工,应符合下列规定。

①强夯夯锤质量宜为 10～60 t,其底面形式宜采用圆形,锤底面积宜按土的性质确定,锤底静接地压力值宜为 25～80 kPa。单击夯击能高时,取高值;单击夯击能低时,取低值,对于细颗粒土宜取低值。锤的底面宜对称设置若干个上下贯通的排气孔,孔径宜为 300～400 mm。

②强夯法施工,应按下列步骤进行。

a. 清理并平整施工场地。

b. 标出第一遍夯点位置,并测量场地高程。

c. 起重机就位,夯锤置于夯点位置。

d. 测量夯前锤顶高程。

e. 将夯锤起吊到预定高度,开启脱钩装置,夯锤脱钩自由下落,放下吊钩,测量锤顶高程;若发现因坑底倾斜而造成夯锤歪斜时,应及时将坑底整平。

f. 重复步骤 e,按设计规定的夯击次数及控制标准,完成一个夯点的夯击;当夯坑过深,出现提锤困难但无明显隆起,且尚未达到控制标准时,宜将夯坑回填至与坑顶齐平后,继续夯击。

g. 换夯点,重复步骤 c～f,完成第一遍全部夯点的夯击。

h. 用推土机将夯坑填平,并测量场地高程。

i. 在规定的间隔时间后,按上述步骤逐次完成全部夯击遍数;最后,采用低能量满夯,将场地表层松土夯实,并测量夯后场地高程。

5)强夯置换处理地基的设计,应符合下列规定。

①强夯置换墩的深度应由土质条件决定。除厚层饱和粉土外,应穿透软土层,到达较硬土层上,深度不宜超过 10 m。

②强夯置换的单击夯击能应根据现场试验确定。

③墩体材料可采用级配良好的块石、碎石、矿渣、工业废渣、建筑垃圾等坚硬的粗颗粒材料,且粒径大于 300 mm 的颗粒含量不宜超过 30%。

④夯点的夯击次数应通过现场试夯确定,并应满足下列条件。

a. 墩底穿透软弱土层,且达到设计墩长。

b. 累计夯沉量为设计墩长的 1.5～2.0 倍。

　　c. 最后两击的平均夯沉量可按表 2-25 确定。

　　⑤墩位布置宜采用等边三角形或正方形。对独立基础或条形基础可根据基础形状与宽度作相应布置。

　　⑥墩间距应根据荷载大小和原状土的承载力选定,当满堂布置时,可取夯锤直径的 2～3 倍。对独立基础或条形基础可取夯锤直径的 1.5～2.0 倍。墩的计算直径可取夯锤直径的 1.1～1.2 倍。

　　⑦强夯置换处理范围应符合第 3)条中⑥的规定。

　　⑧墩顶应铺设一层厚度不小于 500 mm 的压实垫层,垫层材料宜与墩体材料棚相同,粒径不宜大于 100 mm。

　　⑨强夯置换设计时,应预估地面抬高值,并在试夯时校正。

　　⑩强夯置换地基处理试验方案的确定,应符合第 3)条中的⑦的规定。除应进行现场静载荷试验和变形模量检测外,还应采用超重型或重型动力触探等方法,检查置换墩着底情况以及地基土的承载力与密度随深度的变化。

　　⑪软黏性土中强夯置换地基承载力特征值应通过现场单墩静载荷试验确定;对于饱和粉土地基,当处理后形成 2.0 m 以上厚度的硬层时,其承载力可通过现场单墩复合地基静载荷试验确定。

　　⑫强夯置换地基的变形宜按单墩静载荷试验确定的变形模量计算加固区的地基变形,对墩下地基土的变形可按置换墩材料的压力扩散角计算传至墩下土层的附加应力,按现行国家标准《建筑地基基础设计规范》(GB 50007—2011)的有关规定计算确定;对饱和粉土地基,当处理后形成 2.0 m 以上厚度的硬层时,可按有关规定确定。

　　6)强夯置换处理地基的施工应符合下列规定。

　　①强夯置换夯锤底面宜采用圆形,夯锤底静接地压力值宜大于 80 kPa。

　　②强夯置换施工应按下列步骤进行:

　　a. 清理并平整施工场地,当表层土松软时,可铺设 1.0～2.0 m 厚的砂石垫层。

　　b. 标出夯点位置,并测量场地高程。

　　c. 起重机就位,夯锤置于夯点位置。

d. 测量夯前锤顶高程。

e. 夯击并逐击记录夯坑深度;当夯坑过深,起锤困难时,应停夯,向夯坑内填料直至与坑顶齐平,记录填料数量,如此重复,直至满足设计的夯击次数及质量控制标准,完成一个墩体的夯击;当夯点周围软土挤出,影响施工时,应随时清理,并宜在夯点周围铺垫碎石后,继续施工。

f. 按照"由内而外、隔行跳打"的原则,完成全部夯点的施工。

g. 推平场地,采用低能量满夯,将场地表层松土夯实,并测量夯后场地高程。

h. 铺设垫层,分层碾压密实。

7)夯实地基宜采用带有自动脱钩装置的履带式起重机,夯锤的质量不应超过起重机械额定起重质量。履带式起重机应在臂杆端部设置辅助门架或采取其他安全措施,防止起落锤时机架倾覆。

8)当场地表层土软弱或地下水位较高时,宜采用人工降低地下水位或铺填一定厚度的砂石材料的施工措施。施工前,宜将地下水位降低至坑底面以下 2 m。施工时,坑内或场地积水应及时排除。对细颗粒土,还应采取晾晒等措施降低含水量。当地基土的含水量低,影响处理效果时,宜采取增湿措施。

9)施工前,应查明施工影响范围内地下构筑物和地下管线的位置,并采取必要的保护措施。

10)当强夯施工所引起的振动和侧向挤压对邻近建(构)筑物产生不利影响时,应设置监测点,并采取挖隔振沟等隔振或防振措施。

11)施工过程中的监测应符合下列规定。

①开夯前,应检查夯锤质量和落距,以确保单击夯击能量符合设计要求。

②在每一遍夯击前,应对夯点放线进行复核,夯完后检查夯坑位置,发现偏差或漏夯应及时纠正。

③按设计要求,检查每个夯点的夯击次数、每击的夯沉量、最后两击的平均夯沉量和总夯沉量、夯点施工起止时间。对强夯置换施工,还应检查置换深度。

④施工过程中,应对各项施工参数及施工情况进行详细记录。

12)夯实地基施工结束后,应根据地基土的性质及所采用的施工工艺,待土层休止期结束后,方可进行基础施工。

13)强夯处理后的地基竣工验收、承载力检验应根据静载荷试验、其他原位测试和室内土工试验等方法综合确定。强夯置换后的地基竣工验收,除应采用单墩静载荷试验进行承载力检验外,还应采用动力触探等方法查明置换墩着底情况及密度随深度的变化情况。

14)夯实地基的质量检验应符合下列规定。

①检查施工过程中的各项测试数据和施工记录,不符合设计要求时应补夯或采取其他有效措施。

②强夯处理后的地基承载力检验,应在施工结束后间隔一定时间进行,对于碎石土和砂土地基,间隔时间宜为 7~14 d;粉土和黏性土地基,间隔时间宜为 14~28 d;强夯置换地基,间隔时间宜为 28 d。

③强夯地基均匀性检验,可采用动力触探试验或标准贯入试验、静力触探试验等原位测试以及室内土工试验。检验点的数量,可根据场地复杂程度和建筑物的重要性确定,对于简单场地上的一般建筑物地基,按每 4.0 m² 不少于 1 个检测点,且不少于 3 点;对于复杂场地或重要建筑物地基,每 300 m² 不少于 1 个检验点,且不少于 3 点。强夯置换地基,可采用超重型或重型动力触探试验等方法,检查置换墩着底情况及承载力与密度随深度的变化,检验数量不应少于墩点数的 3%,且不少于 3 点。

④强夯地基承载力检验的数量,应根据场地复杂程度和建筑物的重要性确定,对于简单场地上的一般建筑物,每个建筑物地基载荷试验检验点不应少于 3 点;对于复杂场地或重要建筑物地基应增加检验点数。检测结果的评价,应考虑夯点和夯间位置的差异。强夯置换地基单墩载荷试验数量不应少于墩点数的 1%,且不少于 3 点;对饱和粉土地基,当处理后墩间土能形成 2.0 m 以上厚度的硬层时,其地基承载力可通过现场单墩复合地基静载荷试验确定,检验数量不应少于墩点数的 1%,且每个建筑载荷试验检验点不应少于 3 点。

二、桩基础

1. 桩基础分类

桩基可分为混凝土桩、钢桩和组合材料桩等类型。其中混凝土桩较为常用,又可分为混凝土预制桩和混凝土灌注桩。

当采用天然地基上的浅基础不能满足地基基础设计的承载力和变形要求时,也可采用桩基础将荷载传至深部土层,其中以桩基础的应用最为广泛。桩基础简称桩基,是由基桩和连接于基桩桩顶的承台共同组成,承台之间一般用承台梁相互连接,如图 2-22 所示。若桩身全部埋入土中,承台底面与土体接触,则称为低承台桩基;当桩身露出地面而承台底面位于地面以上,则称为高承台桩基。若承台底下只用一根桩(通常为大直径桩)来承受和传递上部结构(通常为柱)荷载,这样的桩基础称为单桩基础;承台下若有两根及两根以上基桩,这样的桩基础称为群桩基础。

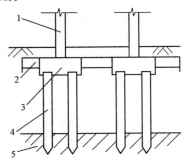

图 2-22 桩基础组成
1—柱;2—承台梁;3—承台;4—基桩;5—桩基持力层

(1)混凝土预制桩。

1)材料要求。

①粗骨料:应采用质地坚硬的卵石、碎石,其粒径宜用 5～40 mm 连续级配,含泥量不大于 2%,无垃圾及杂物。

②细骨料:应选用质地坚硬的中砂,含泥量不大于 3%,无有机物、垃圾、泥块等杂物。

③水泥:应采用强度等级为32.5级、42.5级的硅酸盐水泥或普通硅酸盐水泥,使用前必须有出厂质量证明书和水泥现场取样复试试验报告,合格后方准使用。

④钢筋:应具有出厂质量证明书和钢筋现场取样复试试验报告,合格后方准使用。

⑤拌和用水:一般采用饮用水或洁净的自然水。

⑥混凝土配合比:用现场材料和设计要求强度,经试验室试配后出具的混凝土配合比。

2)施工技术要点。

①吊定桩位。桩的吊立定位,一般利用桩架附设的起重钩吊桩就位,或配一台起重机送桩就位。

②打(沉)桩顺序。根据土质情况、桩基平面尺寸、密集程度、深度、桩机移动方便等决定打桩顺序。图2-23所示为几种打桩顺序和土体挤密情况。当基坑不大时,打桩应从中间开始分头向两边或周边进行;当基坑较大时,应将基坑分为数段,然后在各段范围内分别进行。打桩避免自外向内或从周边向中间进行,以避免中间土体被挤密,桩难打入,或虽勉强打入,但使邻桩侧移或上冒。对基础标高不一的桩,宜先深后浅,对不同规格的桩,宜先大后小,先长后短,以使土层挤密均匀,以避免位移偏斜。在粉质黏土及黏土地区,应避免按照一个方向进行,使土向一边挤压,造成入土深度不一,土体挤实程度不均,导致不均匀沉降。若桩距大于或等于4倍桩直径,则与打桩顺序无关。

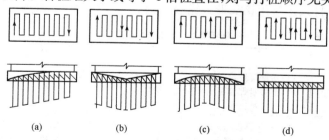

图2-23 打桩顺序和土体挤密情况

(a)逐排顺序打设;(b)中央向边沿打设;(c)自边沿向中央打设;(d)分段打设

③打（沉）桩方法。有锤击法、振动法及静力压桩法等，以锤击法应用最普遍。

打桩时，应用导板夹具或桩箍将桩嵌固在桩架两导柱中，桩位置及垂直度经校正后，可将锤连同桩帽压在桩顶，开始沉桩。桩顶不平，应用厚纸板垫平或用环氧树脂砂浆补抹平整。

开始沉桩应起锤轻压，并轻击数锤，观察桩身、桩架、桩锤等垂直一致，方可转入正常。

打桩应用适合桩头尺寸的桩帽和弹性垫层，以缓和打桩时的冲击，桩帽用钢板制成，并用硬木或绳垫承托，桩帽与桩接触表面须平整，与桩身应在同一直线上，以免沉桩产生偏移。桩锤本身带帽者，则只在桩顶护以绳垫或木块。

桩须深送入土时，应用钢制送桩，如图 2-24 所示，放于桩头上，锤击送桩将桩送入。

振动沉桩与锤击沉桩法基本相同，是用振动箱代替桩锤，使桩头套入振动箱连固桩帽或液压夹桩器夹紧，便可参照锤击法，启动振动箱进行沉桩至设计要求深度。

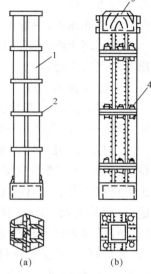

图 2-24　钢送桩构造
（a）钢轨送桩；（b）钢板送桩
1—钢轨；2—15 mm 厚钢板箍
3—硬木垫；4—连接螺栓

④接桩方法。预制钢筋混凝土长桩受运输条件和桩架高度限制，一般常分成数节，分节打入。常用接头形式见表 2-26。

表 2-26　　　　　　　　钢筋混凝土预制桩接头方法

项　目	内　　　容
接头形式	（1）角钢帮焊接头，如图 2-25（a）所示。 （2）钢板对焊接头，如图 2-25（b）所示。 （3）法兰盘接头，如图 2-25（c）所示
焊接接头施工	要求端头钢板与桩的轴线垂直，钢板平整，以使相连接的二桩节轴线重合，连接后桩身保持竖直。接头施工时，当下节桩沉至桩顶距离地面 0.8～1.5 m 处可吊上节桩。若二端头钢板之间有缝隙，用薄钢片垫实焊牢，然后由二人进行对角分段焊接。在焊接前要清除预埋件表面的污泥杂物，焊缝应连续饱满

项　目	内　容
硫磺胶泥锚固接头施工	先将下节桩沉至桩顶距离地面 0.8～1.0 m 处,提起沉桩机具后对锚筋孔进行清洗,除去孔内油污、杂物和积水,同时对上节桩的锚筋进行清刷调直;接着将上节桩对准下节桩,使四根锚筋(其长度为 15 倍锚筋直径)插入锚筋孔(其孔径为锚筋直径的 2.5 倍,长度大于 15 倍锚筋直径),下落压梁并套住上节桩顶,保持上下节桩的端面相距 200 mm 左右,安设好施工夹箍(由 4 块木板,内侧用人造革包裹 40 mm 厚的树脂海绵块组成);然后将熔化的硫磺胶泥(胶泥浇筑温度控制在 145℃左右)注满锚筋孔内,并溢出铺满下节桩顶面;最后将上节桩和压梁同时徐徐下落,使上下桩端面紧密粘合。当硫磺胶泥停歇冷却并拆除施工夹箍后,即可继续沉桩。硫磺胶泥灌注时间一般为 2 min
硫磺胶泥质量配合比及各组成材料的要求	硫磺胶泥是一种热塑冷硬性胶结材料,它由胶结料、细骨料、填充料和增韧剂熔融搅拌混合而成,其质量配合比(%)如下: 　　硫磺：水泥：粉砂：聚硫 708 胶＝44：11：33：1 　　硫磺：石英砂：石墨粉：聚硫甲胶＝60：34.3：5：0.7 　　各组成材料的要求如下: 　　硫磺——纯度 97% 以上的粉状或片状硫磺,含水率小于 1%,不含杂质,保管应注意防潮; 　　粉砂——可用含泥量少且通过 0.6 mm 筛的普通砂,也可用清除杂质的 0.4 mm/0.26 mm 目工业模型砂; 　　石英砂——宜选用 3.2 mm 洁净砂; 　　水泥——可选用低强度等级水泥; 　　石墨粉——含水率小于 0.5%; 　　聚硫橡胶——增韧剂,可选用黑绿色液态聚硫 708 胶或青绿色固态聚硫甲胶。应随做随用,贮藏期不应超过 15d,使用时注意防水密闭,防杂质污染
硫磺胶泥熬制方法	硫磺胶泥具有一定温度下多次重复搅拌熔融而强度不变的特性,故可固定生产,制成产品,重复熔融使用。其熬制方法如图2-26所示
硫磺胶泥锚固法施工注意事项	(1)硫磺的熔点为 96 ℃,故在备料、贮藏和熬制过程中应避免明火接触。熬制时要在通风处,并备有劳保用品,熬制温度严格控制在 170 ℃以内。 　(2)采用硫磺胶泥半产品在现场重新熬制时,炉子的结构要满足硫磺胶泥能进一步脱水,物料熔化能上下运动混合均匀,搅拌器的转速能分级调速(先慢后快)。 　(3)桩的运输、起吊要注意避免碰弯锚筋、损伤连接面混凝土,必要时需采取保护措施。 　(4)接桩用的夹箍,应有一定强度和刚度,以保证节点密实与桩的整体性

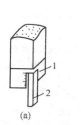
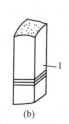

图 2-25　钢筋混凝土预制桩接头

(a)角钢帮焊接头;(b)钢板对焊接头;(c)法兰盘接头

1—钢板;2—角钢;3—螺栓

按质量比称取原材料

将硫磺放入热铁锅中,不停地搅拌,小火加温熔化至 130 ℃

将水泥和干燥的砂均匀地加入到熔化的硫磺内,不停地搅拌,并升温至150~155 ℃

将聚硫 708 胶(使用聚硫甲胶时需切成长15~20 mm、宽4~5 mm、厚 1~2 mm的薄片)缓慢均匀地加入硫磺砂浆中,不停地搅拌,严格控制温度,使其保持在170 ℃以内(超过170 ℃会使硫升华和聚硫橡胶分解而影响质量)

待完全脱水(以液面上无气泡为准)后,降温至140~150 ℃,即可供接头灌注用,也可浇筑入模盘,制成硫磺胶泥预制块

图 2-26　硫磺胶泥熬制方法

⑤质量控制。桩至接近设计深度,应进行观测,一般以设计要求最后 3 次 10 锤的平均贯入度或入土标高为控制,若桩尖土为硬塑和坚硬的黏性土、碎石土、中密状态以上的砂类土或风化岩层时,以贯入度控制为主。以桩尖设计标高或桩尖进入持力层作为参考;若桩尖土为其他较软土层时,以标高控制为主,贯入度作为参考。

振动法沉桩是以振动箱代替桩锤,其质量控制是以最后 3 次振动(加压),每次 10 min 或 5 min,测出每分钟的平均贯入度,以不大于设计规定的数值为合格,而摩擦桩则以沉到设计要求的深度为合格。

⑥拔桩方法。需拔桩时,长桩可用拔桩机,一般桩可用人字架、卷扬机或用钢丝绳捆紧,借横梁用 2 台千斤顶抬起。采用汽锤打桩,可

直接用汽锤拔桩,将汽锤倒连在桩上,当锤的动程向上,桩受到一个向上的力,即可将桩拔出。

(2)混凝土灌注桩。

1)材料要求。

①钢筋。

a. 钢筋的等级、钢种和直径,必须符合设计要求,若需代用应征得设计同意,钢筋的质量应符合国家标准。

b. 钢筋进场应具有正式的出厂合格证,国外进口钢筋应有进口国质保书和我国商检局检验单。

c. 进场后需做材质复试和物理试验,取样时每批质量不大于 60 t,每套试样两根,一根做拉力试验,另一根做冷弯试验。

d. 试验时如有一个项目不符合质量标准,则应另取双倍的试样,对不合格项目做第二次试验,如仍有一根试样不合格,则该批钢筋不予验收、不能应用。

e. 钢筋堆放时选择地势较平和较高处,防止与酸、盐、油类放在一起发生钢筋锈蚀和污染,如有颗粒状和片状老锈斑者不能使用。

②水泥。

a. 水泥的技术指标和龄期强度应符合表 2-27 的规定。水泥进场必须具有正式出厂合格证和材质试验报告,进场后分批(每批不超过 400 t)进行材质复试,每批从 20 袋水泥中各取 1 kg,如当地另有明文规定可按当地规定执行。

表 2-27　　　　　　　　常用水泥的技术指标

项目	技术指标
氧化镁含量	在熟料中不得超过 5%;若水泥经压蒸安定性试验合格,可放宽至 6%
三氧化硫含量	矿渣水泥不得超过 4%;其余品种的水泥不得超过 3.5%
烧失量	旋窑厂水泥不得大于 5.0%;立窑厂水泥不得大于 7.0%
细度	0.08 mm 方孔筛的筛余量不得超过 12%
凝结时间	初凝不得早于 45 min,终凝不得迟于 12 h
安定性	用沸煮法检查必须合格

b. 应按不同强度等级、品种、出厂日期分别验收、分别堆放,严禁不同厂家、不同强度等级的水泥混杂使用在同一根桩内。

c. 出厂日期超过三个月或对质量有怀疑时,应取样复验合格后才可使用。

d. 钻孔灌注桩使用强度等级不低于 32.5 级的水泥,严禁采用快硬性水泥。

③粗、细骨料。

a. 粗骨料。应采用质地坚硬的卵石、碎石,其粒径宜用 15～25 mm,卵石不宜大于 50 mm,碎石不宜大于 40 mm。含泥量不大于 2%,无垃圾及杂物。

b. 细骨料。应选用质地坚硬的中砂,含泥量不大于 5%,无垃圾、草根、泥块等杂物。

④搅拌用水。凡可饮用的水和洁净的天然水,都可用于拌制混凝土和养护用水,但不可应用海水、工业废水及 pH 值小于 4 的酸性水、含硫酸盐量(按 SO_4^{2-} 计)超过水重 1% 的水,以及含有对混凝土凝结和硬化有影响杂质或油脂糖类等的水均不能使用。

⑤外加剂。

a. 混凝土中掺用外加剂的质量应符合相关规定。

b. 外加剂应有产品合格证书,进货时应对照合格证书进行验收,对产品有疑问应取样复验,外加剂应分类保管。

c. 外加剂种类繁多,使用时应考虑与水泥成分和水质的相容性,为此必须严格按混凝土配方设计规定的种类和掺量使用,不得超越。

2)施工技术要点。

①干作业钻孔灌注桩施工技术要点。

a. 螺旋钻孔法示意图,如图 2-27 所示。螺旋钻孔法是利用螺旋钻头的部分刃片旋转切削土层,被切的土块随钻头旋

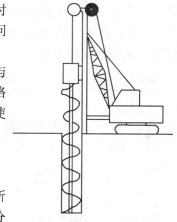

图 2-27　螺旋钻孔法示意图

转,并沿整个钻杆上的螺旋叶片上升而被推出孔外的方法。在软塑土层含水量大时,可用叶片螺距较大的钻杆,这样工效可高一些;在可塑或硬塑的土层中,或含水量较小的砂土中,则应采用叶片螺距较小的钻杆,以便能均匀平稳地钻进土中。一节钻杆钻完后,可接上第二节钻杆,直到钻至要求的深度。

b. 钻孔时,钻杆应保持垂直稳固、位置正确,防止因钻杆晃动引起孔径扩大。

c. 钻进速度应根据电流值变化及时进行调整。

d. 钻进过程中,应随时清理孔口积土和地面散落土,遇到地下水、塌孔、缩孔等异常情况时,应及时处理。

e. 成孔达设计深度后,孔口应予以保护,并按规定进行验收,做好记录。

f. 灌注混凝土前,应先放置孔口护孔漏斗,随后放置钢筋笼并测量孔内虚土厚度,桩顶以下 5 m 范围内混凝土应随浇随振动,并且每次浇筑高度均应大于 1.5 m。

②干作业钻孔扩底灌注桩施工技术要点。

钻孔扩底灌注桩施工法是把按等直径钻孔方法形成的桩孔钻进至预定深度,然后换上扩孔钻头,撑开钻头的扩孔刀刃使之旋转切削地层扩大孔底,成孔后放入钢筋笼,灌注混凝土形成扩底桩以便获得较大垂直承载力的方法。

扩底灌注桩扩底端尺寸宜按下列规定确定。

a. 当持力层承载力低于桩身混凝土受压承载力时,可采用扩底。扩底端直径与桩身直径比 D/d,应根据承载力要求及扩底端部侧面和桩端持力层土性确定,最大不超过 3.0。

b. 扩底端侧面的斜率应根据实际成孔及护孔条件确定,a/h_c 一般取 1/3~1/2,砂土约取 1/3,粉土、黏性土约取 1/2。

c. 扩底端底面一般呈锅底形,矢高 h_b 取 (0.10~0.15)D。

③振动沉管灌注桩施工技术要点。

振动沉管灌注桩施工工艺流程,如图 2-28 所示。

a. 桩机就位。施工前,应根据土质情况选择适用的振动打桩机,

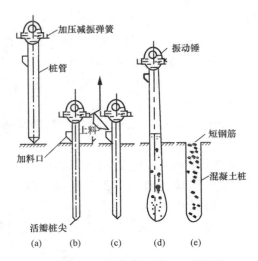

图 2-28　振动沉管灌注桩施工工艺流程
(a)桩机就位;(b)振动沉管;(c)浇筑混凝土;(d)边拔管、边振动、边浇筑混凝土;(e)成桩

桩尖采用活瓣式。施工时先安装好桩机,将桩管对准桩位中心,桩尖活瓣合龙,放松卷扬机钢丝绳,利用振动机及桩管自重,把桩尖压入土中,勿使偏斜,即可启动振动箱沉管。

b. 振动沉管。沉管过程中,应经常探测管内有无地下水或泥浆,如发现水或泥浆较多,应拔出桩管,检查活瓣桩尖缝隙是否因过疏漏进泥水,如过疏应加以修理,并用砂回填桩孔后重新沉管,如再发现有少量水时,一般可在沉入前先灌入 0.1 m³ 左右的混凝土或砂浆封堵活瓣桩尖缝隙再继续沉入。沉管时为了适应不同土质条件,常用加压的方法来调整土的自振频率。桩尖压力改变可利用卷扬机滑轮钢丝绳把桩架的部分质量传到桩管上,并根据钢管沉入速度,随时调整离合器,防止桩架抬起发生事故。

c. 混凝土浇筑。桩管沉到设计位置后,停止振动,用上料斗将混凝土灌入桩管内,一般应灌满或略高于地面。

d. 边拔管边振动。开始拔管时,先启动振动箱片刻再拔管,并用吊砣探测得桩尖活瓣确已张开,混凝土已从桩管中流出,方可继续抽拔桩管,边拔边振。拔管速度:对于用活瓣桩尖者,不宜大于2.5 m/min;对于用预制钢筋混凝土桩尖者,不宜大于4 m/min。拔管方法一般宜采用单打法,每拔起0.5～1.0 m停拔,振动5～10 s,再拔管0.5～1.0 m,振动5～10 s,如此反复进行,直至地面。在拔管过程中,桩管内应至少保持2 m以上高度的混凝土,或不低于地面,可用吊砣探测,不足时要及时补灌,以防混凝土中断,形成缩颈。

振动灌注桩的中心距不宜小于桩管外径的4倍,相邻的桩施工时,其间隔时间不得超过水泥的初凝时间,中间需停顿时,应将桩管在停歇前先沉入土中。

e. 安放钢筋笼或插筋。第一次浇筑至笼底标高,然后安放钢筋笼,再灌注混凝土至设计标高。

f. 施工要点。振动沉管施工法,是在振动锤竖直方向往复振动作用下,桩管也以一定的频率和振幅产生竖向往复振动,减少桩管与周围土体间的摩阻力,当强迫振动频率与土体的自振频率相同时(砂土自振频率为900～1 200 r/min,黏性土自振频率为600～700 r/min),土体结构因共振而破坏。与此同时,桩管受着加压作用而沉入土中,在达到设计要求深度后,边拔管、边振动、边灌注混凝土、边成桩。

振动冲击施工法是利用振动冲击锤在冲击和振动的共同作用,桩尖对四周的土层进行挤压,改变土体结构排列,使周围土层挤密,桩管迅速沉入土中,在达到设计标高后,边拔管、边振动、边灌注混凝土、边成桩。

振动冲击沉管施工方法一般有单打法、反插法、复打法等。应根据土质情况和荷载要求分别选用。单打法适用于含水量较小的土层,且宜采用预制桩尖;反插法及复打法适用于软弱饱和土层。

④锤击沉管灌注桩。

锤击沉管灌注桩施工工艺流程,如图2-29所示。

a. 桩机就位。将桩管对预先理设在桩位上的预制桩对准尖或将桩管对准桩位中心,使它们三点合一线,然后把桩尖活瓣合龙,放松卷扬机钢丝绳,利用桩机和桩管自重,把桩尖打入土中。

b. 锤击沉管。检查桩管与桩锤、桩架等是否在一条垂直线上之

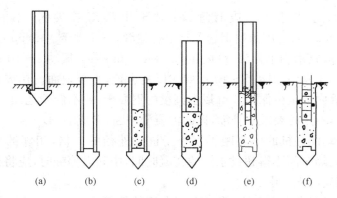

图 2-29　锤击沉管灌注桩施工工艺流程示意图

(a)桩机就位；(b)锤击沉管；(c)首次灌注混凝土；(d)边拔管、边锤击、边继续灌注混凝土
(e)安放钢筋笼,继续灌注混凝土；(f)成桩

后,看桩管垂直度偏差是否≤5%,即可用桩锤先低锤轻击桩管,观察偏差在容许范围内,再正式施打,直至将桩管打入至设计标高或要求的贯入度。

c. 首次灌注混凝土。沉管至设计标高后,应立即灌注混凝土,尽量减少间隔时间；在灌注混凝土之前,必须用吊砣检查桩管内无泥浆或无渗水后,再用吊斗将混凝土通过灌注漏斗灌入桩管内。

d. 边拔管、边锤击、边继续灌注混凝土。当混凝土灌满桩管后,便可开始拔管,一边拔管,一边锤击,拔管的速度要均匀,对一般土层以 1 m/min 为宜,在软弱土层和软硬土层交界处宜控制在 0.3～0.8 m/min,采用倒打拔管的打击次数,单动汽锤不得少于 50 次/min,自由落锤轻击(小落距锤击)不得少于 40 次/min；在管底未拔至桩顶设计标高之前,倒打和轻击不得中断。在拔管过程中应向桩管内继续灌入混凝土,以满足灌注量的要求。

e. 安放钢筋笼,继续灌注混凝土,成桩。当桩身配钢筋笼时,第一次混凝土应先灌至笼底标高,然后放置钢筋笼,再灌混凝土至桩顶标高。第一次拔管高度应控制在能容纳第二次所需灌入的混凝土量为限,不宜拔得过高。在拔管过程中,应由专用测锤或浮标检查混凝土面的下降情况。

f. 施工要点。锤击沉管施工法,是利用桩锤将桩管和预制桩尖(桩靴)打入土中,边拔管、边振动、边灌注混凝土、边成桩,在拔管过程中,由于保持对桩管进行连续低锤密击,使钢管不断得到冲击振动,从而密实混凝土。锤击沉管灌注桩的施工应该根据土质情况和荷载要求,分别选用单打法、复打法、反插法。

第三节 砌体工程施工技术

一、砌体材料

1. 水泥

砌筑用水泥对品种、强度等级没有限制,但使用水泥时,应注意水泥的品种性能及适用范围。砌筑宜选用普通硅酸盐水泥或矿渣硅酸盐水泥,不宜选用强度等级太高的水泥,水泥砂浆不宜选用水泥强度等级大于32.5级的水泥,混合砂浆不宜选用水泥强度等级大于42.5级的水泥。对不同厂家、品种、强度等级的水泥应分别贮存,不得混合使用。

水泥进入施工现场应有出厂质量保证书,且品种和强度等级应符合设计要求。对进场的水泥质量应按有关规定进行复检,经试验鉴定合格后方可使用,出厂日期超过90 d的水泥(快硬硅酸盐水泥超过30 d)应进行复检,复检达不到质量标准不得使用。严禁使用安定性不合格的水泥。

2. 砂

砖砌体、砌块砌体及料石砌体用的砂浆宜用中砂;砌毛石用的砂浆宜用粗砂,并应过筛,不得含有草根、土块、石块等杂物。砂应进行抽样检验并符合国家现行标准的要求。采用细砂的地区,砂的允许含泥量可经试验后确定。

3. 石灰

(1)石灰岩经煅烧分解,放出二氧化碳气体,得到的产品即为生石灰。生石灰的主要技术指标,应符合表2-28的规定。

表 2-28   生石灰的主要技术指标表

序号	项　目	钙质生石灰			镁质生石灰		
		优等品	一等品	合格品	优等品	一等品	合格品
1	CaO＋MgO 含量(%) ≥	90	85	80	85	80	75
2	CO_2(%) ≤	5	7	9	6	8	10
3	未消化残渣含量(5 mm 圆孔筛的筛余)(%) ≤	5	10	15	5	10	15
4	产浆量/(L/kg) ≥	2.8	2.3	2.0	2.8	2.3	2.0

注:以同一生产厂家、同一批进场的数量不超过100t 为一批量进行复试。

(2)熟化后的石灰称为熟石灰,其成分以氢氧化钙为主。根据加水量的不同,石灰可被熟化成粉状的消石灰、浆状的石灰膏和液体状态的石灰乳。消石灰的主要技术指标,应符合表 2-29 的规定。

表 2-29   消石灰的主要技术指标表

序号	项　目		钙质消石灰粉			镁质消石灰粉			白云石消石灰粉		
			优等品	一等品	合格品	优等品	一等品	合格品	优等品	一等品	合格品
1	(CaO＋MgO)含量(%) ≥		65	60	55	60	55	50	—	—	—
2	细度	游离水(%) ≤	4	4	4	4	4	4	—	—	—
		0.9 mm 方孔筛的筛余量(%) ≤	0	0	0.5	0	0	0.5	0	0	0.5
		0.125 mm 方孔筛筛余量(%) ≤	3	10	15	3	10	15	3	10	15
3	体积安定性		合格	合格	—	合格	合格	—	合格	合格	—

(3)生石灰熟化成石灰膏时,应用孔洞不大于 3 mm×3 mm 的网过滤,熟化时间不得少于 7 d;对于磨细生石灰粉,其熟化时间不得少于 1 d。沉淀池中贮存的石灰膏,应防止干燥、冻结和污染。严禁使用脱水硬化的石灰膏。

4. 黏土膏

采用黏土或粉质黏土制备黏土膏时,宜用搅拌机加水搅拌,通过孔径不大于 3 mm×3 mm 的网过筛。用比色法鉴定黏土中的有机物含量时应浅于标准色。

5. 粉煤灰

粉煤灰品质等级用 3 级即可。砂浆中的粉煤灰取代水泥率不宜超过 40%,砂浆中的粉煤灰取代石灰膏率不宜超过 50%。

6. 有机塑化剂

有机塑化剂应符合相应的有关标准和产品说明书的要求。当对其质量有怀疑时,应经试验检验合格后方可使用。

7. 水

宜采用饮用水。当采用其他来源水时,水质必须符合《混凝土用水标准》(JGJ 63—2006)的规定。

8. 外加剂

引气剂、早强剂、缓凝剂及防冻剂应符合国家质量标准或施工合同确定的标准,并应具有法定检测机构出具的该产品砌体强度形式检验报告,还应经砂浆性能试验合格后方可使用。其掺量应通过试验确定。

9. 砖

砌体工程中用的砖是指烧结普通砖、炉渣砖、烧结多孔砖(图 2-30)、烧结空心砖、蒸压灰砂空心砖。

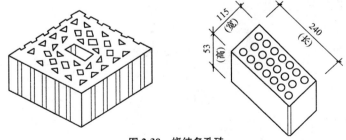

图 2-30　烧结多孔砖

(1)常见的烧结普通砖尺寸为 240 mm×115 mm×53 mm,抗压强度分为 MU30、MU25、MU20、MU15、MU10 五个等级。

（2）炉渣砖尺寸为 240 mm×115 mm×53 mm,抗压强度分为 MU25、MU20、MU15 三个等级。

（3）烧结空心砖的外形为矩形体,在与砂浆的接合面上设有增加结合力的深度 1 mm 以上的凹线槽,如图 2-31 所示。烧结空心砖的长度、宽度、高度尺寸有 290 mm×190(140) mm×90 mm 和 240 mm×180 mm(175 mm)×115 mm 两种。烧结空心砖根据密度分为 800、900、1 000、1 100 四个密度级别。抗压强度分为 MU30、MU25、MU20、MU15、MU10 五个等级。

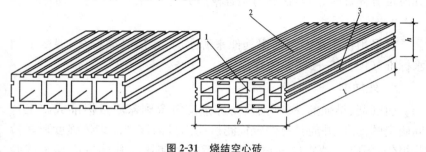

图 2-31　烧结空心砖
1—顶面;2—大面;3—条面;l—长度;b—宽度;h—高度

（4）蒸压灰砂空心砖以石灰、砂为主要原料,经坯料制备、压制成形、蒸压养护而制成的孔洞率大于 15% 的空心砖。蒸压灰砂空心砖的规格及公称尺寸列于表 2-30。孔洞采用圆形或其他孔形。蒸压灰砂空心砖根据抗压强度分为 MU25、MU20、MU15、MU10、MU7.5 五个等级。

表 2-30　　　　　　　　　　蒸压灰砂空心砖公称尺寸

规格代号	公称尺寸/mm		
	长	宽	高
NF	240	115	53
1.5NF	240	115	90
2NF	240	115	115
3NF	240	115	175

10. 石

毛石砌体所用的石材应质地坚实、无分化剥落和裂纹。用于清水墙、柱表面的石材,应色泽均匀。石材表面的泥垢、水锈等杂质,砌筑前应清除干净,以利于砂浆和块石黏结。毛石应呈块状,中部厚不宜小于 150 mm,强度应满足设计要求。

11. 砌块

砌块一般以混凝土或工业废料做原料制成实心或空心的块材。它具有自重轻、机械化和工业化程度高、施工速度快、生产工艺和施工方法简单且可大量利用工业废料等优点。因此,用砌块代替烧结普通砖是墙体改革的重要途径。

砌块按形状分为实心砌块和空心砌块两种。按制作原料分为粉煤灰、加气混凝土、混凝土、硅酸盐、石膏砌块等数种。砌块高度在 115～380 mm 的称为小型砌块;高度在 380～980 mm 的称为中型砌块;高度大于 980 mm 的称为大型砌块。

(1)普通混凝土小型空心砌块。普通混凝土小型空心砌块是以水泥、砂、碎石或卵石、水等预制成的。普通混凝土小型空心砌块主规格尺寸为 390 mm×190 mm×190 mm,有两个方形孔,最小外壁厚应不小于 30 mm,最小肋厚应不小于 25 mm,空心率应不小于 25%(图 2-32)。普通混凝土小型空心砌块按其强度分为 MU3.5、MU5、MU7.5、MU10、MU15、MU20 六个强度等级。

(2)轻骨料混凝土小型空心砌块。轻骨料混凝土小型空心砌块是以水泥、轻骨料、砂、水等预制成的。轻骨料混凝土小型空心砌块主规格尺寸为 390 mm×190 mm×190 mm。按其孔的排数分为单排孔、双排孔、三排孔和四排孔四类。轻骨料混凝土小型空心砌块按其密度分为 500、600、700、800、900、1 000、1 200、1 400 八个密度等级。按其强度分为 MU1.5、MU2.5、MU3.5、MU5、MU7.5、MU10 六个强度等级。

(3)粉煤灰砌块。粉煤灰砌块是以粉煤灰、石灰、石膏和轻集料为原料,经加水搅拌、振动成形、蒸汽养护而成的密实砌块。粉煤灰砌块的主规格外形尺寸为 880 mm×380 mm×240 mm、880 mm×430 mm×240 mm。砌块端面应加灌浆槽,坐浆面宜设抗剪槽(图 2-33)。

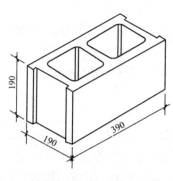

图 2-32　普通混凝土小型空心砌块

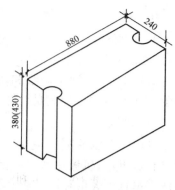

图 2-33　粉煤灰砌块

粉煤灰砌块按其立方体试件的抗压强度分为 MU10 和 MU13 两个强度等级。粉煤灰砌块按其尺寸允许偏差、外观质量和干缩性能分为一等品和合格品。

12. 砂浆

砂浆在砌体内的作用主要是填充砖之间的空隙,并将其黏结成一个整体,使上层砖的荷载能均匀地传到下面。

砂浆可分为水泥砂浆、石灰砂浆、混合砂浆及其他一些加入各种外加剂的砂浆。其强度等级有 M15、M10、M7.5、M5、M2.5 五个。

(1)砂浆配料要求。

1)水泥、有机塑化剂和冬期施工中掺用的氯盐等的配料准确度应控制在±2%以内;砂、水及石灰膏、电石膏、黏土膏、粉煤灰、磨细生石灰粉等的配料准确度应控制在±5%以内。

2)砂浆所用细骨料主要为天然砂,并应符合混凝土用砂的技术要求。由于砂浆层较薄,对砂子最大料径应有限制。用于毛石砌体的砂浆,砂子最大料径应小于砂浆层厚度的 1/5~1/4;用于砖砌体的砂浆,宜用中砂,其最大粒径不大于 2.5 mm;光滑表面的抹灰及勾缝砂浆,宜选用细砂,其最大料径不宜大于 1.2 mm。

当砂浆强度等级大于或等于 M5 时,砂的含泥量不应超过 5%;强度等级为 M5 以下的砂浆,砂的含泥量不应超过 10%。若用煤渣作骨料,应选用燃烧完全且有害杂质含量少的煤渣,以免影响砂浆质量。

3)石灰膏、黏土膏和电石膏的用量,宜按稠度为(120±5) mm 计量。现场施工时,当石灰膏稠度与试配不一致时,应进行换算。

4)为使砂浆具有良好的保水性,应掺入无机或有机塑化剂,不应采取增加水泥用量的方法。

5)水泥混合砂浆中掺入有机塑化剂时,无机掺加料的用量最多可减少一半。

6)水泥砂浆中掺入有机塑化剂时,应考虑砌体抗压强度较水泥混合砂浆砌体降低 10% 的不利影响。

7)水泥黏土砂浆中,不得掺入有机塑化剂。

8)在冬季砌筑工程中使用氯化钠、氯化钙时,应先将氯化钠、氯化钙溶解于水中再投入搅拌,其掺量可参考表 2-31。

表 2-31　　　　　　　　　　　氯盐掺量(占用水量的%)

砌体种类	盐　　类	日最低气温(℃)			
		≥-10	-11~ -15	-16~ -20	-20~ -25
砖、砌块	氯化钠	3	5	7	—
石	氯化钠	4	7	10	—
砖、砌块	氯化钠+氯化钙	—	—	5+2	7+3

(2)砂浆拌制及使用。

1)砌筑砂浆应采用机械搅拌,自投料完算起,搅拌时间应符合下列规定。

①水泥砂浆和水泥混合砂浆不得少于 2 min。

②水泥粉煤灰砂浆和掺用外加剂的砂浆不得少于 3 min。

③掺用有机塑化剂的砂浆,应为 3~5 min。

2)现场拌制砂浆时,各组分材料应采用质量计量。

3)拌制水泥砂浆,应先将砂与水泥干拌均匀,再加水拌和均匀。

4)拌制水泥混合砂浆,应先将砂与水泥干拌均匀,再加掺加料(石灰膏、黏土膏)和水拌和均匀。

5)拌制水泥粉煤灰砂浆,应先将水泥、粉煤灰、砂干拌均匀,再加水拌和均匀。

6)掺用外加剂时,应先将外加剂按规定浓度溶于水中,在拌和水投入时投入外加剂溶液,外加剂不得直接投入拌制的砂浆中。

7)砂浆拌成后和使用时,均应盛入贮灰器中。如砂浆出现泌水现象,应在砌筑前再次拌和。

8)砂浆应随拌随用,水泥砂浆和水泥混合砂浆应分别在3 h和4 h内使用完毕;当施工期间最高气温超过30 ℃时,应分别在拌成后2 h和3 h内使用完毕。对掺用缓凝剂的砂浆,其使用时间可根据具体情况延长。

二、砖砌工程

1. 砖砌基础施工技术要点

(1)砖基础施工前,应在相对龙门板上定位轴线点间拉准线,用线锤将定位轴线引到基础垫层面上,用墨线弹出,再依据定位轴线,向两旁弹出基础大放脚底面的宽度线,如图 2-34 所示。

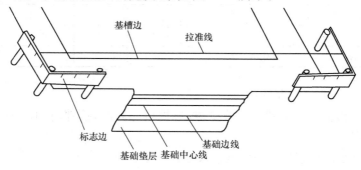

图 2-34　基础放线

如果建筑物周边处未设置龙门板,则应从定位轴线的引桩间拉准线,依此准线将定位轴线用线锤引到基础垫层面上。基础放线完毕后,应进行复核,检查其放线尺寸是否与设计尺寸相符,其允许偏差应符合表 2-32 的规定。

表 2-32　　　　　　　　　放线尺寸的允许偏差

长度 L、宽度 B/m	允许偏差/mm	长度 L、宽度 B/m	允许偏差/mm
L(或 B)≤30	±5	60<L(或 B)≤90	±15
30<L(或 B)≤60	±10	L(或 B)>90	±20

（2）在基础的转角处、纵横墙交接处及高低基础交接处，应支设基础皮数杆，并进行统一找平；在基础的转角处要先进行盘角，除基础底部的第一皮砖按摆砖撂底的砖样和基础底宽线砌筑外，其余各皮基础砖均以两盘角间的准线作为砌筑的依据。

（3）内、外墙的砖基础均应同时砌筑。如因特殊原因不能同时砌筑时，应留设斜槎（踏步槎），斜槎长度不应小于斜槎的高度。基础底标高不同时，应由低处砌起，并由高处向低处搭接，如图 2-35 所示；如设计无具体要求时，其搭接长度不应小于大放脚的高度。

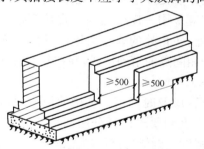

图 2-35　砖基础高低接头处砌法

（4）在基础墙的顶部、首层室内地面（±0.000）以下一皮砖处（−0.006 m），应设置防潮层。如设计无具体要求，防潮层宜采用 1∶2.5 的水泥砂浆加适量的防水剂经机械搅拌均匀后铺设，其厚度为 20 mm。抗震设防地区的建筑物严禁使用防水卷材作基础墙顶部的水平防潮层。

建筑物首层室内地面以下部分的结构为建筑物的基础，但为了施工方便，砖基础一般均只做防潮层。

（5）基础大放脚的最下一皮砖、每个大放脚台阶的上表层砖，均应采用横放丁砌砖所占比例最多的排砖法砌筑，此时不必考虑外立面上下一顺一丁相间隔的要求，以便增强基础大放脚的抗剪强度。基础防潮层下的顶皮砖也应采用丁砌为主的排砖法。

（6）砖基础水平灰缝和竖缝宽度应控制在 8～12 mm 之间，水平灰缝的砂浆饱满度用百格网检查不得小于 80%。砖基础中的洞口、管道、沟槽和预埋件等，砌筑时应留出或预埋，宽度超过 300 mm 的洞口应设置过梁。

（7）基底宽度为二砖半的大放脚转角处、十字交接处的组砌方法如图 2-36、图 2-37 所示。T 字交接处的组砌方法可参照十字接头处的组砌方法，即将图中竖向直通墙基础的一端（例如下端）截断，改用七分头砖作端头砖即可。有时为了正好放下七分头砖，需将原直通墙的排砖图上错半砖长。

（8）基础十字、T 字交接处和转角处组砌的共同特点是：穿过交接处的直通墙的基础应采用一皮砌通与一皮从交接处断开相间隔的组砌形式；T 字交接处、转角处的非直通墙的基础与交接处也应采用一皮搭接与一皮断开相间隔的组砌形式，并在其端头加七分头砖（3/4 砖长，实长应为 177～178 mm）。

（9）基础砌完后，应及时回填。基槽回填土时应从基础两侧同时进行，并按规定的厚度和要求进行分层回填、分层夯实。单侧回填土时，应在砖基础的强度达到能抵抗回填土的侧压力并能满足允许变形的要求后方可进行，必要时，应在基础非回填的一侧加设支撑。

2. 砖砌墙施工技术要点

（1）全部砖墙除分段处外，均应尽量平行砌筑，并使同一皮砖层的每一段墙顶面均在同一水平面内，作业中以皮数杆上砖层的标高进行控制。砖基础和每层墙砌完后，必须校正一次水平、标高和轴线，偏差在允许范围之内的，应在抹防潮层或圈梁施工、楼板施工时加以调整，实际偏差超过允许偏差的（特别是轴线偏差），应返工重砌。

（2）砖墙砌筑前，应将砌筑部位的顶面清理干净，并放出墙身轴线和墙身边线，浇水湿润。

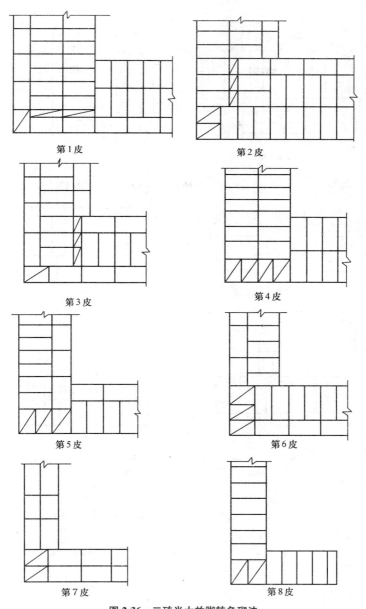

第1皮　　　　　　　　　　第2皮

第3皮　　　　　　　　　　第4皮

第5皮　　　　　　　　　　第6皮

第7皮　　　　　　　　　　第8皮

图 2-36　二砖半大放脚转角砌法

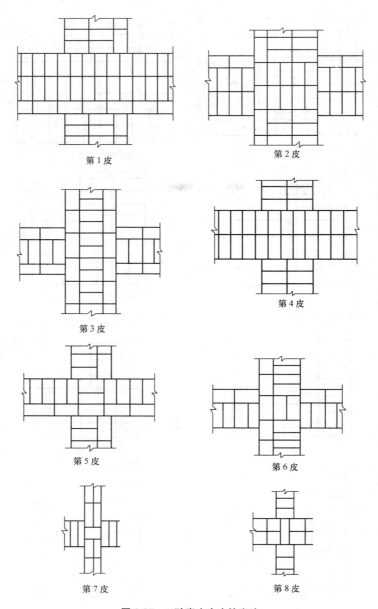

第1皮　　　　　　　　　　第2皮

第3皮　　　　　　　　　　第4皮

第5皮　　　　　　　　　　第6皮

第7皮　　　　　　　　　　第8皮

图 2-37　二砖半十字交接砌法

（3）砖墙的水平灰缝厚度和竖向灰缝宽度控制在 8～12 mm,以 10 mm 最宜。水平灰缝的砂浆饱满度不得小于 80%;竖缝宜采用挤浆法或加浆法,使其砂浆饱满,不得出现透明缝,并严禁用水冲浆灌缝。

（4）宽度小于 1 m 的窗间墙应选用质量好的整砖砌筑,半头砖和有破损的砖应分散使用在受力较小的墙体内侧,小于 1/4 砖的碎砖不能使用。

（5）砖墙的转角处和交接处应同时砌筑,不能同时砌筑时应砌成斜槎(踏步槎),斜槎长度不应小于其高度的 2/3,如图 2-38 所示。如留斜槎确有困难,除转角处外,也可以留直槎,但必须做成突出墙面的阳槎,并加设拉结钢筋。拉结钢筋的数量为每半砖墙厚设置一根,每道墙不得少于两根,钢筋直径为 6 mm;拉结钢筋的间距沿墙高不得超过 500 mm(8 皮砖高);埋入墙内的长度从留槎处算起每边均不应小于 500 mm;钢筋的末端应做成 90° 弯钩,如图 2-39 所示。抗震设防地区建筑物的临时间断处不得留直槎。

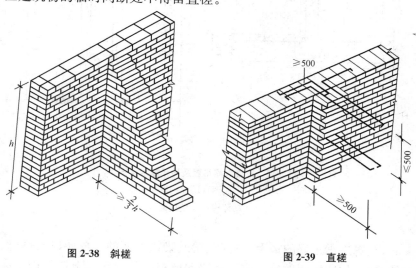

图 2-38 斜槎　　　　　　　　　　图 2-39 直槎

建筑物的隔墙,其临时间断处可以留直槎,但必须同时设置拉结钢筋,拉结钢筋的设置要求同承重墙。

砖砌体接槎处继续砌砖时,必须将接槎处的表面清理干净,浇水润湿,并填实端面竖缝、上下水平缝的砂浆,保持砖面平直位正、灰缝均匀。

(6)设有钢筋混凝土构造柱的抗震多层砖混结构房屋,应先绑扎构造柱钢筋,然后砌砖墙,最后浇筑混凝土。墙与柱之间应沿高度方向每隔 500 mm 设置一道 2 根直径为 6 mm 的拉结钢筋,每边伸入墙内的长度不小于 1 m;构造柱应与圈梁、地梁连接;与柱连接处的砖墙应砌成马牙槎,每一个马牙槎沿高度方向的尺寸不应超过 300 mm 或五皮砖高,马牙槎从每层柱脚开始,应先退后进,进退相差 1/4 砖,如图 2-40所示。钢筋混凝土构造柱也和砖墙一样,采用按楼层分层施工。

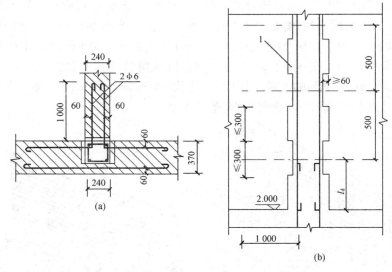

图 2-40　拉结钢筋布置及马牙槎示意图

(a)平面图;(b)立面图

1—马牙槎;2—楼层面

(7)每层承重墙的最上一皮砖、梁或梁垫下面的一皮砖以及挑檐、腰线等处,均应采用整砖丁砌。隔墙和填充墙的顶部与上层结构接触处,宜采用侧砖或立砖斜砌挤紧的砌筑方法。

(8)砖墙中留设临时施工洞口时,其侧边离交接处的墙面不应小于 500 mm;洞口顶部宜设置过梁,也可在洞口上部采取逐层挑砖的方法封口,并预埋水平拉结筋;洞口净宽不应超过 1 m。超过八度以上抗震设防地区临时施工洞的位置,应会同设计单位研究决定。临时洞口补砌时,应将洞口周围砖块表面清理干净,并浇水润湿后,再用与原墙相同的材料补砌严密、砂浆饱满。

(9)砖墙分段施工时,施工流水段的分界线宜设在伸缩缝、沉降缝、抗震缝或门窗洞口处,相邻施工段的砖墙砌筑高度差不得超过一个楼层高,且不宜大于 4 m。砖墙临时间断处的高度差不得超过一步架高。

(10)墙中的洞口、管道、沟槽和预埋件等,均应在砌筑时正确留出或预埋;宽度超过 300 mm 的洞口应设置过梁。

(11)砖墙每天的砌筑高度以不超过 1.8 m 为宜,雨天施工时,每天砌筑高度不宜超过 1.2 m。

(12)尚未安装楼板或屋面板的砖墙或砖柱,当有可能遇到大风时,其允许的自由高度不得超过表 2-33 的规定。否则应采取可靠的临时加固措施,以确保墙体稳定和施工安全。

表 2-33　　　　　　　　　墙和柱的允许自由高度　　　　　　　　　(m)

墙(柱)厚 /mm	砌体密度 >1 600/(kg/m³)			砌体密度 1 300~1 600/(kg/m³)		
	风载/(kN/m²)			风载/(kN/m²)		
	0.3(约 7 级风)	0.4(约 8 级风)	0.5(约 9 级风)	0.3(约 7 级风)	0.4(约 8 级风)	0.5(约 9 级风)
190	—	—	—	1.4	1.1	0.7
240	2.8	2.1	1.4	2.2	1.7	1.1
370	5.2	3.9	2.6	4.2	3.2	2.1
490	8.6	6.5	4.3	7.0	5.2	3.5
620	14.0	10.5	7.0	11.4	8.6	5.7

注:1. 本表适用于施工处相对标高(H)在 10 m 范围内的情况。当 10 m<H≤15 m, 15 m<H≤20 m 时,表中的允许自由高度应分别乘以 0.9、0.8 的系数;当 H> 20 m 时,应通过抗倾覆验算确定其允许自由高度。

　　2. 当所砌筑的墙有横墙或其他结构与其连接,而且间距小于表列限值的 2 倍时,砌筑高度可不受本表的限制。

3. 砖砌柱施工技术要点

(1)单独的砖柱砌筑时,可立固定皮数杆,也可以经常用流动皮数杆检查高低情况。

(2)当几个砖柱在一条线上时,应先砌两头的砖柱,然后拉通线,依线砌中间的柱,以便控制砖皮数正确、进出及高低一致。

(3)砖柱水平灰缝厚度和竖向灰缝宽度一般为 10 mm,水平灰缝的砂浆饱满度不低于 80%,竖缝也要求砂浆饱满。

(4)砖柱基底面找平。砖柱基底面如有高低不平时应先找平,高差小于 30 mm,用 1∶3 水泥砂浆找平,大于 30 mm 的要用细石混凝土找平,达到各柱第一皮砖位于同一标高。

(5)严禁包心砌。所谓包心砌,就是砖柱外全部是整砖,内部填半砖或 1/4 砖。这种砌法虽然外表美观,但整个砖柱出现一个自下而上的通天缝,在受荷载(压力)后,整体承载力和稳定性极差,故不应采用包心砌法。图 2-41 所示为矩形砖柱的错误砌法;图 2-42 所示为矩形砖柱的正确砌法。无论采用哪种砌法,应使柱面上下皮的竖缝相互错开1/2 砖长或 1/4 砖长,在柱心无通天缝,少打砖,并尽量利用二分头砖。

(6)有网状加筋柱的砌法。其砌法和要求与不加筋的相同,加筋数量与要求应满足设计规定,砌在柱内的钢筋网应在一侧外露 1～2 mm,以便于检查。

(7)隔墙与柱如不同时砌筑,可于柱中引出阳槎,或于柱的灰缝中预埋拉结筋,其构造与砖墙中相同,但每道不少于 2 根。

(8)砖柱每天砌筑高度应不大于 1.8 m。

(9)砖柱上不得留置脚手眼。

4. 砖砌空斗墙施工技术要点

(1)砂浆配合比应准确、保证强度,原材料必须逐车过磅,计量准确,搅拌时间要达到规定要求,砂浆试块应由专人负责制作与养护。

(2)排砖时必须把立缝排匀,砌完一步架高度,每隔 2 m 间距在丁砖立棱处用托线板吊直弹线,二步架往上继续吊直弹粉线,由底往上所有七分头的长度应保持一致,上层分窗口位置必同下窗口保持垂直。

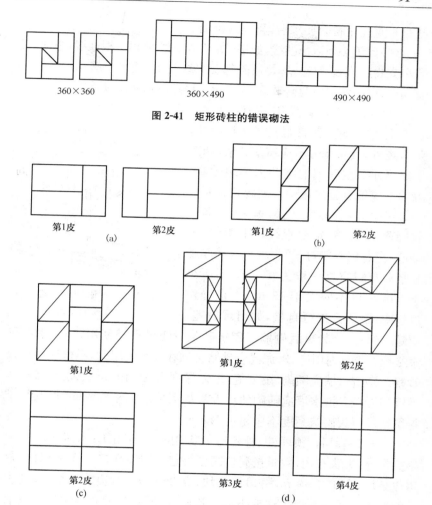

360×360　　　　360×490　　　　490×490

图 2-41　矩形砖柱的错误砌法

第1皮　　第2皮
(a)

第1皮　　第2皮
(b)

第1皮

第1皮　　第2皮

第2皮
(c)

第3皮　　第4皮
(d)

图 2-42　矩形砖柱的正确砌法

(a)240×365 砖柱；(b)365×365 砖柱；(c)365×490 砖柱；(d)490×490 砖柱

　　(3)空斗墙的外墙大角,须用普通砖砌成锯齿状与斗砖咬接。盘砌大角不宜过高,以不超过 3 个斗砖为宜,新盘的大角应及时进行吊、靠,如有偏差要及时修整。盘角时要仔细对照皮数杆的砖层和标高,控制好灰缝大小,使水平灰缝均匀一致。大角盘好后再复查一次,平整和垂直完全符合要求后,再挂线砌墙。

（4）砌筑必须双面挂线,如果长墙几个人均使用一根通线,中间应设几个支线点,小线要拉紧,每层砖都要穿线看平,使水平缝均匀一致,平直通顺;可照顾砖墙两面平整,为下道工序控制抹灰厚度奠定基础。

（5）砌空斗墙宜采用满刀披灰法。在有眠空斗墙中,眠砖层与丁砖接触处,除两端外,其余部分不应填塞砂浆,如图2-43所示。空斗墙的空斗内不填砂浆,墙面不应留有竖向通缝。砌砖时砖要放平。里手高,墙面就要张;里手低,墙面就要背。砌砖一定要跟线,"上跟线,下跟棱,左右相邻要对平"。水平灰缝厚度和竖向灰缝宽度一般为10 mm,不应小于7 mm,也不应大于13 mm。在操作过程中,要认真进行自检,如出现偏差,

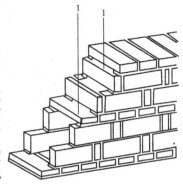

图 2-43　一眠二斗空斗墙
1—此缝不宜填砂浆

应随时纠正,严禁事后砸墙。砌筑砂浆应随搅拌随使用,一般水泥砂浆必须在 3 h 内用完,水泥混合砂浆必须在 4 h 内用完,不得使用过夜砂浆。砌清水墙应随砌、随划缝,划缝深度为 8～10 mm,深浅一致,墙面清扫干净。混水墙应随砌随将舌头灰刮尽。空斗墙应同时砌起,不得留槎。每天砌筑高度不应超过 1.8 m。

（6）墙中留洞、预埋件、管道等处应用实心砖砌筑;木砖预埋时应小头在外,大头在内,数量按洞口高度决定。洞口高在 1.2 m 以内,每边放 2 块;高 1.2～2 m,每边放 3 块;高 2～3 m,每边放 4 块,预埋木砖的部位一般在洞口上边或下边 4 皮砖,中间均匀分布。木砖要提前做好防腐处理。钢门窗安装的预留孔、硬架支模、暖卫管道,均应按设计要求预留,不得事后剔凿。墙体拉结筋的位置、规格、数量、间距均应按设计要求留置,不应错放、漏放。

（7）门窗过梁撑承处应用实心砖砌筑;安装过梁、梁垫时,其标高、位置及型号必须准确,坐浆饱满。如坐浆厚度超过 2cm 时,要用细石混凝土铺垫,过梁安装时,两端支撑点的长度应一致。

（8）凡设有构造柱的工程,在砌砖前,先根据设计图纸将构造柱位置进行弹线,并把构造柱插筋处理顺直。砌砖墙时,与构造柱连接处砌成马牙槎,马牙槎处砌实心砖。每一个马牙槎沿高度方向的尺寸不宜超过 30 cm。马牙槎应先退后进。拉结筋按设计要求放置,设计无要求时,一般沿墙高 50 cm 设置 2 根 $\phi6$ 水平拉结筋,每边深入墙内不应小于 1 m。

（9）空斗砖墙砌体施工时,下列部位应砌成实砌体(平砌或侧砌)：

1)墙的转角处和交接处。

2)室内地坪以下的全部砌体,室内地坪和楼板面上的 3 皮砖部分。

3)三层房屋外墙底层窗台标高以下部分。

4)楼板、圈梁、格栅和檩条等支撑面下的 2～4 皮砖的通长部分。

5)梁和屋架支撑处按设计要求的部分。

6)壁柱和洞口两侧 240 mm 范围内。

7)屋檐和山墙压顶下的 2 皮砖部分。

8)楼梯间的墙、防火墙、挑檐以及烟道和管道较多的墙。

9)作填充墙时,与框架拉结筋的连接处、预埋件处。

三、石砌体工程

1. 毛石砌体施工技术要点

（1）毛石基础砌筑。毛石基础是用乱毛石或平毛石与水泥混合砂浆或水泥砂浆砌成。乱毛石是指形状不规则的石块;平毛石是指形状不规则,但有两个平面大致平行的石块。

1)砌第 1 皮毛石时,应选用有较大平面的石块,先在基坑底铺设砂浆,再将毛石砌上,并使毛石的大面向下。

2)砌每一皮毛石时,均应分皮卧砌,并应上下错缝,内外搭砌,不得采用先砌外面石块后中间填心的砌筑方法。石块间较大的空隙应先填塞砂浆,后用碎石嵌实,不得采用先摆碎石后塞砂浆或干填碎石的方法。

3)砌筑第 2 皮及以上各皮时,应采用坐浆法分层卧砌,砌石时首先铺好砂浆,砂浆不必铺满,可随砌随铺,在角石和面石处,坐浆略厚些,石块砌上去将砂浆挤压成要求的灰缝厚度。

4)砌石时搬取石块应根据空隙大小、槎口形状选用合适的石料先试砌试摆一下,尽量使缝隙减少,接触紧密。但石块之间不能直接接触形成干斫缝,同时,应避免石块之间形成空隙。

5)砌石时,大、中、小毛石应搭配使用,以免将大块都砌在一侧,而另一侧全用小块,造成两侧不均匀,使墙面不平衡而倾斜。

6)砌石时,先砌里外两面,长短搭砌,后填砌中间部分,但不允许将石块侧立砌成立斗石,也不允许先把里外皮砌成长向两行(牛槽状)。

7)毛石基础每 $0.7 \ m^2$ 且每皮毛石内间距不大于 $2 \ m$ 设置一块拉结石,上下两皮拉结石的位置应错开,立面砌成梅花形。拉结石宽度,若基础宽度等于或小于 $400 \ mm$,拉结石宽度应与基础宽度相等;若基础宽度大于 $400 \ mm$,可用两块拉结石内外搭接,搭接长度不应小于 $150 \ mm$,且其中一块长度不应小于基础宽度的 $1/2$。

(2)毛石墙体砌筑。毛石墙是用平毛石或乱毛石与水泥混合砂浆或水泥砂浆砌成,墙面灰缝不规则,外观要求整齐的墙面,其外皮石材可适当加工。毛石墙的转角可用料石或平毛石砌筑。毛石墙的厚度应不小于 $350 \ mm$。毛石可以与普通砖组合砌,墙的外侧为砖,里侧为毛石。毛石亦可与料石组合砌,墙的外侧为料石,里侧为毛石。

1)砌筑时,石块上下皮应互相错缝,内外交错搭砌,避免出现重缝、空缝和孔洞,同时应注意合理摆放石块,不应出现图 2-44 所示的砌石类型,以免砌体承重后发生错位、劈裂、外鼓等现象。

2)上下皮毛石应相互错缝,内外搭砌,石块间较大的空隙应先填塞砂浆,然后用碎石嵌实。严禁先填塞小石块后灌浆的做法。墙体中间不得有铁锹口石(尖石倾斜向外的石块)、斧刃石和过桥石(仅在两端搭砌的石块),如图 2-45 所示。

3)毛石墙必须设置拉结石,拉结石应均匀分布,相互错开,一般每 $0.7 \ m^2$ 墙面至少设 1 块,且同皮内的中距不大于 $2 \ m$。墙厚等于或小于 $400 \ mm$ 时,拉结石长度等于墙厚;墙厚大于 $400 \ mm$ 时,可用 2 块拉结石内外搭砌,搭接长度不小于 $150 \ mm$,且其中 1 块长度不小于墙厚的 $2/3$。

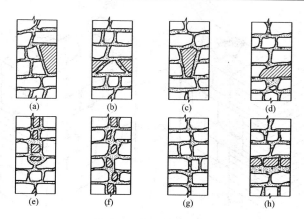

图 2-44 错误的砌石类型

(a)刀口型(1);(b)刀口型(2);(c)劈合型;(d)桥型;(e)马槽型;(f)夹心型;(g)对合型;(h)分层型

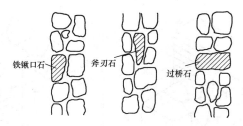

图 2-45 铁锹口石、斧刃石、过桥石示意图

4)在毛石与实心砖的组合墙中,毛石墙与砖墙应同时砌筑,并每隔 4～6 皮砖用 2～3 皮砖与毛石墙拉结砌合,两种墙体间的空隙应用砂浆填满,如图 2-46 所示。

5)毛石墙与砖墙相接的转角处和交接处应同时砌筑。在转角处,应自纵墙(或横墙)每隔 4～6 皮砖高度引出不小于 120 mm 的阳槎与横墙相接,如图 2-47 所示。在丁字交接处,应自纵墙每墙 4～6 皮砖高度引出不小于 120 mm 与横墙相接,如图 2-48 所示。

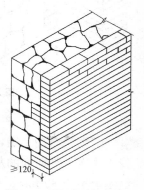

图 2-46 毛石与砖组合墙

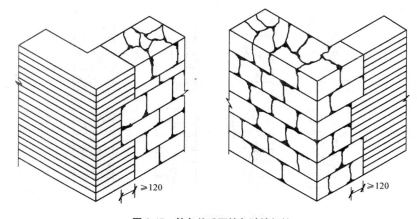

图 2-47　转角处毛石墙与砖墙相接

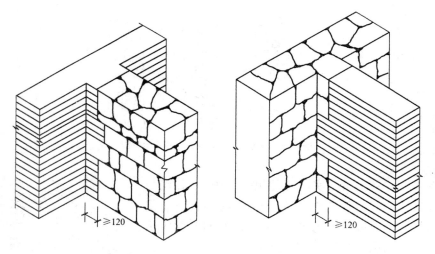

图 2-48　丁字交接处毛石墙与砖墙相接

6)砌毛石挡土墙,每砌 3～4 皮为一个分层高度,每个分层高度应找平 1 次。外露面的灰缝厚度不得大于 40 mm,两个分层高度间的错缝不得小于 80 mm。毛石墙每日砌筑高度不应超过 1.2 m,临时间断处应砌成斜槎。

2. 料石砌体施工技术要点

（1）料石基础砌筑。

1）料石基础宜用粗料石或毛料石与水泥砂浆砌筑。料石的宽度、厚度均不宜小于 200 mm，长度不宜大于厚度的 4 倍。料石强度等级应不低于 M20。砂浆强度等级应不低于 M5。

2）料石基础砌筑前，应清除基槽底杂物，在基槽底面上弹出基础中心线及两侧边线，在基础两端立起皮数杆，在两端皮数杆之间拉准线，依准线进行砌筑。

3）料石基础的第 1 皮石块应坐浆砌筑，即先在基槽底摊铺砂浆，再将石块砌上，所有石块应丁砌，以后每皮石块应铺灰挤砌，上下错缝，搭砌紧密，上下皮石块竖缝相互错开应不少于石块宽度的 1/2。料石基础立面组砌形式宜采用一顺一丁，即一皮顺石与一皮丁石相间。

4）阶梯形料石基础，上阶的料石至少压砌下阶料石的 1/3。料石基础的水平灰缝厚度和竖向灰缝宽度不宜大于 20 mm。灰缝中砂浆应饱满。料石基础宜先砌转角处或交接处，再依准线砌中间部分，临时间断处应砌成斜槎。

（2）料石墙砌筑。

1）料石砌筑前，应在基础丁面上放出墙身中线和边线及门窗洞口位置线，并找平，立皮数杆，拉准线。

2）料石砌筑前，必须按照组砌图将料石试排妥当后，才能开始砌筑。

3）料石墙应双面拉线砌筑，全顺叠砌单面挂线砌筑。先砌转角处和交接处，后砌中间部分。

4）料石墙的第 1 皮及每个楼层的最上 1 皮应丁砌。

5）料石墙采用铺浆法砌筑。料石灰缝厚度：毛料石和粗料石墙砌体不宜大于 20 mm；细料石墙砌体不宜大于 5 mm。砂浆铺设厚度略高于规定灰缝厚度，其高出厚度：细料石为 3～5 mm；毛料石、粗料石宜为 6～8 mm。

6）砌筑时，应先将料石里口落下，再慢慢移动就位，校正垂直与水平。在料石砌块校正到正确位置后，顺石面将挤出的砂浆清除，然后向竖缝中灌浆。

7)在料石和砖的组合墙中,料石墙和砖墙应同时砌筑,并每隔2～3皮料石用丁砌石与砖墙拉结砌合,丁砌石的长度宜与组合墙厚度相等,如图 2-49 所示。

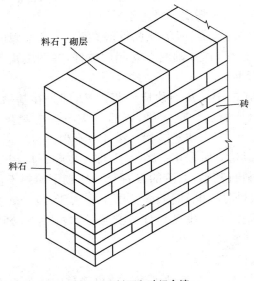

料石丁砌层

砖

料石

图 2-49　料石和砖组合墙

8)料石墙宜从转角处或交接处开始砌筑,再依准线砌中间部分,临时间断处应砌成斜槎,斜槎长度应不小于斜槎高度。料石墙每日砌筑高度宜不超过 1.2m。

(3)料石柱砌筑。

1)料石柱砌筑前,应在柱座面上弹出柱身边线,在柱座侧面弹出柱身中心线。

2)整石柱所用石块其四侧应弹出石块中心线。

3)砌整石柱时,应将石块的叠砌面清理干净。先在柱座面上抹一层厚约 10 mm 水泥砂浆,再将石块对准中心线砌上,以后各皮石块砌筑应先铺好砂浆,对准中心线,再将石块砌上。石块如有竖向偏斜,可用铜片或铝片在灰缝边缘内垫平。

4)砌筑料石柱时,应按规定的组砌形式逐皮砌筑,上下皮竖缝相互错开,无通天缝,不得使用垫片。

5)灰缝要横平竖直。灰缝厚度:细料石柱不宜大于 5 mm;半细料石柱不宜大于 10 mm。砂浆铺设厚度应略高于规定灰缝厚度,其高出厚度为 3～5 mm。

6)砌筑料石柱,应随时用线坠检查整个柱身的垂直,如有偏斜应拆除重砌,不得用敲击方法去纠正。

7)料石柱每天砌筑高度不宜超过 1.2 m。砌筑完后应立即加以围护,严禁碰撞。

第四节　钢筋混凝土工程施工技术

一、模板工程

1. 模板的分类

模板是混凝土浇筑成型的模壳和支架。其按材料的性质可分为木模板、钢模板、塑料模板和其他模板等。

(1)木模板。混凝土工程开始出现时,都是使用木材来做模板。木材被加工成木板、木方,然后经过组合成为构件所需的模板。

20 世纪 50 年代,我国现浇结构模板主要采用传统的手工拼装木模板,耗用木材量大,施工方法落后。近些年,出现了用多层胶合板做模板料进行施工的方法。对于这种胶合板做的模板,国家专门制定了《混凝土模板用胶合板》(GB/T 17656—2008)的专业标准,对模板的尺寸、材质、加工提出了规定。用胶合板制作模板,加工成型比较省力,材质坚韧、不透水、自重轻,浇筑出的混凝土外观比较清晰美观。

(2)钢模板。国内使用的钢模板大致可分为两类,一类是小块钢模,是以一定尺寸模数做成不同大小的单块钢模,最大尺寸是 300 mm×1500 mm×50 mm,在施工时拼装成构件所需的尺寸,亦称为小块组合钢模,组合拼装时采用 U 形卡将板缝卡紧形成一体;另一类是大模板,用于墙体的支模,多用在剪力墙结构中,模板的大小按设计的墙身大小而定型制作,其形式如图 2-50 所示。

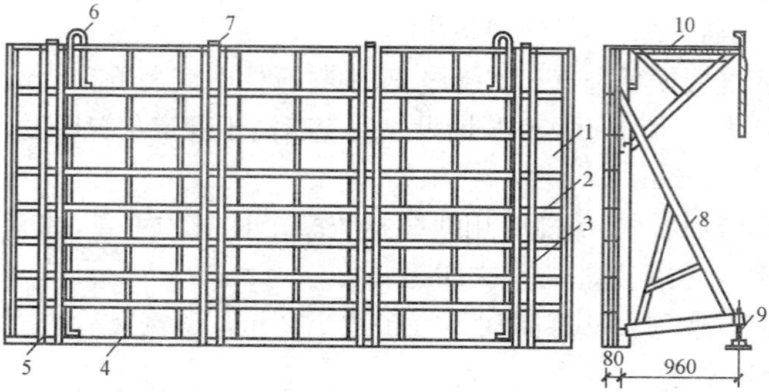

图 2-50　大模板构造图

1—面板;2—横肋;3—竖肋;4—小肋;5—穿墙螺栓
6—吊环;7—上口卡座;8—支撑架;9—地脚螺钉;10—操作平台

(3)塑料模板。塑料模板是随着钢筋混凝土预应力现浇密肋楼盖的出现,而创制出来的。其形状如一个方的大盆,支模时倒扣在支架上,底面朝上,称为塑壳定型模板。在壳模四侧形成十字交叉的楼盖肋梁。塑料模板的优点是拆模快,容易周转;缺点是仅能用在钢筋混凝土结构的楼盖施工中。

(4)其他模板。20 世纪 80 年代中期以来,现浇结构模板趋向多样化,发展更为迅速,主要有玻璃钢模板、压型钢模、钢木(竹)组合模板、装饰混凝土模板以及复合材料模板等。

2. 模板支设安装施工技术

(1)柱模板支设安装应符合下列要求。

1)保证柱模的长度符合模数,不符合部分放到节点部位处理;或以梁底标高为准,由上往下配模,不符合模数部分放到柱根部位处理;高度在 4 m 和 4 m 以上时,一般应四面支撑。当柱高超过 6 m 时,不宜单根柱支撑,宜几根柱同时支撑连成构架。

2)柱模根部要用水泥砂浆堵严,防止跑浆。在配模时,应一并考虑留出柱模的浇筑口和清扫口。

3)梁、柱模板分两次支设,在柱子混凝土达到拆模强度时,最上一段柱模先保留不拆,以便于与梁模板连接。

4)柱模安装就位后,立即用四根支撑或有花篮螺栓的缆风绳与柱顶四角拉结,并校正中心线和偏斜,如图 2-51 所示。全面检查合格后,再整体固定。

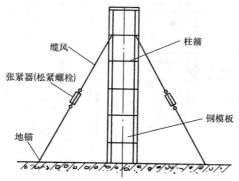

图 2-51 校正柱模板

(2)梁模板支设安装应符合下列要求。

1)梁口与柱头模板的节点连接,一般可按图 2-52 和图 2-53 处理。

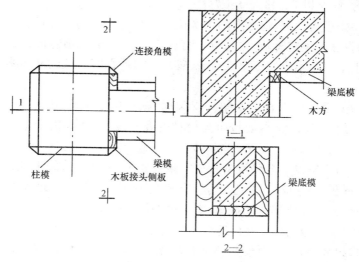

图 2-52 柱顶梁口采用嵌补模板

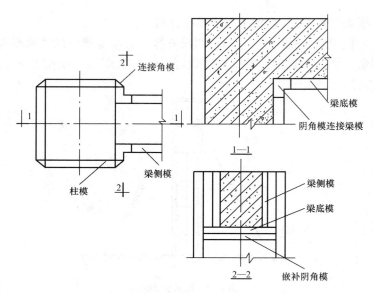

图 2-53　柱顶梁口用木方镶拼

2)梁模支柱的设置,应经模板设计计算决定,一般情况下采用双支柱时,间距以 60～100 cm 为宜。

3)模板支柱纵、横方向的水平拉杆、剪刀撑等,均应按设计要求布置;当设计无规定时,支柱间距一般不宜大于 2 m,纵横方向的水平拉杆的上下间距不宜大于 1.5 m,纵横方向的垂直剪刀撑的间距不宜大于 6 m。

4)采用扣件钢管脚手架作支架时,横杆的步距要按设计要求设置。采用桁架支模时,要按事先设计的要求设置,桁架的上下弦要设水平连接。

5)由于空调等各种设备管道安装的要求,需要在模板上预留孔洞时,应尽量使穿梁管道孔分散,穿梁管道孔的位置应设置在梁中(图 2-54),以防削弱梁的截面,影响梁的承载能力。

(3)墙模板支设安装应符合下列要求。

1)组装模板时,要使两侧穿孔的模板对称放置,以使穿墙螺栓与墙模板保持垂直。

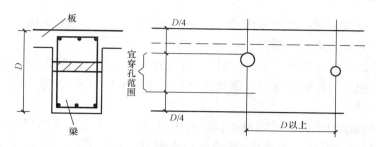

图 2-54 穿梁管道孔设置的高度范围

2)相邻模板边肋用 U 形卡连接的间距,不得大于 300 mm,预组拼模板接缝处宜对严。

3)预留门窗洞口的模板应有锥度,安装要牢固,既不变形,又便于拆除。

4)墙模板上预留的小型设备孔洞,当遇到钢筋时,应设法确保钢筋位置正确,不得将钢筋移向一侧,如图 2-55 所示。

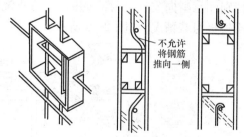

图 2-55 墙模板上设备孔洞模板做法

5)墙模板的门子板,设置方法同柱模板。门子板的水平间距一般为 2.5 m。

(4)楼板模板支设安装应符合下列要求。

1)采用立柱作支架时,立柱和钢棱(龙骨)的间距,根据模板设计计算决定,一般情况下立柱与外钢棱间距为 600～1 200 mm,与内钢楞(小龙骨)间距为 400～600 mm。调平后即可铺设模板。在模板铺设完标高校正后,立柱之间应加设水平拉杆,其道数根据立柱高度决定。一般情况下距离地面 200～300 mm 处设一道,往上纵横方向每隔 1.6 m 左右设一道。

2)采用桁架作支撑结构时,一般应预先支好梁、墙模板,然后将桁架按模板设计要求支设在梁侧模通长的型钢或方木上,调平固定后再铺设模板。

3)楼板模板当采用单块就位组拼时,宜以每个节间从四周先用阴角模板与墙、梁模板连接,然后向中央铺设。相邻模板边肋应按设计要求用 U 形卡连接,也可用钩头螺栓与钢楞连接。亦可采用 U 形卡预拼大块再吊装铺设。

4)采用钢管脚手架作支撑时,在支柱高度方向每隔1.2～1.3 m 设一道双向水平拉杆。

(5)楼梯模板一般比较复杂,常见的有板式和梁式楼梯,其支模工艺基本相同。施工前应根据实际层高放样,先安装休息平台梁模板,再安装楼梯模板斜楞,然后铺设楼梯底模、安装外侧模和踏步模板。安装模板时要特别注意斜向支柱(斜撑)的固定,防止浇筑混凝土时模板移动。楼梯段模板组装情况,如图 2-56 所示。

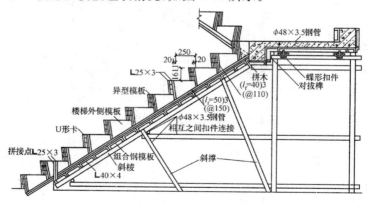

图 2-56　楼梯段模板组装示意图

(6)预埋件和预留孔洞的设置。梁顶面和板顶面埋件的留设方法如图 2-57 所示。

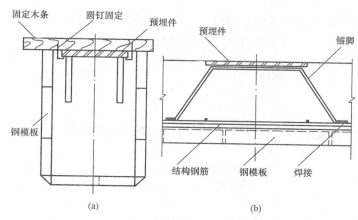

图 2-57　水平构件预埋件固定示意图
(a)梁顶面;(b)板顶面

3. 模板拆除

(1)模板拆除一般是先支的后拆,后支的先拆,先拆非承重部位,后拆承重部位,并做到不损伤构件或模板。

(2)肋形楼盖应先拆柱模板,再拆楼板底模、梁侧模板,最后拆梁底模板。拆除跨度较大的梁下支柱时,应先从跨中开始分别拆向两端。侧立模的拆除应按自上而下的原则进行。

(3)工具式支模的梁、板模板的拆除,应先拆卡具、顺口方木、侧板,再松动木楔,使支柱、桁架等平稳下降,逐段抽出底模板和横档木,最后取下桁架、支柱、托具。

(4)多层楼板模板支柱的拆除:当上层模板正在浇筑混凝土时,下一层楼板的支柱不得拆除,再下一层楼板的支柱,仅可拆除一部分。跨度 4 m 及 4 m 以上的梁,均应保留支柱,其间距不得大于 3 m;其余再下一层楼的模板支柱,当楼板混凝土达到设计强度时,方可全部拆除。

二、钢筋工程

1. 钢筋连接

(1)钢筋绑扎。

钢筋绑扎连接是利用混凝土的黏结锚固作用,实现两根锚固钢筋的应力传递。为保证钢筋的应力能充分传递,必须满足施工规范规定的最小搭接长度的要求,且应将接头位置设在受力较小处。

1)钢筋搭接处,应在中心和两端用镀锌钢丝扎牢,如图 2-58 所示。

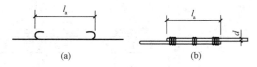

图 2-58　钢筋绑扎接头
(a)光圆钢筋;(b)带肋钢筋

2)钢筋的交叉点都应采用镀锌钢丝扎牢。

3)焊接骨架和焊接网采用绑扎连接时,应符合下列规定。

①焊接骨架和焊接网的搭接接头,不宜位于构件的最大弯矩处。

②焊接网在非受力方向的搭接长度,不宜小于 100 mm。

③受拉焊接骨架和焊接网在受力钢筋方向的搭接长度,应符合设计规定;受压焊接骨架和焊接网在受力钢筋方向的搭接长度,可取受拉焊接骨架和焊接网在受力钢筋方向的搭接长度的 0.7 倍。

4)在绑扎骨架中非焊接的搭接接头长度范围内,当搭接钢筋为受拉时,其箍筋的间距不应大于 $5d$,且不应大于 100 mm。当搭接钢筋为受压时,其箍筋间距不应大于 $10d$,且不应大于 200 mm(d 为受力钢筋中的最小直径)。

5)绑扎钢筋用的镀锌钢丝,可采用 20~22 号镀锌钢丝,其中 22 号镀锌钢丝只用于绑扎直径 12 mm 以下的钢筋。

6)控制混凝土保护层应采用水泥砂浆垫块或塑料卡。水泥砂浆垫块的厚度应等于保护层厚度。垫块的平面尺寸:当保护层厚度等于或小于 20 mm 时为 30 mm×30 mm;大于 20 mm 时为 50 mm×50 mm。当在垂直方向使用垫块时,可在垫块中埋入 20 号镀锌钢丝。塑料卡的形状有两种:塑料垫块和塑料环圈,如图 2-59 所示。塑料垫块用于水平构件(如梁、板),在两个方向均有凹槽,以便适应两种保护层厚度。塑料环用于垂直构件(如柱、墙),使用时钢筋从卡嘴进入卡腔;由于塑料环圈有弹性,可使卡腔的大小适应钢筋直径的变化。

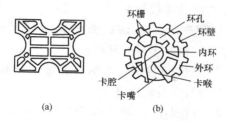

图 2-59　塑料卡

(a)塑料垫块;(b)塑料环圈

(2)钢筋焊接连接。

钢筋的焊接质量与钢材的可焊性、焊接工艺有关。可焊性与含碳量、合金元素的数量有关,含碳、锰数量增加,则可焊性差;而含适量的钛可改善可焊性。焊接工艺(焊接参数与操作水平)亦影响焊接质量,即使可焊性差的钢材,若焊接工艺合宜,亦可获得良好的焊接质量。目前普遍采用的焊接方法有电弧焊、闪光对焊、电阻点焊、气压焊、电渣压力焊、窄间隙电弧焊、预埋件钢筋埋弧压力焊等。

1)钢筋电阻点焊。混凝土结构中的钢筋焊接骨架和钢筋焊接网,宜采用电阻点焊制作。

①钢筋焊接骨架和钢筋焊接网在焊接生产中,当两根钢筋直径不同时,焊接骨架较小钢筋直径小于或等于 10 mm 时,大、小钢筋直径之比不宜大于 3 倍;当较小钢筋直径为 12～16 mm 时,大、小钢筋直径之比不宜大于 2 倍。焊接网较小钢筋直径不得小于较大钢筋直径的 60%。

②电阻点焊的工艺过程中,应包括预压、通电、锻压三个阶段(图 2-60)。

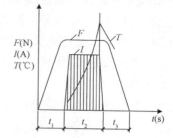

图 2-60　电阻点焊过程示意图

F—压力;I—电流;T—温度;t—时间

t_1—预压时间;t_2—通电时间;t_3—锻压时间

③焊点的压入深度应为较小钢筋直径的 18%～25%。

④钢筋焊接网、钢筋焊接骨架宜用于成批生产,焊接时应按设备使用说明书中的规定进行安装、调试和操作,根据钢筋直径选用合适的电极压力、焊接电流和焊接通电时间。

⑤在点焊生产中,应经常保持电极与钢筋之间接触面的清洁平整,当电极使用变形时,应及时修整。

⑥钢筋点焊生产过程中,应随时检查制品的外观质量,当发现焊接缺陷时,应查找原因并采取措施,及时消除。

2)钢筋对焊是将两钢筋成对接形式水平安置在对焊机夹钳中,使两钢筋接触,通以低电压的强电流,把电能转化为热能(电阻热),当钢筋加热到一定程度后,即施加轴向压力挤压(称为顶锻),便形成对焊接头。钢筋对焊具有生产效率高、操作方便、节约钢材、焊接质量高、接头受力性能好等优点。

钢筋对焊工艺:先将钢筋夹入对焊机的两电极中(钢筋与电极接触处应清除锈污,电极内应通入循环冷却水),闭合电源,然后使钢筋两端面轻微接触,这时即有电流通过,由于接触轻微,钢筋端面不平,接触面很小,故电流密度和接触电阻很大,因此接触点很快熔化,形成"金属过梁"。过梁被进一步加热,产生金属蒸汽飞溅(火花般的熔化金属微粒自钢筋两端面的间隙中喷出,此过程称为烧化),形成闪光现象,故也称闪光对焊。通过烧化使钢筋端部温度升高到要求温度后,便快速将钢筋挤压(称顶锻),然后断电,即形成对焊接头。

根据所用对焊机功率大小及钢筋品种、直径的不同,钢筋闪光对焊可采用连续闪光焊、预热闪光焊或闪光-预热-闪光焊工艺方法。

(3)钢筋机械连接。

钢筋机械连接是通过连接件的机械咬合作用或钢筋端面的承压作用,将一根钢筋中的力传递至另一根钢筋的连接方法。其具有施工简便、工艺性能良好、接头质量可靠、不受钢筋焊接性的制约、可全天施工、节约钢材和能源等优点。常用的机械连接接头类型有挤压套筒接头、锥螺纹套筒接头等。

1)带肋钢筋套筒挤压连接。带肋钢筋套筒挤压连接是将需要连接的带肋钢筋,插于特制的钢套筒内,利用挤压机压缩套筒,使之产生塑性变形,靠变形后的钢套筒与带肋钢筋之间的紧密咬合来实现钢筋的连接。钢筋挤压连接适用于钢筋直径为 16～40 mm 的热轧 HRB335 级、HRB400 级带肋钢筋的连接。其有钢筋径向挤压连接和钢筋轴向挤压连接两种形式。

①带肋钢筋套筒径向挤压连接。带肋钢筋套筒径向挤压连接,是采用挤压机沿径向(即与套筒轴线垂直方向)将钢套筒挤压产生塑性变形,使之紧密地咬住带肋钢筋的横肋,实现两根钢筋的连接,如图 2-61所示。当不同直径的带肋钢筋采用挤压接头连接时,若套筒两端的外径和壁厚相同,被连接钢筋的直径相差不应大于 5 mm。挤压连接工艺流程:钢套筒、钢筋挤压部位的检查、清理、矫正→钢筋断料,刻画钢筋套入长度定出标记→套筒套入钢筋→安装挤压机→开动液压泵,逐渐加压套筒至接头成型→卸下挤压机→接头外形检查。

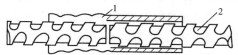

图 2-61 带肋钢筋套筒径向挤压连接

1—钢套管;2—钢筋

②带肋钢筋套筒轴向挤压连接。钢筋轴向挤压连接,是采用挤压机和压模对钢套筒及插入的两根对接钢筋,沿其轴向方向进行挤压,使套筒咬合到带肋钢筋的肋间,使其结合成一体,如图 2-62 所示。

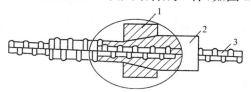

图 2-62 带肋钢筋套筒轴向挤压连接

1—压模;2—钢套管;3—钢筋

2)钢筋锥螺纹套筒连接。钢筋锥螺纹套筒连接是利用锥形螺纹能承受轴向力和水平力以及密封性能较好的原理,依靠机械力将钢筋连接在一起。操作时,先用专用套丝机将钢筋的待连接端加工成锥形外螺纹;然后,通过带锥形内螺纹的钢连接套筒将两根待接钢筋连接;最后利用力矩扳手按规定的力矩值使钢筋和连接钢套筒拧紧在一起,如图 2-63 所示。

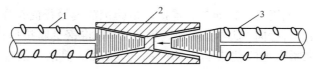

图 2-63 钢筋锥螺纹套筒连接
1—已连接的钢筋;2—锥螺纹套筒;3—未连接的钢筋

2. 钢筋加工

(1)钢筋除锈。工程中钢筋的表面应洁净,以保证钢筋与混凝土之间的握裹力。钢筋上的油漆、漆污和用锤敲击时能剥落的乳皮、铁锈等应在使用前清除干净。带有颗粒状或片状老锈的钢筋不得使用。

1)钢筋除锈一般有以下几种方法:手工除锈,即用钢丝刷、砂轮等工具除锈;钢筋冷拉或钢丝调直过程中除锈;机械方法除锈,如采用电动除锈机;喷砂或酸洗除锈等。

2)对大量的钢筋除锈,可通过钢筋冷拉或钢筋调直机调直过程中完成;少量的钢筋除锈可采用电动除锈机或喷砂的方法;钢筋局部除锈可采取人工用钢丝刷或砂轮等方法进行。亦可将钢筋通过砂箱往返搓动除锈。

3)电动除锈的圆盘钢丝刷有成品供应(也可用废钢丝绳头拆开编成),其直径为 20～30 cm、厚度为 5～15 cm、转速度为 1 000 r/min、电动机功率为 1.0～1.5 kW。

4)如除锈后钢筋表面有严重的麻坑、斑点等已伤蚀截面时,应降级使用或剔除不用,带有蜂窝状锈迹的钢丝不得使用。

(2)钢筋调直。钢筋调直可分为人工调直和机械调直两类。人工调直可分为绞盘调直(多用于 12 mm 以下的钢筋、板柱)、铁柱调直(用于粗钢筋)、蛇形管调直(用于冷拔低碳钢丝);机械调直常用的有钢筋调直机调直(用于冷拔低碳钢丝和细钢筋)、卷扬机调直(用于粗细钢筋)。钢筋调直的具体要求如下。

1)对局部曲折、弯曲或成盘的钢筋应加以调直。

2)钢筋调直普遍使用慢速卷扬机拉直和用调直机调直。在缺乏调直设备时,粗钢筋可采用弯曲机、平直锤或用卡盘、扳手、锤击矫直;细钢筋可用绞盘(磨)拉直或用导车轮、蛇形管调直装置来调直,如图2-64所示。

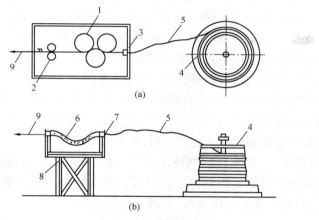

图 2-64 导轮和蛇形管调直装置

(a)导轮调直装置;(b)蛇形管调直装置

1—辊轮;2—导轮;3—旧拔丝模;4—盘条架;5—细钢筋或钢丝

6—蛇形管;7—旧滚珠轴承;8—支架;9—人力牵引

3)采用钢筋调直机调直冷拔低碳钢丝和细钢筋时,要根据钢筋的直径选用调直模和传送辊,并要恰当掌握调直模的偏移量和压紧程度。

4)用卷扬机拉直钢筋时,应注意控制冷拉率。用调直机调直钢丝和用锤击法平直粗钢筋时,表面伤痕不应使截面面积减少5%以上。

5)调直后的钢筋应平直,无局部曲折,冷拔低碳钢丝表面不得有明显擦伤。应当注意:冷拔低碳钢丝经调直机调直后,其抗拉强度一般降低10%~15%,使用前要加强检查,按调直后的抗拉强度选用。

6)已调直的钢筋应按级别、直径、长短、根数分扎成若干小扎,分区堆放整齐。

(3)钢筋切断。钢筋切断可分为机械切断和人工切断两种。机械切断常用钢筋切断机,操作时要保证断料正确,钢筋与切断机口要垂直,并严格执行操作规程,确保安全。在切断过程中,如发现钢筋有劈裂、缩头或严重的弯头,必须切除。手工切断常采用手动切断机(用于直径 16 mm 以下的钢筋)、克子(又称踏扣,用于直径 6～32 mm 的钢筋)、断线钳(用于钢丝)等几种工具。切断操作应注意以下几点:

1)钢筋切断应合理统筹配料,将相同规格的钢筋根据不同长短搭配,统筹排料;一般先断长料,后断短料,以减少短头、接头和损耗。避免用短尺量长料,以防止产生累积误差;切断操作时,应在工作台上标出尺寸刻度并设置控制断料尺寸用的挡板。

2)向切断机送料时应将钢筋摆直,避免弯成弧形,操作者应将钢筋握紧,并应在冲动刀片向后退时送进钢筋,切断长 300 mm 以下的钢筋时,应将钢筋套在钢管内送料,防止发生事故。

3)操作中,如发现钢筋硬度异常(过硬或过软),与钢筋级别不相称时,应考虑对该批钢筋进一步检验。热处理预应力钢筋切料时,只允许用切断机或氧乙炔割断,不得用电弧切割。

4)切断后的钢筋断口不得有马蹄形或起弯等现象,钢筋长度偏差不应小于±10 mm。

(4)钢筋弯曲成型。

1)钢筋弯钩弯折的规定。箍筋的弯钩,可按图 2-65 所示加工。对有抗震要求和受扭的结构,应按图 2-65(c)加工。

(a)　　　　　　　　　(b)　　　　　　　　　(c)

图 2-65　箍筋示意图

(a)90°/180°;(b)90°/90°;(c)135°/135°

2)钢筋弯曲成型的方法。钢筋弯曲成型的方法有手工弯曲和机械弯曲两种。手工弯曲成型设备简单、成型正确;机械弯曲成型可减轻劳动强度、提高工效,但操作时要注意安全。钢筋弯曲均应在常温下进行,严禁将钢筋加热后弯曲。

3. 钢筋安装

(1)钢筋绑扎。

1)钢筋绑扎应熟悉施工图纸,核对成品钢筋的级别、直径、形状、尺寸和数量,核对配料表和料牌,如有出入,应予纠正或增补,同时,准备好绑扎用的镀锌钢丝、绑扎工具、绑扎架等。

2)对形状复杂的结构部位,应研究好钢筋穿插就位的顺序及与模板等其他专业配合的先后次序。

3)基础底板、楼板和墙的钢筋网绑扎,除靠近外围两行钢筋的相交点全部绑扎外,中间部分交叉点可间隔交错扎牢,双向受力的钢筋则需全部扎牢。相邻绑扎点的镀锌钢丝扣要成八字形,以免网片歪斜变形。钢筋绑扎接头的钢筋搭接处,应在中心和两端用镀锌钢丝扎牢。

4)结构采用双排钢筋网时,上下两排钢筋网之间应设置钢筋撑脚或混凝土支柱(墩),每隔 1 m 放置一个,墙壁钢筋网之间应绑扎 $\phi6\sim$ $\phi10$ 钢筋制成的撑钩,间距约为 1.0 m,相互错开排列;大型基础底板或设备基础,应用 $\phi16\sim\phi25$ 钢筋或型钢焊成的支架来支撑上层钢筋,支架间距为 $0.8\sim1.5$ m;梁、板纵向受力钢筋采取双层排列时,两排钢筋之间应垫以直径 $\phi25$ 以上的短钢筋,以保证间距正确。

5)梁、柱箍筋应与受力筋垂直设置,箍筋弯钩叠合处应沿受力钢筋方向张开设置,箍筋转角与受力钢筋的交叉点均应扎牢;箍筋平直部分与纵向交叉点可间隔扎牢,以防止骨架歪斜。

6)板、次梁与主筋交叉处,板的钢筋在上,次梁的钢筋居中,主梁的钢筋在下;当有圈梁或垫梁时,主梁的钢筋应放在圈梁上。受力筋两端的搁置长度应保持均匀一致。框架梁牛腿及柱帽等钢筋,应放在柱的纵向受力钢筋内侧,同时,要注意梁顶面受力筋间的净距要留30 mm,以利于浇筑混凝土。

7)预制柱、梁、屋架等构件常采取底模上就地绑扎,应先排好箍筋,再穿入受力筋,然后绑扎牛腿和节点部位钢筋,以减少绑扎困难和复杂性。

(2)钢筋网绑扎与钢筋骨架安装。

1)钢筋网与钢筋骨架的分段(块),应根据结构配筋特点及起重运输能力而定。一般钢筋网的分块面积以 6~20 m^2 为宜,钢筋骨架的分段长度以 6~12 m 为宜。

2)为防止钢筋网与钢筋骨架在运输和安装过程中发生歪斜变形,应采取临时加固措施,图 2-66 是绑扎钢筋网的临时加固情况。

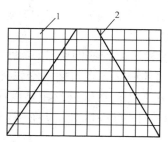

图 2-66 绑扎钢筋网的临时加固
1—钢筋网;2—加固钢筋

3)钢筋网与钢筋骨架的吊点,应根据其尺寸、质量及刚度而定。宽度大于 1 m 的水平钢筋网宜采用四点起吊,跨度小于 6 m 的钢筋骨架宜采用两点起吊,如图 2-67(a)所示;跨度大,刚度差的钢筋骨架宜采用横吊梁(铁扁担)四点起吊,如图 2-67(b)所示。为了防止吊点处钢筋受力变形,可采取兜底吊或加短钢筋。

4)焊接网和焊接骨架沿受力钢筋方向的搭接接头,宜位于构件受力较小的部位,如承受均布荷载的简支受弯构件,焊接网受力钢筋的接头宜放置在跨度两端各四分之一跨长范围内。

5)受力钢筋直径≥16 mm 时,焊接网沿分布钢筋方向的接头宜辅以附加钢筋网,如图 2-68 所示,其每边的搭接长度 $l_a = 15d$(d 为分布钢筋直径),但不小于 100 mm。

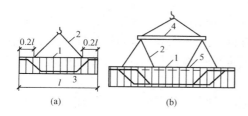

图 2-67　钢筋绑扎骨架起吊

(a)两点绑扎;(b)采用铁扁担四点绑扎

1—钢筋骨架;2—吊索;3—兜底索

4—铁扁担;5—短钢筋

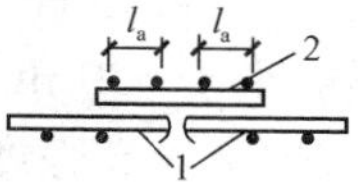

图 2-68　接头附加钢筋网

1—基本钢筋网;2—附加钢筋网

(3)焊接钢筋骨架和焊接网安装。

1)焊接骨架和焊接网的搭接接头,不宜位于构件的最大弯矩处,焊接网在非受力方向的搭接长度宜为 100 mm;受拉焊接骨架和焊接网在受力钢筋方向的搭接长度应符合设计规定;受压焊接骨架和焊接网在受力钢筋方向的搭接长度,可取受拉焊接骨架和焊接网在受力钢筋方向的搭接长度的 0.7 倍。

2)在梁中焊接骨架的搭接长度内,应配置箍筋或短的槽形焊接网,箍筋或网中的横向钢筋间距不得大于 $5d$;对轴心受压或偏心受压构件中的搭接长度内,箍筋或横向钢筋的间距不得大于 $10d$。

3)在构件宽度内有若干焊接网或焊接骨架时,其接头位置应错开。在同一截面内搭接的受力钢筋的总截面面积不得超过受力钢筋总截面面积的 50%;在轴心受拉及小偏心受拉构件(板和墙除外)中,不得采用搭接接头。

4)焊接网在非受力方向的搭接长度宜为 100 mm。当受力钢筋直径≥16 mm 时,焊接网沿分布钢筋方向的接头宜辅以附加钢筋网,其每边的搭接长度为 $15d$。

三、混凝土工程

1. 梁、板混凝土浇筑

(1)柱、墙混凝土设计强度比梁、板混凝土设计强度高一个等级时,柱、墙位置梁、板高度范围内的混凝土经设计单位同意,可采用与梁、板混凝土设计强度等级相同的混凝土进行浇筑;柱、墙混凝土设计强度比梁、板混凝土设计强度高两个等级及以上时,应在交界区域采取分隔措施,分隔位置应在低强度等级的构件中,且距高强度等级构件边缘不应小于 500 mm。

(2)宜先浇筑高强度等级混凝土,后浇筑低强度等级混凝土。

(3)柱、剪力墙混凝土浇筑应符合下列规定。

1)浇筑墙体混凝土应连续进行,间隔时间不应超过混凝土初凝时间。

2)墙体混凝土浇筑高度应高出板底 20～30 mm。柱混凝土墙体浇筑完毕之后,将上口甩出的钢筋加以整理,用木抹子按标高线将墙上表面的混凝土找平。

3)柱、墙浇筑前底部应先填 5～10 cm 厚的与混凝土配合比相同的减石子砂浆,混凝土应分层浇筑振捣。使用插入式振捣器时,每层厚度不大于 50 cm,振捣棒不得触动钢筋和预埋件。

4)柱、墙混凝土应一次浇筑完毕,如需留施工缝时应留在主梁下面,无梁楼板应留在柱帽下面。在墙柱与梁板整体浇筑时,应在柱浇筑完毕后停歇 2 h,使其初步沉实,再继续浇筑。

5)浇筑一排柱的顺序应从两端同时开始,向中间推进,以免因浇筑混凝土后由于模板吸水膨胀,断面增大而产生横向推力,最后使柱发生弯曲变形。

6)剪力墙浇筑应采取长条流水作业,分段浇筑,均匀上升。墙体混凝土的施工缝一般宜设在门窗洞口上,接槎处混凝土应加强振捣,保证接槎严密。

(4)梁、板同时浇筑,浇筑方法应由一端开始用"赶浆法",即先浇筑梁,根据梁高分层浇筑成阶梯形,当达到板底位置时再与板的混凝土一起浇筑,随着阶梯形不断延伸,梁板混凝土浇筑连续向前进行。

(5)与板连成整体高度大于 1 m 的梁,允许单独浇筑,其施工缝应留在板底以下 2～3 mm 处。浇捣时,浇筑与振捣必须紧密配合,第一层下料慢些,梁底充分振实后再下第二层料,用"赶浆法"保持水泥浆沿梁底包裹石子向前推进,每层均应振实后再下料,梁底及梁侧部位要注意振实,振捣时不得触动钢筋及预埋件。

(6)浇筑板混凝土的虚铺厚度应略大于板面,用平板振捣器沿垂直浇筑方向来回振捣,厚板可用插入式振捣器顺浇筑方向托拉振捣,并用铁插尺检查混凝土厚度,振捣完毕后用长木抹子抹平。施工缝处或有预埋件及插筋处用木抹子找平。浇筑板混凝土时不允许用振捣棒铺摊混凝土。

(7)肋形楼板的梁板应同时浇筑,浇筑方法应先将梁根据高度分层浇捣成阶梯形,当达到板底位置时即与板的混凝土一起浇捣,随着阶梯形的不断延长,则可连续向前推进。倾倒混凝土的方向应与浇筑方向相反。

(8)浇筑无梁楼盖时,在离柱帽下 5 cm 处暂停,然后分层浇筑柱帽,下料必须倒在柱帽中心,待混凝土接近楼板底面时,即可连同楼板一起浇筑。

(9)当浇筑柱梁及主次梁交叉处的混凝土时,一般钢筋较密集,特别是上部负钢筋又粗又多,因此,既要防止混凝土下料困难,又要注意砂浆挡住石子不下去。必要时,这一部分可改用细石混凝土进行浇筑,与此同时,振捣棒头可改用片式并辅以人工捣固配合。

2. 后浇带混凝土浇筑

(1)设置后浇带具有以下作用。

1)预防超长梁、板(宽)混凝土在凝结过程中的收缩应力对混凝土产生收缩裂缝。

2)减少结构施工初期地基不均匀沉降对强度还未完成增长的混凝土结构的破坏。

(2)后浇带的位置是由设计确定的,后浇带处梁板的钢筋加强应按设计要求,后浇带的位置和宽度应严格按施工图要求留设。

(3)后浇带混凝土的浇筑时间,宜在主体混凝土浇筑1~2 个月后进行,或主体施工完成后。这时,混凝土的强度增长和收缩已基本完成,地基的压缩变形也已基本完成。

(4)后浇带处混凝土施工应符合下列要求。

1)后浇带处两侧应按施工缝处理。

2) 应采用补偿收缩性混凝土(如 UEA 混凝土,UEA 的掺量应按设计要求),后浇带处的混凝土应分层精心振捣密实。如在地下室施工、底板和外侧墙体的混凝土中,应按设计在后浇带的两侧加强防水处理。

3. 型钢混凝土浇筑

混凝土的浇筑质量是型钢混凝土结构质量好坏的关键。尤其是梁柱节点、主次梁交接处、梁内型钢凹角处等,由于型钢、钢筋和箍筋相互交错,会给混凝土的浇筑和振捣带来一定的困难,因此,施工时应特别注意确保混凝土的密实性。型钢混凝土结构浇筑应符合下列规定:

(1) 混凝土强度等级为 C30 以上,宜用商品混凝土泵送浇捣,先浇捣柱后浇捣梁。混凝土粗骨料最大粒径不应大于型钢外侧混凝土保护层厚度的 1/3,且不宜大于 25 mm。

(2) 混凝土浇筑应有充分的下料位置,浇筑应能使混凝土充盈整个构件各部位。

(3) 在柱混凝土浇筑过程中,型钢周边混凝土浇筑宜同步上升,混凝土浇筑高差不应大于 500 mm,每个柱采用 4 个振捣棒振捣至顶。

(4) 在梁柱接头处和梁的型钢翼缘下部,由于浇筑混凝土时有部分空气不易排出,或因梁的型钢混凝土翼缘过宽影响混凝土浇筑,需在型钢翼缘的一些部位预留排气孔和混凝土浇筑孔。

(5) 梁混凝土浇筑时,在工字钢梁下翼缘板以下从钢梁一侧下料,用振捣器在工字钢梁一侧振捣,将混凝土从钢梁底挤向另一侧,待混凝土高度超过钢梁下翼缘板 100 mm 以上时,改为两侧两人同时对称下料,对称振捣,待浇至上翼缘板 100 mm 时再从梁跨中开始下料浇筑,从梁的中部开始振捣,逐渐向两端延伸,至上翼缘下的全部气泡从钢梁梁端及梁柱节点位置穿钢筋的孔中排出为止。

4. 钢管混凝土浇筑

钢管混凝土的浇筑常规方法为从管顶向下浇筑及混凝土从管底顶升浇筑。不论采取何种方法,对底层管柱,在浇筑混凝土前,应先灌入约 100 mm 厚的同强度等级水泥砂浆,以便和基础混凝土更好地连接,也避免了浇筑混凝土时发生粗骨料的弹跳现象。采用分段浇筑管内混凝土且间隔时间超过混凝土终凝时间时,每段浇筑混凝土前,都应采取灌水泥砂浆的措施。钢管混凝土结构浇筑应符合下列规定。

(1)宜采用自密实混凝土浇筑。

(2)混凝土应采取减少收缩的措施,减少管壁与混凝土间的间隙。

(3)在钢管适当位置应留有足够的排气孔,排气孔孔径应不小于20 mm;浇筑混凝土应加强排气孔观察,确认浆体流出和浇筑密实后方可封堵排气孔。

(4)当采用粗骨料粒径不大于 25 mm 的高流态混凝土或粗骨料粒径不大于 20 mm 的自密实混凝土时,混凝土最大倾落高度不宜大于 9 m,倾落高度大于 9 m 时应采用串筒、溜槽、溜管等辅助装置进行浇筑。

(5)混凝土从管顶向下浇筑时应符合下列规定。

1)浇筑应有充分的下料位置,浇筑应能使混凝土充盈整个钢管。

2)输送管端内径或斗容器下料口内径应比钢管内径小,且每边应留有不小于 100 mm 的间隙。

3)应控制浇筑速度和单次下料量,并分层浇筑至设计标高。

4)混凝土浇筑完毕后应对管口进行临时封闭。

(6)混凝土从管底顶升浇筑时应符合下列规定。

1)应在钢管底部设置进料输送管,进料输送管应设止流阀门,止流阀门可在顶升浇筑的混凝土达到终凝后拆除。

2)合理选择混凝土顶升浇筑设备,配备上下通信联络工具,有效控制混凝土的顶升或停止过程。

3)应控制混凝土顶升速度,并均衡浇筑至设计标高。

5. 自密实混凝土结构浇筑

(1)应根据结构部位、结构形状、结构配筋等确定合适的浇筑方案。

(2)自密实混凝土粗骨料最大粒径不宜大于 20 mm。

(3)浇筑应能使混凝土充填到钢筋、预埋件、预埋钢构周边及模板内各部位。

(4)自密实混凝土浇筑布料点应结合拌合物特性选择适宜的间

距,必要时可通过试验确定混凝土布料点下料间距。

(5)自密实混凝土浇筑时,应尽量减少泵送过程对混凝土高流动性的影响,使其和易性不变。

(6)浇筑时,在浇注范围内应尽可能减少浇筑分层(分层厚度取为1 m),使混凝土的重力作用得以充分发挥,并尽量不破坏混凝土的整体黏聚性。

(7)使用钢筋插棍进行插捣,并用锤子敲击模板,起到辅助流动和辅助密实的作用。

(8)自密实混凝土浇筑至设计高度后可停止浇筑,20 min后再检查混凝土标高,如标高略低再进行复筑,以保证达到设计要求。

(9)在自密实混凝土入模前,应进行拌和物工作性检验。

6. 清水混凝土结构浇筑

(1)应根据结构特点进行构件分区,同一构件分区应采用同批混凝土,并应连续浇筑。

(2)同层或同区内混凝土构件所用材料牌号、品种、规格应一致,并应保证结构外观、色泽符合要求。

(3)竖向构件浇筑时,应严格控制分层浇筑的间歇时间,避免出现混凝土层间接缝痕迹。

(4)混凝土浇筑前,清理模板内的杂物,完成钢筋、管线的预留预埋,施工缝的隐蔽工程验收工作。

(5)混凝土浇筑先在根部浇筑30~50 mm厚与混凝土同配比的水泥砂浆,边铺砂浆边浇筑混凝土。

(6)混凝土振点应从中间向边缘分布,且布棒均匀,层层搭扣,遍布浇筑的各个部位,并应随浇筑连续进行。振捣棒的插入深度要大于浇筑层厚度,插入下层混凝土中50 mm。振捣过程中应避免敲振模板、钢筋,每一振点的振动时间,应以混凝土表面不再下沉、无气泡逸出为止,一般为20~30 s,避免过振发生离析。

7. 混凝土振捣

(1)每一振点的振捣延续时间,应使混凝土表面呈现浮浆和不再沉落。

　　(2)当采用插入式振动器时,捣实普通混凝土的移动间距,不宜大于振捣器作用半径的1.5倍,如图2-69所示。捣实轻骨料混凝土的移动间距,不宜大于其作用半径;振捣器与模板的距离,不应大于其作用半径的0.5倍,并应避免碰撞钢筋、模板、预埋件等;振捣器插入下层混凝土内的深度应不小于50 mm。使用高频振动器时,最短不应少于10 s,应以混凝土表面成水平,不再显著下沉,不再出现气泡,表面泛出灰浆为准。振动器插点要均匀排列,可采用"行列式"或"交错式",如图2-70所示的次序移动,不应混用,以免造成混乱而发生漏振。

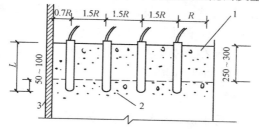

图 2-69　插入式振动器的插入深度

1—新浇筑的混凝土;2—下层已振捣但尚未初凝的混凝土;3—模板

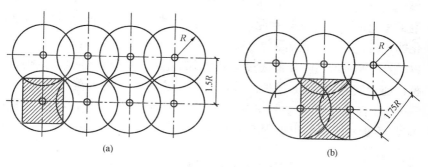

图 2-70　振捣点的布置

(a)行列式;(b)交错式

R—振动棒的有效作用半径

　　(3)采用表面振动器时,在每一位置上应连续振动一定时间,正常情况下在25～40 s,但以混凝土面均匀出现浆液为准,移动时应成排依次振动前进,前后位置和排与排间相互搭接应有 30～50 mm,防止漏振。振动倾斜混凝土表面时,应由低处逐渐向高处移动,以保证混凝土振实。表面振动器的有效作用深度,在无筋及单筋平板中为 200 mm;在双筋平板中约为 120 mm。

(4)采用外部振动器时,振动时间和有效作用随结构形状、模板坚固程度、混凝土坍落度及振动器功率大小等各项因素而定。一般每隔 1～1.5 m 的距离设置一个振动器。当混凝土成一水平面不再出现气泡时,可停止振动。必要时应通过试验确定振动时间。待混凝土入模后方可开动振动器,混凝土浇筑高度要高于振动器安装部位。当钢筋较密和构件断面较深较窄时,亦可采取边浇筑边振动的方法。外部振动器的振动作用深度在 250 mm 左右,如构件尺寸较厚时,需在构件两侧安设振动器同时进行振捣。

8. 混凝土养护

养护是为了保证混凝土凝结和硬化必需的湿度和适宜的温度,促使水泥水化作用充分发展的过程,它是获得优质混凝土必不可少的措施。混凝土中拌和水的用量虽比水泥水化所需的水量大得多,但由于蒸发,骨料、模板和基层的吸水作用以及环境条件等因素的影响,可使混凝土内的水分降低到水泥水化必需的用量之下,从而妨碍了水泥水化的正常进行。因此,混凝土养护不及时、不充分时(尤其在早期),不仅易产生收缩裂缝、降低强度,而且影响混凝土的耐久性以及其他各种性能。实验表明,未养护的混凝土与经充分养护的混凝土相比,其 28d 抗压强度将降低 30％左右,一年后的抗压强度降低 5％左右,由此可见,养护对于混凝土工程的重要性。

第五节　防水工程施工技术

一、防水材料

1. 卷材防水材料

防水卷材按材料的组成不同,分为普通沥青防水卷材、高聚物改性沥青防水卷材和合成高分子防水卷材三个系列,几十个品种规格。

(1)沥青防水卷材。

沥青防水卷材是用原纸、纤维织物、纤维毡等胎体材料浸涂沥青,表面撒布粉状、粒状或片状材料制成的可卷曲的片状防水材料。按胎体材料的不同分为三类,即纸胎油毡、纤维胎油毡和特殊胎油毡。由于其价格低廉,具有一定的防水性能,故应用较广泛。

(2)高聚物改性沥青防水卷材。

由于沥青防水卷材含蜡量高、延伸率低、温度的敏感性强、在高温下易流淌、低温下易脆裂和龟裂,因此只有对沥青进行改性处理,提高沥青防水卷材的拉伸强度、延伸率、在温度变化下的稳定性以及抗老化等性能,才能适应建筑防水材料的要求。

合成高分子聚合物(简称高聚物)改性沥青防水卷材包括 SBS 改性沥青、APP 改性沥青、PVC 改性焦油沥青、再生胶改性沥青和其他改性沥青等。

高聚物改性沥青防水卷材的特点及适用范围见表 2-34;高聚物改性沥青防水卷材的外观质量要求见表 2-35。

表 2-34　　　　　高聚物改性沥青防水卷材的特点及适用范围

卷材名称	特点	适用范围	施工工艺
SBS 改性沥青防水卷材	耐高、低温性能有明显提高,卷材的弹性和耐疲劳性改善	单层铺设的屋面防水工程或复合使用	冷施工或热熔铺贴
APP 改性沥青防水卷材	有良好的强度、延伸性、耐热性、耐紫外线照射性、耐老化性能	单层铺设,适合于紫外线辐射强烈及炎热地区屋面使用	热熔法或冷粘法敷设
PVC 改性焦油沥青防水卷材	有良好的耐热及耐低温性能,最低开卷温度为−18℃	有利于在冬季负温下施工	可热作业也可冷作业
再生胶改性沥青防水卷材	有一定的延伸性,且低温柔性较好,有一定的防腐蚀能力,价格低廉,属低档防水卷材	变形较大或档次较低的屋面防水工程	热沥青粘贴

表 2-35　　　　　　　　高聚物改性沥青防水卷材的外观质量

项目	质量要求
孔洞、缺边、裂口	不允许
边缘不整齐	不超过 10 mm
胎体露白、未浸透	不允许
撒布材料粒度、颜色	均匀
每卷卷材的接头	每卷不超过 1 处,较短的一段不应小于 1 000 mm,接头处应加长 150 mm

（3）合成高分子防水卷材。

合成高分子防水卷材是以合成橡胶、合成树脂或塑料与橡胶混合材料为主要原料,掺入适量的稳定剂、促进剂和改进剂等化学助剂及填料,经混炼、压延或挤出等工序加工而成的可卷曲片状防水材料。

合成高分子防水卷材有多个品种,包括三元乙丙、丁基、氯化聚乙烯、氯磺化聚乙烯、聚氯乙烯等防水卷材。这些卷材的性能差异较大,堆放时,要按不同品种的标号、规格、等级分别放置,避免因混乱而造成错用事故。合成高分子防水卷材的特点及适用范围见表 2-36;合成高分子防水卷材的外观质量见表 2-37。

表 2-36　　　　　　　合成高分子防水卷材的特点及适用范围

卷材名称	特点	适用范围	施工工艺
三元乙丙橡胶防水卷材	防水性能优异、耐候性好、耐臭氧性好、耐化学腐蚀性佳,弹性和抗拉强度大,对基层变形开裂的适应性强、质量轻、使用温度范围宽、寿命长,但价格高,黏结材料尚需配套完善	屋面防水技术要求较高,防水层耐用年限要求长的工业与民用建筑,单层或复合使用	冷粘法或自粘法施工
丁基橡胶防水卷材	有较好的耐候性、抗拉强度和延伸率,耐低温性能稍低于三元乙丙防水卷材	单层或复合使用于要求较高的屋面防水工程	冷粘法施工

续表

卷材名称	特点	适用范围	施工工艺
氯化聚乙烯防水卷材	具有良好的耐候、耐臭氧、耐热老化、耐油、耐化学腐蚀及抗撕裂的性能	单层或复合使用,宜用于紫外线强的炎热地区	冷粘法施工
氯磺化聚乙烯防水卷材	延伸率较大、弹性较好,对基层变形开裂的适应性较强,耐高、低温性能好,而腐蚀性能优良,有很好的难燃性	适用于有腐蚀介质影响及在寒冷地区的屋面工程	冷粘法施工
聚氧甲烯防水卷材	具有较高的拉伸和撕裂强度,延伸率较大,耐老化性能好,原材料丰富,价格便宜,容易黏结	单层或复合使用于外露或有保护层的屋面防水	冷粘法或热风焊接法施工

表 2-37　　　　　　　合成高分子防水卷材的外观质量

项目	质量要求
折痕	每卷不超过 2 处,总长度不超过 20 mm
杂质	颗粒不允许大于 0.5 mm,不超过 9 mm²
胶块	每卷不超过 6 处,每处面积不大于 4 mm²
凹痕	每卷不超过 6 处,深度不超过本身厚度的 30%,树脂类深度不超过 15%
每卷卷材的接头	橡胶类每 20 m 不超过 1 处,较短的一段不应小于 3 000 mm,接头处应加长 150 mm,树脂类 20 m 长度内不允许有接头

2. 涂膜防水材料

防水涂料是一种在常温下呈黏稠状液体的高分子合成材料。涂刷在基层表面后,经过溶剂的挥发和水分的蒸发或各组成分间的化学反应,生成坚韧的防水膜,起到防水、防潮的作用。涂膜防水层完整、无接缝、自重轻、施工简单方便、易于修补、使用寿命长。若防水涂料配合密封灌缝材料使用,可增强防水性能,有效防止渗漏水,延长防水层的耐用期限。

防水涂料按基材组成材料的不同,分为沥青基防水涂料、高聚物改性沥青防水涂料和合成高分子防水涂料三大类。

(1)沥青基防水涂料。沥青基防水涂料是以沥青为基料配制成的溶剂型或水乳型防水涂料。这类防水涂料的各项性能指标较差,如冷底子油、乳化沥青防水涂料等。沥青基防水涂料适用于Ⅲ、Ⅳ级防水等级的屋面,还适用于地下室、卫生间的防水。

(2)高聚物改性沥青防水涂料。高聚物改性沥青防水涂料是以沥青为基料,用合成橡胶、再合成橡胶、再生橡胶、SBS对沥青进行改性,制成的水乳型或溶剂型的防水涂料。用合成橡胶(如氯丁橡胶、丁基橡胶等)进行改性,可以改善沥青的气密性、耐化学腐蚀性、耐燃烧性、耐光性、耐气候性等;用再生橡胶进行改性,可以改善沥青的低温冷脆性、抗裂性,增加沥青的弹性;用SBS进行改性,可以改善沥青的弹塑性、延伸性、耐老化、耐高温及耐低温性能等。高聚物改性沥青防水涂料包括氯丁橡胶沥青防水涂料(水乳型和溶剂型两类)、再生橡胶沥青防水涂料(水乳型和溶剂型两类)、SBS改性沥青防水涂料等种类。

(3)合成高分子防水涂料。合成高分子防水涂料是以合成橡胶或合成树脂为主要成膜物质,加入其他辅料配制而成的单组分或多组分防水涂料。它具有高弹性、防水性和优良的耐高、低温性能。常用的合成高分子防水涂料有聚氨酯防水涂料、丙烯酸酯防水涂料和有机硅防水涂料等品种。

3. 密封防水材料

建筑密封材料是为了填堵建筑物的施工缝、结构缝、板缝、门窗缝及各类节点处的接缝,达到防水、防尘、保温、隔热、隔音等目的。建筑密封材料应具备良好的弹塑性、黏结性、接注性、施工性、耐候性、延伸性、水密性、气密性,并能长期抵御外力的影响,如拉伸、压缩、膨胀、振动等。建筑密封材料按材质的不同,分为改性沥青密封材料和合成高分子密封材料两大类。

(1)改性沥青密封材料。改性沥青密封材料是以石油沥青为基料,用适量的合成高分子聚合物进行改性,加入填充料和其他化学助剂配制而成的膏状密封材料。

1)建筑防水沥青嵌缝油膏。建筑防水沥青嵌缝油膏(简称油膏)是以石油沥青为基料,加入改性材料及填充料混合制成的冷用膏状材料。主要用于填嵌建筑物的防水接缝。

2)聚氯乙烯建筑防水接缝油膏。聚氯乙烯建筑防水接缝油膏是以聚氯乙烯树脂为基料,加入适量的改性材料及其他添加剂配制而成的一种弹塑性热施工的密封材料。

(2)合成高分子密封材料。合成高分子密封材料是以合成高分子材料为主体,加入适量的化学助剂、填充材料和着色剂,经过特定的生产工艺,加工制成的膏状密封材料。合成高分子密封材料具有良好的黏结性、弹性、耐候性、抗老化性,广泛用于建筑工程中。

1)水乳型丙烯酸建筑密封膏。水乳型丙烯酸建筑密封膏是以丙烯酸酯乳液为黏结剂,加入少量表面活性剂、增塑性剂、改性剂以及填充料、颜料等配制而成的密封材料。

2)氯硫化聚乙烯建筑密封膏。氯硫化聚乙烯建筑密封膏是以耐候性优异的氯硫化聚乙烯橡胶为主要原料,加入适量的化学助剂、填充剂,经过配料、塑炼、混炼、研磨等工艺,加工制成的膏状密封材料。

3)聚氨酯建筑密封膏。聚氨酯建筑密封膏是以异氰酸基为基料和含有活性氢化合物的固化剂组成的一种常温固化型弹性密封材料。

4)聚硫密封膏。聚硫密封膏是以液态聚硫橡胶为基料,金属过氧化物等为硫化剂的双组分型密封膏。基料和硫化剂可在常温下反应,生成弹性体。

5)有机硅橡胶密封膏。有机硅橡胶密封膏分为单组分和双组分,目前采用单组分有机硅橡胶密封膏较多,而采用双组分有机硅橡胶密封膏较少。

二、防水屋面工程

1. 卷材防水屋面工程施工技术

(1)沥青防水卷材施工。

1)沥青熬制配料。

①沥青熬制:先将沥青破成碎块,放入沥青锅中逐渐均匀加热,加

热过程中随时搅拌,熔化后用笊篱(漏勺)及时捞清杂物,熬至脱水无泡沫时进行测温,建筑石油沥青熬制温度应不高于 240℃,使用温度不低于 190℃。

②冷底子油配制:熬制的沥青装入容器内,冷却至 110℃,缓慢注入汽油,随注入随搅拌,使其全部溶解为止,配合比(质量比)为汽油70%、石油沥青 30%。

③沥青玛瑞脂配制:沥青玛瑞脂配制成分必须由试验室试验确定配料,每班应检查瑞脂耐热度和柔韧性。

2)基层处理剂的涂刷。涂刷前,首先检查找平层的质量和干燥程度,并加以清扫,符合要求后才可进行。在大面积涂刷前,应用毛刷对屋面节点、周边、拐角等部位先进行处理。喷涂冷底子油的作用主要是使沥青胶粘材料与水泥砂浆或混凝土基层加强黏结。铺贴高聚物改性沥青卷材和合成高分子卷材采用的基层处理剂的一般施工操作与冷底子油基本相同,一般气候条件下基层处理剂干燥时间为 4h左右。

3)铺贴卷材。

①卷材铺贴前应保持干燥并必须将其表面的撒布物(滑石粉等)清除干净,以免影响卷材与沥青胶粘材料的黏结。清理卷材的撒布物时,应注意不要损伤卷材,不要在屋面上进行清理。在无保温层的装配式屋面上铺贴沥青防水卷材时,应先在屋面板的端缝处空铺一条宽约 300 mm 的卷材条,使防水层适应屋面板的变形,然后铺贴屋面卷材。

②为了便于掌握卷材铺贴的方向、距离和尺寸,应在找平层上弹线并进行试铺工作。对于天沟、水落口、立墙转角、穿墙(板)管道处,应按设计要求事先进行裁剪工作。

③热粘贴卷材连续铺贴可采用浇油法、刷油法、刮油法和撒油法。一般多采用浇油法,即用带嘴油壶将热沥青玛瑞脂左右来回在卷材前浇油,浇油宽度比卷材每边少 10～20 mm,边浇油边滚铺卷材,并使卷材两边有少量瑞脂挤出。铺贴卷材时,应沿基准线滚铺,以避免铺斜、扭曲等现象。

④粘贴沥青防水卷材,每层热玛琋脂的厚度宜为 1～1.5 mm;冷玛琋脂的厚度宜为 0.5～1 mm。面层厚度:热玛琋脂宜为 2～3 mm;冷玛琋脂宜为 1～1.5 mm。玛琋脂应涂刮均匀,不得过厚或堆积。

⑤水落口杯应牢固地固定在承重结构上,当采用铸铁制品时,所有零件均应除锈,并涂刷防锈漆。铺至女儿墙或混凝土檐口的卷材端头应裁齐后压入预留的凹槽内,用压条或垫片钉压固定(最大钉距不应大于 900 mm),并用密封材料将凹槽封闭严密。在凹槽上部的女儿墙顶部必须加扣金属盖板或铺贴合成高分子卷材,做好防水处理。

⑥排汽屋面施工时应使排汽道纵横贯通,不得堵塞。卷材铺贴时,应避免玛琋脂流入排汽道内。采用条粘、点粘、空铺第一层卷材或打孔卷材时,在檐口、屋脊和屋面的转角处及突出屋面的连接处,卷材应满涂玛琋脂,其宽度不得小于 800 mm。

⑦铺贴卷材时,应随刮涂玛琋脂随铺贴卷材,并展平压实。选择不同胎体和性能的卷材共同使用时,高性能的卷材应放在面层。

(2)高聚物改性沥青防水卷材施工。

1)冷粘法施工。冷粘法铺贴高聚物改性沥青防水卷材,是指用高聚物改性沥青胶黏剂或冷玛琋脂粘贴于涂有冷底子油的屋面基层上。高聚物改性沥青防水卷材施工不同于沥青防水卷材多层做法,通常只是单层或双层设防,因此,每幅卷材铺贴必须位置准确,搭接宽度符合要求。其施工应符合以下要求:

①根据防水工程的具体情况,确定卷材的铺贴顺序和铺贴方向,并在基层上弹出基准线,然后沿基准线铺贴卷材。

②复杂部位如管根、水落口、烟囱底部等易发生渗漏的部位,可在其中心 200 mm 左右范围先均匀涂刷一遍改性沥青胶黏剂,厚度 1 mm 左右。涂胶后随即粘贴一层聚酯纤维无纺布,并在无纺布上再涂刷一遍厚度为 1 mm 左右的改性沥青胶黏剂,使其干燥后形成一层无接缝的整体防水涂膜增强层。

③铺贴卷材时,可按卷材的配置方案,边涂刷胶黏剂,边滚铺卷材,并用压辊滚压,排除卷材下面的空气,使其黏结牢固。改性沥青胶黏剂涂刷应均匀,不漏底、不堆积。采用空铺法、条粘法、点粘法时,应

按规定位置与面积涂刷胶黏剂。

　　④搭接缝部位最好采用热风焊机或火焰加热器(热熔焊接卷材的专用工具)或汽油喷灯加热,接缝卷材表面熔融至光亮黑色时,即可进行粘合,如图 2-71 和图 2-72 所示,封闭严密。采用冷粘法时,接缝口应用密封材料封严,宽度不应小于 10 mm。

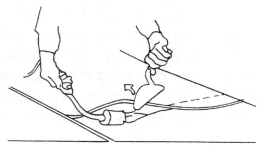

图 2-71　搭接缝熔焊黏结示意图

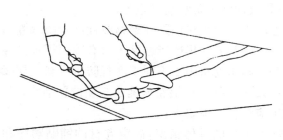

图 2-72　接缝熔焊黏结后再用火焰及抹子在接缝边缘上均匀地加热抹压一遍

　　2)热熔法施工。热熔法铺贴是采用火焰加热器熔化热熔型防水卷材底层的热熔胶进行粘贴。热熔卷材是一种在工厂生产过程中底面就涂有一层软化点较高的改性沥青热熔胶的防水卷材。该施工方法常用于 SBS 改性沥青防水卷材、APP 改性沥青防水卷材等与基层的黏结施工。

　　①清理基层。剔除基层上的隆起异物,彻底清扫、清除基层表面的灰尘。

②涂刷基层。基层处理剂可采用溶剂型改性沥青防水涂料、橡胶改性沥青胶黏料或按照产品说明书使用。将基层处理剂均匀地涂刷在基层上，厚薄均匀一致。

③节点附加增强处理。待基层处理剂干燥后，按设计节点构造图做好节点（女儿墙、水落管、管根、檐口、阴阳角等细部）的附加增强处理。

④定位、画线。在基层上按规范要求，排布卷材，弹出基准线。

⑤热熔铺贴卷材，如图2-73所示。按弹好的基准线位置，将卷材沥青膜底面朝下，对正粉线，点燃火焰喷枪（喷灯），对准卷材底面与基层的交接处，使卷材底面的沥青熔化。喷枪头距加热面为 50～100 mm，与基层成 30°～45°角为宜。当烘烤到沥青熔化，卷材底有光泽并发黑，有一层薄的熔层时，即用胶皮压辊滚压密实。这样边烘烤边推压，当端头只剩下 300 mm 左右时，将卷材翻放于隔热板上加热，同时加热基层表面，粘贴卷材并压实。

⑥搭接缝黏结（图2-74）。搭接缝黏结之前，先熔烧下层卷材上表面搭接宽度内的防粘隔离层。处理时，操作者一手持烫板，另一手持喷枪，使喷枪靠近烫板并距卷材 50～100 mm，边熔烧，边沿搭接线后退。为防火焰烧伤卷材其他部位，烫板与喷枪应同步移动。处理完毕隔离层，即可进行接缝黏结。

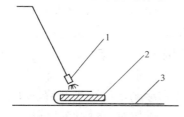

图 2-73　用隔热板加热卷材端头
1—喷枪；2—隔热板；3—卷材

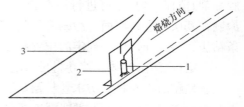

图 2-74　熔烧处理卷材上表面防粘隔离层
1—喷枪；2—烫板；3—已铺下层卷材

⑦蓄水试验。防水层完工后，按卷材热玛琋脂黏结施工的要求做蓄水试验。

⑧保护层施工。蓄水试验合格后，按设计要求进行保护层施工。

(3)合成高分子防水卷材施工。

1)冷粘贴合成高分子卷材施工。冷粘贴施工是合成高分子卷材的主要施工方法。该方法是采用胶黏剂粘贴合成高分子卷材于已涂刷基层处理剂的基层上,施工工艺和改性沥青卷材冷粘法相似。各种合成高分子卷材冷粘贴施工操作工艺要点基本一致,现以三元乙丙橡胶卷材为例加以叙述。

①清理基层。剔除基层上的隆起异物,彻底清扫、清除表面基层的杂物、灰尘。因卷材较薄,极易被刺穿,所以必须将基层清除干净。

②涂刷基层处理剂。一般是将聚氨酯防水涂料的甲料、乙料和二甲苯按重量 $1:1.5:3$ 的比例配合,搅拌均匀,再用长把滚刷蘸取这种混合料,均匀涂刷在干净、干燥的基层表面上,涂刷时不得漏刷,也不应有堆积现象,待基层处理剂固化干燥(一般 4 h 以上)后,才能铺贴卷材;也可以采用喷浆机压力喷涂含固量为 40%、pH 值为 4、黏度为 10CP($10\times10-3$Pa·s)的氯丁橡胶乳液处理基层,喷涂时要求厚薄均匀一致,并干燥 12 h 以上,方可铺贴卷材。

③细部构造复杂部位处理。对水落口、天沟、檐沟、伸出屋面的管道、阴阳角等部位,在大面积铺贴卷材前,必须用合成高分子防水涂料或常温自硫化型自粘性密封胶带作附加防水层,进行增强处理。

④涂刷基层胶黏剂。先将与卷材相容的专用配套胶黏剂(如氯丁胶黏剂)搅拌均匀,方可进行涂布施工。基层胶黏剂可涂刷在基层或涂刷在基层和卷材底面。涂刷应均匀,不露底、不堆积。采用空铺法、条粘法、点粘法时,应按规定的位置和面积涂刷。

⑤定位、弹基准线。按卷材排布配置,弹出定位线和基准线。

⑥粘贴防水卷材。防水卷材及基层分别涂刷基层胶黏剂后,需晾干 20 min 左右,待手触不黏即可进行黏结。操作时,将刷好基层胶黏剂的卷材抬起,翻过来,使刷胶面朝下,将一端粘贴在定位线部位,然后沿着基准线向前粘贴,如图 2-75 所示。粘贴时,卷材不得拉伸,要使卷材在松弛不受拉伸的状态下粘贴在基层。随即用胶辊用力向前和向两侧滚压,如图 2-76 所示,排除空气,使防水卷材与基层黏结牢固。

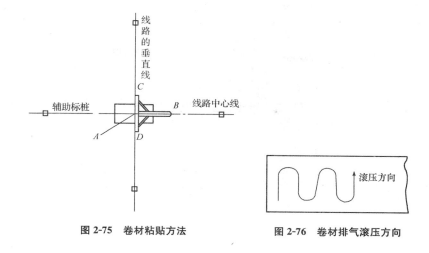

图 2-75　卷材粘贴方法　　　　　　图 2-76　卷材排气滚压方向

　　⑦卷材搭接黏结处理。由于已粘贴的卷材长、短边均留出 80 mm 空白的卷材搭接边,因此,还要用卷材搭接胶黏剂对搭接边做黏结处理。而涂布于卷材的搭接胶黏剂(如丁基橡胶卷材搭接胶黏剂,其黏结剥离强度不应小于 15 N/10 mm,浸水 168 h 后黏结剥离强度保持率不应小于 70%),不具有可立即黏结凝固的性能,需静置 20～40 min 待其基本干燥,用手指试压无黏感时方可进行贴压黏结。这样,必须先将搭接卷材的覆盖边做临时固定,即在搭接接头部位每隔 1 m 左右涂刷少许基层胶黏剂,待指触基本不黏时,再将接头部位的卷材翻开,临时黏结固定,如图 2-77 所示。将卷材接缝用的双组分或单组分的专用胶黏剂(如为双组分胶黏剂应按规定比例配合搅拌均匀),用油漆刷均匀涂刷在翻开的卷材接头的两个黏结面上,涂胶量一般以 0.5 kg/m² 左右为宜。待涂胶 20～40 min,指触基本不黏时,即可一边粘合一边驱除接缝中的空气,粘合后再用手持压辊滚压一遍。凡遇到三层卷材重叠的接头处,必须嵌填密封膏后再行粘合施工。在接缝的边缘再用密封材料(如单组分氯磺化聚乙烯密封膏或双组分聚氨酯密封膏,用量 0.05～0.1 kg/m²)封严,如图 2-78 所示。

　　⑧蓄水试验。按卷材热玛瑞脂黏结施工的要求做蓄水试验。

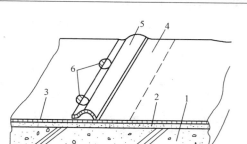

图 2-77　搭接缝部位卷材的临时黏结固定

1—混凝土垫层;2—水泥砂浆找平层;3—卷材防水层;4—卷材搭接缝部位
5—接头部位翻开的卷材;6—胶黏剂临时黏结固定点

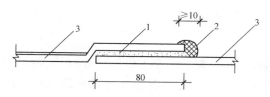

图 2-78　搭接缝密封处理示意图

1—卷材胶黏剂;2—密封材料;3—防水卷材

⑨保护层施工。屋面经蓄水试验合格,待防水面层干燥后,按设计立即进行保护层施工,以避免防水层受损。

2)自粘型合成高分子防水卷材施工。自粘型合成高分子防水卷材是在工厂生产过程中,在卷材底面涂敷一层自粘胶,自粘胶表面敷一层隔离纸,铺贴时只要撕下隔离纸,就可以直接粘贴于涂刷了基层处理剂的基层上。解决了因涂刷胶黏剂不均匀而影响卷材铺贴的质量问题,并使卷材铺贴施工工艺简化,提高了施工效率。

①清理基层。剔除基层上的隆起异物,彻底清扫、清除表面基层的杂物、灰尘。

②涂刷基层处理剂。基层处理剂可用稀释的乳化沥青或其他沥青基层的防水涂料。涂刷要薄而均匀,不露底、不凝滞。干燥 6 h 后,即可铺贴防水卷材。

③节点附加增强处理。按设计要求,在构造节点部位铺贴附加层。为确保质量,可在做附加层之前,再涂刷一遍增强胶黏剂,然后做附加层。

④定位、弹基准线。按卷材排铺布置,弹出定位线、基准线。

⑤铺贴大面自粘型卷材。以三元乙丙橡胶防水卷材为例,施工时一般三人一组配合施工,一人撕纸,一人滚铺卷材,一人随后将卷材压实粘牢,如图 2-79 所示。

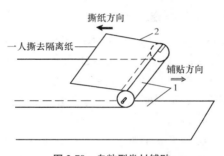

图 2-79 自粘型卷材铺贴
1—卷材;2—隔离纸

⑥卷材封边。自粘型彩色三元乙丙防水卷材的长、短向一边不带自粘型胶(宽为 50～70 mm),施工时需现场刷胶封边,以确保卷材搭接缝处黏结牢固。施工时,将卷材搭接部位翻开,用油漆刷将 CX-404 胶均匀地涂刷在卷材接缝的两个黏结面上,待涂胶 20 min 不黏手时,随即进行粘贴。粘贴后用手持压辊仔细滚压密实,使之黏结牢固。

⑦嵌缝大面卷材铺贴完毕,在卷材接缝处,用丙烯酸密封膏嵌缝。嵌缝时应宽窄一致,封闭严密。

⑧蓄水试验。同其他防水卷材施工方法。

3)热风焊接合成高分子卷材施工。热风焊接法一般适用热塑性合成高分子防水卷材的接缝施工。由于合成高分子卷材黏结性差,采用胶黏剂黏结可靠性差,所以在与基层黏结时采用胶黏剂,而接缝处采用热风焊接,确保防水层搭接缝的可靠。

热风焊接合成高分子卷材施工除搭接缝外,其他要求与合成高分子卷材冷粘法完全一致。接缝的焊接要求如下。

①为使接缝焊接牢固和密封,必须将接缝的接合面清扫干净,无灰尘、砂粒、污垢,必要时要用清洁剂清洗。

②焊缝拴焊前,搭接缝焊接的卷材必须铺贴平整,不得皱褶。搭接部位按事先弹好的标准线对齐,以保证搭接尺寸的准确。

③为了保证焊接缝的质量和便于施焊操作,应先焊长边搭接缝,后焊短边搭接缝。

2. 涂膜防水屋面工程施工技术

(1)薄质防水涂料施工。薄质防水涂料一般有反应型、水乳型或溶剂型的高聚物改性沥青防水涂料和合成高分子防水涂料。对于不同品种的防水涂料,其性能、涂刷遍数和涂刷时间间隔均有所不同。薄质防水涂料的施工主要用刷涂法和刮涂法,结合层涂料可以用喷涂法或滚涂法施工。

1)基层处理。基层要求平整、密实、干燥或基本干燥(根据涂料品种要求),不得有酥松、起砂、起皮、裂缝和凹凸不平等现象,如有必须经过处理,同时表面应处理干净,不得有浮灰、杂物和油污等。

结合层涂料,又称基层处理剂。在涂料涂布前,先喷(刷)涂一道较稀的涂料,以增强涂料与基层的黏结。结合层涂料的使用应与涂层涂料配套使用。若使用水乳型防水涂料,可用掺 0.2%～0.5%乳化剂的水溶液或软化水将涂料稀释,其配合比为防水涂料∶乳化剂溶液(或软水)＝1∶(0.5～1.0)。如无软水,可用冷开水代替,切忌使用一般水(天然水或自来水)。若使用溶剂型防水涂料,由于其渗透能力比水乳型防水涂料强,可直接用涂料薄涂一道。若涂料较稠,可用相应的稀释剂稀释后再使用。对于高聚物改性沥青防水涂料,可用煤油∶30 号石油沥青＝60∶40 的沥青溶液作为结合层涂料。结合层涂料应喷涂或刷涂。刷涂时要用力薄涂,使涂料进入基层表面的毛细孔中,使之与基层牢固结合。

2)特殊部位附加增强层处理。在大面积涂料涂布前,先按设计要求做好特殊部位附加增强层,即在屋面细部节点(如水落管、檐沟、女儿墙根部、阴阳角、立管周围等)加铺有胎体增强材料的附加层。首先在该部位涂刷一遍涂料,随即铺贴事先裁剪好的胎体增强材料,用软刷反复干刷、贴实,干燥后再涂刷一道防水涂料。水落管口处四周与檐沟交接处应先用密封材料密封,再加铺有两层胎体增强材料的附加层,附加层涂膜伸入水落口杯的深度不少于 50 mm。在板端处应设置缓冲层,缓冲层用宽 200~300 mm 的聚乙烯薄膜空铺在板缝上,然后再增铺有胎体增强材料的空铺附加层。

3)大面积涂布。涂层涂刷可用棕刷、长柄刷、圆辊刷、塑料或胶皮刮板等人工涂布,也可用机械喷涂。

用刷子涂刷一般采用涂刷法,也可采用边倒涂料边用刷子刷开刷匀的涂刮法。涂布时应先立面后平面,涂布立面应采用涂刷法,使之涂刷均匀一致。涂布平面时宜采用涂刮法,但倒料要注意控制涂料均匀倒洒,不可一处倒得过多,使涂料难以刮开,出现厚薄不均现象。涂刷遍数、间隔时间、用量必须按事先试验确定的数据进行,切不可为了省事、省力而一遍涂刷过厚。同时前一遍涂料干燥后,应将涂层上的灰尘、杂质清除干净和缺陷(如气泡、露底、漏刷、翘边、皱褶等)处理后再进行后一遍涂料的涂刷。

涂料涂布应分条或按顺序进行,分条时每条宽度应与胎体增强材料的宽度相一致,以免操作人员踩坏刚涂好的涂层。各道涂层之间的涂刷方向应互相垂直,以提高防水层的整体性和均匀性。涂层间的接槎,在每遍涂刷时应退槎 50~100 mm,接槎时也应超过 50~100 mm,避免在接槎处发生渗漏。

4)铺设胎体增强材料。在涂料第二遍涂刷时或第三遍涂刷前,即可加铺胎体增强材料。胎体增强材料应尽量顺屋脊方向铺贴,以方便施工,提高劳动效率。

胎体增强材料可以选用单一品种,也可选用玻纤布与聚酯毡混合使用。混用时,应在上层采用玻纤布,下层使用聚酯毡。铺布时,切忌拉伸过紧,否则胎体增强材料与防水涂料在干燥成膜时,会有较大的收缩,但也不宜过松,过松时布面会出现皱褶,使网眼中的涂膜极易破碎而失去防水能力。

第一层胎体增强材料应越过屋脊 400 mm,第二层应越过 200 mm,

搭接缝应压平,否则容易进水。胎体增强材料长边搭接不少于 50 mm,短边搭接不少于 70 mm,搭接缝应顺流水方向或年最大频率风向(即主导风向)。采用两层胎体增强材料时,上下层不得互相垂直,且搭接缝应错开,其错开间距不少于 1/3 幅宽。

胎体增强材料铺设后,应严格检查表面有无缺陷或搭接不良等现象,如有应及时修补完整,使其形成一个完整的防水层,然后才可在上面继续涂刷涂料。面层涂料应至少涂刷两遍以上,以增加涂膜的耐久性。如面层做粒料保护层,则可在涂刷最后一遍涂料时,随即撒铺覆盖粒料。

为了防止收头部位出现翘边现象,所有收头均应用密封材料封边,封边宽度不得小于 10 mm。收头处有胎体增强材料时,应将其剪齐,如有凹槽则应将其嵌入槽内,用密封材料嵌严,不得有翘边、皱褶和露白等现象。

(2)厚质防水涂料施工。目前我国常用的厚质防水涂料有水性石棉油膏防水涂料、石灰膏乳化沥青防水涂料、膨润土乳化沥青防水涂料、焦油塑料油膏稀释涂料和聚氯乙烯胶泥等。厚质防水涂料一般采用抹涂法或刮涂法施工,主要以冷施工为主,但塑料油膏和聚氯乙烯胶泥需加热塑化后涂刮。厚质防水涂料的涂膜厚度一般为 4~8 mm,有纯涂层,也有铺衬一层或两层胎体增强材料。其施工工艺和对基层的要求与薄质涂料的要求基本相同。

1)特殊部位附加增强处理。水落口、天沟、檐口、泛水及板端缝等特殊部位,常采用涂料增厚处理,即刮涂 2~3 mm 厚的涂料,其宽度视具体情况而定,也可按"一布二涂"构造做好增强处理。

2)大面积涂布。厚质防水涂料施工时,应将涂料充分搅拌均匀,清除杂质。涂布时,一般先将涂料直接倒在基层上,用胶皮刮板来回刮涂,使它厚薄均匀一致,不露底,表面平整,涂层内不产生气泡。涂层厚度控制可采用预先在刮板上固定铁丝或木条,或在屋面板上做好标志,铁丝或木条高度与每遍涂层涂刮厚度一致。涂层总厚度 4~8 mm,分二至三遍刮涂。对流平性差的涂料刮平后,待表面收水尚未结膜时,用铁抹子进行压实抹光,抹压时间应适当,过早起不到抹光作用,过晚会使涂料粘住抹子,出现月牙形抹痕。为此,可采取分条间隔的操作方法,分条宽度一般为 800～1 000 mm,以便抹压操作,并与胎体增强材料的宽度相一致。

3)铺设胎体增强材料。当屋面坡度小于 15% 时,胎体增强材料应平行屋脊方向铺设,屋面坡度大于 15%,则应垂直屋脊方向铺设,铺设时应从低处向上操作。胎体增强材料可采用湿铺法或干铺法施工。湿铺法是在头遍涂层表面刮平后,立即铺贴胎体增强材料。铺贴时应做到平整、不起皱,但也不能拉伸过紧,铺贴后用刮板或抹子轻轻刮压或抹压,使布网孔眼中(或毡面上)充满涂料,待干燥后继续进行第二遍涂料施工。干铺法是待头遍涂料干燥后,用稀释涂料将胎体增强材料先粘在头遍涂层面上,再将涂料倒在上面进行第二遍刮涂。刮涂时要用力使网眼中充满涂料,然后将表面刮平或抹压平整。

4)收头处理。收头部位胎体增强材料应裁齐,防水层收头应压入凹槽内,并用密封材料嵌严,待墙面抹灰时用水泥砂浆压封严密。如无预留凹槽时,可待涂膜固化后,用压条将其固定在墙面上,用密封材料封严,再将金属或合成高分子卷材用压条钉压作盖板,盖板与立墙间用密封材料封固。

3. 刚性防水屋面工程施工技术

(1)细石混凝土防水层。

1)混凝土防水包括普通细石混凝土防水层和补偿收缩混凝土防水层。由于刚性防水材料的表观密度大、抗拉强度低、极限拉应变小,常因混凝土的干缩变形、温度变形及结构变形而产生裂缝。因此,对于屋面防水等级为Ⅱ级及其以上的重要建筑,只有在刚性与柔性防水材料结合做两道防水设防时方可使用。细石混凝土防水层所用材料易得,耐穿刺能力强,耐久性能好,维修方便,所以在Ⅲ级屋面中推广应用较为广泛。受较大震动或冲击的屋面,易使混凝土产生疲劳裂缝;当屋面坡度大于 15% 时,混凝土不易振捣密实,所以均不能采用细石混凝土防水层。

2)防水层的细石混凝土宜采用普通硅酸盐水泥或硅酸盐水泥。细石混凝土不得使用火山灰质水泥;当采用矿渣硅酸盐水泥时,应采用泌水性的措施。粗骨料含泥量不应大于 1%,细骨料含泥量不应大于 2%。

混凝土水灰比不应大于 0.55;每立方米混凝土水泥用量不得少于 330 kg,含砂率宜为 35%～40%;灰砂比宜为 1:2～1:2.5;混凝土强度等级不应低于 C20;补偿收缩混凝土的自由膨胀率应为 0.05%～0.1%。

3)粗、细骨料的含泥量大小,直接影响细石混凝土防水层的质量。如粗、细骨料中的含泥量过大,则易导致混凝土产生裂纹。所以确定其含泥量要求时,应与强度等级等于或高于 C30 的普通混凝土相同。

4)提高混凝土的密实性,有利于提高混凝土的抗风化能力和减缓碳化速度,也有利于提高混凝土的抗渗性。

5)细石混凝土防水层的分格缝,应设在屋面板的支承端、屋面转折处、防水层与结构的交接处,其纵横宜大于 6 m。分格缝内应嵌密封材料。细石混凝土防水层的厚度,目前国内多采用 40 mm。若厚度小于 40 mm,则混凝土失水很快,水泥水化不充分,降低了混凝土的抗渗性能;另外由于混凝土防水层过薄,一些石子粒径可能超过防水层厚度的一半,上部砂浆收缩后容易在此处出现微裂而造成渗水的通道,故规定其厚度不应小于 40 mm。混凝土防水层中宜配置双向钢筋网片,当钢筋间距为 100～200 mm 时,可满足刚性防水屋面的构造及计算要求。分格缝处钢筋应断开,以利于各分格中的混凝土防水层能自由伸缩。

(2)密封材料嵌缝。

1)屋面工程中构件与构件、构件与配件的拼接缝,以及天沟、檐口、泛水、变形缝等细部构造的防水层收头,都是屋面渗漏水的主要通道,密封防水处理质量直接影响屋面防水的连续性和整体性。屋面密封防水处理不能视为独立的一道防水层,应与卷材防水屋面、涂膜防水屋面、刚性防水屋面以及隔热屋面配套使用,并且适用于防水等级为Ⅰ～Ⅲ级的屋面。

2)基层处理剂涂刷完毕后再铺放背衬材料,将会对接缝壁的基层处理剂有一定的破坏,削弱基层处理剂的作用。这里需要说明的是,设计时应选择与背衬材料不相容的基层处理剂。

3)基层处理剂配制时一般均加有溶剂,当溶剂尚未完全挥发时,嵌填密封材料会影响密封材料与基层处理剂的黏结性能,降低基层处理剂的作用。因此,嵌填密封材料应待基层处理剂达到表干状态后方可进行。基层处理剂表干后应立即嵌填密封材料,否则基层处理剂被污染,也会削弱密封材料与基的黏结强度。

4)接缝处的密封材料底部应填放背衬材料,外露的密封材料上应设置保护层,其宽度不应小于 200 mm。混凝土防水层与立墙及突出屋面结构等交接处,均应做柔性密封处理;细石混凝土防水层与基层间宜设置隔离层。

(3)细石混凝土防水层施工要点。

1)隔离层施工:在找平层上干铺塑料膜、土工布或卷材作隔离层,也可铺抹低强度等级砂浆作隔离层。

2)绑扎钢筋:按设计要求绑扎钢筋,网片应处于普通细石混凝土防水层的中部,施工中钢筋下宜放置 15~20 mm 厚的水泥垫块。

3)分格条安装:位置应准确,起条时不得损坏分格缝处的混凝土;当采用切割法施工时,分格缝的切割深度宜为防水层厚度的 3/4。

4)混凝土二次压光:收水后进行二次压光。

5)混凝土养护:屋面防水混凝土的养护一般采用自然养护法,即在自然条件下,采取浇水湿润或防风、保温等措施养护。

6)细部构造要求:细石混凝土防水层在天沟、檐沟、檐口、水落口、泛水、变形缝、伸出屋面管道等处是涂膜防水屋面的薄弱环节,要严格按设计和规范施工,以确保细石混凝土防水层的整体质量。

三、地下防水工程

1. 防水混凝土施工要求

(1)防水混凝土施工前应做好降排水工作,不得在有积水的环境中浇筑混凝土。

(2)防水混凝土的配合比应符合下列规定。

1)胶凝材料用量应根据混凝土的抗渗等级和强度等级等选用,其总用量不宜小于 320 kg/m³;当强度要求较高或地下水有腐蚀性时,胶

凝材料用量可通过试验调整。

2）在满足混凝土抗渗等级、强度等级和耐久性条件下，水泥用量不宜小于 260 kg/m³。

3）含砂率宜为 35%～40%，泵送时可增至 45%。

4）灰砂比宜为 1∶1.5～1∶2.5。

5）水胶比不得大于 0.50，有侵蚀性介质时水胶比不宜大于 0.45。

6）防水混凝土采用预拌混凝土时，入泵坍落度宜控制在 120～160 mm，坍落度每小时损失值不应大于 20 mm，坍落度总损失值不应大于 40 mm。

7）掺加引气剂或引气型减水剂时，混凝土含气量应控制在 3%～5%。

8）预拌混凝土的初凝时间宜为 6～8 h。

（3）防水混凝土配料应按配合比准确称量，其计量允许偏差应符合表 2-38 的规定。

表 2-38　　　　　　　　　防水混凝土配料计量允许偏差

混凝土组成材料	每盘计量（%）	累计计量（%）
水泥、掺和料	±2	±1
粗、细骨料	±3	±2
水、外加剂	±2	±1

注：累计计量仅适用于微机控制计量的搅拌站。

（4）使用减水剂时，减水剂宜配制成一定浓度的溶液。

（5）防水混凝土应分层连续浇筑，分层厚度不得大于 500 mm。

（6）用于防水混凝土的模板应拼缝严密、支撑牢固。

（7）防水混凝土拌和物应采用机械搅拌，搅拌时间不宜小于 2 min。掺外加剂时，搅拌时间应根据外加剂的技术要求确定。

（8）防水混凝土拌和物在运输后如出现离析，必须进行二次搅拌。当坍落度损失后不能满足施工要求时，应加入原水胶比的水泥浆或掺加同品种的减水剂进行搅拌，严禁直接加水。

（9）防水混凝土应采用机械振捣，避免漏振、欠振和超振。

（10）防水混凝土应连续浇筑，宜少留施工缝。当留设施工缝时，应符合下列规定：

1）墙体水平施工缝不应留在剪力最大处或底板与侧墙的交接处，应留在高出底板表面不小于 300 mm 的墙体上。拱（板）墙结合的水平施工缝宜留在拱（板）墙接缝线以下 150～300 mm 处。墙体有预留孔洞时，施工缝距孔洞边缘不应小于 30 mm。

2）垂直施工缝应避开地下水和裂隙水较多的地段，并宜与变形缝相结合。

（11）施工缝防水构造形式宜按图 2-80～图 2-83 选用，当采用两种以上构造措施时可进行有效组合。

（12）施工缝的施工应符合下列规定：

1）水平施工缝浇筑混凝土前，应将其表面浮浆和杂物清除，然后铺设净浆或涂刷混凝土界面处理剂、水泥基渗透结晶型防水涂料等材料，再铺 30～50 mm 厚的 1：1 水泥砂浆，并应及时浇筑混凝土。

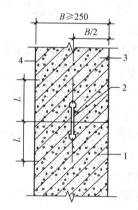

图 2-80　施工缝防水构造（一）
钢板止水带 $L \geqslant 150$；橡胶止水带
$L \geqslant 200$；钢边橡胶止水带 $L \geqslant 120$
1—先浇混凝土；2—中埋止水带
3—后浇混凝土；4—结构迎水面

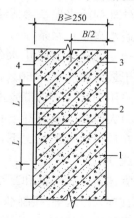

图 2-81　施工缝防水构造（二）
外贴止水带 $L \geqslant 150$；外涂防水涂料
$L = 200$；外抹防水砂浆 $L = 200$
1—先浇混凝土；2—外贴止水带
3—后浇混凝土；4—结构迎水面

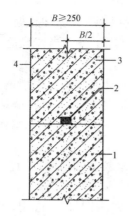

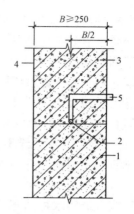

图 2-82　施工缝防水构造(三)
1—先浇混凝土
2—遇水膨胀止水条(胶)
3—后浇混凝土;4—结构迎水面

图 2-83　施工缝防水构造(四)
1—先浇混凝土·
2—预埋注浆管;3—后浇混凝土
4—结构迎水面;5--注浆导管

2)垂直施工缝浇筑混凝土前,应将其表面清理干净,再涂刷混凝土界面处理剂或水泥基渗透结晶型防水涂料,并应及时浇筑混凝土。

3)遇水膨胀止水条(胶)应与接缝表面密贴。

4)选用的遇水膨胀止水条(胶)应具有缓胀性能,7d 的净膨胀率不宜大于最终膨胀率的 60%,最终膨胀率宜大于 220%。

5)采用中埋式止水带或预埋式注浆管时,应定位准确、固定牢靠。

(13)大体积防水混凝土的施工应注意下列问题:

1)在设计许可的情况下,掺粉煤灰混凝土设计强度等级的龄期宜为 60d 或 90d。

2)宜选用水化热低和凝结时间长的水泥。

3)宜掺入减水剂、缓凝剂等外加剂和粉煤灰、磨细矿渣粉等掺和料。

4)炎热季节施工时,应采取降低原材料温度、减少混凝土运输时吸收外界热量等降温措施,入模温度不应大于 30℃。

5)混凝土内部预埋管道宜进行水冷散热。

6)应采取保温保湿养护。混凝土中心温度与表面温度的差值不应大于 25℃,表面温度与大气温度的差值不应大于 20℃,温降梯度不得大于 3℃/d,养护时间不应少于 14d。

（14）防水混凝土结构内部设置的各种钢筋或绑扎铁丝,不得接触模板。用于固定模板的螺栓必须穿过混凝土结构时,可采用工具式螺栓或螺栓加堵头,螺栓上应加焊方形止水环。拆模后应将留下的凹槽用密封材料封堵密实,并应用聚合物水泥砂浆抹平(图 2-84)。

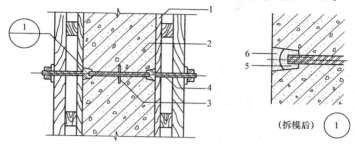

图 2-84　固定模板用螺栓的防水构造
1—模板;2—结构混凝土;3—止水环
4—工具式螺栓;5—密封材料;6—聚合物水泥砂浆

（15）防水混凝土终凝后应立即进行养护,养护时间不得少于 14d。

（16）防水混凝土的冬季施工应符合下列规定:

1)混凝土入模温度不应低于 5℃。

2)混凝土养护应采用综合蓄热法、蓄热法、暖棚法、掺化学外加剂等方法,不得采用电热法或蒸汽直接加热。

3)应采取保湿保温措施。

2. 卷材防水层施工要求

（1）卷材防水层的基面应坚实、平整、清洁,阴阳角处应做成圆弧或折角,并应符合所用卷材的施工要求。

（2）铺贴卷材严禁在雨天、雪天、五级及以上大风中施工;冷粘法、自粘法施工的环境气温不宜低于 5℃,热熔法、焊接法施工的环境气温不宜低于-10℃。施工过程中下雨或下雪时,应做好已铺卷材的防护工作。

（3）不同品种防水卷材的搭接宽度应符合表 2-39 的要求。

表 2-39　　　　　　　　　　　防水卷材搭接宽度

卷材品种	搭接宽度/mm
弹性体改性沥青防水卷材	100
改性沥青聚乙烯胎防水卷材	100
自粘聚合物改性沥青防水卷材	80
三元乙丙橡胶防水卷材	100/60(胶黏剂/胶黏带)
聚氯乙烯防水卷材	60/80(单焊缝/双焊缝)
	100(胶黏剂)
聚乙烯丙纶复合防水卷材	100(黏结料)
高分子自黏胶膜防水卷材	70/80(自粘胶/胶黏带)

（4）防水卷材施工前，基面应干净、干燥，并应涂刷基层处理剂；当基面潮湿时，应涂刷湿固化型胶黏剂或潮湿界面隔离剂。基层处理剂的配制与施工应符合下列要求。

1）基层处理剂应与卷材及其黏结材料的材性相容。

2）基层处理剂喷涂或刷涂应均匀一致，不应露底，表面干燥后方可铺贴卷材。

（5）铺贴各类防水卷材应符合下列规定。

1）应铺设卷材加强层。

2）结构底板垫层混凝土部位的卷材可采用空铺法或点粘法施工，其黏结位置、点粘面积应按设计要求确定；侧墙的卷材采用外防外贴法施工，顶板部位的卷材应采用满粘法施工。

3）卷材与基面、卷材与卷材间的黏结应紧密、牢固；铺贴完成的卷材应平整顺直，搭接尺寸应准确，不得产生扭曲和皱褶。

4）卷材搭接处和接头部位应粘贴牢固，接缝口应封严或采用材性相容的密封材料封缝。

5）铺贴立面卷材防水层时，应采取防止卷材下滑的措施。

6）铺贴双层卷材时，上下两层和相邻两幅卷材的接缝应错开1/3～1/2 幅宽，且两层卷材不得相互垂直铺贴。

（6）弹性体改性沥青防水卷材和改性沥青聚乙烯胎防水卷材采用

热熔法施工应加热均匀,不得加热不足或烧穿卷材,搭接缝部位应溢出热熔的改性沥青。

(7)铺贴自粘聚合物改性沥青防水卷材应符合下列规定。

1)基层表面应平整、干净、干燥、无尖锐突起物或孔隙。

2)排除卷材下面的空气,应辊压粘贴牢固,卷材表面不得有扭曲、皱褶和起泡现象。

3)立面卷材铺贴完成后,应将卷材端头固定或嵌入墙体顶部的凹槽内,并应用密封材料封严。

4)低温施工时,宜对卷材和基面适当加热,然后铺贴卷材。

(8)铺贴三元乙丙橡胶防水卷材应采用冷粘法施工,并应符合下列规定:

1)基底胶黏剂应涂刷均匀,不应露底、堆积。

2)胶黏剂涂刷与卷材铺贴的间隔时间应根据胶黏剂的性能控制。

3)铺贴卷材时,应辊压粘贴牢固。

4)搭接部位的黏合面应清理干净,并应采用接缝专用胶黏剂或胶黏带黏结。

(9)铺贴聚氯乙烯防水卷材,接缝采用焊接法施工时,应符合下列规定。

1)卷材的搭接缝可采用单焊缝或双焊缝。单焊缝搭接宽度应为60 mm,有效焊接宽度不应小于300 mm;双焊缝搭接宽度应为80 mm,中间应留设10~20 mm的空腔,有效焊接宽度不宜小于10 mm。

2)焊接缝的结合面应清理干净,焊接应严密。

3)应先焊长边搭接缝,后焊短边搭接缝。

(10)铺贴聚乙烯丙纶复合防水卷材应注意下列事项。

1)应采用配套的聚合物水泥防水黏结材料。

2)卷材与基层粘贴应采用满粘法,黏结面积不应小于90%,刮涂黏结料应均匀,不应露底、堆积。

3)固化后的黏结料厚度不应小于1.3 mm。

4)施工完的防水层应及时做保护层。

(11)高分子自粘胶膜防水卷材宜采用预铺反粘法施工,并应符合下列规定。

1)卷材宜单层铺设。

2)在潮湿基面铺设时,基面应平整坚固、无明显积水。

3)卷材长边应采用自粘边搭接,短边应采用胶黏带搭接,卷材端部搭接区应相互错开。

4)立面施工时,在自粘边位置距离卷材边缘 10～20 mm 内,应每隔 400～600 mm 进行机械固定,并应保证固定位置被卷材完全覆盖。

5)浇筑结构混凝土时不得损伤防水层。

(12)采用外防外贴法铺贴卷材防水层时,应符合下列规定:。

1)应先铺平面,后铺立面,交接处应交叉搭接。

2)临时性保护墙宜采用石灰砂浆砌筑,内表面宜做找平层。

3)从底面折向立面的卷材与永久性保护墙的接触部位,应采用空铺法施工;卷材与临时性保护墙或围护结构模板的接触部位,应将卷材临时贴附在该墙上或模板上,并应将顶端临时固定。

4)当不设保护墙时,从底面折向立面的卷材接槎部位应采取可靠的保护措施。

5)混凝土结构完成,铺贴立面卷材时,应先将接槎部位的各层卷材揭开,并应将其表面清理干净,如卷材有局部损伤,应及时进行修补;卷材接槎的搭接长度,高聚物改性沥青类卷材应为 150 mm,合成高分子类卷材应为 100 mm;当使用两层卷材时,卷材应错槎接缝,上层卷材应盖过下层卷材。

(13)采用外防内贴法铺贴卷材防水层时,应符合下列规定。

1)混凝土结构的保护墙内表面应抹厚度为 20 mm 的 1:3 水泥砂浆找平层,然后铺贴卷材。

2)卷材宜先铺立面,后铺平面;铺贴立面时,应先铺转角,后铺大面。

(14)卷材防水层经检查合格后,应及时做保护层,保护层应符合下列规定:

1)顶板卷材防水层上的细石混凝土保护层应符合下列规定。

①采用机械碾压回填土时,保护层厚度不宜小于 70 mm。

②采用人工回填土时,保护层厚度不宜小于 50 mm。

③防水层与保护层之间宜设置隔离层。

2)底板卷材防水层上的细石混凝土保护层厚度不应小于 50 mm。

3)侧墙卷材防水层宜采用软质保护材料或铺抹 20 mm 厚的 1:2.5 水泥砂浆层。

3. 涂料防水层施工要求

(1)无机防水涂料基层表面应干净、平整、无浮浆和明显积水。

(2)有机防水涂料基层表面应基本干燥,不应有气孔、凹凸不平、蜂窝麻面等缺陷。涂料施工前,基层阴阳角应做成圆弧形。

(3)涂料防水层严禁在雨天、雾天、五级及以上大风时施工,不得在施工环境温度低于 5℃ 及高于 35℃ 或烈日暴晒时施工。涂膜固化前如有降雨可能时,应及时做好已完涂层的保护工作。

(4)防水涂料的配制应按涂料的技术要求进行。

(5)防水涂料应分层刷涂或喷涂,涂层应均匀,不得漏刷漏涂;接槎宽度不应小于 100 mm。

(6)铺贴胎体增强材料时,应使胎体层充分浸透防水涂料,不得有露槎及褶皱。

(7)有机防水涂料施工完毕应及时做保护层,保护层应符合下列规定。

1)底板、顶板应采用 20 mm 厚的 1:2.5 水泥砂浆层和 40～50 mm 厚的细石混凝土保护层,防水层与保护层之间宜设置隔离层。

2)侧墙背水面保护层应采用 20 mm 厚的 1:2.5 水泥砂浆。

3)侧墙迎水面保护层宜选用软质保护材料或 20 mm 厚的 1:2.5 水泥砂浆。

第六节　装饰装修工程施工技术

一、抹灰工程

1. 一般抹灰施工技术

(1)基层处理。抹灰前必须对基层予以处理,如砖墙灰缝剔成凹槽、混凝土墙面凿毛或刮 108 胶水泥腻子,板条间应留有 8～10 mm 间隙,如图 2-85 所示,应清除基层表面的灰尘、污垢,填平脚手孔洞、管线沟槽、门窗框缝隙并洒水湿润。在不同结构基层的交接处,如砖墙、板条墙或混凝土墙的连接处,应采取防止开裂的加强措施,当采用加强网时,其与相交基层的搭接宽度应各不小于 100 mm,以防抹灰层因基层温度变化胀缩不一而产生裂缝,如图 2-86 所示。在门口、墙、柱易受碰撞的阳角处,宜用 1∶2 的水泥砂浆抹出不低于 1.5 m 高的护角,如图 2-87 所示。对于砖砌体的基层,应待砌体充分沉降后,方能进行底层抹灰,以防砌体沉降拉裂抹灰层。

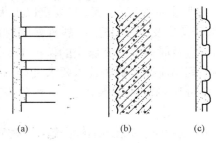

图 2-85　抹灰基层处理

(a)砖基层;(b)混凝土基层;(c)板条基层

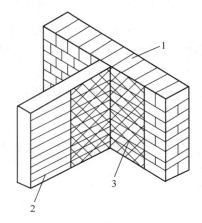

图 2-86　不同基层接缝处理

1—砖墙;2—板条墙;3—钢丝网

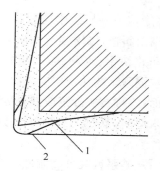

图 2-87 墙柱阳角包角抹灰
1—1∶1∶4 水泥白灰砂浆;2—1∶2 水泥砂浆

　　为了控制抹灰层的厚度和平整度,在抹灰前必须找好规矩,即四角规方,横线找平,竖线吊直,弹出准线和墙裙、踢脚板线,并在墙面做出标志和标筋,以便找平。抹灰操作中灰饼与冲筋的做法,如图 2-88 所示。

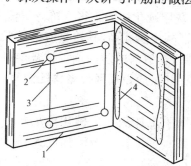

图 2-88 抹灰操作中灰饼与冲筋做法
1—基层;2—灰饼;3—引线;4—冲筋

　　(2)抹灰施工。

　　一般房屋建筑中,室内抹灰应在给水、排水、燃气管道等安装完毕后进行。抹灰前必须将管道穿越的墙洞和楼板洞填嵌密实,散热器和密集管道等背后的墙面抹灰,宜在散热器和管道安装前进行,抹灰面接槎应顺平。室外抹灰工程应在安装好门窗框、阳台栏杆、预埋件,并将施工洞口堵塞密实后进行。

　　抹灰层施工采用分层涂抹,多遍成活。分层涂抹时,应使底层水分蒸发、充分干燥后再涂抹下一层。中层砂浆抹灰凝固前，应在层面上每隔一定距离交叉划出斜痕，以增强与面层的黏结力。各种砂浆的抹灰层，在凝结前，应防止快干、水冲、撞击和振动；凝结后，应采取措施防止玷污和损坏。水泥砂浆的抹灰层应在湿润的条件下养护。

纸筋或麻刀灰罩面，应待石灰砂浆或混合砂浆底灰七八成干后进行。若底灰过干应浇水湿润，罩面灰一般用铁皮抹子或塑料抹子分两遍抹成，要求抹平压光。

石灰膏罩面是在石灰砂浆或混合砂浆底灰尚潮湿的情况下刮抹，刮抹后约 2 h 待石灰膏尚未干时压实赶平，使表面光滑不裂。

石膏罩面时，先将底层灰表面用木抹子带水搓细，待底层灰六七成干时罩面。罩面用 6∶4 或 5∶5 的石膏、石灰膏灰浆，用小桶随拌随用，灰浆稠度 80 mm 为宜。

冬季施工时，抹灰砂浆应采取保温措施。涂抹时，砂浆的温度不宜低于 5℃，砂浆抹灰层硬化初期不得受冻。气温低于 5℃ 时，室外抹灰所用砂浆可掺入混凝土防冻剂，其掺量应由试验确定。涂料墙面的抹灰砂浆中，不得掺入含氯盐的防冻剂。抹灰层可采取加温措施加速干燥，如采用加热空气时，应设通风设备排除湿气。

（3）机械喷涂抹灰。

抹灰施工可采取手工抹灰和机械化抹灰两种方法。手工抹灰指人工用抹子涂抹砂浆。手工抹灰劳动强度大、施工效率低，但工艺性较强。机械化抹灰可提高功效，减轻劳动强度和保证工程质量，是抹灰施工的发展方向。目前应用较广的为机械喷涂抹灰，其工作原理是利用灰浆泵和空气压缩机把灰浆和压缩空气送入喷枪，在喷嘴前造成灰浆射流，将灰浆喷涂在基层上，如图 2-89 所示。

1）冲筋。内墙冲筋可分为两种形式，一种是冲横筋，在屋内 3 m 以内的墙面上冲两道横筋，上下间距 2 m 左右，下道筋可在踢脚板上皮；另一种是冲立筋，间距为 1.2～1.5 m，作为刮杠的标准。每步架都要冲筋。

2）喷灰。

①喷灰姿势。喷枪操作者侧身而立，身体右侧近墙，右手在前握

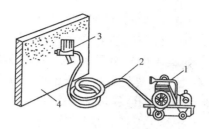

图 2-89　机械喷灰

1—空气压缩机；2—输气胶管；3—喷枪；4—墙体

住喷枪上方，左手在后握住胶管，两脚叉开，左右往复喷灰，前档喷完后，往后退喷第二档。喷枪口与墙面的距离一般控制在 10～30 cm。

　　②喷灰方法。喷灰方法有两种，一种是由上往下喷；另一种是由下往上喷。后者优点较多，最好采用此方法。

　　③喷枪嘴与墙面的距离和角度。对于吸水性较强或干燥的墙面，在灰层厚的墙面喷灰时，喷嘴和墙面的距离保持在 10～25 cm 并成 90°角。对于比较潮湿、吸水性弱的墙面或者是灰层较薄的墙面，喷枪嘴距墙面远一些，一般在 15～30 cm，并与墙面成 65°角。持枪角度与喷枪口的距离见表 2-40。

表 2-40　　　　　　　　　　　**持枪角度与喷枪口的距离**

序号	喷灰部位	持枪角度	喷枪口与墙面距离/cm
1	喷上部墙面	45°→35°	30→45
2	喷下部墙面	70°→80°	25→30
3	喷门窗角（离开门窗框 2cm）	30°→10°	6→10
4	喷窗下墙面	45°	5～7
5	喷吸水性较强或较干燥的墙面，或灰层厚的墙面	96°	10～15
6	喷吸水性较弱或比较潮湿的墙面，或灰层较薄墙面	65°	15～30

　　注：1. 表中带有→符号的是随着往上喷涂而逐渐改变角度或距离。

　　2. 喷枪口移动速度应按出灰量和喷墙厚度而定。

④喷灰路线。内墙面喷灰线路可按由下往上和由上往下的S形巡回进行。由上往下喷时,灰层表面平整,灰层均匀,容易掌握厚度,无鱼鳞状,但操作时如果不熟练容易掉灰。由下往上喷射时,在喷涂过程中,由于已喷在墙上的灰浆对喷在上部的灰浆能起截挡作用,因而减少了掉灰现象,在施工中应尽量选用这种方法。

3)托大板。托大板的主要任务是将喷涂于墙面的砂浆取高补低,初步找平,给刮杠工序创造条件。托大板的方法是:在喷完一长块后,先把下部横筋清理出来,把大板沿上部横筋斜向往上托一板,再把上部横筋清理出来,沿上部横筋斜向托一板,最后在中部往上平托板,使喷灰层的砂浆基本平整。

4)刮杠。刮杠是根据冲筋厚度把多余的砂浆刮掉,并稍加搓揉压实,确保墙面的平直,为下一道抹灰工序创造条件。刮杠的方法是当砂浆喷涂于墙上后,刮杠人员紧随在托大板的后边,随喷、随托、随刮。第一次喷涂后用大杠略刮一下,主要是把喷溅到筋上的砂浆刮掉,待砂浆稍干后再刮第二遍,进行第二次刮杠,找平揉实。刮杠时,长杠紧贴上下两筋,前棱稍张开,上下刮动,并向前移动。刮杠人员要随时告诉喷枪手哪里要补喷,以保持工程质量。

5)搓抹子。搓抹子的主要作用是把喷涂于墙面的砂浆,通过基本找平后,由它最后搓平以及修补,为罩面工作创造工作面。搓抹子的操作方法与手工抹灰操作方法基本相同。

6)清理。清理落地灰是一项重要工序,不清理会给下一道工序造成困难,同时也是节约材料的一项措施,清理工必须及时把落地灰通过灰溜子倾倒下,以便再稍加石灰膏通过组装车重新使用。

2. 装饰抹灰施工技术

(1)假面砖施工。

1)假面砖抹灰层由底层灰、中层灰、面层灰组成。底层灰宜用1∶3水泥砂浆;中层灰宜用1∶1水泥砂浆;面层灰宜用水泥∶石灰膏∶细砂=5∶1∶9的水泥石灰砂浆,按色彩需要掺入适量矿物颜料成为彩色砂浆。面层灰厚为3~4 mm。

2)待中层灰凝固后,洒水湿润,抹上面层彩色砂浆,要压实抹平。

待面层灰收水后,用铁梳或铁辊顺着靠尺由上而下划出竖向纹,纹深约 1 mm,竖向纹划完后,再按假面砖尺寸弹出水平线,将靠尺靠在水平线上,用铁刨或铁勾顺着靠尺划出横向沟,沟深 3～4 mm。全部划好纹、沟后,清扫假面砖表面。

(2)水刷石饰面施工。

1)水泥石子浆大面积施工前,为防止面层开裂,须在中层砂浆六七成干时,按设计要求弹线、分格,钉分格条时木分格条事先应在水中浸透。用以固定分格条的两侧八字形纯水泥浆应抹成45°角。每一块分格内抹灰顺序应自下而上,同一平面的面层要求一次完成,不宜留缝。必须留施工缝时,应留在分格条位置上。

2)修整。罩面灰收水后,用铁抹子溜一遍,将遗留的孔隙抹平。然后用软毛刷蘸水刷去表面灰浆,再拍平;阳角部位要往外刷,水刷石罩面应分遍拍平压实,石子应分布均匀、紧密。

3)喷刷、冲洗。喷刷、冲洗是水刷石施工的重要工序,喷刷、冲洗不净会使水刷石表面色泽灰暗或明暗不一致。罩面灰浆初凝后,达到刷不掉石子程度时,即可开始喷刷,喷刷时可以两人配合操作,一人用毛刷蘸水轻轻刷掉罩面灰浆,另一人用喷雾器,或用手压喷浆机紧跟着喷刷,先将分格四周喷湿,然后由上向下喷水,喷射要均匀,喷头至罩面距离 10～20 cm。不仅要将表面的水泥浆冲掉,还要将石渣间的水泥冲出来,使得石渣露出灰浆表面 1～2 mm,甚至露出粒径的 1/2,使之清晰可见,均匀密布,然后用清水从上往下全部冲洗干净。

4)起分格条。喷刷后即可用抹子柄敲击分格条,用抹尖扎入木条上下活动,轻轻取出分格条,然后修饰分格缝并描好颜色。水刷石是一项传统工艺,由于其操作技术要求较高,洗刷浪费水泥,墙面污染后不易清洗,故目前较少采用。

(3)干粘石施工。

1)抹黏结层。待中层水泥砂浆干至七成左右,洒水湿润后,粘分格条,待分格条粘牢后,在墙面刷水泥浆一遍,随后按格抹砂浆黏结层,黏结层砂浆一定要抹平,不显抹纹,按分格大小,一次抹一块或数块,应避免在块中甩搓。

2)甩石子。干粘石所选石子的粒径比水刷石要小些,一般为4～6 mm。黏结砂浆抹平后应立即甩石子,先甩四周易干部位,然后甩中间,要做到大面均匀,边角和分格条两侧不漏粘,由上而下快速进行。石子使用前应用水冲洗干净晾干,甩时用托盘盛装,托盘底部用窗纱钉成,以便筛净石子中的残留粉末。如发现饰面上石子有不均匀或过稀现象,应用抹子或手直接补贴,否则会使墙面出现死坑或裂缝。

3)压石子。当黏结砂浆表面均匀地粘上一层石子后,用抹子或辊子轻轻压一下,使石子嵌入砂浆的深度不小于1/2的石子粒径。拍压后石子表面应平整坚实,拍压时用力不宜过大,否则容易翻浆糊面,出现抹子或滚子轴的印迹。阳角处应在角的两侧同时操作,否则当一侧石子粘上后再粘另一侧时不易粘上,出现明显的接槎黑边。

4)起分格条与修整。干粘石墙面达到表面平整,石子饱满,即可将分格条取出,取分格条应注意不要掉石子。如局部石子不饱满,可立即刷108胶水溶液,再甩石子补齐。将分格条取出后,随用小溜子和素水泥浆将分格缝修补好,达到顺直清晰即可。干粘石操作简便,但日久经风吹雨打易产生脱粒现象,现在已不经常采用。

(4)斩假石施工。

1)在凝固的底层灰上弹出分格线,洒水湿润,按分格线将木分格条用稠水泥浆粘贴在墙面上。

2)待分格条粘牢后,在各个分格区内刮一道水灰比为0.37～0.4的水泥浆(内掺水重3‰～5‰的108胶),随即抹上1∶1.25水泥石子浆并压实抹平,隔24 h后,洒水养护。

3)待面层水泥石子浆养护到试剁不掉石屑时,就可开始斩剁。斩剁采用各式剁斧,从上而下进行。边角处应斩剁成横向纹道或留出窄条不剁。其他中间部位宜斩剁成竖向纹道。剁的方向应一致,剁纹要均匀,一般要斩剁两遍成活。已剁好的分格周围就可起出分格条。

4)全部斩剁完后,清扫斩假石表面。

(5)仿石施工。

1)底层灰凝固后,在墙面上弹出分块线,分块线按设计图案而定,使每一分块呈不同尺寸的矩形或多边形。

2)洒水湿润墙面,按照分块线将木分格条用稠水泥浆粘贴在墙面上。

3)在各分块涂刷水泥浆结合层,随即抹上水泥石灰砂浆面层灰,用刮尺沿分格条刮平,再用木抹搓平。

4)待面层稍收水后,用短直尺紧靠在分格条上,用竹丝帚将面灰扫出清晰的条纹。各分块之间的条纹应一块横向、一块竖向,竖横交替。若相邻两块条纹方向相同,则其中一块可不扫条纹。

5)扫好条纹后,应立即起出分格条,用水泥砂浆勾缝,进行养护。

6)面层干燥后,扫去浮灰,然后用胶漆刷涂两遍,分格缝不刷漆。

二、饰面工程

1. 饰面板工程施工技术

(1)小规格饰面板安装。

小规格大理石板、花岗石板、青石板、预制水磨石板,板材尺寸小于 300 mm×300 mm,板厚 8~12 mm,粘贴高度低于 1 m 的踢脚线板、勒脚、窗台板等,可采用水泥砂浆粘贴的方法安装。

1)踢脚线粘贴:用 1:3 水泥砂浆打底,找规矩,厚约 12 mm,用刮尺刮平,划毛。待底子灰凝固后,将经过湿润的饰面板背面均匀地抹上厚 2~3 mm 的素水泥浆,随即将其贴于墙面,用木槌轻敲,使其与基层黏结紧密。随之用靠尺找平,使相邻各块饰面板接缝齐平,高差不超过 0.5 mm,并将边口和挤出拼缝的水泥擦净。

2)窗台板安装:安装窗台板时,先校正窗台的水平,确定窗台的找平层厚度,在窗口两边按图纸要求的尺寸在墙上剔槽。多窗口的房屋剔槽时要拉通线并将窗口找平。

清除窗台上的垃圾杂物,洒水湿润。用 1:3 干硬性水泥砂浆或细石混凝土抹找平层,用刮尺刮平,均匀地撒上干水泥,待水泥充分吸水呈水泥浆状态,再将湿润后的板材平稳地安上,用木槌轻轻敲击,使其平整并与找平层有良好黏结。在窗口两侧墙上的剔槽处要先浇水湿润,板材伸入墙面的尺寸(进深与左右)要相等。板材放稳后,应用水泥砂浆或细石混凝土将嵌套墙的部分塞密堵严。窗台板接槎处应注意平整,并与窗下槛同一水平。

若有暗炉片槽,且窗台板竖向由几块拼成,在横向挑出墙面尺寸较大时,应先在窗台板下预埋角铁,要求角铁埋置的高度、进出尺寸一致,其表面应平整,并用较高强度的细石混凝土灌注,过一周后再安装窗台板。

3)碎拼大理石:大理石厂生产光面和镜面大理石时,裁割的边角废料经过适当的分类加工,可作为墙面的饰面材料,能取得较好的装饰效果。如矩形块料、冰裂状块料、毛边碎块等各种形体的拼贴组合,都会给人以乱中有序、自然优美的感觉。主要是采用不同的拼法和嵌缝处理,以求得一定的饰面效果。

①矩形块料:对于锯割整齐而大小不等的正方形大理石边角块料,以大小搭配的形式镶拼在墙面上,缝隙间距 1～1.5 mm,镶贴后用同色水泥色浆嵌缝,可嵌平缝,也可嵌凸缝,擦净后上蜡打光。

②冰裂状块料:将锯割整齐的各种多边形大理石板碎料搭配成各种图案。缝隙可做成凹凸缝,也可做成平缝,用同色水泥色浆嵌抹,擦净后上蜡打光。平缝的间隙可以稍小,凹凸缝的间隙可在 10～12 mm 之间,凹凸为 2～4 mm。

③毛边碎料:选取不规则的毛边碎块,因不能密切吻合,故镶拼的接缝比以上两种块料为大,应注意大小搭配,乱中有序,生动自然。

(2)大规格饰面板安装。

对于边长大于 400 mm 的饰面板,采用安装法施工,安装法施工工艺有湿法铺贴工艺和干法铺贴工艺。

1)湿法铺贴工艺是传统的铺贴方法,即在竖向基体上预挂钢筋网,用铜丝或镀锌铁丝绑扎板材并灌水泥砂浆粘牢。

①采用湿法铺贴工艺,墙体应设置锚固体。砖墙体应在灰缝中预埋 $\phi 6$ 钢筋钩,钢筋钩间距为 500 mm 或按板材尺寸。当挂贴高度大于 3 m 时,钢筋钩改用 $\phi 10$ 钢筋,钢筋钩埋入墙体内深度应不小于 120 mm,伸出墙面 30 mm。混凝土墙体可射入 $\phi 3.7 \times 62$ 的射钉,间距亦为 500 mm 或按板材尺寸,射钉打入墙体内 30 mm,伸出墙面 32 mm。

②挂贴饰面板之前,将 $\phi 6$ 钢筋网焊接或绑扎于锚固件上。钢筋

网双向间距为 500 mm 或按板材尺寸。

③在饰面板上、下边各钻不少于两个 $\phi5$ 的孔,孔深为 15 mm,清理饰面板的背面。用双股 18 号铜丝穿过钻孔,把饰面板绑牢于钢筋网上。饰面板的背面距墙面应不小于 50 mm。饰面板的接缝宽度可垫木楔调整,应确保饰面板外表面平整、垂直及板的上沿平顺。每安装好一行横向饰面板后,即进行灌浆。灌浆前,应浇水将饰面板背面及墙体表面湿润,在饰面板的竖向接缝内填塞 15～20 mm 深的麻丝或泡沫塑料条以防漏浆。

2)干法铺贴工艺主要采用扣件固定法。扣件固定法的安装施工步骤如下:

①板材切割:按照设计图图纸要求在施工现场进行切割,由于板块规格较大,宜采用石材切割机切割,注意保持板块边角的挺直和规矩。

②磨边:板材切割后,为使其边角光滑,可采用手提式磨光机进行打磨。

③钻孔:相邻板块采用不锈钢销钉连接固定,销钉插在板材侧面孔内。孔径 $\phi5$,孔深为 12 mm,用电钻打孔。由于它关系到板材的安装精度,因而要求钻孔位置准确。

④开槽:由于大规格石板的自重大,除了由钢扣件将板块下口托牢以外,还需在板块中部开槽设置承托扣件以支撑板材的自重。

⑤涂防水剂:在板材背面涂刷一层丙烯酸防水涂料,以增强外饰面的防水性能。

⑥墙面修整:如果混凝土外墙表面有局部凸出处会影响扣件安装时,须进行凿平修整。

⑦弹线:从结构中引出楼面标高和轴线位置,在墙面上弹出安装板材的水平和垂直控制线,并做出灰饼以控制板材安装的平整度。

⑧墙面涂刷防水剂:由于板材与混凝土墙身之间不填充砂浆,为了防止因材料性能或施工质量可能造成的渗漏,在外墙面上涂刷一层防水剂。以加强外墙的防水性能。

⑨板材安装:安装板材的顺序是自下而上进行,在墙面最下一排

板材安装位置的上下口拉两条水平控制线,板材从中间或墙面阳角开始就位安装。先安装好第一块作为基准,其平整度以事先设置的灰饼为依据,用线垂吊垂直,经校准后加以固定。一排板材安装完毕,再进行上一排扣件固定和安装。板材安装要求四角平整,纵横对缝。

⑩板材固定:钢扣件和墙身用胀铆螺栓固定。扣件为一块钻有螺栓安装孔和销钉孔的平钢板,根据墙面与板材之间的安装距离,在现场用手提式折压机将其加工成角型钢。扣件上的孔洞均呈椭圆形,以便安装时调节位置。

2. 饰面砖工程施工技术

(1)基层处理。镶贴饰面的基体表面应具有足够的稳定性和刚度,同时,对光滑的基体表面应进行凿毛处理。凿毛深度应为 0.5~1.5 cm,间距 3 cm 左右。

基体表面残留的砂浆、灰尘及油渍等,应用钢丝刷刷洗干净。基体表面凹凸明显部位,应事先剔平或用 1:3 水泥砂浆补平。不同基体材料相接处,应铺钉金属网,方法与抹灰饰面做法相同。门窗口与主墙交接处应用水泥砂浆嵌填密实。为使基体与找平层粘接牢固,可洒水泥砂浆(水泥:细砂=1:1,拌成稀浆)或聚合物水泥浆(108胶:水=1:4 的胶水拌水泥)进行处理。当基层为加气混凝土时,可酌情选用下述两种方法中的任一种。

1)用水湿润加气混凝土表面,修补缺棱掉角处。修补前,先刷一道聚合物水泥浆,然后用 1:3:9=水泥:白灰膏:砂子的混合砂浆分层补平,隔天刷聚合物水泥浆并抹 1:1:6 混合砂浆打底,木抹子搓平,隔天养护。

2)用水湿润加气混凝土表面,在缺棱掉角处刷聚合物水泥浆一道,用 1:3:9 混合砂浆分层补平,待干燥后,钉金属网一层并绷紧。在金属网上分层抹 1:1:6 混合砂浆打底(最好采取机械喷射工艺),砂浆与金属网应结合牢固,最后用木抹子轻轻搓平,隔天浇水养护。

(2)吊垂直、冲筋。高层建筑物应在四大角和门窗口边用经纬仪打垂直线找直;多层建筑物,可从顶层开始用特制的大线坠绷低碳钢丝吊垂直,然后根据面砖的规格尺寸分层设点、做灰饼,间距 1.6 m。

横向水平线以楼层为水平基准线交圈控制,竖向垂直线以四周大角和通天柱或墙垛子为基准线控制,应全部是整砖。阳角处要双面排直。每层打底时,应以此灰饼作为基准点进行冲筋,使其底层灰做到横平竖直。同时,要注意找好突出檐口、腰线、窗台、雨篷等饰面的流水坡度和滴水线(槽)。

(3)抹底层砂浆。先刷一道掺水重10%的界面剂胶水泥素浆,打底应分层分遍进行抹底层砂浆(常温时采用配合比为1∶3的水泥砂浆),第一遍厚度宜为5 mm,抹后用木抹子搓平、扫毛,待第一遍六七成干时,即可抹第二遍,厚度为8～12 mm,随即用木杠刮平,木抹子搓毛,终凝后洒水养护。砂浆总厚度不得超过20 mm,否则应做加强处理。

(4)预排。饰面砖镶贴前应进行预排,预排时要注意同一墙面的横竖排列,均不得有一行以上的非整砖。非整砖行应排在最不醒目的部位或阴角处,方法是用接缝宽度调整砖行。室内镶贴釉面砖如设计无具体规定时,接缝宽度可在1～1.5 mm之间调整。在管线、灯具、卫生设备支承等部位,应用整砖套割吻合,不得用非整砖拼凑镶贴,以保证饰面的美观。

对于外墙面砖则要根据设计图纸尺寸,进行排砖分格并应绘制大样图。一般要求水平缝应与石旋脸、窗台齐平,竖向要求阳角及窗口处都是整砖,分格按整块分均,并根据已确定的缝子大小做分格条和划出皮数杆。对窗心墙、墙垛等处要事先测好中心线、水平分格线和阴阳角垂直线。

饰面砖的排列方法很多,有无缝镶贴、划块留缝镶贴、单块留缝镶贴等。质量好的饰面砖,可以适应任何排列形式;外形尺寸偏差大的饰面砖,不能大面积无缝镶贴,否则不仅缝口参差不齐,而且贴到最后会难以收尾。对外形尺寸偏差大的饰面砖,可采取单块留缝镶贴,用砖缝的大小调节砖的大小,以解决尺寸不一致的问题。饰面砖外形尺寸出入不大时,可采取划块留缝镶贴,在划块留缝内,可以调节尺寸。如果饰面砖的厚薄尺寸不一时,可以把厚薄不一的砖分开,分别镶贴于不同的墙面,以镶贴砂浆的厚薄来调节砖的厚薄,这样就可避免因饰面砖的厚度不一致而使墙面不平。

(5)饰面砖浸水。釉面砖和外墙面砖镶贴前要先清扫干净,而后置于清水中浸泡。釉面砖需浸泡到不冒气泡为止,约不少于 2 h;外墙面砖则要隔夜浸泡,然后取出阴干备用。不经浸水的饰面砖吸水性较大,铺贴后会迅速吸收砂浆中的水分,影响黏结质量;虽经浸水但没有阴干的饰面砖,由于其表面尚存有水膜,铺贴时会产生面砖浮滑现象,不仅不便操作,且因水分散发会引起饰面砖与基层分离自坠。阴干的时间视气候和环境温度而定,一般为半天左右,即以饰面砖表面有潮湿感,但手按无水迹为准。

(6)内墙面釉面砖粘贴。镶贴釉面砖宜从阳角处开始,并由下往上进行。一般用 1∶2(体积比)水泥砂浆,为了改善砂浆的和易性,便于操作,可掺入不大于水泥用量的 15%的石灰膏,用铲刀在釉面砖背面刮满刀灰,厚度 5~6 mm,最大不超过 8 mm,砂浆用量以镶贴后刚好满浆为止。贴于墙面的釉面砖应用力按压,并用铲刀木柄轻轻敲击,使釉面砖紧密贴于墙面,再用靠尺按标志块将其校正平直。镶贴完整行的釉面砖后,再用长靠尺横向校正一次。对高于标志块的,需轻轻敲击,使其平齐;若低于标志块(即亏灰)时,应取下釉面砖,重新抹满刀灰再镶贴,不得在砖口处塞灰,否则会造成空鼓。然后依次按上法往上镶贴,注意保持与相邻釉面砖的平整。如遇釉面砖的规格尺寸或几何形状不等时,应在镶贴时随时调整,使缝隙宽窄一致。

镶贴完毕后进行质量检查,用清水将釉面砖表面擦洗洁净,接缝处用与釉面砖相同颜色的白水泥浆擦嵌密实,并将釉面砖表面擦净。全部完工后,要根据不同的污染情况,用棉丝或用稀盐酸刷洗并及时以清水冲净。

(7)外墙面砖粘贴。外墙面砖镶贴,应根据施工大样图要求统一弹线分格、排砖。其方法可采取在外墙阳角用钢丝花篮螺丝拉垂线,根据阳角钢丝出墙面每隔 1.5~2 m 做标志块,并找准阳角方正,抹找平层,找平找直。在找平层上按设计图案先弹出分层水平线,并在山墙上每隔 1 m 左右弹一条垂直线(根据面砖块数定),在层高范围内应根据实际选用面砖尺寸,划出分层皮数(最好按层高做皮数杆),然后根据皮数杆的皮数,在墙面上从上到下弹若干条水平线,控制水平的皮数,并按整块面砖尺寸弹出竖直方向的控制线。如采取离缝分格,则应按整块砖的尺寸分匀,确定分格缝(离缝)的尺寸,并按离缝实际宽度做分格条,分格条的宽度一般宜控制在 5~10 mm。

外墙面砖的镶贴顺序应自上而下分层分段进行,而且要先贴附墙柱、后墙面,再贴窗间墙。

镶贴时,先按水平线垫平八字尺或直靠尺,操作方法与釉面砖基本相同。铺贴的砂浆一般为 1:2 水泥砂浆或掺入不大于水泥重量 15%的石灰膏的水泥混合砂浆,砂浆的稠度要一致,以避免砂浆上墙后流淌。刮满刀灰厚度为 6~10 mm。贴完一行后,须将每块面砖上的灰浆刮净。如上口不在同一直线上,应在面砖的下口垫小木片,尽量使上口在同一直线上。然后在上口放分格条,以控制水平缝大小与平直,又可防止面砖向下滑移,随后再进行第二皮面砖的铺贴。

在完成一个层段的墙面并检查合格后,即可进行勾缝。勾缝用 1:1 水泥砂浆或水泥浆分两次进行嵌实,第一次用一般水泥砂浆,第二次按设计要求用彩色水泥浆或普通水泥浆勾缝。勾缝可做成凹缝,深度为 3 mm 左右。面砖密缝处用与面砖相同颜色的水泥擦缝。完工后应将面砖表面清洗干净,清洗工作须在勾缝材料硬化后进行。如有污染,可用浓度为 10%的盐酸刷洗,再用水冲净。

(8)陶瓷锦砖粘贴。

1)抹好底子灰并经划毛及浇水养护后,根据节点细部详图和施工大样图,先弹出水平线和垂直线。水平线按每方陶瓷锦砖一道;垂直线可每方一道,亦可二三方一道。垂直线要与房屋大角以及墙垛中心线保持一致。如有分格时,按施工大样图规定的留缝宽度弹出。

2)镶贴陶瓷锦砖时,一般是自下而上进行,按已弹好的水平线安放八字靠尺或直靠尺,并用水平尺校正垫平。通常以二人协同操作,一人在前洒水润湿墙面,先刮一道素水泥浆,随即抹上 2 mm 厚的水泥浆为黏结层,另一人将陶瓷锦砖铺在木垫板上,纸面向下,锦砖背面朝上,先用湿布把底面擦净,用水刷一遍,再刮素水泥浆,将素水泥浆刮至陶瓷锦砖的缝隙中,在砖面不要留砂浆。而后,再将一张张陶瓷锦砖沿尺粘贴在墙上。

3)将陶瓷锦砖贴于墙面后,一手将硬木拍板放在已贴好的砖面上,另一手用小木槌敲击木拍板,把所有的陶瓷锦砖满敲一遍,使其平整。然后将陶瓷锦砖的护面纸用软刷子刷水润湿,待护面纸吸水泡开,即开始揭纸。

4)揭纸后检查缝的大小,不合要求的缝必须拨正。调整砖缝的工作,要在黏结层砂浆初凝前进行。拨缝的方法是,一手将开刀放于缝间,另一手用抹子轻敲开刀,逐条按要求将缝拨匀、拨正,使陶瓷锦砖的边口以开刀为准排齐。拨缝后用小锤敲击木拍板将其拍实一遍,以增强与墙面的黏结。

5)待黏结水泥浆凝固后,用素水泥浆找补擦缝。方法是先用橡皮刮板将水泥浆在陶瓷锦砖表面刮一遍,嵌实缝隙,接着加些干水泥,进一步找补擦缝,全面清理擦干净后,次日喷水养护。擦缝所用水泥,如为浅色陶瓷锦砖应使用白色水泥。

三、吊顶工程

1. 暗龙骨吊顶施工技术

(1)弹线。用水准仪在房间内每个墙(柱)角上找出水平点(若墙体较长,中间也应适当找几个点),弹出水准线(水准线距地面一般为500 mm),从水准线量至吊顶设计高度加上 12 mm(一层石膏板的厚度),用粉线沿墙(柱)弹出水准线,即为吊顶次龙骨的下皮线。同时,按吊顶平面图,在混凝土顶板弹出主龙骨的位置。主龙骨应从吊顶中心向两边分,最大间距为 1 000 mm,并标出吊杆的固定点,吊杆的固定点间距 900~1 000 mm,如遇到梁和管道固定点大于设计和规程要求,应增加吊杆的固定点。

(2)吊杆安装。吊杆是连接龙骨与楼板(或屋面板)的承重结构,它的形式与选用和楼板的形式、龙骨的形式及材料有关,也与吊顶质量有关。常见的有以下几种:

1)在预制板缝中安装吊杆。在预制板缝中浇灌细石混凝土或砂浆灌缝时,沿板缝通长设置 $\phi8$~$\phi12$ 钢筋,将吊杆一端打弯,勾于板缝中通长钢筋上,另一端从板缝中抽出,抽出长度为板底到龙骨的高度再加上绑扎尺寸。

2)在现浇板上安放吊杆。在现浇混凝土楼板时,按吊顶间距,将钢筋吊杆一端放在现浇层中,在木模板上钻孔,孔径稍大于钢筋吊杆直径,吊杆另一端从此孔中穿出。

3)在已硬化楼板上安装吊杆。用射钉枪将射钉打入板底,可选用尾部带孔与不带孔的两种射钉规格。在带孔射钉上穿铜丝(或镀锌铁丝)绑扎龙骨,或在射钉上直接焊接吊杆。在吊点的位置用冲击钻打胀管螺栓,然后将胀管螺栓同吊杆焊接。此种方法可省去预埋件,比较灵活,对于荷载较大的吊顶比较适用。

4)在梁上设吊杆。在框架的下弦、木梁或木条上设吊杆,若是钢筋吊杆,直接绑上即可;若是木吊杆,可用铁钉将吊杆钉上,每个木吊杆不少于两个钉子。

(3)边龙骨安装。边龙骨的安装应按设计要求弹线,沿墙(柱)上的水平龙骨线把 L 形镀锌轻钢条用自攻螺丝固定在预埋木砖上,如为混凝土墙(柱)可用射钉固定,射钉间距应不大于吊顶次龙骨的间距。

(4)主龙骨安装。

1)主龙骨应吊挂在吊杆上,主龙骨间距 900~1 000 mm。主龙骨分为不上人 UC38 小龙骨和上人 UC60 大龙骨两种。主龙骨宜平行房间长向安装,同时应起拱,起拱高度为房间跨度的 1/200~1/300。主龙骨的悬臂段不应大于 300 mm,否则应增加吊杆。主龙骨的接长应采取对接,相邻龙骨的对接接头要相互错开。主龙骨挂好后应基本调平。

2)跨度大于 15 m 以上的吊顶,应在主龙骨上每隔 15 m 加一道大龙骨,并垂直主龙骨焊接牢固。

3)如有大的造型天棚,造型部分应用角钢或扁钢焊接成框架,并应与楼板连接牢固。

4)吊顶如设检修走道,应另设附加吊挂系统,用 10 mm 的吊杆与长度为 1 200 mm 的 15×5 角钢横担用螺栓连接,横担间距为 1 800~2 000 mm,在横担上铺设走道,可以用 6 号槽钢两根间距 600 mm,之间用 10 mm 的钢筋焊接,钢筋的间距为 100 mm,将槽钢与横担角钢焊接牢固,在走道的一侧设有栏杆,高度为 900 mm,可以用 50×4 的角钢做立柱,焊接在走道槽钢上,之间用 30×4 的扁钢连接。

(5)次龙骨安装。次龙骨应紧贴主龙骨安装。次龙骨间距 300~600 mm。用 T 形镀锌铁片连接件把次龙骨固定在主龙骨上时,次龙骨的两端应搭在 L 形边龙骨的水平翼缘上。墙上应预先标出次龙骨中心线的位置,以便安装罩面板时找到次龙骨的位置。当用自攻螺丝钉安装板材时,板材接缝处必须安装在宽度不小于 40 mm 的次龙骨上。次龙骨不得搭接。在通风、水电等洞口周围应设附加龙骨,附加龙骨的连接用拉铆钉铆固。吊顶灯具、风口及检修口等应设附加吊杆和补强龙骨。

(6)罩面板安装。

1)石膏板类罩面板安装。石膏板安装时,应从吊顶顶棚的一边角开始,逐块排列推进。纸面石膏板的纸包边长应沿着次龙骨平行铺设。为了使顶棚受力均匀,在同一条次龙骨上的拼缝不能贯通,即铺设板时应错缝。其主要原因是板拼缝处,受力面断开。如果拼缝贯通,则在此龙骨处形成一条线荷载,易造成质量通病,即开裂或一板一棱的现象。

石膏板用镀锌 3.5 mm×2.5 mm 的自攻螺钉固定在龙骨上。一般的顺序是从一端角或中间开始往前或两边钉,钉头应嵌入石膏板内 0.5~1 mm,钉距为 150~170 mm,钉距板边 15 mm 为佳。以保证石膏板边缘不受破坏,从而保证其强度。

板与板之间和板与墙之间应留缝;一般为 3~5 mm,便于用腻子嵌缝。当采用双面石膏板时,应注意其长短边与第一层石膏板的长短边均应错开一个龙骨间距以上,且第二层板也应如第一层一样错缝铺钉,应采用 3.5 mm×3.5 mm 的自攻螺钉固定在龙骨上,螺钉位适当错位。

吊顶石膏板铺设完成后,应进行嵌缝处理。嵌缝的填充材料有老粉(双飞粉)、石膏、水泥及配套专用嵌缝腻子。常见的材料一般配以水、胶,几种材料也可根据设计的要求配合在一起加上水与胶水搅拌均匀之后使用。专用嵌缝腻子不用加胶水,只要根据说明加适量的水搅拌均匀之后即可使用。

2)纤维水泥加压板安装。龙骨间距、螺钉与板边的距离,以及螺钉间距等应满足设计要求和有关产品的要求。纤维水泥加压板与龙骨固定时,所用手电钻钻头的直径应比选用螺钉直径小 0.5～1.0 mm;固定后,钉帽应做防锈处理,并用油性腻子嵌平。用密封膏、石膏腻子或掺界面剂胶的水泥砂浆嵌涂板缝并刮平,硬化后用砂纸磨光,板缝宽度应小于 50 mm。板材的开孔和切割,应按产品的有关要求进行。

3)胶合板、纤维板、钙塑板安装。胶合板应光面向外,相邻板色彩与木纹要协调,胶合板可用钉子固定,钉距为 80～150 mm,钉长为 25～35 mm,钉帽应打扁,并进入板面 0.5～1.0 mm,钉眼用油性腻子抹平。胶合板面如涂刷清漆时,相邻板面的木纹和颜色应近似。纤维板可用钉子固定,钉距为 80～120 mm,钉长为 20～30 mm,钉帽进入板面 0.5 mm,钉眼用油性腻子抹平。硬质纤维板应用水浸透,自然阴干后安装。胶合板、纤维板用木条固定时,钉距不应大于 200 mm,钉帽应打扁,并进入木压条 0.5～1.0 mm,钉眼用油性腻子抹平。钙塑装饰板用胶黏剂粘贴时,涂胶应均匀,粘贴后,应采取临时固定措施,并及时擦去挤出的胶液。用钉固定时,钉距不宜大于 150 mm,钉帽应与板面齐平,排列整齐,并用与板面颜色相同的涂料涂饰。

4)金属板安装。金属铝板的安装应从边上开始,有搭口缝的铝板,应顺搭口缝方向逐块进行,铝板应用力插入齿口内,使其啮合。金属条板式吊顶龙骨一般可直接吊挂,也可增加主龙骨,主龙骨间距不大于 1.2 m,条板式吊顶龙骨形式应与条板配套;方板吊顶次龙骨分明装 T 形和暗装卡口两种,根据金属方板式样选定次龙骨,次龙骨与主龙骨间用固定件连接;金属格栅的龙骨可明装也可暗装,龙骨间距由格栅做法确定。金属板吊顶与四周墙面所留空隙,用金属压缝条镶嵌或补边吊顶找齐,金属压条材质应与金属面板相同。

2. 明龙骨吊顶施工技术

(1)弹线。用水准仪在房间内每个墙(柱)角上找出水平点(若墙体较长,中间也应适当找几个点),弹出水准线(水准线距地面一般为

500 mm),从水准线量至吊顶设计高度加上 12 mm(一层石膏板的厚度),用粉线沿墙(柱)弹出水准线,即为吊顶次龙骨的下皮线。同时,按吊顶平面图,在混凝土顶板弹出主龙骨的位置。主龙骨应从吊顶中心向两边分,最大间距为 1 000mm,并标出吊杆的固定点,吊杆的固定点间距 900~1 000 mm。如遇到梁和管道固定点大于设计和规程要求,应增加吊杆的固定点。

(2)吊杆安装。采用膨胀螺栓固定吊挂杆件。不上人的吊顶,吊杆长度小于 1 000 mm,可以采用 $\phi6$ 的吊杆,如果大于 1 000 mm,应采用 $\phi8$ 的吊杆,还应设置反向支撑。吊杆可以采用冷拔钢筋和盘圆钢筋,但采用盘圆钢筋应用机械将其拉直。上人的吊顶,吊杆长度小于 1 000 mm,可以采用 $\phi8$ 的吊杆,如果大于 1 000 mm,应采用 $\phi10$ 的吊杆,还应设置反向支撑。吊杆的一端同∟ 30×30×3 角码焊接(角码的孔径应根据吊杆和膨胀螺栓的直径确定),另一端可以用攻丝套出大于 1 00 mm 的丝杆,也可以买成品丝杆焊接。制作好的吊杆应做防锈处理,吊杆用膨胀螺栓固定在楼板上,用冲击电锤打孔,孔径应稍大于膨胀螺栓的直径。

(3)边龙骨安装。边龙骨的安装应按设计要求弹线,沿墙(柱)上的水平龙骨线把 L 形镀锌轻钢条用自攻螺丝固定在预埋木砖上;如为混凝土墙(柱),可用射钉固定,射钉间距应不大于吊顶次龙骨的间距。

(4)主龙骨安装。

1)主龙骨应吊挂在吊杆上。主龙骨间距 900~1 000 mm。主龙骨分为轻钢龙骨和 T 形龙骨。轻钢龙骨可选用 UC50 中龙骨和 UC38 小龙骨。其他安装要求同"暗龙骨吊顶施工技术"中的"主龙骨安装"。

(5)次龙骨安装。次龙骨应紧贴主龙骨安装。次龙骨间距 300~600 mm。次龙骨分为 T 形烤漆龙骨、T 形铝合金龙骨和各种条形扣板厂家配备的专用龙骨。用 T 形镀锌铁片连接件把次龙骨固定在主龙骨上时,次龙骨的两端应搭在 L 形边龙骨的水平翼缘上,条形扣板有专用的阴角线做边龙骨。

(6)罩面板安装。

1)嵌装式装饰石膏板安装。

①嵌装式装饰石膏板安装与龙骨应系列配套。

②嵌装式装饰石膏板安装前应分块弹线,花式图案应符合设计要求,若设计无要求时,嵌装式装饰石膏板宜由吊顶中间向两边对称排列安装,墙面与吊顶接缝应交圈一致。

③嵌装式装饰石膏板安装宜选用企口暗缝咬接法,构造如图2-90所示。安装时应注意企口的相互咬接及图案的拼接。

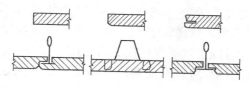

图2-90　板边处理与安装示意图

④龙骨调平及拼缝处应认真施工,固定石膏板时,应视吊顶高度及板厚,在板与板之间留适当间隙,拼缝缝隙用石膏腻子补平,并贴一层穿孔接缝纸。

2)金属微穿孔吸声板安装。

①必须认真调平调直龙骨,这是保证大面积吊顶效果的关键。

②安装冲孔吸声板宜采用板用木螺钉或自攻螺钉固定在龙骨上,对于有些铝合金板吊顶,也可将冲孔板卡到龙骨上,具体的固定方法要视板的断面决定。

③安装金属微穿孔板应从一个方向开始,依次安装。

④在方板或板条安装完毕后铺放吸声材料。条板可将吸声材料放在板条内;方板可将吸声材料放在板上面。

四、隔墙工程

1. 骨架隔墙施工技术

（1）木龙骨安装。

1)弹线打孔。

①在需要固定木隔断墙的地面和建筑墙面,弹出隔断墙的宽度线

和中心线。同时,画出固定点的位置,通常按 300～400 mm 的间距在地面和墙面,用 ϕ7.8 或 10.8 的钻头在中心线上打孔,孔深 45 mm 左右,向孔内放入 M6 或 M8 的膨胀螺栓。注意打孔的位置应与骨架竖向木方错开位。

②如果用木楔铁钉固定,就需打出 ϕ20 左右的孔,孔深 50 mm 左右,再向孔内打入木楔。

2)固定木龙骨。固定木龙骨的方式有几种,但在室内装饰工程中,通常以遵循不破坏原建筑结构的原则,处理龙骨固定工作。

①固定木龙骨的位置通常是在沿墙、沿地和沿顶面处。

②固定木龙骨前,应按对应地面的墙面的顶面固定点的位置,在木骨架上画线,标出固定点位置。

③如用膨胀螺栓固定,就应在标出的固定点位置打孔。打孔的直径略大于膨胀螺栓的直径。

④对于半高矮隔断墙来说,主要靠地面和端头的建筑墙面固定。如果矮隔断墙的端头处无法与墙面固定,常用铁件来加固端头处,加固部分主要是地面与竖向木方之间。

⑤对于各种木隔墙的门框竖向木方,均应采用铁件加固法,否则,木隔墙将会因门的开闭振动而出现较大颤动,进而使门框松动,木隔墙松动。

(2)轻钢隔断龙骨安装。

1)弹线。在基体上弹出水平线和竖向垂直线,以控制隔断龙骨安装的位置、龙骨的平直度和固定点。

2)隔断龙骨的安装。

①沿弹线位置固定沿顶和沿地龙骨,各自交接后的龙骨应保持平直。固定点间距应不大于 1 000 mm,龙骨的端部必须固定牢固。边框龙骨与基体之间,应按设计要求安装密封条。

②当选用支撑卡系列龙骨时,应先将支撑卡安装在竖向龙骨的开口上,卡距为 400～600 mm,距龙骨两端的为 20～25 mm。

③选用通贯系列龙骨时,高度低于 3 m 的隔墙安装一道;3～5 m 时安装两道;5 m 以上时安装三道。

④门窗或特殊节点处,应使用附加龙骨加强,其安装应符合设计要求。

⑤隔断的下端如用木踢脚板覆盖,隔断的罩面板下端应离地面20～30 mm;如用大理石、水磨石踢脚时,罩面板下端应与踢脚板上口齐平,接缝要严密。

(3)墙面板安装。

1)纸面石膏板安装。

①在石膏板安装前,应对预埋隔断中的管道和有关附墙设备采取局部加强措施。

②石膏板宜竖向铺设,长边接缝宜落在竖龙骨上。当隔断为防火墙时,石膏板应竖向铺设,当为曲面墙时,石膏板宜横向铺设。

③用自攻螺钉固定石膏板,中间钉距不应大于 300 mm,沿石膏板周边螺钉间距不应大于 200 mm,螺钉与板边缘的距离应为10～16 mm。

④安装石膏板时,应从板的中间向板的四边固定。钉头略埋入板内,以不损坏纸面为度。钉眼应用石膏腻子抹平。

⑤石膏板宜使用整板。如需对接时,应靠紧,但不得强压就位。

⑥石膏板的接缝,应按设计要求进行板缝的防裂处理,隔墙端部的石膏板与周围墙或柱应留有 3 mm 的槽口。施工时,先在槽口处加注嵌缝膏,然后铺板,挤压嵌缝膏使其和邻近表层紧紧接触。

⑦石膏板隔墙以丁字或十字形相接时,阴角处应用腻子嵌满,贴上接缝带,阳角处应做护角。

2)胶合板和纤维板安装。

①浸水:硬质纤维板施工前应用水浸透,自然阴干后安装。这是由于硬质纤维板有湿胀、干缩的性质,如果放入水中浸泡 24h 后,可伸胀 0.5％左右;如果事先没浸泡,安装后吸收空气中的水分会产生膨胀,但因四周已有钉子固定无法伸胀,而造成起鼓、翘曲等问题。

②基层处理:安装胶合板的基体表面,用油毡、油纸防潮时,应铺设平整、搭接严密,不得有皱褶、裂缝和透孔等。

③固定:胶合板如用钉子固定,钉距为 80～150 mm,钉帽打扁并

进入板面 0.5～1 mm,钉眼用油性腻子抹平;纤维板如用钉子固定,钉距为 80～120 mm,钉长为 20～30 mm,钉帽宜进入板面 0.5 mm,钉眼用油性腻子抹平。胶合板、纤维板用木压条固定时,钉距不应大于 200 mm,钉帽应打扁,并进入木压条 0.5～1 mm,钉眼用油性腻子抹平。墙面用胶合板、纤维板装饰时,阳角处宜做护角。

3)塑料板罩面安装。塑料板罩面安装方法,一般有黏结和钉接两种。

①黏结:聚氯乙烯塑料装饰板用胶黏剂黏结。用刮板或毛刷同时在墙面和塑料板背面涂刷,不得有漏刷。涂胶后见胶液流动性显著消失,用手接触胶层感到黏性较大时,即可黏结。黏结后应采用临时固定措施,同时,将挤压在板缝中多余的胶液刮除,将板面擦净。

②钉接:安装塑料贴面板复合板应预先钻孔,再用木螺丝加垫圈紧固,也可用金属压条固定。木螺丝的钉距一般为 400～500 mm,排列应整齐一致。

加金属压条时,应拉横竖通线拉直,并应先用钉子将塑料贴面复合板临时固定,然后加盖金属压条,用垫圈找平固定。

需要隔声、保温、防火的应根据设计要求在龙骨一侧安装好塑料贴面复合板,进行隔声、保温、防火等材料的填充;一般采用玻璃丝棉或 30～100 mm 岩棉板进行隔声、防火处理,采用 50～100 mm 苯板进行保温处理,再封闭另一侧的罩面板。

4)铝合金装饰条板安装。用铝合金条板装饰墙面时,可用螺钉直接固定在结构层上,也可用锚固件悬挂或嵌卡的方法,将板固定在轻钢龙骨上,或将板固定在墙筋上。

2. 石膏空心板隔墙安装

(1)安装前,在室内墙面弹出＋500 mm 的标高线。按图纸要求的隔墙位置,分别在地面、墙面、顶面弹好隔墙边线和门窗洞口边线,并按板宽分档。

(2)清理石膏空心板与顶面、地面、墙面的结合部位,剔除凸出墙面的砂浆、混凝土块等并扫干净,用水泥砂浆找平。

(3)隔墙板的长度应为楼层净高尺寸减去 2～3 mm。量测并计算门窗洞口上部和窗口下部隔墙板尺寸,并按此尺寸配板。当板宽与隔墙长度不符时,可将部分隔墙板预先拼接加宽或锯窄,使其变成合适的宽度,并放置于阴角处。有缺陷的板应经修补合格后方可使用。

(4)当有抗震要求时,必须按设计要求用 U 形钢板卡固定隔墙板顶端。在两块板顶端拼缝之间用射钉或膨胀螺钉(栓)将 U 形钢板卡固定在梁或板上。随安装隔墙板随固定 U 形钢板卡。

(5)胶黏剂一般用 SG791 胶与建筑石膏粉配制成胶泥使用。质量配合比为:石膏粉∶SG791 胶＝1∶(0.6～0.7)。配制量以每次使用不超过 20 min 为宜。

(6)隔墙板安装顺序应从与墙结合处或门洞边开始,依次按顺序安装。安装时,先清扫隔板表面浮灰,在板顶面、侧面及与板结合的墙面、楼层顶面刷 SG791 胶液一道,再满刮 SG791 石膏胶泥;按弹线位置安装就位,用木楔顶在板底,用手平推隔墙板,使板缝冒浆;一人用撬棍在板底向上顶,另一人打板底木楔,使隔墙板侧面挤紧、顶面顶实;用腻子刀将挤出的胶黏剂刮平。每装完一块隔墙板,应用靠尺及垂直检测尺检查墙面的平整度和垂直度。墙板固定后,应在板下填塞1∶2 水泥砂浆或 C20 干硬性细石混凝土。当砂浆或混凝土强度达到10MPa 以上时,撤出板上木楔,用 1∶2 水泥砂浆或 C20 细石混凝土堵严木楔孔。

(7)对有门窗洞口的墙体,一般均采用后塞口。门窗框与门窗洞口板之间的缝隙不宜超过 3 mm,超过 3 mm 时应加木垫片过渡。

(8)隔墙板安装 10d 后,检查所有缝隙黏结情况,如发现裂缝,应查明原因后进行修补。清理板缝、阴角缝表面浮灰,刷 SG791 胶液后粘贴 50～60 mm 宽玻璃纤维布条,隔墙在阳角处粘贴 200 mm 宽玻璃纤维布条一层,每边各 100 mm 宽。干后刮 SG791 胶泥。隔声双层板墙板缝应相互错开。

(9)墙面直接用石膏腻子刮平,打磨后再刮两道腻子,第二次打磨平整后做饰面层。

(10)所有电线管必须顺石膏空心板板孔铺设,严禁横铺、斜铺。

五、地面工程

1. 整体面层地面施工技术

(1)水泥混凝土面层。

1)基层清理。把沾在基层上的浮浆、落地灰等用錾子或钢丝刷清理掉,再用扫帚将浮土清扫干净;如有油污,应用5%～10%浓度的火碱水溶液清洗。湿润后,刷素水泥浆或界面处理剂,随刷随铺设混凝土,避免间隔时间过长风干形成空鼓。

2)弹线、找标高。

①根据水平标准线和设计厚度,在四周墙、柱上弹出面层的上平标高控制线。

②按线拉水平线抹找平墩(60 mm×60 mm 见方,与面层完成面同高,用同种混凝土),间距双向不大于 2 m。有坡度要求的房间应按设计坡度要求拉线,抹出坡度墩。

③面积较大的房间为保证房间地面平整度,还要做冲筋,以做好的灰饼为标准抹条形冲筋,高度与灰饼同高,形成控制标高的"田"字格,用刮尺刮平,作为混凝土面层厚度控制的标准。当天抹灰墩、冲筋,当天应当抹完灰,不应隔夜。

3)混凝土搅拌。

①混凝土的配合比应根据设计要求通过试验确定。

②投料必须严格过磅,精确控制配合比。每盘投料顺序为石子→水泥→砂→水。应严格控制用水量,搅拌要均匀,搅拌时间不少于90 s,坍落度一般不应大于 30 mm。

4)混凝土铺设。

①铺设前应按标准水平线用木板隔成宽度不大于 3 m 的条形区段,以控制面层厚度。

②铺设时,先刷水灰比为 0.4～0.5 的水泥浆,并随刷随铺混凝土,用刮尺找平。浇筑水泥混凝土的坍落度不宜大于 30 mm。

③水泥混凝土面层宜采用机械振捣,必须振捣密实。采用人工捣实时,滚筒要交叉滚压 3～5 遍,直至表面泛浆为止,然后进行抹平和压光。

④水泥混凝土面层不得留置施工缝。当施工间歇超过规定的时间后,在继续浇筑混凝土时,应对已凝结的混凝土接槎处进行处理,用钢丝刷刷到石子外露,表面用水冲洗,并涂水灰比为 0.4～0.5 的水泥浆,再浇筑混凝土,并应捣实压平,使新旧混凝土接缝紧密,不显接头槎。

⑤混凝土面层应在水泥初凝前完成抹平工作,水泥终凝前完成压光工作。

⑥浇筑钢筋混凝土楼板或水泥混凝土垫层兼面层时,宜采用随捣随抹的方法。当面层表面出现泌水时,可加干拌的水泥和砂进行撒匀,其水泥和砂的体积比宜为 1：2～1：2.5(水泥：砂),并进行表面压实抹光。

⑦水泥混凝土面层浇筑完成后,应在 12 h 内加以覆盖和浇水,养护时间不少于 7d。浇水次数应能保持混凝土具有足够的湿润状态。

⑧当建筑地面要求具有耐磨损、不起灰、抗冲击、高强度时,宜采用耐磨混凝土面层。建筑地面是以水泥为主要胶结材料,配以化学外加剂和高效矿物掺和料,达到高强度和高黏结力;选用人造烧结材料、天然硬质材料为骨料以特殊的施工工艺铺设在新拌水泥混凝土基层上形成复合面强化的现浇整体面层,其构造如图 2-91 所示。

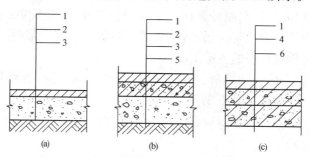

图 2-91　耐磨混凝土构造

1—耐磨混凝土面层;2—水泥混凝土垫层;3—细石混凝土结合层
4—细石混凝土找平层;5—基土;6—钢筋混凝土楼板或结构整浇层

⑨如在原有建筑地面上铺设时,应先铺设厚度不小于 30 mm 的水泥混凝土一层,在混凝土未硬化前随即铺设耐磨混凝土面层。

5)混凝土振捣和找平。

①用铁锹铺混凝土,厚度略高于找平墩,随即用平板振捣器振捣。厚度超过 200 mm 时,应采用插入式振捣器,其移动距离不大于作用半径的 1.5 倍,做到不漏振,确保混凝土密实。振捣以混凝土表面出现泌水现象为宜,或者用 30 kg 重滚纵横滚压密实,表面出浆即可。

②混凝土振捣密实后,以墙柱上的水平控制线和找平墩为标志,检查平整度,高的铲掉,凹处补平。撒一层干拌水泥砂(水泥∶砂＝1∶1),用水平刮杠刮平。有坡度要求的,应按设计要求的坡度施工。

6)表面压光。

①当面层灰面吸水后,用木抹子用力搓打、抹平,将干拌水泥砂拌和料与混凝土浆混合,使面层达到紧密接合。

②第一遍抹压:用铁抹子轻轻抹压一遍直到出浆为止。

③第二遍抹压:当面层砂浆初凝后(上人有脚印但不下陷),用铁抹子把凹坑、砂眼填实抹平,注意不得漏压。

④第三遍抹压:当面层砂浆终凝前(上人有轻微脚印),用铁抹子用力抹压。把所有抹纹压平压光,达到面层表面密实光洁。

(2)水泥砂浆面层。

1)基层处理。水泥砂浆面层多是铺抹在楼面、地面的混凝土、水泥炉渣、碎砖三合土等垫层上,垫层处理是防止水泥砂浆面层空鼓、裂纹、起砂等质量通病的关键工序。

①垫层上的一切浮灰、油渍、杂质,必须仔细清除,否则形成一层隔离层,会使面层结合不牢。

②表面较滑的基层,应进行凿毛,并用清水冲洗干净,冲洗后的基层,最好不要上人。

③宜在垫层或找平层的砂浆或混凝土的抗压强度达到 1.2 MPa后,再铺设面层砂浆,这样才不致破坏其内部结构。

④铺设地面前,还要再一次将门框校核找正,方法是先将门框锯口线找平校正,并注意当地面面层铺设后,门扇与地面的间隙(风路)应符合规定要求。然后将门框固定,防止产生位移。

2)弹线、做标筋。

①地面抹灰前,应先在四周墙上弹出一道水平基准线,作为确定水泥砂浆面层标高的依据。水平基准线是以地面±0.000及楼层砌墙前的找平点为依据,一般可根据情况弹在标高 100 cm 的墙上。

②根据水平基准线再把楼地面面层上皮的水平辅助基准线弹出。面积不大的房间,可根据水平基准线直接用长木杠抹标筋,施工中进行几次复尺即可。面积较大的房间,应根据水平基准线在四周墙角处每隔 1.5～2.0 m 用 1:2 水泥砂浆抹标志块,标志块大小一般是 8～10 cm 见方。待标志块结硬后,再以标志块的高度做出纵横方向通长的标筋以控制面层的厚度。地面标筋用 1:2 水泥砂浆,宽度一般为 8～10 cm。做标筋时,要注意控制面层厚度,面层的厚度应与门框的锯口线吻合。

③对于厨房、浴室、卫生间等房间的地面,须将流水坡度找好。有地漏的房间,要在地漏四周找出不小于 5% 的泛水。找平时,要注意各室内地面与走廊高度的关系。

3)水泥砂浆面层铺设。

①水泥砂浆应采用机械搅拌,拌和要均匀,颜色一致,搅拌时间不应小于 2 min。水泥砂浆的稠度(以标准圆锥体沉入度计,以下同),当在炉渣垫层上铺设时,宜为 25～35 mm;当在水泥混凝土垫层上铺设时,应采用干硬性水泥砂浆,以手捏成团稍出浆为准。

②施工时,先刷水灰比为 0.4～0.5 的水泥浆,随刷、随铺、随拍实,并应在水泥初凝前用木抹搓平压实。

③面层压光宜用钢皮抹子分 3 遍完成,并逐遍加大用力压光。当采用地面抹光机压光时,在压第二、第三遍中,水泥砂浆的干硬度应比手工压光时稍干一些。压光工作应在水泥终凝前完成。

④当水泥砂浆面层干湿度不适宜时,可采取淋水或撒布干拌的1:1水泥和砂(体积比,砂须过 3 mm 筛)进行抹平压光工作。

⑤当面层需分格时,应在水泥初凝后进行弹线分格。先用木抹搓一条约一抹子宽的面层,用钢皮抹子压光,并用分格器压缝。分格应平直,深浅要一致。

⑥当水泥砂浆面层内埋设管线等出现局部厚度减薄处并在 10 mm

及 10 mm 以下时,应按设计要求做防止面层开裂处理后方可施工。

⑦水泥砂浆面层铺好经 1 d 后,用锯屑、砂或草袋盖洒水养护,每天两次,不少于 7d。

⑧当水泥砂浆面层采用矿渣硅酸盐水泥拌制时,施工中应采取下列措施:严格控制水灰比,水泥砂浆稠度不应大于 35 mm,宜采用干硬性或半干硬性砂浆。精心进行压光工作,一般不应少于 3 遍。养护期应延长到 14d。

⑨当采用石屑代砂铺设水泥石屑面层时,施工除应执行上述的规定外,尚应符合下列规定:采用的石屑粒径宜为 3~5 mm,其含粉量不应大于 3%。水泥宜采用硅酸盐水泥、普通硅酸盐水泥,其强度等级不宜小于 42.5 级。水泥与石屑的体积比宜为 1:2,其水灰比宜控制在 0.4。面层的压光工作不应小于两次,并做好养护工作。

⑩当水泥砂浆面层出现局部起砂等施工质量缺陷时,可采用 108 胶水泥腻子进行修理、补强和装饰。施工工艺:处理好基层、表面洒水湿润,涂刷 108 胶水一道,满刮腻子 2~5 遍,厚度控制在 0.7~1.5 mm,洒水养护,砂纸磨平、清除粉尘,再涂刷纯 108 胶一遍或作一道蜡面。

2. 块状面层地面施工技术

(1)砖面层。砖面层有陶瓷锦砖、缸砖、陶瓷地砖和水泥花砖等。室内常用的是陶瓷地砖。有防腐蚀要求的砖面层要采用耐酸瓷砖、浸渍青砖、缸砖。砖面层一般采用水泥砂浆结合层,也可以采用胶黏剂粘贴砖面层,为防止污染对人体的伤害,提出了对胶黏剂材料的污染控制应符合现行国家标准《民用建筑工程室内环境污染控制规范》(GB 50325—2010)的规定。

1)基层处理:清除基层表面的灰尘,铲掉基层上的浆皮、落地灰,清刷油污等杂物。修补基层达到要求,提前 1~2 d 浇水湿透基层,可有效避免面层空鼓。

2)选砖:在铺贴前,应对砖的规格尺寸、外观质量、色泽等进行预选,清除不合格品。缸砖、陶瓷地砖和水泥花砖要浸水湿润,风干后待用。

3)刷结合层:在铺设面层前,宜涂刷界面剂处理或涂刷水灰比为0.4～0.5的水泥浆一层,且随刷随铺,一定将基层表面的水分清除,切忌采用在基层上浇水后洒干水泥的方法。

4)预排砖:为保证楼地面的装饰效果,预排砖是非常必要的工序。对于矩形楼地面,先在房间内拉对角线,查出房间的方正误差,以便把误差匀到两端,避免误差集中在一侧。靠墙一行面块料与墙边距离应保持一致。板块的排列应符合设计要求,当设计无要求时,应避免出现小于1/2～1/3板块边长的边角料。板块应由房间中央向四周或从主要一侧向另一边排列。把边角料放在周边或不明显处。

5)铺控制砖:根据已定铺贴方案镶贴控制砖,一般纵横五块面料设置一道控制线,先铺贴好左右靠近基准行的块料,然后根据基准行由内向外挂线逐行铺贴。

6)单块(张)的铺贴:采用人工或机械拌制干硬性水泥砂浆,拌和要均匀,以手握成团不泌水,手捏能自然散开为准,配比根据设计要求,用量要根据需要,在水泥初凝前用完。

7)干硬性水泥砂浆结合层应用刮尺及木抹子压平打实(抹铺)结合层时,基层应保持湿润,已刷素泥浆不得有风干现象,抹好后,以站上人只有轻微脚印而无凹陷为准,一块一铺。

8)将地砖干铺在结合层上,调整结合层的厚度和平整度。使地砖与控制线吻合,与相邻地砖缝隙均匀、表面平整,然后取下地砖,用水泥膏(2～3 mm厚)满涂块料背面,对准挂线及缝子,将块料铺贴上,用橡皮锤敲至正确位置,挤出的水泥膏及时清理干净(缝子比砖面凹2 mm为宜)。

9)陶瓷锦砖(马赛克、纸皮石)要用平整木板压在块料上,用橡皮锤着力敲击至平正,将挤出的水泥膏及时清理干净,块料贴上后,在纸面刷水湿润,将纸揭去,并及时将纸屑清干净,拨正歪斜缝子,铺上平木板,再用橡皮锤拍平打实。

10)嵌缝:待粘贴水泥膏凝固后,应采用同品种、同强度等级、同颜色的水泥填平缝子再用锯末、棉丝将表面擦干净至不留残灰为止,并做养护和保护。

11)养护:在面层铺设或填缝后,表面应覆盖、保湿,其养护时间不应少于 7d。

12)镶贴踢脚板:一般采用与地面块材同品种、同规格的材料,镶贴前先将板块刷水湿润,将基层浇水湿透,均匀涂刷素水泥浆,边刷边贴。在墙两端先各镶贴一块踢脚板,其上口高度应在同一水平线内,突出墙面厚度应一致,然后沿两块踢脚板上棱拉通线,用 1:2 水泥砂浆逐块依顺序镶贴。踢脚板的尺寸规格应和地面材料一致,板间接缝应与地面接缝贯通,镶贴时随时检查踢脚板的平顺和垂直,擦缝做法同地面。

(2)木、竹面层。木、竹面层有实木地板面层、实木复合地板面层、中密度(强化)复合地板面层、竹地板面层等(包括免刨免漆类)。实木地板面层、实木复合地板面层为常用面层。

1)木、竹地板面层下的木格栅、垫木、毛地板等采用的木材的树种、选材标准和铺设时木材含水率以及防腐、防蛀处理等,均应符合现行国家标准《木结构工程施工质量验收规范》(GB 50206—2012)的有关规定。所选用的材料,进场时应对其断面尺寸、含水率等主要技术指标进行抽检,抽检数量应符合产品标准的规定。

2)与厕浴间、厨房等潮湿场所相邻的木、竹面层连接处应做防水(防潮)处理。

3)木、竹面层铺设在水泥类基层上,其基层表面应坚硬、平整、洁净、干燥、不起砂。

4)建筑地面工程的木、竹面层格栅下架空结构层(或构造层)的质量检验,应符合相应现行国家标准的规定。

5)木、竹面层的通风构造层包括室内通风沟、室外通风窗等,均应符合设计要求。

六、涂饰工程

1. 水性涂料施工技术

(1)聚乙烯醇水玻璃内墙涂料施工。

1)基层处理。

①对于大规模混凝土墙面,虽较平整,但存有水气泡孔,必须进行批嵌,或采用1∶3∶8(水泥∶纸筋∶珍珠岩砂)的珍珠岩砂浆抹面。

②对砌块和砖砌墙面用1∶3(石灰膏∶黄砂)刮批,上粉纸筋灰面层,如有龟裂,应满批后方可涂刷。

③对旧墙面,应清除浮灰,保持光洁。表面若有高低不平、小洞或缺陷处,要进行批嵌后再涂刷,以使整个墙面平整,确保涂料色泽一致,光洁平滑。批嵌用的腻子,一般采用5%羟甲纤维素加95%水,隔夜溶解成水溶液(简称化学浆糊),再加老粉调和后批嵌。在喷刷过的白浆或干墙粉墙面上涂刷时,应先铲除干净(必要时要进行一度批嵌)后,方可涂刷,以免产生起壳、翘曲等缺陷。

2)涂料施工温度最好在10℃以上,由于涂料易沉淀分层,使用时必须将沉淀在桶底的填料用棒充分搅拌均匀,方可涂刷,否则会造成桶内上面料稀薄,包料上浮,遮盖力差,下面料稠厚,填料沉淀,色淡易起粉。

3)涂料的黏度随温度变化而变化,天冷黏度增加。在冬季施工若发现涂料有凝冻现象,可适当进行水溶加温,直到凝冻完全消失后,再进行施工。若涂料确因蒸发后变稠的,施工时不易涂刷,切勿单一加水,可采用胶结料(乙烯-醋酸乙烯共聚乳液)与温水(1∶1)调匀后,适量加入涂料内以改善其可涂性,并作小块试验,检验其黏结力、遮盖力和结膜强度。

4)施工用的涂料,其色彩应完全一致,施工时应认真检查,发现涂料颜色有深浅,应分别堆放。如果使用两种不同颜色的剩余涂料时,需充分搅拌均匀后,在同一房间内进行涂刷。

5)气温高,涂料黏度小,容易涂刷,可用排笔;气温低,涂料黏度大,不易涂刷,用料要增加,宜用漆刷;也可第一遍用漆刷,第二遍用排笔,使涂层厚薄均匀,色泽一致。操作时用的盛料桶宜用木制或塑料制品,盛料前和用完后,连同漆刷、排笔用清水洗干净,妥善存放。漆刷、排笔亦可浸水存放,切忌接触油剂类材料,以免涂料涂刷时油缩、结膜后出现水渍纹,涂料结膜后,不能用湿布重揩。

(2)多彩花纹内墙涂料施工。

1)基层处理与底层涂料喷涂。

①先将装修表面上的灰块、浮渣等杂物用开刀铲除,如表面有油污,应用清洗剂和清水洗净,干燥后再用棕刷将表面灰尘清扫干净。

②表面清扫后,用水与醋酸乙烯乳胶(配合比为 10:1)的稀释乳液将 SG821 腻子调至合适稠度,用它将墙面麻面、蜂窝、洞眼、残缺处填补好。腻子干透后,先用开刀将多余腻子铲平整,然后用粗砂纸打磨平整。

③满刮两遍腻子。第一遍应用胶皮刮板满刮,要求横向刮抹平整、均匀、光滑,以线角及边棱整齐为度。尽量刮薄,不得漏刮,接头不得留槎,注意不要玷污门窗框及其他部位,否则应及时清理。待第一遍腻子干透后,用粗砂纸打磨平整。注意操作要平稳,保护棱角,磨后用棕扫帚清扫干净。第二遍满刮腻子方法同第一遍,但刮抹方向与前遍腻子相垂直。然后用细砂纸打磨平整、光滑为止。

④底层涂料施工应在干燥、清洁、牢固的基层表面上进行,喷涂或滚涂一遍,涂层需均匀,不得漏涂。

2)中层涂料喷涂。

①涂刷第一遍中层涂料。涂料在使用前应用手提电动搅拌枪充分搅拌均匀。如稠度较大,可适当加清水稀释,但每次加水量需一致,不得稀稠不一。然后将涂料倒入托盘,用涂料滚子蘸料涂刷第一遍。滚子应横向涂刷,然后纵向滚压,将涂料赶开、涂平。滚涂顺序一般从上到下、从左到右、先远后近,先边角、棱角、小面后大面。要求厚薄均匀,防止涂料过多流坠。滚子涂不到的阴角处,需用毛刷补齐,不得漏涂。要随时剔除沾在墙上的滚子毛。一面墙要一气呵成,避免接槎刷迹重叠现象,玷污到其他部位的涂料要及时用清水擦净。第一遍中层涂料施工后,一般需干燥 4h 以上才能进行下一道磨光工序。如遇天气潮湿,应适当延长间隔时间。最后,用细砂纸进行打磨,打磨时用力要轻而匀,并不得磨穿涂层。磨后将表面清扫干净。

②第二遍中层涂料涂刷与第一遍相同,但不再磨光。涂刷后,应达到一般乳胶漆高级刷浆的要求。

3)多彩面层喷涂要点。

①由于基层材质、龄期、碱性、干燥程度不同,应预先在局部墙面上进行试喷,以确定基层与涂料的相容情况,并同时确定合适的涂布量。多彩涂料在使用前要充分摇动容器,使其充分混合均匀,然后打开容器,用木棍充分搅拌。注意不可使用电动搅拌枪,以免破坏多彩颗粒。温度较低时,可在搅拌情况下,用温水加热涂料容器外部。但任何情况下都不可用水或有机溶剂稀释多彩涂料。

②喷涂时,喷嘴应始终保持与装饰表面垂直(尤其在阴角处),距离为 0.3～0.5 m(根据装修面大小调整),喷嘴压力为 0.2～0.3 MPa,喷枪呈 Z 字形向前推进,横纵交叉进行,如图 2-92 所示。喷枪移动要平稳,涂布量要一致,不得时停时移,跳跃前进,以免发生堆料、流挂或漏喷现象。

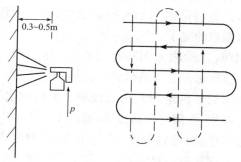

图 2-92　多彩涂料喷涂方法

为提高喷涂效率和质量,喷涂顺序应为:墙面部位→柱面部位→顶面部位→门窗部位。该顺序应灵活掌握,以不增加重复遮挡和不影响已完成的饰面为准。飞溅到其他部位上的涂料应用棉纱随时清理。

③喷涂完成后,应用清水将料罐洗净,然后灌上清水喷水,直到完全喷出清水为止。用水冲洗不掉的涂料,可用棉纱蘸丙酮清洗。现场遮挡物可在喷涂完成后立即清除,注意不要破坏未干的涂层。遮挡物与装饰面连为一体时,要注意扯离方向,已趋于干燥的漆膜,应用小刀在遮挡物与装饰面之间划开,以免将装饰面破坏。

(3)104 外墙饰面涂料施工。

1)基层要求。

①基层一般要求是混凝土预制板、水泥砂浆或混合砂浆抹面、水泥石棉板、清水砖墙等。

②基层表面必须坚固,无酥松、脱皮、起壳、粉化等现象;基层表面的泥土、灰尘、油污、油漆、广告色等杂物脏迹,必须清除干净。

③基层要求含水率在10%以下,pH值在10以下,否则会由于基层碱性太大又太湿而使涂料与基层黏结不好,颜色不匀,甚至引起剥落。墙面养护期一般为:现抹砂浆墙面夏季7d以上,冬季14d以上;现浇混凝土墙面夏季10d以上,冬季20d以上。

④基层要求平整,但又不应太光滑。太光滑的表面对涂料黏结性会有影响;太粗糙的表面,涂料消耗量大。孔洞和不必要的沟槽应提前进行修补。修补材料可采用108胶加水泥(胶与水泥配比为20:100)和适量的水调成的腻子。

2)手工涂刷时,其涂刷方向和行程长短均应一致。如涂料干燥快,应勤沾短刷,接槎最好在分格缝处。涂刷层次一般不少于两道,在前一道涂层表面干后才能进行后一道涂刷。前后两次涂刷的相隔时间与施工现场的温度、湿度有密切关系,通常不少于3h。

3)在喷涂施工中,对涂料稠度、空气压力、喷射距离、喷枪运行中的角度和速度等方面均有一定的要求。涂料稠度必须适中,太稠不便施工,太稀影响涂层厚度且容易流淌。空气压力在4~8MPa之间选择,压力选得过低或过高,涂层质感差,涂料损耗多。喷射距离一般为40~60 cm,喷嘴离被涂墙面过近,涂层厚薄难控制,易出现过厚或挂流等现象;喷嘴距离过远,则涂料损耗多。喷枪运行中,喷嘴中心线必须与墙面垂直,喷枪应与被涂墙面平行移动,运行速度要保持一致,快慢要适中。运行过快,涂层较薄,色泽不均;运行过慢,涂料黏附太多,容易流淌。喷涂施工要连续作业,到分格缝处再停歇。涂层表面均匀布满粗颗粒或云母片等填料,色彩应均匀一致,涂层以盖底为佳,不宜过厚,不要出现"虚喷""花脸""流挂""漏喷"等现象。

4)彩弹饰面施工的全过程,必须根据事先设计的样板色泽和涂层表面形状的要求进行。在基层表面先刷1~2道涂料,作为底色涂层。

待底色涂层干燥后,才能进行弹涂。门窗等不必进行弹涂的部位应予遮挡。弹涂时,手提彩弹机,先调整和控制好浆门、浆量和弹棒,然后开动电机,使机口垂直对正墙面,保持适当距离(一般为 30~50 cm),按一定手势和速度,自上而下、自右至左或自左至右,循序渐进。要注意弹点密度均匀适当,上下左右接头不明显。对于压花型彩弹,在弹涂后,应有一人进行批刮压花。弹涂到批刮压花之间的间隔时间,视施工现场的温度、湿度及花型等不同而定。压花操作用力要均匀,运动速度要适当,方向竖直不偏斜,刮板和墙面的角度宜在 15°~30°之间,要单方向批刮,不能往复操作。每批刮一次,刮板均须用棉纱擦抹,不得间隔,以防花纹模糊。大面积弹涂后,如出现局部弹点不匀或压花不合要求影响装饰效果时,应进行修补,修补方法有补弹和笔绘两种。修补所用的涂料,应采用与刷底或弹涂同一颜色的涂料。

　　5)色彩花纹应基本符合样板要求。对于仿干粘石彩弹,弹点不应有流淌;对于压花型彩弹,压花厚薄要一致,花纹及边界要清晰,接头处要协调,不污染门窗等。

2. 溶剂型涂料施工技术

　　(1)丙烯酸酯类建筑涂料施工。

　　1)彩砂涂料施工。

　　①基层处理。混凝土墙面抹灰找平时,先将混凝土墙表面凿毛,充分浇水湿润,用 1∶1 水泥砂浆,抹在基层上并拉毛。待拉毛硬结后,再用 1∶2.5 水泥砂浆罩面抹光。对预制混凝土外墙麻面以及气泡,需进行修补找平,在常温条件下湿润基层,用水∶石灰膏∶胶黏剂=1∶0.3∶0.3,加适量水泥,拌成石灰水泥浆,抹平压实。这样处理过的墙面的颜色与外墙板的颜色近似。

　　②基层封闭乳液刷两遍。第一遍刷完待稍干燥后再刷第二遍,不能漏刷。

　　③基层封闭乳液干燥后,即可喷黏结涂料。胶厚度在 1.5 mm 左右,要喷匀,过薄则干得快,影响黏结力,遮盖能力低;过厚会造成流坠。接槎处的涂料要厚薄一致,否则也会造成颜色不均匀。

　　④喷黏结涂料和喷石粒工序连续进行,一人在前喷胶,另一人在

后喷石,不能间断操作,否则会起膜,影响粘石效果和产生明显的接槎。喷斗一般垂直距墙面 40 cm 左右,不得斜喷,喷斗气量要均匀,气压在 0.5~0.7MPa 之间,保证石粒均匀呈面状地粘在涂料上。喷石的方法以鱼鳞划弧或横线直喷为宜,以免造成竖向印痕。水平缝内镶嵌的分格条,在喷罩面胶之前要起出,并把缝内的胶和石粒全部刮净。

⑤喷石 5~10 min 后用胶辊滚压两遍。滚压时以涂料不外溢为准,若涂料外溢会发白,造成颜色不匀。第二遍滚压与第一遍滚压间隔时间为 2~3 min。滚压时用力要均匀,不能漏压。第二遍滚压可比第一遍用力稍大。滚压的作用主要是使饰面密实平整,观感好,并把悬浮的石粒压入涂料中。

⑥喷罩面胶(BC-02)。在现场按配合比配好后过铜箩筛子,防止粗颗粒堵塞喷枪(用万能喷漆斗)。喷完石粒后隔 2 h 左右再喷罩面胶两遍。上午喷石下午喷罩面胶,当天喷完石粒,当天要罩面。喷涂要均匀,不得漏喷。罩面胶喷完后应形成一定厚度的隔膜,把石渣覆盖住,用手摸感觉光滑不扎手,不掉石粒。

2)丙烯酸有光凹凸乳胶漆施工。

①基层处理。丙烯酸有光凹凸乳胶漆可以喷涂在混凝土、水泥石棉板等基体表面,也可以喷涂在水泥砂浆或混合砂浆基层上。其基层含水率不大于 10%,pH 值在 7~10 之间。其基层处理要求与前述喷涂无机高分子涂料基层处理方法基本相同。

②喷枪口径 6~8 mm,喷涂压力 0.4~0.8 MPa。先调整好黏度和压力后,由一人手持喷枪与饰面成 90°角进行喷涂。其行走路线,可根据施工需要上下或左右进行。花纹与斑点的大小以及涂层厚薄,可调节压力和喷枪口径大小。一般底漆用量为 0.8~1.0 kg/m²。喷涂后,一般在 25℃±1℃,相对湿度 65%±5%的条件下停 5min 后,再由一人用蘸水的铁抹子轻轻抹、轧涂层表面,始终按上下方向操作,使涂层呈现立体感图案,且要花纹均匀一致,不得有空鼓、起皮、漏喷、脱落、裂缝及流坠现象。

③喷底漆后,相隔 8 h(25℃±1℃,相对湿度 65%±5%),即用 1 号喷枪喷涂丙烯酸有光乳胶漆。喷涂压力控制在 0.3~0.5 MPa 之

间,喷枪与饰面成 90°角,与饰面距离 40~50 cm 为宜。喷出的涂料要成浓雾状,涂层要均匀,不宜过厚,不得漏喷。一般可喷涂两道,一般面漆用量为 0.3 kg/m²。

④喷涂时,一定要注意用遮挡板将门窗等易被污染部位挡好。如已污染应及时清除干净。雨天及风力较大的天气不要施工。

⑤须注意每道涂料在使用之前都需搅拌均匀后方可施工,厚涂料过稠时,可适当加水稀释。

⑥双色型的凹凸复层涂料施工,其一般做法为第一道为封底涂料;第二道为带彩色的面涂料;第三道喷涂厚涂料;第四道为罩光涂料。具体操作时,应依照各厂家的产品说明进行。在一般情况下,丙烯酸凹凸乳胶漆厚涂料作喷涂后数分钟,可采用专用塑料辊蘸煤油滚压,注意掌握压力的均匀,以保持涂层厚度一致。

3)聚氨酯仿瓷涂料施工。

①基层要求。处理基面的腻子,一般要求用 801 胶水调制(SJ-801 建筑胶黏剂可用于粘贴瓷砖、锦砖、墙纸等,固体含量高,游离甲醛少,黏结强度大,耐水、耐酸碱、无味无毒),也可采用环氧树脂,但严禁与其他油漆混合使用。对于新抹水泥砂浆面层,其常温龄期应大于 10d;普通混凝土的常温龄期应大于 20d。

②对于底涂的要求,各厂产品不一。有的不要求底涂,并可直接作为丙烯酸树脂、环氧树脂及聚合物水泥等中间层的罩面装饰层;有的产品则包括底涂料。以沧浪牌 R8812-61 仿瓷釉涂料为例,其底涂料与面涂料为配套供应,见表 2-41,可以采用刷、滚、喷等方法涂底漆。沧浪牌冷瓷产品,也附有用作底涂的底漆,要求涂刷底漆后用腻子批平并打磨平整,然后用 TH 型面漆进行中涂。

表 2-41　　　　　　　　R8812-61 仿瓷釉涂料的分层涂装

分层涂料	材　　料	用料量/(kg/m²)	涂装遍数
底涂料	水乳型底涂料	0.13~0.15	1
面涂料(Ⅰ)	仿瓷釉涂料(A、B 色)	0.6~1.0	1
面涂料(Ⅱ)	仿瓷釉清漆	0.4~0.7	1

③中涂施工，一般均要求用喷涂。喷涂压力应依照材料使用说明，通常为 0.3～0.4 MPa 或 0.6～0.8 MPa；喷嘴口径也应按要求选择，一般为 4 mm。根据不同品种，将其甲乙组分进行混合调制或采用配套中层材料均匀喷涂，如涂料过稠不便施工时，可加入配套溶剂或醋酸丁酯进行稀释，有的则无须加入稀释剂。

④面涂施工，一般可用喷涂、滚涂和刷涂任意选择，施涂的间隔时间视涂料品种而定，一般在 2～4 h 之间。不论采用何种品牌的仿瓷涂料，其涂装施工时的环境温度均不得低于5℃，环境的相对湿度不得大于85％。根据产品说明，面层涂装一道或二道后，应注意成品保护，通常要求养护 3～5d。

3. 喷塑涂料施工技术

(1)油漆涂饰施工。

1)基层处理。

①手工清除。使用铲刀、刮刀、剁刀及金属刷具等，对木质面、金属面、抹灰基层上的毛刷、飞边、凸缘、旧涂层及氧化铁皮等进行清理去除。

②机械清除。采用动力钢丝刷、除锈枪、蒸汽剥除器、喷砂及喷水等机械清除方式。

③化学清除。当基层表面的油脂污垢、锈蚀和旧涂膜等较为坚实、牢固时，可采用化学清除的处理方法与打磨工序配合进行。

④热清除。利用石油液化气炬、热吹风刮除器及火焰清除器等设备，清除金属基层表面的锈蚀、氧化皮及木质基层表面的旧涂膜。

2)腻子嵌、批。嵌、批的要点是实、平、光，即做到密实牢固、平整光洁，为涂饰质量打好基础。嵌、批工序要在涂刷底漆并待其干燥后进行，以防止腻子中的漆料被基层过多吸收而影响腻子的附着性。为避免腻子出现开裂和脱落，要尽量降低腻子的收缩率，一次填刮不要过厚，最好不超过 0.5 mm。批刮速度宜快，特别是对于快干腻子，不应过多地往返批刮，否则易出现卷皮脱落或将腻子中的漆料挤出封住表面而难以干燥。应根据基层、面漆及各涂层材料的特点选择腻子，注意其配套性，以保持整个涂层物理与化学性能的一致性。

3)材质打磨。打磨方式有干磨与湿磨。干磨即是用砂纸或砂布及浮石等直接对物面进行研磨;湿磨是由于卫生防护的需要,以及为防止打磨时漆膜受热变软使漆尘黏附于磨粒间而有损研磨质量,将水砂纸或浮石蘸水(或润滑剂)进行打磨。硬质涂料或含铅涂料一般需采用湿磨方法。如果易吸水基层或环境湿度大时,可用松香水与生亚麻油(3∶1)的混合物做润滑剂打磨。对于木质材料表面不易磨除的硬刺、木丝和木毛等,可采用稀释的虫胶漆(虫胶∶酒精=1∶7～8)进行涂刷待干后再行打磨的方法;也可用湿布擦抹表面使木材毛刺吸水胀起干后再打磨的方法。

4)色漆调配。为满足设计要求,大部分成品色漆需进行现场混合调兑,但参与调配的色漆的漆基应相同或能够混溶,否则掺和后会引起色料上浮、沉淀或树脂分离与析出等。选定基本色漆后应先试配小样与样品色或标准色卡比照,尤须注意湿漆干燥后的色泽变化。调配浅色漆时若用催干剂,应在配兑之前加入。试配小样时须准确记录其色漆配比值,以备调配大样时参照。

5)透明涂饰配色。木质材料面的透明涂饰配色,一般以水色为主,水色常由酸、碱性染料等混合配制。常用的底色有水粉底色、油粉底色、豆腐底色、水色底、血料底等。木质面显木纹,透明涂饰的着色分两个步骤,首先嵌批填孔料,根据木材管孔的特点及温度情况掌握水或油与体质颜料的比例,使稠度适宜。然后采取用水色、油色或酒色对木质材料表面进行染色。

6)油漆稠度调配。桶装的成品油漆,一般都较为稠厚,使用时需要酌情加入部分稀料(稀释剂)调节其稠度后方可满足施工要求。但在实际工作中的油漆稠度并非依靠粘度计进行测量定取,而是根据各种施工条件如油漆的性能、环境气温、操作场地、工具及施工方法等因素来决定。稠度又直接影响油漆涂膜质量,情况较为复杂,除机械化固定施工条件之外,油漆的稠度往往是不时变动才可适用。油漆工所依照的固定稠度,或称基本稠度,即是机械化涂装或手工操作的稠度基础,常用涂 4 号粘度计测量决定。常用的油基漆的各种底漆的平均稠度为 35～40 s,一般情况下在此稠度范围内较适宜涂刷,油漆对毛刷的浮力与刷毛的弹力相接近。若刷毛软,还需降低稠度;当刷毛硬时则需提高稠度。常用喷涂的稠度一般为 $25\sim30$ s,在此稠度范围内喷出油漆的速度快、覆盖力强、雾化程度好、中途干燥现象轻微。

7)喷涂。所用油漆品种应是干燥快的挥发性油漆,如硝基磁漆、过氯乙烯磁漆等。油漆喷涂的类别有空气喷涂、高压无气喷涂、热喷涂及静电喷涂等,在建筑工程中采用最多的是空气喷涂和高压无气喷涂。普通的空气喷涂喷枪种类繁多,一般有吸出式、对嘴式和流出式。高压无气喷涂利用 $0.4\sim0.6$ MPa 的压缩空气作动力,带动高压泵将油漆涂料吸入,加压到 15 MPa 左右通过特制喷嘴喷出,当加过高压的涂料喷至空气中时,即剧烈膨胀雾化成扇形气流冲向被涂物面,此设备可以喷涂高黏度油漆,效率高、成膜厚、遮盖率高、涂饰质量好。

从贮漆罐中带出,再用压缩空气将油漆涂料吹成雾状,喷在被涂物面上(也有直接靠压缩空气的力量将涂料吹出的)。此类喷涂设备简单,操作容易,维修也方便。但也有不足之处:第一,油漆或其他涂料在喷涂前必须稀释,喷涂施工中有相当一部分涂料随着空气的扩散而损耗消失,故此成膜较薄,需反复多遍喷涂才可达到一定厚度;第二,喷涂的渗透性和附着性大都较刷涂差;第三,喷涂时扩散于空气中的漆料和溶剂,对人体有害;第四,在通风不良的现场喷涂施工,存在着不安全因素,漆雾易引起火灾,而溶剂的蒸汽在空气中达到足够浓度时,有酿成爆炸祸患的可能。

(2)仿天然石涂料施工。

1)涂底漆。底涂料用量每遍 0.3 kg/m^2 以上,均匀刷涂或用尼龙毛辊滚涂,直到无渗色现象为止。

2)放样弹线,粘贴线条胶带。为仿天然石材效果,一般设计均有分块分格要求。施工时弹线粘贴线条胶带,先贴竖直方向,后贴水平方向,在接头处可临时钉上铁钉,便于施涂后找出胶带端头。

3)喷涂中层。中涂施工采用喷枪喷涂,空气压力在 $6\sim8$ MPa 之间,涂层厚度 $2\sim3$ mm,涂料用量 $4\sim5$ kg/m^2,喷涂面应与事先选定的样片外观效果相符合。喷涂硬化 24 h,方可进行下道工序。

4)揭除分格线胶带。中涂后可随即揭除分格胶带,揭除时不得损伤涂膜切角。应将胶带向上牵拉,而不是垂直于墙面牵拉。

5)喷制及镶贴石头漆片。此做法仅用于室内饰面,一般是用于饰面要求颜色复杂,造型处理图案多变的现场情况。可预先在板片或贴纸类材料上喷成石头漆切片,待涂膜硬化后,即可用强力胶黏剂将其镶贴于既定位置以达到富立体感的装饰效果。切片分硬版与软版两种,硬版用于平面镶贴,软版用于曲面或转角处。

6)喷涂罩面层。待中涂层完全硬化,局部粘贴石头漆片胶结牢固后,即全面喷涂罩面涂料。其配套面漆一般为透明搪瓷漆,罩面喷涂用量应在 $0.3kg/m^2$ 以上。

七、裱糊工程

裱糊工程原则上是先裱糊天棚后裱糊墙面。

1. 裱糊天棚壁纸施工技术

(1)基层处理:首先将混凝土顶上的灰渣、浆点、污物等清刮干净,并用笤帚将粉尘扫净,满刮腻子一道。腻子的体积配合比为聚醋酸乙烯乳液 1,石膏或滑石粉 5,2％羧甲基纤维素溶液 3.5。腻子干后磨砂纸,满刮第二遍腻子,待腻子干后用砂纸磨平、磨光。

(2)吊直、套方、找规矩、弹线:首先应将天棚的对称中心线通过吊直、套方、找规矩的办法弹出中心线,以便从中间向两边对称控制。墙顶交接处的处理原则:凡有挂镜线的按挂镜线,没有挂镜线则按设计要求弹线。

(3)计算用料、裁纸:根据设计要求决定壁纸的粘贴方向,然后计算用料、裁纸。应按所量尺寸每边留出 2～3 cm 余量,如采用塑料壁纸,应在水槽内先浸泡 2～3 min,拿出,抖出余水,半纸面用干净毛巾蘸干。

(4)刷胶、糊纸:在纸的背面和天棚的粘贴部位刷胶,应注意按壁纸宽度刷胶,不宜过宽,铺贴时应从中间开始向两边铺粘。第一张一定要按已弹好的线找直粘牢,应注意纸的两边各甩出 1～2 cm 不压死,以满足与第二张铺粘时的拼花压槎对缝的要求。然后依上述方法铺粘第二张,两张纸搭接 1～2 cm,用钢板尺比齐,两人将尺按紧,一人用劈纸刀裁切,随即将搭槎处两张纸条撕去,用刮板带胶将缝隙压实刮牢。随后将天棚两端阴角处用钢板尺比齐、拉直,用刮板及辊子压实,最后用湿温毛巾将接缝处辊压出的胶痕擦净,依次进行。

(5)修整:壁纸粘贴完后,应检查是否有空鼓不实之处,接槎是否平顺,有无翘边现象,胶痕是否擦净,有无小包,表面是否平整,多余的胶是否清擦干净等,直至符合要求为止。

2. 裱糊墙面壁纸施工技术

(1)基层处理:混凝土墙面可根据原基层质量的好坏,在清扫干净的墙面上满刮1或2道石膏腻子,干后用砂纸磨平、磨光;若为抹灰墙面,可满刮大白腻子1或2道找平、磨光,但不可磨破灰皮;石膏板墙用嵌缝腻子将缝堵实、堵严,粘贴玻璃网格布或丝绸条、绢条等,然后局部刮腻子补平。

(2)吊垂直、套方、找规矩、弹线:首先应将房间四角的阴阳角通过吊垂直、套方、找规矩的方法弹出中心线,并确定从哪个阴角开始按照壁纸的尺寸进行分块弹线控制(习惯做法是从进门左阴角处开始铺贴第一张)。有挂镜线的按挂镜线,没有挂镜线的按设计要求弹线控制。

(3)计算用料、裁纸:按已量好的墙体高度放大2~3 cm,按此尺寸计算用料、裁纸,一般应在案子上裁割,将裁好的纸用湿温毛巾擦后,折好待用。

(4)刷胶、糊纸:应分别在纸上及墙上刷胶,其刷胶宽度应相吻合,墙上刷胶一次不应过宽。糊纸时从墙的阴角开始铺贴第一张,按已划好的垂直线吊直,并从上往下用手铺平,刮板刮实,并用小辊子将上、下阴角处压实。第一张粘好留1~2 cm(应拐过阴角约2 cm),然后粘铺第二张,依同法压平、压实,与第一张搭槎1~2 cm,要自上而下对缝,拼花要端正,用刮板刮平,用钢板尺在第一、第二张搭槎处切割开,将纸边撕去,边槎处带胶压实,并及时将挤出的胶液用湿温毛巾擦净,然后用同法将接顶、接踢脚的边切割整齐,并带胶压实。墙面上遇有电门、插销盒时,应在其位置上破纸作为标记。在裱糊时,阳角不允许甩槎接缝,阴角处必须裁纸搭缝,不允许整张纸铺贴,避免产生空鼓与皱折。

（5）花纸拼接：纸的拼缝处花形要对接拼搭好。铺贴前应注意花形及纸的颜色力求一致。

墙与顶壁纸的搭接应根据设计要求而定，一般有挂镜线的房间应以挂镜线为界，无挂镜线的房间则以弹线为准。花形拼接如出现困难，错槎应尽量甩到不显眼的阴角处，大面不应出现错槎和花形混乱的现象。

（6）壁纸修整：糊纸后应认真检查，对墙纸的翘边翘角、气泡、皱折及胶痕未擦净等，应及时处理和修整，使之完善。

八、玻璃幕墙工程

1. 玻璃幕墙工程施工技术

（1）安装各楼层紧固铁件：主体结构施工时埋件预埋形式及紧固铁件与埋件连接方法，均应按设计图纸要求进行操作。一般有以下方式：在主体结构的每层现浇混凝土楼板或梁内预埋铁件，角钢连接件与预埋件焊接，然后用螺栓（镀锌）再与竖向龙骨连接。紧固件的安装是玻璃幕墙安装过程中的主要环节，直接影响到幕墙与结构主体连接牢固和安全程度。安装时将紧固铁件在纵横两方向中心线进行对正，初拧螺栓，校正紧固件位置后，再拧紧螺栓。紧固件安装时，也是先对正纵横中心线后，再进行电焊焊接，焊缝长度、高度及电焊条的质量均按结构焊缝要求。

（2）横、竖向龙骨装配：在龙骨安装就位之前，预先装配好以下连接件。

1）竖向主龙骨之间接头用的镀锌钢板内套筒连接件。

2）竖向主龙骨与紧固件之间的连接件。

3）横向次龙骨的连接件。

4）各节点的连接件的连接方法要符合设计图纸要求，连接必须牢固，横平竖直。

（3）竖向主龙骨安装：主龙骨一般由下往上安装，每两层为一整根，每楼层通过连接紧固铁件与楼板连接。先将主龙骨竖起，上、下两端的连接件对准紧固铁件的螺栓孔，初拧螺栓。

1）主龙骨可通过紧固铁件和连接件的长螺栓孔上、下、左、右进行调整,左、右水平方向应与弹在楼板上的位置线相吻合,上、下对准楼层标高,前、后(即 Z 轴方向)不得超出控制线,确保上下垂直,间距符合设计要求。

2）主龙骨通过内套管竖向接长,为防止铝材受温度影响而变形,接头处应留适当宽度的伸缩孔隙,具体尺寸根据设计要求,接头处上下龙骨中心线要对上。

3）安装到最顶层之后,再用经纬仪进行垂直度校正,检查无误后,把所有竖向龙骨与结构连接的螺栓、螺母、垫圈拧紧、焊牢。

4）所有焊缝重新加焊至设计要求并将焊药皮砸掉,清理检查符合要求后,刷两道防锈漆。

(4)横向水平龙骨安装:安好竖向龙骨后,进行垂直度、水平度、间距等项检查,符合要求后,便可进行水平龙骨的安装。安装前,将水平龙骨两端头套上防水橡胶垫。

1）用木支撑暂时将主龙骨撑开,接着装入横向水平龙骨,然后取掉木支撑后,两端橡胶垫被压缩,起到较好的防水效果。

2）大致水平后初拧连接件螺栓,然后用水准仪找平,将横向龙骨调平后,拧紧螺栓。

3）安装过程中,要严格控制各横向水平龙骨之间的中心距离及上下垂直度,同时要核对玻璃尺寸能否镶嵌合适。

(5)安装楼层之间封闭镀锌钢板:由于幕墙挂在建筑外墙,各竖向龙骨之间的孔隙通向各楼层,为隔声、防火,应把矿棉防火保温层镶铺在镀锌钢板上,将各楼层之间封闭。

(6)安装保温防火矿棉:镀锌钢板安装完之后,安装保温、防火矿棉。将矿棉保温层用胶黏剂粘在钢板上,用预留的钢钉及不锈钢片固定保温层,矿棉应铺放平整,拼缝处不留缝隙。

(7)安装玻璃:单、双层玻璃均由上向下,并从一个方向起连续安装,预先将玻璃由外用电梯运至各楼层的指定地点,立式存放,并派专人看管。

(8)安盖口条和装饰压条:玻璃外侧橡胶条或密封膏安装完之后,

在玻璃与横框、水平框交接处均要进行盖口处理,室外一侧安装外扣板,室内一侧安装压条(均为铝合金材),其规格形式要根据幕墙设计要求确定。

(9)擦洗玻璃:幕墙玻璃各组装件安装完之后,在竣工验收前,利用擦窗机或其他吊具将玻璃擦洗一遍,以使表面洁净、明亮。

2. 金属幕墙工程施工技术

(1)幕墙型材骨架安装。

1)连接件安装及其技术要求。

①连接件须按设计加工,表面处理按现行国家标准的有关规定进行镀锌。

②根据图纸检查并调整所放的线。

③将连接件焊接固定于预埋件上。

④待幕墙校准之后,将组件金属码用螺栓固定在连接件上。

⑤焊接时,应采用对称焊,以控制因焊接产生的变形。

⑥焊缝不得有夹渣和气孔。

⑦敲掉焊渣后,对焊缝涂防锈漆进行防锈处理。

2)防锈处理技术要求。

①不能于潮湿及阳光直接暴晒下涂漆,表面尚未完全干燥或蒙尘不能涂漆。

②涂下一遍漆时要用砂纸进行打磨光滑。

③涂漆应表面均匀。

④涂漆未完全干时,不应在涂漆处进行其他施工。

3)骨架安装:横梁的安装应符合下列要求:将横梁两端的连接件及弹性橡胶垫安装在立柱的预定位置,要求安装牢固、接缝严密。同一层的横梁应由下往上进行。当安装完一层高度时,应进行检查、调整、校正、固定,使其符合质量要求。

幕墙框架的安装严格按照《玻璃幕墙工程技术规范》(JGJ 102—2003)要求的允许偏差进行施工。幕墙框架安装完毕后,再次进行全面的检查和调整,然后进行焊接加固,并对焊缝进行防腐处理。

4)保温层安装:隔热材料根据实墙部位金属合金骨架的内空尺寸

现场裁割,将裁好的隔热材料用金属丝固定于金属角上,金属角在金属型材加工时已安装在竖框或横料上。

5)防雷保护设施:根据幕墙框架具有的电传导性,可按设计要求提供足够的防雷保护接合端。

将幕墙本身的防雷系统和土建的防雷系统及防雷接地系统焊接起来,与其他防雷系统形成一个统一的整体。

(2)幕墙金属板安装。

1)金属板安装。

①应对横竖连接构件进行检查、测量、调整。

②金属板构件安装时应保持左右、上下的偏差不应大于 1.5 mm。

③金属板空缝安装时必须有防水措施,并应有按设计要求的排水出口。

④板块安装完毕后,板材之间的间隙用耐候胶嵌缝,予以密封,防止气体渗透和雨水渗漏。

2)注胶。

①注胶前要充分清洁板材间的缝隙,去除水、油渍、涂料、灰尘等。充分清洁黏结面,加以干燥。可用甲苯或甲基二乙酮作为清洁剂。

②为调整缝的深度,避免三边黏结,在缝内充填聚氯乙烯发泡材料。

③为避免密封胶污染板材,在缝两边贴保护胶纸。

④注胶后将胶缝表面抹平压实,去掉多余的胶。

⑤注胶完毕之后进行全面的清洁,撕掉金属型材的保护膜,擦拭板材内外面的污物,切忌损坏镀膜层。

3. 石材幕墙工程施工技术

(1)基层准备:清理预做饰面石材的结构表面,弹出垂直线,也可根据需要弹出安装石材的位置线和分块线。

(2)石材准备:根据设计尺寸,将专用模具固定在台钻上,进行石材开槽。

(3)挂线:按图纸要求,用经纬仪打出大角两个面的竖向控制线,在大角上下两端固定挂线的角钢,用钢丝挂竖向控制线,并在控制线的上下做出标记;将连接件用螺栓固定在埋件上,安装竖向龙骨,调整好竖向龙骨后在竖向龙骨上分段安装横梁;在横梁上安装底层石材铝合金托板,放置底层石板,调节并暂时固定;用云石胶嵌下层石材的上槽,安装上层铝合金挂件,嵌上层石材下槽。

(4)临时固定上层石材,安装铝合金挂件。重复以上工序,直至完成全部石材安装,最后安装顶层石材。

(5)清理胶缝,塞泡沫棒,粘防污保护胶条,用耐候胶注胶嵌缝;撕去保护胶带,清洁石材表面。

第三章 小城镇路桥施工技术

第一节 路基路面工程施工技术

一、路基工程

1. 路基排水施工技术

(1)地表水排除。路基地表排水设施包括边沟、截水沟、排水沟、急流槽、拦水带、蒸发池等。施工排水设施应做到位置、断面、尺寸、坡度准确,所用材料符合设计文件及规范要求。

1)边沟排水。

①边沟设置。边沟设置在挖方路段的边坡坡脚和填土高度小于边沟深度的填方边坡坡脚,用以汇集和排除降落在坡面和路面上的地表水。边沟断面一般为梯形,边沟内侧坡度按土质类型取 1:1.0～1:1.5。在较浅的岩石挖方路段,可采用矩形边沟,其内侧沟壁用浆砌片石砌成直立状。矩形和梯形边沟的底宽和深度不应小于 0.4 m。挖方路段边沟的外侧沟壁坡度与路堑下部边坡坡度相同。边沟的纵坡与路线纵坡保持一致,纵坡为最小值时应缩短边沟出水口间距。一般地区边沟长度不超过 500 m,多雨地区不超过 300 m,三角形边沟不超过 200 m。

②边沟施工。边沟施工时,其平面位置、断面尺寸、坡度、标高及所用材料应符合设计文件和施工技术规范要求。修筑的边沟应线形美观、直线顺直、曲线圆滑,无突然转弯等现象,纵坡顺适、沟底平整、排水畅通,无冲刷和阻水现象,表面平整美观。土质边沟纵坡大于 3%时,应采用浆砌片石、干砌片石、水泥混凝土预制块等进行加固。采用浆砌片石铺砌时,片石应坚固稳定,砂浆配合比应符合设计要求,砌筑时片石间应咬扣紧密,砌缝砂浆饱满、密实,勾缝应平顺,无脱落且缝

宽一致,沟身无漏水现象;采用干砌片石铺筑时,应选用有平整面的片石,砌筑时片石间应咬扣紧密、错缝,砌缝用小石子嵌紧,禁止贴砌、叠砌和浮塞;采用抹面加固土质边沟时,抹面应平整压光。

2)截水沟排水。

①截水沟设置。截水沟应设置在路堑边坡顶 5 m 以上或路堤坡脚 2 m 以外,并结合地形和地质条件顺等高线合理布置,使拦截的坡面水顺畅地流向自然沟谷或排水渠道。截水沟长度以 200～500 m 为宜。一般采用梯形断面,沟壁坡度为 1∶1.0～1∶1.5,断面尺寸可按设计径流量计算确定,但底宽和沟深不宜小于 0.5 m。当路堑边坡上侧流向路基的地表径流流量较大,或路堤上侧倾向路基的地面坡度大于 1∶2 时,应在路堑或路堤上方设置截水沟,以拦截流向路基地面的径流。在坡面汇流长度大的山坡上,应酌情设置两道以上大致平行的截水沟。边坡稳定性差或有可能形成滑坡的路段,应考虑在边坡周界外设置截水沟,以减轻水对坡面的渗透和冲刷等不利影响。

②截水沟施工。截水沟的施工要求与边沟基本相同。在地质不良、土质松软、透水性较大、裂缝多及沟底纵坡较大的地段,为防止水流下渗和冲刷,应对截水沟及其出水口进行严密的防渗处理和加固。

3)排水沟排水。

①排水沟设置。深挖路堑或高填路堤设边坡平台时,若坡面径流量大,可设置平台排水沟,以减小坡面冲刷。排水沟的断面形式和尺寸以及施工要求等与截水沟基本相同。

②排水沟排水方式。由边沟出水口、路面拦水堤或开口式缘石泄水口通过路堤边坡上的急流槽排放到坡脚的水流,应汇集到路堤坡脚外 1～2 m 处的排水沟内,再排到桥涵或自然水道中。

4)急流槽排水。

①急流槽设置。在路堤、路堑坡面或从坡面平台上向下竖向排水,或者在截水沟和排水沟纵坡较大时,应设急流槽。构筑急流槽后使水流与涵洞进出口之间形成一个过渡段,可减轻水流的冲刷。

②急流槽施工。急流槽可由浆砌片石或水泥混凝土铺筑成矩形或梯形断面。浆砌片石急流槽的底厚为 0.2～0.4 m,施工时做成粗

糙面,壁厚为 0.3～0.4 m,底宽至少为 0.25 m,槽顶与两侧斜坡面齐平,槽底每隔 5 m 设一凸榫,嵌入坡面土体内 0.3～0.5 m,以防止槽身顺坡面下滑。

5)跌水排水。

①跌水设置。在陡坡或深沟地段的排水沟,为避免其出口下游的桥涵、自然水道或农田受到冲刷,可设置跌水。

②跌水施工。跌水可带消力池,也可不带,按坡度和坡长不同可设成单级或多级跌水。不带消力池的跌水,台阶高度为 0.3～0.4 m,高度与长度之比,应与原地面坡度吻合。带消力池的跌水,单级跌水墙的高度为 1m 左右,消力槛的高度宜为 0.5 m,消力池台面设 2%～3% 的外倾纵坡,消力槛顶宽不宜小于 0.4 m,槛底设泄水孔。跌水的槽身结构与急流槽相同。

(2)地下水排除。

1)排水沟与盲沟排水。

①排水沟与盲沟设置。当地下水位较高,潜水层埋藏不深时,可采用排水沟或盲沟截流地下水及降低地下水位,沟底宜埋入不透水层内。沟壁最下一排渗水孔(或裂缝)的底部宜高出沟底不小于 0.2 m。排水沟或盲沟设在路基旁侧时,宜沿路线方向布置,设在低洼地带或天然谷处时,宜顺山坡的沟谷走向布置。排水沟可兼排地表水,在寒冷地区不宜用于排除地下水。

②排水沟与盲沟施工。排水沟或盲沟采用混凝土浇筑或浆砌片石砌筑时,应在沟壁与含水地层接触面的高度处,设置一排或多排向沟中倾斜的渗水孔。沟壁外侧应填以粗粒透水材料或土工合成材料作为反滤层。沿沟槽每隔 10～15 m 或当沟槽通过软硬岩层分界处时应设置伸缩缝或沉降缝。

2)渗沟排水。

①渗沟设置。渗沟用于降低地下水位或拦截地下水,设置在地面以下。渗沟分为填石渗沟、管式渗沟和洞式渗沟三种。渗沟的各部位尺寸应根据埋设位置和排水需要确定,宜采用槽形断面,最小底宽为 0.6 m,沟深大于 3 m 时最小底宽为 1.0 m。渗沟内部用坚硬的碎、卵

石或片石等透水性材料填充。沟顶和沟底应设封闭层,用干砌片石层封闭顶部,并用砂浆勾缝;底部用浆砌片石作封闭层,出水口采用浆砌片石端墙式结构。渗沟应尽量布置成与渗流方向垂直。

②渗沟沟壁应设置反滤层和防渗层。沟底挖至不透水层形成完整渗沟时,迎水面一侧设反滤层,背水面一侧设防渗层。沟底设在含水层内时则形成不完整渗沟,两侧沟壁均设置反滤层,反滤层可用砂砾石、渗水土工织物或无砂混凝土板等。防渗层采用夯实黏土、浆砌片石或土工薄膜等防渗材料。管式渗沟的排水管采用带渗水孔的混凝土圆管,管径不宜小于 200 mm,管壁交错设渗水孔,间距不大于20 cm,孔径可为 1.5~2.0 cm。洞式渗沟采用浆砌片石作沟洞,孔径大小根据设计流量定,洞顶用混凝土板搭盖,盖板间留缝隙,缝宽2 cm。深而长的渗沟应设检查井以便检查维修。

③渗沟施工。三种结构形式渗沟的位置、断面形式和尺寸,材料质量要求等均应严格按设计和上述构造要求精心施工。渗沟采用矩形断面时,施工应从下游向上游开挖,并随挖随支撑,以防坍塌。填筑反滤层时,各层间用隔板隔开,同时,填筑至一定高度后向上抽出隔板,继续分层填筑至要求高度为止。渗沟顶部用单层干砌片石覆盖,表面用水泥砂浆勾缝,再在上面用厚度不小于 0.50 m 的土夯填到与地面齐平。

2. 软土路基施工技术

(1)软土路基施工应列入地基固结期。应按设计要求进行预压,预压期内除补填因加固沉降引起的补填土方外,严禁其他作业。

(2)施工前应修筑路基处理试验路段,以获取各种施工参数。

(3)置换土施工应符合下列要求。

1)填筑前,应排除地表水,清除腐殖土、淤泥。

2)填料宜采用透水性土。处于常水位以下部分的填土,不得使用非透水性土壤。

3)填土应由路中心向两侧按要求分层填筑并压实,层厚宜为 15 cm。

4)分段填筑时,接槎应按分层做成台阶形状,台阶宽不宜小于 2 m。

(4)当软土层厚度小于 3.0 m,且位于水下或为含水量极高的淤泥时,可使用抛石挤淤,并应符合下列要求。

1)应使用不易风化石料,石料中尺寸小于 30 cm 粒径的含量不得超过 20%。

2)抛填方向应根据道路横断面下卧软土地层坡度而定。坡度平坦时自地基中部渐次向两侧扩展;坡度陡于 1:10 时,自高侧向低侧抛填,并在低侧边多抛投,使低侧边约有 2 m 宽的平台顶面。

3)抛石露出水面或软土面后,应用较小石块填平、碾压密实,再铺设反滤层填土压实。

(5)采用砂垫层置换时,砂垫层应宽出路基边脚 0.5～1.0 m,两侧以片石护砌。

(6)采用反压护道时,护道宜与路基同时填筑。当分别填筑时,必须在路基达到临界高度前将反压护道施工完成。压实度应符合设计规定,且不应低于最大干密度的 90%。

(7)采用土工材料处理软土路基时,应符合下列要求。

1)土工材料应由耐高温、耐腐蚀、抗老化、不易断裂的聚合物材料制成。其抗拉强度、顶破强度、负荷延伸率等均应符合设计及有关产品质量标准的要求。

2)土工材料铺设前,应对基面压实整平。宜在原地基上铺设一层 30～50 cm 厚的砂垫层。铺设土工材料后,运、铺料等施工机具不得在其上直接行走。

3)每压实层的压实度、平整度经检验合格后,方可于其上铺设土工材料。土工材料应完好,发生破损应及时修补或更换。

4)铺设土工材料时,应将其沿垂直路轴线展开,并视填土层厚度选用符合要求的锚固钉固定、拉直,不得出现扭曲、折皱等现象。土工材料纵向搭接宽度不应小于 30 cm,采用锚接时其搭接宽度不得小于 15 cm;采用胶结时胶接宽度不得小于 5 cm,其胶结强度不得低于土工材料的抗拉强度。相邻土工材料横向搭接宽度不应小于 30 cm。

5)路基边坡留置的回卷土工材料,其长度不应小于 2 m。

6)土工材料铺设完后,应立即铺筑上层填料,其间隔时间不应超过 48 h。

7)双层土工材料上、下层接缝应错开,错缝距离不应小于 50 cm。

(8)采用袋装砂井排水应符合下列要求。

1)宜采用含泥量小于 3% 的粗砂或中砂做填料。砂袋的渗透系数应大于所用砂的渗透系数。

2)砂袋存放使用中不应长期暴晒。

3)砂袋安装应垂直入井,不应扭曲、缩颈、断割或磨损,砂袋在孔口外的长度应能顺直伸入砂垫层不小于 30 cm。

4)袋装砂井的井距、井深、井径等应符合设计要求。

(9)采用塑料排水板应符合下列要求。

1)塑料排水板应具有耐腐性、柔韧性,其强度与排水性能应符合设计要求。

2)塑料排水板贮存与使用中不得长期暴晒,并应采取保护滤膜措施。

3)塑料排水板敷设应直顺,深度应符合设计规定,超过孔口长度应伸入砂垫层不小于 50 cm。

(10)采用砂桩处理软土地基应符合下列要求。

1)宜采用含泥量小于 3% 的粗砂或中砂。

2)应根据成桩方法选定填砂的含水量。

3)砂桩应砂体连续、密实。

4)桩长、桩距、桩径、填砂量应符合设计规定。

(11)采用碎石桩处理软土地基应符合下列要求。

1)宜选用含泥砂量小于 10%、粒径 19~63 mm 的碎石或砾石作桩料。

2)应进行成桩试验,确定控制水压、电流和振冲器的振留时间等参数。

3)应分层加入碎石(砾石)料,观察振实挤密效果,防止断桩、缩颈。

4)桩距、桩长、灌石量等应符合设计规定。

(12)采用粉喷桩加固土桩处理软土地基应符合下列要求。

1)石灰应采用磨细Ⅰ级钙质石灰(最大粒径小于 2.36 mm、氧化钙含量大于 80%），宜选用 SiO_2 和 Al_2O_3 含量大于 70%，烧失量小于 10% 的粉煤灰、普通或矿渣硅酸盐水泥。

2）工艺性成桩试验桩数不宜少于 5 根，以获取钻进速度、提升速度、搅拌、喷气压力与单位时间喷入量等参数。

3）柱距、桩长、桩径、承载力等应符合设计规定。

（13）施工中，施工单位应按设计与施工方案要求记录各项控制观测数值，并与设计单位、监理单位及时沟通反馈有关工程信息以指导施工。路堤完工后，应观测沉降值与位移至符合设计规定并稳定后，方可进行后续施工。

3. 湿陷性黄土路基施工技术

（1）施工前应做好施工期拦截、排除地表水的措施，且宜与设计规定的拦截、排除、防止地表水下渗的设施结合。

（2）路基内的地下排水构筑物与地面排水沟渠必须采取防渗措施。

（3）施工中应详探道路范围内的陷穴，当发现设计有遗漏时，应及时报请建设单位、设计单位进行补充设计。

（4）用换填法处理路基时应符合下列要求。

1）换填材料可选用黄土、其他黏性土或石灰土，其填筑压实要求同土方路基。采用石灰土换填时，消石灰与土的质量配合比宜为石灰∶土为 9∶91（二八灰土）或 12∶88（三七灰土）。

2）换填宽度应宽出路基坡脚 0.5～1.0 m。

3）填筑用土中大于 10 cm 的土块必须打碎，并应在接近土的最佳含水量时碾压密实。

（5）强夯处理路基时，应符合下列要求。

1）夯实施工前，必须查明场地范围内的地下管线等构筑物的位置及标高，严禁在其上方采用强夯施工，靠近其施工必须采取保护措施。

2）施工前应按设计要求在现场选点进行试夯，通过试夯确定施工参数，如夯锤质量、落距、夯点布置、夯击次数和夯击遍数等。

3）地基处理范围不宜小于路基坡脚外 3 m。

4）应划定作业区，并应设专人指挥施工。

5)施工过程中,应设专人对夯击参数进行监测和记录。当参数变异时,应及时采取措施处理。

(6)路堤边坡应整平夯实,并应采取措施防止路面水冲刷。

4. 盐渍土路基施工技术

(1)过盐渍土、强盐渍土不应作路基填料。弱盐渍土可用于城市快速路、主干路路床 1.5 m 以下范围填土,也可用于次干路及其他道路路床 0.8 m 以下填土。

(2)施工中应对填料的含盐量及其均匀性加强监控,路床以下每 1000 m³ 填料、路床部分每 500 m³ 填料至少应做一组试件(每组取 3 个土样),不足上述数量时,也应做一组试件。

(3)用石膏土作填料时,应先破坏其蜂窝状结构。石膏含量可不限制,但应控制压实度。

(4)地表为过盐渍土、强盐渍土时,路基填筑前应按设计要求将其挖除,土层过厚时,应设隔离层,并宜设在距路床下 0.8 m 处。

(5)盐渍土路基应分层填筑、夯实,每层虚铺厚度不宜大于 20 cm。

(6)盐渍土路堤施工前应测定其基底(包括护坡道)表土的含盐量、含水量和地下水位,分别按设计规定进行处理。

5. 膨胀土路基施工技术

(1)施工应避开雨期,且保持良好的路基排水条件。

(2)应采取分段施工。各道工序应紧密衔接,连续施工,逐段完成。

(3)路堑开挖应符合下列要求。

1)边坡应预留 30~50 cm 厚土层,路堑挖完后应立即按设计要求进行削坡与封闭边坡。

2)路床应比设计标高超挖 30 cm,并应及时采用粒料或非膨胀土等换填、压实。

(4)路基填方应符合下列要求。

1)施工前应按规定做试验段。

2)路床顶面 30 cm 范围内应换填非膨胀土或经改性处理的膨胀土。当填方路基填土高度小于 1 m 时,应对原地表 30 cm 内的膨胀土挖除,进行换填。

3)强膨胀土不得作为路基填料。中等膨胀土应经改性处理后方可使用,但膨胀总率不得超过 0.7%。

4)施工中应根据膨胀土的自由膨胀率选用适宜的碾压机具,碾压时应保持最佳含水量;压实土层松铺厚度不得大于 30 cm;土块粒径不得大于 5 cm,且粒径大于 2.5 cm 的土块量应小于 40%。

(5)在路堤与路堑交界地段,应采用台阶方式搭接,每阶宽度不得小于 2 m,并碾压密实。

(6)路基完成施工后应及时进行基层施工。

6. 冻土路基施工技术

(1)路基范围内的各种地下管线基础应设置于冻土层以下。

(2)填方地段路堤应预留沉降量,在修筑路面结构之前,路基沉降应已基本稳定。

(3)路基受冰冻影响部位,应选用水稳定性和抗冻稳定性均较好的粗粒土,碾压时的含水量偏差应控制在最佳含水量允许偏差范围内。

(4)当路基位于永久冻土的富冰冻土、饱冰冻土或含冰层地段时,必须保持路基及周围的冻土处于冻结状态,且应避免施工时破坏土基热流平衡。排水沟与路基坡脚距离不应小于 2 m。

(5)冻土区土层为冻融活动层,设计无地基处理要求时,应报请设计部门进行补充设计。

7. 路肩施工技术

(1)路肩石可以在铺筑路面基层后,沿路面边线刨槽、打基础安装;也可以在修建路面基层时,在基础部位加宽路面基层作为基础;也可以利用路面基层施工中基层两侧宽出的多余部分作为基础,厚度及标高应符合设计要求。

(2)路面中线校正后,在路面边缘与侧石交界处放出路肩石线,直线部位 10 m 桩,曲线部位 5～10 m 桩,路口及分隔带等圆弧 1～5 m 桩,也可以用皮尺画圆并在桩上标明路肩石顶面高程。

(3)刨槽施工时,按要求宽度向外刨槽,一般为 30 cm,靠近路面一侧比线位宽出少许,一般不大于 5 cm,太宽容易造成回填夯实不好及路边塌陷。为保证基础厚度,刨槽深度可比设计加深 1~2 cm,槽底应修理平整。若在路面基层加宽处安装路肩石,则将基层平整即可,免去刨槽工序。

8. 构筑物处理

(1)路基范围内存在既有地下管线等构筑物时,施工应符合下列规定。

1)施工前,应根据管线等构筑物顶部与路床的高差,结合构筑物结构状况,分析、评估其受施工影响程度,采取相应的保护措施。

2)构筑物拆改或加固保护处理措施完成后,应由建设单位、管理单位进行隐蔽验收,确认符合要求、形成文件后,方可进行下一道工序施工。

3)施工中,应保持构筑物的临时加固设施处于有效工作状态。

4)对构筑物的永久性加固,应在达到规定强度后,方可承受施工荷载。

(2)新建管线等构筑物间或新建管线与既有管线、构筑物间有矛盾时,应报请建设单位,由管线管理单位、设计单位确定处理措施,并形成文件,据以施工。

(3)沟槽回填土施工应符合下列规定。

1)回填土应保证涵洞(管)、地下构筑物结构安全和外部防水层及保护层不受破坏。

2)预制涵洞的现浇混凝土基础强度及预制件装配接缝的水泥砂浆强度达到 5 MPa,方可进行回填;砌体涵洞应在砌体砂浆强度达到 5 MPa,且预制盖板安装后进行回填。现浇钢筋混凝土涵洞,其胸腔回填土宜在混凝土强度达到设计强度的 70%后进行,顶板以上填土应在达到设计强度后进行。

3)涵洞两侧应同时回填,两侧填土高差不得大于 30 cm。

4)对有防水层的涵洞,靠防水层部位应回填细粒土,填土中不得含有碎石、碎砖及大于 10 cm 的硬块。

6)土壤最佳含水量和最大干密度应经试验确定。

7)回填过程不得劈槽取土,严禁掏洞取土。

二、水泥混凝土路面工程

1. 模板安装

(1)支模前应核对路面标高、面板分块、胀缝和构造物位置。

(2)模板应安装稳固、顺直、平整,无扭曲,相邻模板连接应紧密平顺,不应错位。

(3)严禁在基层上挖槽嵌入模板。

(4)使用轨道摊铺机应采用专用钢制轨模。

(5)模板安装完毕,应进行检验,合格后方可使用。其安装质量应符合表 3-1 的规定。

表 3-1　　　　　　　　　　模板安装允许偏差

施工方式 检测项目	允许偏差			检验频率		检验方法
	三辊轴机组	轨道摊铺机	小型机具	范围	点数	
中线偏位/mm	≤10	≤5	≤15	100 m	2	用经纬仪、钢尺量
宽度/mm	≤10	≤5	≤15	20 m	1	用钢尺量
顶面高程/mm	±5	±5	±10	20 m	1	用水准仪测量
横坡/(%)	±0.10	±0.10	±0.20	20 m	1	用钢尺量
相邻板高差/mm	≤1	≤1	≤2	每缝	1	用水平尺、塞尺量
模板接缝宽度/mm	≤3	≤2	≤3	每缝	1	用钢尺量
侧面垂直度/mm	≤3	≤2	≤4	20 m	1	用水平尺、卡尺量
纵向顺直度/mm	≤3	≤2	≤4	40 m	1	用 20 m 线和钢尺量
顶面平整度/mm	≤1.5	≤1	≤2	每两缝间	1	用 3 m 直尺、塞尺量

2. 钢筋安装

(1)钢筋安装前应检查其原材料品种、规格与加工质量,确认符合设计规定。

（2）钢筋网、角隅钢筋等安装应牢固、位置准确。钢筋安装后应进行检查，合格后方可使用。

（3）传力杆安装应牢固、位置准确。胀缝传力杆应与胀缝板、提缝板一起安装。

（4）钢筋加工允许偏差应符合表 3-2 的规定。

表 3-2　　　　　　　　　　钢筋加工允许偏差

项　目	焊接钢筋网及骨架允许偏差/mm	绑扎钢筋网及骨架允许偏差/mm	检验频率		检验方法
			范围	点数	
钢筋网的长度与宽度	±10	±10	每检验批	抽查10%	用钢尺量
钢筋网眼尺寸	±10	±20			用钢尺量
钢筋骨架宽度及高度	±5	±5			用钢尺量
钢筋骨架的长度	±10	±10			用钢尺量

（5）钢筋安装允许偏差应符合表 3-3 的规定。

表 3-3　　　　　　　　　　钢筋安装允许偏差

项　目		允许偏差/mm	检验频率		检验方法
			范围	点数	
受力钢筋	排距	±5	每检验批	抽查10%	用钢尺量
	间距	±10			用钢尺量
钢筋弯起点位置		20			用钢尺量
箍筋、横向钢筋间距	绑扎钢筋网及钢筋骨架	±20			用钢尺量
	焊接钢筋网及钢筋骨架	±10			
钢筋预埋位置	中心线位置	±5			用钢尺量
	水平高差	±3			
钢筋保护层	距表面	±3			用钢尺量
	距底面	±5			

3. 混凝土搅拌

（1）面层用混凝土宜选择具备资质、混凝土质量稳定的搅拌站供应。

(2)现场自行设立搅拌站应符合下列规定。

1)搅拌站应具备供水、供电、排水、运输道路和分仓堆放砂石料及搭建水泥仓的条件。

2)搅拌站管理、生产和运输能力,应满足浇筑作业需要。

3)搅拌站宜设有计算机控制数据信息采集系统。搅拌设备配料的计量允许偏差应符合表 3-4 的规定。

表 3-4　　　　　　　　　搅拌设备配料的计量允许偏差　　　　　　　　（%）

材料名称	水泥	掺和料	钢纤维	砂	粗骨料	水	外加剂
城市快速路、主干路每盘	±1	±1	±2	±2	±2	±1	±1
城市快速路、主干路累计每车	±1	±1	±1	±2	±2	±1	±1
其他等级道路	±2	±2	±2	±3	±3	±2	±2

(3)混凝土搅拌应符合下列规定。

1)混凝土的搅拌时间应按配合比要求与施工对其工作性要求经试拌确定最佳搅拌时间。每盘最长总搅拌时间宜为 80～120s。

2)外加剂宜稀释成溶液,均匀加入进行搅拌。

3)混凝土应搅拌均匀,出仓温度应符合施工要求。

4)搅拌钢纤维混凝土,除应满足上述要求外,尚应符合下列要求:

①当钢纤维体积率较高,搅拌物较干时,搅拌设备一次搅拌量不宜大于其额定搅拌量的 80%。

②钢纤维混凝土的投料次序、方法和搅拌时间,应以搅拌过程中钢纤维不产生结团和满足使用要求为前提,通过试拌确定。

③钢纤维混凝土严禁用人工搅拌。

4. 混凝土运输

(1)施工中应根据运距、混凝土搅拌能力、摊铺能力确定运输车辆的数量与配置。

(2)不同摊铺工艺的混凝土拌和物从搅拌机出料到运输、铺筑完毕的允许最长时间应符合表 3-5 的规定。

表 3-5　　　　混凝土拌和物从出料到运输、铺筑完毕允许最长时间　　　　(h)

施工气温① /(℃)	到运输完毕允许最长时间		到铺筑完毕允许最长时间	
	滑模、轨道	三辊轴、小机具	滑模、轨道	三辊轴、小机具
5～9	2.0	1.5	2.5	2.0
10～19	1.5	1.0	2.0	1.5
20～29	1.0	0.75	1.5	1.25
30～35	0.75	0.50	1.25	1.0

①指施工时间的日间平均气温,使用缓凝剂延长凝结时间后,本表数值可增加 0.25～0.5 h。

(3)各种混凝土运输设备的主要技术指标见表 3-6。

表 3-6　　　　混凝土运输设备主要技术指标比较表

类型	容积范围/m³	运输距离/m	通道宽度/m
单、双轮手推车	0.10～0.16	30～50	1.6～1.8
机动翻斗车	0.40～1.20	100～500	2.0～3.0
自卸汽车	2.4	500～2 000	3.5～4.0
搅拌车	8.9～11.8	500～5 000	2.5～3.5

5. 混凝土铺筑

(1)混凝土直接倾卸入模时,应保持砂垫层的坚实、平整。

(2)摊铺混凝土时,应考虑混凝土振捣后的沉落,一般应高出模板 2～2.5 cm,同时,在模板顶面加一条临时木挡板,以防高出模板的混合料在振捣时外溢。用 U 形铁夹子将挡板卡紧在木模板顶上,随摊铺混凝土向前移动。

(3)摊铺厚度达到混凝土板厚的 2/3 时,即可拔出模内铁橛,并填实橛洞。

(4)施工双层式路面时,上层混凝土的摊铺应在下层混凝土初凝前完成。

(5)摊铺加筋混凝土时,应与传力杆及边缘钢筋的安放工作紧密配合。摊铺程序下。

1)首先摊铺边缘钢筋处,待缩缝传力杆安放就位后,再继续摊铺上面的混凝土。

2)在混凝土板四角处,先摊铺角隅钢筋处和钢筋网下的混凝土,然后依据设计图位置与高度安放角隅钢筋与钢筋网,待安放就位后,再继续摊铺上层混凝土。

(6)一块混凝土板必须一次连续浇筑完毕。

(7)如在铺筑混凝土过程中遇雨,应及时架好防雨罩,操作人员可在罩内继续操作。

6. 抹面施工

(1)机械抹面先用质量不小于 75 kg、带有浮动圆盘的重型抹面机粗抹一遍,几分钟后再用带有振动圆盘的轻型抹面机或人工用抹子光抹一遍。

(2)第一遍抹面工作是在全幅振捣夯振实整平后紧跟进行。先用手拉型夯拉搓一遍,再用长塑料抹子用力揉压平整,达到去高填低,揉压出灰浆使其均匀分布在混凝土表面。

(3)第二遍抹面工作须接着进行,使用短塑料抹子进一步找平混凝土板面,使表面均匀一致,如发现缝板发生偏移或倾斜等情况时,要及时挂线找直修整好。

(4)当第二遍抹面后,如遇风吹日晒易使板面干缩,应及时用苫布覆盖。

(5)第三遍抹面工作,是在第二遍抹面后,间隔一定时间,以排出混凝土出现的泌水,间隔时间视气温情况而定,常温为 2～3 h,最后一次抹面要求细致,消灭砂眼,使混凝土板面符合平整度要求。抹面后使用大排笔沿横坡方向轻轻拉毛,最后将伸缩缝提缝板提出,边角处及所有接缝用"L"形抹子修饰平整,用小排笔轻轻刷扫达到板面一致。

(6)如采用电动抹子抹面,须在第二遍抹面后,且混凝土将初凝能上人时进行。使用电动抹子时要端平,抹面完成后用塑料抹子将振出的灰浆抹平。

(7)伸缩缝提缝板提出的时间,应在混凝土初凝前后(夏季一般为30~40 min),注意不要碰坏边角,缝要全部贯通,缝内灰浆要清除干净。

(8)雨后应及时检查新浇筑的混凝土面层,对由于雨受损伤处迅速作补救处理。

(9)抹面后沿横坡方向用棕刷拉毛,或采用机具压纹,压纹深度一般为 1~3 mm,其上口稍宽于下口。

7. 接缝施工

(1)接缝施工应符合下列规定。

1)胀缝间距应符合设计规定,缝宽宜为 20 mm。在与结构物衔接处、道路交叉和填挖土方变化处,应设胀缝。

2)胀缝上部的预留填缝空隙,宜用提缝板留置。提缝板应直顺,与胀缝板密合、垂直于面层。

3)缩缝应垂直板面,宽度宜为 4~6 mm。切缝深度:设传力杆时,不应小于面层厚的 1/3,且不得小于 70 mm;不设传力杆时不应小于面层厚的 1/4,且不应小于 60 mm。

4)机切缝时,宜在水泥混凝土强度达到设计强度的 25%~30%时进行。

(2)当施工现场的气温高于 30℃、搅拌物温度在 30~35℃、空气相对湿度小于 80%时,混凝土中宜掺缓凝剂、保塑剂或缓凝减水剂等。切缝应视混凝土强度的增长情况,比常温施工适度提前。铺筑现场宜设遮阳棚。

(3)当混凝土面层施工采取人工抹面,遇有 5 级及以上风时,应停止施工。

8. 面层养护与填缝

(1)水泥混凝土面层成活后,应及时养护。可选用保湿法和塑料薄膜覆盖等方法养护。气温较高时,养护期不宜少于 14d;气温较低时,养护期不宜少于 21 d。

(2)昼夜温差大的地区,应采取保温、保湿的养护措施。

（3）养护期间应封闭交通，不应堆放重物；养护终结，应及时清除面层养护材料。

（4）混凝土板在达到设计强度的 40% 以后，方可允许行人通行。

（5）填缝应符合下列规定。

1）混凝土板养护期满后应及时填缝，缝内遗留的砂石、灰浆等杂物，应清除干净。

2）应按设计要求选择填缝料，并根据填料品种制定工艺技术措施。

3）浇筑填缝料必须在缝槽干燥状态下进行，填缝料应与混凝土缝壁黏附紧密，不渗水。

4）填缝料的充满度应根据施工季节而定，常温施工应与路面齐平，冬期施工宜略低于板面。

（6）在面层混凝土弯拉强度达到设计强度，且填缝完成前，不得开放交通。

三、沥青混合料路面工程

1. 热拌沥青混合料面层

（1）混合料摊铺施工要点。

1）热拌沥青混合料应采用机械摊铺。摊铺温度应符合表 3-7 的规定。城市快速路、主干路宜采用两台以上摊铺机联合摊铺。每台机器的摊铺宽度宜小于 6 m。表面层宜采用多机全幅摊铺，减少施工接缝。

表 3-7　　　　　热拌沥青混合料的搅拌及施工温度　　　　　（℃）

施工工序		石油沥青的标号			
		50 号	70 号	90 号	110 号
沥青加热温度		160~170	155~165	150~160	145~155
矿料加热温度	间隙式搅拌机	集料加热温度比沥青温度高 10~30			
	连续式搅拌机	矿料加热温度比沥青温度高 5~10			
沥青混合料出料温度[①]		150~170	145~165	140~160	135~155

续表

施工工序	石油沥青的标号			
	50 号	70 号	90 号	110 号
混合料贮料仓贮存温度	贮料过程中温度降低不超过 10			
混合料废弃温度,高于	200	195	190	185
运输到现场温度,不低于①	145~165	140~155	135~145	130~140
混合料摊铺温度,不低于①	140~160	135~150	130~140	125~135
开始碾压的混合料内部温度,不低于①	135~150	130~145	125~135	120~130
碾压终了的表面温度,不低于②	80~85	70~80	65~75	60~70
	75	70	60	55
开放交通的路表面温度,不高于	50	50	50	45

注:1. 沥青混合料的施工温度采用具有金属探测针的插入式温度计测量。表面温度可采用表面接触式温度计测定。当用红外线温度计测量表面温度时,应进行标定。

2. 表中未列入的 130 号、160 号及 30 号沥青的施工温度由试验确定。

①常温下宜用低值,低温下宜用高值。

②视压路机类型而定。轮胎压路机取高值,振动压路机取低值。

2)摊铺机应具有自动或半自动方式的调节摊铺厚度及找平的装置、可加热的振动熨平板或初步振动压实装置、摊铺宽度可调整等功能,且受料斗斗容应能保证更换运料车时连续摊铺。

3)采用自动调平摊铺机摊铺最下层沥青混合料时,应使用钢丝或路缘石、平石控制高程与摊铺厚度,以上各层可用导梁引导高程控制,或采用声呐平衡梁控制方式。经摊铺机初步压实的摊铺层应符合平整度、横坡的要求。

4)沥青混合料的最低摊铺温度应根据气温、下卧层表面温度、摊铺层厚度与沥青混合料种类经试验确定。城市快速路、主干路不宜在气温低于 10℃ 条件下施工。

5)沥青混合料的松铺系数应根据混合料类型、施工机械和施工工艺等通过试验段确定,试验段长度不宜小于 100 m。松铺系数可按照表 3-8 进行初选。

表 3-8　　　　　　　　　　　沥青混合料的松铺系数

种　　类	机械摊铺	人工摊铺
沥青混凝土混合料	1.15～1.35	1.25～1.50
沥青碎石混合料	1.15～1.30	1.20～1.45

6)摊铺沥青混合料应均匀、连续不间断,不得随意变换摊铺速度或中途停顿。摊铺速度宜为 2～6 m/min。摊铺时螺旋送料器应不停顿地转动,两侧应保持有不少于送料器高度 2/3 的混合料,并保证在摊铺机全宽度断面上不发生离析。熨平板按所需厚度固定后不得随意调整。

7)摊铺层发生缺陷应找补,并停机检查,排除故障。

8)路面狭窄部分、平曲线半径过小的匝道小规模工程可采用人工摊铺。

(2)混合料摊铺作业。

1)铺下层时挂基准线。支撑桩间距 10 m,弯道较小或转角处,适当加密,固定长度为 90～150 m,桩要牢固,线要平顺、绷紧,纵坡度应符合设计要求。铺上层时用滑靴滑板控制。

2)调整熨平板高度及横坡度,其方法是将摊铺厚度板垫放在熨平板下两端,徐徐降下熨平板检查其横坡度是否符合要求,并调整一侧垫板厚度满足横坡要求。摊铺厚度由摊铺混合料种类、机械有无振动夯锤以及熨平板压力等情况确定。一般稍厚于压实厚度。

3)摊铺前要把熨平板加热,使其达到混合料温度。料斗内壁薄涂一层油水混合液,防止混合料黏结。

4)翻斗汽车要保持正确方向倒车,在稍离开摊铺机的前方停车。待卸料时由摊铺机前的两个辊轴顶住汽车后轮,推动车轮同时移动,然后向料斗卸下混合料。翻斗汽车后退不得碰撞摊铺机,以免影响路面平整度。

5)路面摊铺最好整幅进行,如路面较宽,可采用两台摊铺机前后分幅搭接摊铺。前一幅按基准线作业,后一幅利用滑靴以前一幅路面为基准进行作业。两台摊铺机应当互相搭接 15 cm。前后相距 20～50 m,前一幅保留 15 cm 松槎与第二幅一起碾压,当天整幅交活不留纵槎。

6)熨平板操作者要不断用厚度尺检查是否达到要求厚度,必要时可调整熨平板,但应注意厚度调整不应过快,否则会出现不规则波纹。调整熨平板的结果要在 3～5 m 后才能显示出来,而调节盘转一圈厚度变化约为 1 cm,因此调整 1 cm 最好在 10～20 m 内完成,故调节盘应徐徐转动。

7)摊铺机开始启动摊铺的 3～5 m 路面最容易出现波浪,应加强人工找平,在此段距离内亦可用手驱动,待混合料对熨平板施加的力达到稳定后,再改用自动装置驱动。

8)摊铺工作应连续进行,摊铺速度以 6 m/min 以下为宜,应根据摊铺宽度、厚度、拌和机生产效率等适当调整摊铺速度,应保持摊铺机料斗中有足够数量的混合料,以保持连续作业,供料中断或当天收工前应将纵槎找齐或压实不留纵槎。

9)螺旋摊铺器两端混合料至少应达到螺旋高度的 2/3,以使混合料对熨平板保持均衡压力,使铺筑的路面具有良好的平整度。

10)机械摊铺后不准行人踩踏,原则上不再用耙子找平,对个别表面空洞、沟槽、大料等可局部进行点补,但需在初压后进行。

11)为防止细粒式表面出现大料或因细料中混有大料,熨平时拉出沟槽,应采取以下措施。

①沥青混合料加工时,不得发生串仓现象。

②换盘时拌和缸清理干净,应指派专人将运输车辆的车厢黏附的大料清理干净,并涂抹油水混合液。

③摊铺细料前应将浮料、杂物清扫干净。

④沥青混凝土摊铺机每班收工前应清理干净,或涂抹油水混合物。

12)除不能用机械摊铺的边角外,一般不准用人工摊铺,因人工摊铺的厚度要比机械摊铺厚一些。

(3)混合料人工补修。

1)用机械摊铺的混合料,不应用人工反复修整。当出现下列情况时,可用人工做局部找补或更换混合料。

①横断面不符合要求。

②构造物接头部位缺料。

③摊铺带边缘局部缺料。

④表面明显不平整。

⑤局部混合料明显离析。

⑥摊铺机后有明显的拖痕。

2)人工找补或更换混合料应在现场主管人员指导下进行。缺陷较严重时,应予铲除,并调整摊铺机或改进摊铺工艺。当由机械原因引起严重缺陷时,应立即停止摊铺。人工修补时,工人不应站在热混合料层面上操作。

3)路面狭窄部分、平曲线半径过小的匝道或加宽部分以及小规模工程可用人工摊铺。人工摊铺沥青混合料应符合下列要求。

①半幅施工时,路中一侧宜事先设置挡板。

②沥青混合料应卸在钢板上,摊铺时应扣锹摊铺,不得扬锹远甩。

③边摊铺边用刮板整平,刮平时应轻重一致,往返刮2～3次达到平整即可,不得反复撒料反复刮平,引起粗骨料离析。

④撒料用的铁锹等工具使用前应加热,也可以蘸些轻柴油或油水混合液,以防黏结混合料。蘸些轻柴油或油水混合液时,不得过于频繁。

⑤摊铺不得中途停顿。摊铺好的沥青混合料应及时碾压。当不能及时碾压或遇雨时,应停止摊铺,并应对卸下的沥青混合料采取覆盖等保温措施。

⑥低温施工时,卸下的混合料应用苫布覆盖。

(4)混合料的压实及成型。

压实是保证沥青混合料使用性能的最重要的一道工序。沥青混合料需要在一定的温度和一定的压实方法下才能取得良好的压实度。若施工时压实不足,沥青面层表层以下部分在施工后就难以取得必要的密实度,从而降低了材料的使用寿命(抗疲劳性能)。影响沥青混合料压实效果的因素有:沥青混合料的性质(如沥青的稠度和含量,矿料的尺寸、形状和级配,矿粉含量等)、沥青混合料的温度、基层的状况、压实层厚、压实机具和方法等。其中最重要的是沥青混合料的温度。

温度过低,混合料压实不易充分,面层材料的耐久性受很大影响;温度过高,则混合料会出现丝状裂纹或推移。

1)应选择合理的压路机组合方式及碾压步骤,以达到最佳碾压结果。沥青混合料压实宜采用钢筒式静态压路机与轮胎压路机或振动压路机组合的方式压实。

2)压实应按初压、复压、终压(包括成形)三个阶段进行。压路机应以慢而均匀的速度碾压,压路机的碾压速度宜符合表 3-9 的规定。

表 3-9 　　　　　　　　　　　压路机碾压速度　　　　　　　　　(km/h)

压路机类型	初压		复压		终压	
	适宜	最大	适宜	最大	适宜	最大
钢筒式压路机	1.5～2	3	2.5～3.5	5	2.5～3.5	5
轮胎压路机	—	—	3.5～4.5	6	4～6	8
振动压路机	1.5～2 (静压)	5(静压)	1.5～2 (振动)	1.5～2 (振动)	2～3 (静压)	5(静压)

3)初压应符合下列要求。

①初压温度应符合表 3-7 的有关规定,以能稳定混合料,且不产生推移、丝状裂纹为度。

②碾压应从外侧向中心碾压,碾速稳定均匀。

③初压应采用轻型钢筒式压路机碾压 1～2 遍。初压后应检查平整度、路拱,必要时应修整。

4)复压应紧跟初压连续进行,并应符合下列要求。

①复压应连续进行。碾压段长度宜为 60～80 m。当采用不同型号的压路机组合碾压时,每一台压路机均应做全幅碾压。

②密级配沥青混凝土宜优先采用重型的轮胎压路机进行碾压,碾压到要求的压实度为止。

③对于大粒径沥青稳定碎石类的基层,宜优先采用振动压路机复压。厚度小于 30 mm 的沥青层不宜采用振动压路机碾压。相邻碾压带重叠宽度宜为 10～20 cm。振动压路机折返时应先停止振动。

④采用三轮钢筒式压路机时,总质量不宜小于 12 t。

⑤大型压路机难以碾压的部位,宜采用小型压实工具进行压实。

5)终压温度应符合表 3-7 的有关规定。终压宜选用双轮钢筒式压路机,碾压至无明显轮迹为止。

6)SMA 和 OGFC 混合料的压实应符合下列规定。

①SMA 混合料宜采用振动压路机或钢筒式压路机碾压。

②SMA 混合料不宜采用轮胎压路机碾压。

③OGFC 混合料宜用 12 t 以上的钢筒式压路机碾压。

7)碾压过程中碾压轮应保持清洁,可对钢轮涂刷隔离剂或防黏剂,严禁刷柴油。当采用向碾压轮喷水(可添加少量表面活性剂)的方式时,必须严格控制喷水量应成雾状,不得漫流。

8)压路机不得在未碾压成形的路段上转向、调头、加水或停留。在当天成形的路面上,不得停放各种机械设备或车辆,不得散落矿料、油料等杂物。

(5)接缝。

1)沥青混合料面层的施工接缝应紧密、平顺。

2)上、下层的纵向热接缝应错开 15 cm;冷接缝应错开 30～40 cm。相邻两幅及上、下层的横向接缝均应错开 1 m 以上。

3)表面层接缝应采用直槎,以下各层可采用斜接槎,层较厚时也可做阶梯形接槎。

4)对冷接槎施作前,应在槎面涂少量沥青并预热。

5)接缝施工可采用下列方法进行。

①在施工结束时,摊铺机在接近端部前约 1 m 处将熨平板稍稍抬起驶离现场,人工将端部混合料铲齐后再碾压。然后用 3 m 直尺检查平整度,趁尚未冷透时垂直刨除端部层厚不足的部分,使下次施工时成直角连接。

②在预定的摊铺段的末端先撒一薄层砂带,摊铺混合料后趁热在摊铺层上挖出一道缝隙,缝隙应位于撒砂与未撒砂的交界处,在缝中嵌入一块与压实层厚度相等的木板或型钢,待压实后铲除撒砂的部分,扫尽砂子,撤去木板或型钢,并在端部洒粘层沥青接着摊铺。

③在预定摊铺段的末端先铺上一层麻袋或牛皮纸,摊铺碾压成斜

坡,下次施工时将铺有麻袋或牛皮纸的部分用人工刨除,在端部洒粘层沥青接着摊铺。

④在预定摊铺段的末端先撒一薄层砂带,再摊铺混合料,待混合料稍冷却后将撒砂的部分用切割机切割整齐后取走,用干拖布吸走多余的冷却水,待完全干燥后在端部洒粘层沥青接着摊铺,在接头有水或潮湿时不得铺筑混合料。

2. 冷拌沥青混合料面层

(1)混合料拌制。

1)冷拌沥青混合料适用于支路及其以下道路的面层、支路的表面层,以及各级道路沥青路面的基层、连接层或整平层。冷拌改性沥青混合料可用于沥青路面的坑槽冷补。

2)冷拌沥青混合料宜采用乳化沥青或液体沥青拌制,也可采用改性乳化沥青。

3)冷拌沥青混合料宜采用密级配,当采用半开级配的冷拌沥青碎石混合料路面时,应铺筑上封层。

4)冷拌沥青混合料宜采用厂拌,施工时,应采取防止混合料离析的措施。

5)当采用阳离子乳化沥青搅拌时,宜先用水湿润骨料。

6)混合料的搅拌时间应通过试拌确定。机械搅拌时间不宜超过30 s,人工搅拌时间不宜超过60 s。

(2)混合料摊铺。

1)已拌好的混合料应立即运至现场摊铺,并在乳液破乳前结束。在搅拌与摊铺过程中已破乳的混合料,应予废弃。

2)冷拌沥青混合料摊铺后宜采用6 t压路机初压初步稳定,再用中型压路机碾压。当乳化沥青开始破乳,混合料由褐色转变成黑色时,应改用12~15 t轮胎压路机复压,将水分挤出后暂停碾压,待水分基本蒸发后继续碾压至轮迹小于5 mm,表面平整,压实度符合要求为止。

(3)压实与养护。

1)冷拌沥青混合料路面的上封层应在混合料压实成型,且水分完全蒸发后施工。

2)冷拌沥青混合料路面施工结束后宜封闭交通 2～6 h,并应做好早期养护。开放交通初期车速不得超过 20 km/h,不得在其上刹车或掉头。

3. 沥青混合料透层施工

(1)沥青混合料面层的基层表面应喷洒透层油,在透层油完全渗透入基层后方可铺筑面层。

(2)用作透层油的基质沥青的针入度不宜小于 100。液体沥青的粘度应通过调节稀释剂的品种和掺量经试验确定。

(3)透层油的用量与渗透深度宜通过试洒确定。

(4)用于石灰稳定土类或水泥稳定土类基层的透层油宜紧接在基层碾压成形后表面稍变干燥,但尚未硬化的情况下喷洒,洒布透层油后,应封闭各种交通。

(5)透层油宜采用沥青洒布车或手动沥青洒布机喷洒。洒布设备喷嘴应与透层沥青匹配,喷洒应呈雾状,洒布管高度应使同一地点接受 2～3 个喷油嘴喷洒的沥青。

(6)透层油应洒布均匀,有花白遗漏应人工补洒,喷洒过量的应立即撒布石屑或砂吸油,必要时做适当碾压。

(7)透层油洒布后的养护时间应根据透层油的品种和气候条件由试验确定。液体沥青中的稀释剂全部挥发或乳化沥青水分蒸发后,应及时铺筑沥青混合料面层。

4. 沥青混合料粘层施工

(1)双层式或多层式热拌热铺沥青混合料面层之间应喷洒粘层油,或在水泥混凝土路面、沥青稳定碎石基层、旧沥青路面层上加铺沥青混合料层时,应在既有结构和路缘石、检查井等构筑物与沥青混合料层连接面喷洒粘层油。

(2)粘层油品种和用量应根据下卧层的类型通过试洒确定。当粘层油上铺筑薄层大孔隙排水路面时,粘层油的用量宜增加到 0.6～1.0 L/m²。沥青层间兼作封层的粘层油宜采用改性沥青或改性乳化沥青,其用量不宜少于 1.0 L/m²。

(3)粘层油宜在摊铺面层当天洒布。

（4）粘层油喷洒应符合透层油喷洒的有关规定。

5. 沥青混合料封层施工

（1）下封层宜采用层铺法表面处治或稀浆封层法施工。沥青（乳化沥青）和集料用量应根据配合比设计确定。

（2）沥青应洒布均匀、不露白，封层应不透水。

（3）当气温在 10 ℃及以下，风力大于 5 级及以上时，不应喷洒透层、粘层、封层油。

6. 沥青贯入式面层施工

（1）沥青贯入式面层施工程序见表 3-10。

表 3-10　　　　　　　　　各种沥青贯入式面层施工程序表

施工程序			深贯入			浅贯入		
工序	碾重/t	细小工序	编号	碾压遍数	材料规格/mm	编号	碾压遍数	材料规格/mm
摊铺石料	—	摊铺石料	1	—	30～70（碎石或碎砾石）	1	—	30～70
碾压石料	稳定 6～8	初压	2	1～2		2	1～2	
		修整路型局部找补	3	—		3	—	
		浇水	4	—		4	—	
		碾压	5	3～4		5	3～4	
	压实≥10	碾压、浇水、点补	6	6～8		6	6～8	
嵌缝	>10	嵌缝				7	—	15～25
		碾压				8	3～5	—
第一遍沥青及嵌缝	>10	浇油	7	—	—	9	—	—
		嵌缝	8	—	15～25（碎石）	10	—	10～15
		碾压	9	4～6		11	4～6	
第二遍沥青及嵌缝	>10	浇油	10	—	—	12	—	—
		嵌缝	11	—	10～15（碎石）	13	—	5～10
		碾压	12	6～8	—	14	6～8	—

续表

施工程序			深贯入			浅贯入		
工序	碾重/t	细小工序	编号	碾压遍数	材料规格/mm	编号	碾压遍数	材料规格/mm
罩面	8～10	泼　　油	13	—		15	—	
		撒细集料	14	—	石屑、米砾石或粗砂	16	—	石屑、米砾石或粗砂
		碾　　压	15	2～4	—	17	2～4	—
总碾压遍数			22～32			25～37		

（2）沥青或乳化沥青的浇洒温度应根据沥青强度等级及气温情况选择。采用乳化沥青时，应在碾压稳定后的主骨料上先撒布一部分嵌缝料，当需要加快破乳速度时，可将乳液加温，乳液温度不得超过 60 ℃。每层沥青完成浇洒后，应立即撒布相应的嵌缝料，嵌缝料应撒布均匀。使用乳化沥青时，嵌缝料撒布应在乳液破乳前完成。

（3）嵌缝料撒布后应立即用 8～12 t 钢筒式压路机碾压，碾压时应随压随扫，使嵌缝料均匀嵌入，至压实度符合设计要求、平整度符合规定为止。压实过程中严禁车辆通行。

（4）终碾后即可开放交通，且应设专人指挥交通，以使面层全部宽度均匀压实。面层完全成型前，车速不得超过 20 km/h。

（5）沥青贯入式面层应进行初期养护。泛油时应及时处理。

（6）沥青贯入式结构作道路基层或联结层时，可不撒表面封层料。

（7）施工方法。

1）现场熬油操作方法。

①油锅在指定地点支搭好后进行加热时，必须有专人看管，油锅旁边必须备有钢板、干砂和松土以防失火。

②沥青应事先经试验人员检查合格后方可使用，每日所用的沥青应至少提前半天烤化，倒入油锅内，烤油时应先将油桶桶盖打开，里面如有浮水应倒出后再将油桶放于火旁，并勤转动，使油桶内沥青均匀受热，防止局部温度过高。

③锅内沥青用微火慢热，逐渐达到需要温度，并用油勺勤加搅动；

沥青加热至需要温度时应将炉火压住,以防超温;石油沥青加热温度规定最高不得超过 170 ℃,煤沥青不得超过 120 ℃,烤油或熬油时应常用温度计检查,如有超过规定加热温度时,应由试验人员重新鉴定才能使用。

④沥青加热到需要温度,且各处油温均匀一致后,及时用油勺和溜子将沥青掏入油车内,运到工地使用。每次出锅应有记录,不要使沥青在高温下长时间加热或反复加热,以免沥青老化,影响质量。

2)人工喷油机操作方法。人工喷油机适用于小面积喷油,应做到三均匀:即各处油量喷洒均匀,机头左右摆动均匀,压油速度掌握均匀。石油沥青喷洒时温度规定为 160～170 ℃,煤沥青规定为 110～120 ℃。喷油前应用挡板或涂刷泥浆等方法将道牙或附近建筑物保护好,并在喷油机内安设控制用油量的木标尺,以便于经常检查和控制沥青喷油数量。

沥青倒入喷油机内后应加热和保温,喷油前先将机头浸入油中预热。温度达到 100 ℃以上时开始压油,使沥青经过胶皮管及机头返入锅中反复多次循环(约需 15 min)。皮管及机头均已预热后,向锅内试喷,油喷出为一均匀扇面时才能开始向路面上喷洒。喷油时机头距地面高度应保持在 1～1.2 m,压油速度均匀稳定,锅内油量充足时压油速度宜慢;油量减少时压油速度宜快;锅内油量不足 1/3 时应及时上油,以免出油量不足。在路边、检查井和雨水口附近以及前一遍油量偏小或嵌缝料较多处都应适当增大喷油量,同时还应根据各处泛油程度掌握喷油量,泛油较大处少喷,泛油小处多喷,以使路面成型均匀一致。

3)汽车洒布机洒油操作方法。汽车洒布机适用于大面积洒油,洒油时应把好油温、油嘴、车速、接槎四关。首先检查车内油温是否符合要求,并将喷油管、喷嘴等安好,确定洒布地段和用油量。洒油时掌握好车速及洒油量。汽车洒布机洒油定额参见表 3-11。施工时应根据路面总宽划分洒油次数,确定每次洒油宽度并做好标志。前后两次洒油接缝,纵向应重叠 10～15 cm,横向重叠 20～30 cm。如有露白或纵槎未搭接等情况时,应及时用人工洒油找补。每洒完一车油后,应根据总用油量和洒布面积核实单位面积用油量。洒布机应先在路外试验,喷嘴无阻塞后再进行洒油,不准在路内试验或不经试验就洒油。

表 3-11　　　　　　　　汽车洒布机洒布定额参考表

洒布宽度/m	洒布定额计算/(L/m²)							
	油泵机挡							
	2 排				1 排			
	汽车变速机挡							
	1 挡	2 挡	3 挡	4 挡	1 挡	2 挡	3 挡	4 挡
1.0				4.6			5.7	3.1
1.5			5.7	3.1		6.7	3.8	2.0
2.0		7.3	4.2	2.25	9.4	4.9	2.85	1.51
2.5		5.8	3.4	1.70	7.5	4.0	2.3	1.26
3.0		4.85	2.8	1.51	6.2	3.3	1.9	1.0
3.5	7.0	4.2	2.4	1.30	5.4	2.85	1.59	0.87
4.0	6.9	3.7	2.0	1.12	4.7	2.5	1.3	0.77
4.5	6.0	3.15	1.86	1.08	4.2	2.2	1.26	0.67
5.0	5.4	2.8	1.79	0.9	3.7	2.0	1.13	0.63
5.5	5.0	2.6	1.61	0.81	3.4	1.9	1.03	0.57
6.0	4.6	2.4	1.46	0.72	3.1	1.69	0.95	0.50
6.5	4.3	2.2	1.36	0.68	2.7	1.59	0.87	0.47
7.0	3.8	2.1	1.21	0.63	2.6	1.49	0.82	0.44

注:1. 洒布定额表是 4 mm 的喷嘴施工,当需要小于表列数量时,必须插入宽 2.5 mm
　　的喷嘴,如需要大于表列数量,可插入 6 mm 宽的喷嘴。
　　2. 如需要两个定额之间的数字,而定额表中没有,可以根据需要情况阻塞小龙头的
　　断面。
　　3. 洒布时发动机的转数在 1 000~1 200 r/min 范围内,应符合油泵的转数:1 排时
　　400~500 r/min,2 排时 600~700 r/min。

四、铺砌式路面工程

1. 料石面层施工

(1)料石铺砌。

1)根据设计图纸进行定位、放线,用测量仪器打格。设定料石基准线,根据道路中线、边线及横坡设置纵横间距(按整模数),确定中心

十字轴线及料石面层标高。

2)根据设计图纸设计料石块排列方式,弹出墨线,所挂小线均为料石块间的缝中线,并根据桩号随时进行复测。

3)水泥干硬性砂浆垫层虚铺厚度应控制在 35 mm±5 mm。

4)水泥砂浆拌和物的密度不宜小于 1900 kg/m³,拌和时间不小于 120 s。

5)在基层上刷一层稠状素水泥浆后铺干硬性水泥砂浆垫层,并用靠尺进行检测,符合要求后试铺料石块,夯实料石块中心及四角,找平。然后将料石块抬起,在压实的垫层上浇素水泥浆,稍干后铺稳料石块,夯实。每铺筑一块石材,必须严格控制平整度,确保纵横缝一致。

6)料石块的接缝宽度应控制在 5^{+3}_{-2} mm 内。

7)铺砌料石的方法有顺铺法和逆铺法两种。顺铺法是站在已砌好的料石路面上,面向整平层边砌边进;逆铺法是站在整平层上,面向已铺好的路面边砌边退,在陡坡和弯道超高路段,应由低处向高处铺砌。

(2)灌缝。路面料石块之间的接缝处应用 1∶3 水泥细砂分三次灌满填实。第一次灌缝,距料石表面 8 cm 左右,用薄板加水夯实,洒水养护;水泥砂浆达到一定强度后,进行第二次灌缝,距表面 1.5 cm 左右,用压板压实,洒水养护;第三次用防水材料灌缝,厚度控制在 1 cm 以上,低于料石表面 2 mm。

为防止材料与下部灌缝材料胶结,背衬材料可选择泡沫塑料或海绵条,防水材料可选择聚氨酯类材料。

(3)养护。结合层水泥砂浆的强度达到 70% 以上时,可在磨光板部分擦草酸并打蜡、磨光,最后铺干净的防水防碾压材料进行保护。

2. 预制混凝土砌块面层施工

(1)拌制砂浆。按设计要求将石灰、粗砂过筛,用搅拌机按质量比进行拌和,从拌和到铺筑时间应不超过 3 h。

(2)修整基层。当高程或不平整处小于或等于 1 cm 时可用砂浆填筑;当大于 1 cm 时可用硬粒料填筑。

（3）铺筑砂浆。在干净的基层洒水使之湿润，然后铺筑砂浆。铺筑砂浆厚度为 2 cm，并用刮板找平。

（4）圈箱法。铺筑砌块一般采用圈箱法，即根据桩橛高程横向和纵向格铺砌块 1～2 行，然后保持横线不动纵线平移铺砖，间距一般为 5～10 m，大于 5 m 要考虑中间挂线。

（5）砌块间的接缝应控制在 3 mm±1 mm 之内。

（6）砌筑要求砂浆饱满，不得有空隙，不得在砖压下填硬料。

（7）和其他构筑物相接处应用水泥砂浆填满压平，要求美观。

（8）灌缝扫墁。用 1∶3 水泥细砂干砂浆灌缝，第一次灌满后浇水沉实，第二次灌砂扫墁，墁平后适当加水直至缝隙饱满。

（9）养护。灌缝后洒水养护。

五、广场与停车场路面工程

（1）基层处理。施工前将基层处理干净，剔除砂浆落地灰，并提前一天用清水冲洗干净，保持湿润。

（2）试拼。铺设前，应根据材料的图案、颜色、纹理进行试拼，试拼后按编号排列，堆放整齐。碎拼面层可按设计图形先对板材边角进行切割加工，并保证拼缝符合设计要求。

（3）弹线分格。为了检查和控制板块位置，在垫层上弹上十字控制线或定出圆心点，并分格弹线，碎拼不用弹线。

（4）拉线。根据垫层上弹好的十字控制线拉好铺装面层十字控制线或根据圆心拉好半径控制线；并按设计标高拉好水平控制线。

（5）排砖。按拼好的大样图进行横竖排砖，并保证砖缝符合设计图纸要求，缝宽不大于 1 mm，非整砖行应排在次要部位，但注意保持对称。

（6）刷素水泥浆及铺砂浆结合层。将基层清干净，用喷壶洒水湿润，刷一层水灰比为 0.4～0.5 的素水泥浆，刷素水泥浆的面积不宜过大；然后铺设干硬性水泥砂浆结合层，厚度宜控制在高出水平线 3～4 mm，并进行压实、找平。

（7）铺砌板块。板块应先浸湿，待表面晾干后方可铺设。根据十字控制线,纵横各铺一行,作大面积铺砌表筋用,然后依据编号图案及试排时的缝隙,从十字控制线交点向两侧或后退方向的顺序铺砌。

(8)铺砌时,先试铺,即搬起板块对好控制线,铺落在已铺好干硬性砂浆的结合层上,用橡皮锤敲击垫板,振实砂浆至铺设高度。安放时,四周同时着落后,再用橡皮锤用力敲击至平整。

(9)灌缝、擦缝:在板块铺砌1~2 d后,检查石板块表面无断裂、空鼓后,进行灌浆擦缝,根据设计要求采用清水拼缝,用浆壶徐徐灌入板块缝隙中,并用刮板将流出的水泥浆刮向缝隙内,灌满为止,1~2 h后,用棉纱团将板面擦净。

(10)养护:铺好石板块两天内禁止行人和堆放物品,擦缝完后面层应加以覆盖进行养护,养护时间不应小于7d。

六、人行道铺筑

1. 基槽施工技术

(1)标高按设计图纸实地放线在人行道两侧直线段。一般为10 m一桩,曲线段酌情加密,并在桩橛上标出面层设计标高,或在建筑物上标出"红平"。若人行道外侧已按高程埋设侧石,则以侧石顶高为标准,按设计横坡放线。

(2)挖基槽挂线或用测量仪器按设计结构形式和槽底标高刨挖土方(如新建道路,可将路肩填至人行道槽底,不必反开挖)。接近成活时,应适当预留虚高。全部土方必须出槽,经清理找平后,用平碾碾压或用夯具夯实槽底,直至达到压实度要求,轻型击实≥95%。槽底弹软地区可按石灰稳定土基处理。

在挖基槽时,必须事先了解地下管线的敷设情况,并向施工小组严格交底,以免施工误毁。

雨季施工,必须做好排水措施,防止泡槽。

(3)炉渣垫层施工。

1)铺煤渣按设计标高、结构层厚度加虚铺系数(1.5~1.6)将煤渣摊铺于合格的槽底上,大于5 cm的渣要打碎,细粉末不要集中一处,煤渣中小于0.2 mm的颗粒不宜大于20%。

2)洒水碾压应根据不同季节情况洒水湿润炉渣,水分要合适,然后用平碾碾压或用夯夯实。成活后拉线检查标高、横坡度。在修建上层结构以前,应控制交通,以免人踩踢散。

2. 基层施工技术

(1)配料。煤渣、石灰、土按换算的体积配料,分层摊铺或分堆堆放,然后拌和。

(2)拌和。土过 25 mm 方筛,煤渣大于 5 cm 的块要随时打碎,未消解的石灰应随时剔除。按体积比摊铺或按斗量配,先拌一遍,然后洒水拌和不少于两遍至均匀为止。拌和过程中,必须随拌和随均匀洒水,不允许只最后闷水。将混合料抓捏成团从约 1 m 高处落下即散为符合要求的含水量。

(3)摊铺。将拌和好的混合料按松铺厚度均匀摊开。

(4)找平。挂线应用测量仪器,按设计标高、横坡度平整基层表面及路型,此时应考虑好预留虚高。如有土路肩或绿带相邻,应进行必要的土方培边。成活后如含水量偏小或表面干燥,应适量洒水。

(5)碾压。含水量检验合格后(最佳含水量±2%),始可进行压实工作。

1)采用人力夯时,必须一环扣一环,如图 3-1 所示。

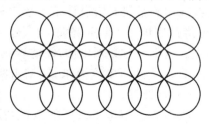

图 3-1　人力夯扣环示意图

2)采用蛙式夯具时,应逐步前进,相邻行要重叠 5～10 cm。

3)采用平碾时,应一档压活,错半轴压 2～3 遍,至压实度符合要求(轻型击实≥98%)。

4)对井周和建筑物边缘碾压不到之处,应用人力夯或火力夯辅助压实。

(6)养护。碾压或夯实成活达到要求压实度后,挂线检验高程、横坡度和平整度,应有不少于一周的洒水养护,保持基层表面经常湿润。

3. 料石与预制砌块铺砌人行道面层施工

(1)复测已给标高。按设计图纸复核放线,用测量仪器打方格,并以对角线检验方正,然后在桩橛上标注该点面层设计标高。

(2)水泥砖装卸。预制块方砖的规格为 5 cm×24.8 cm×24.8 cm 及 7 cm×24.8 cm×24.8 cm。装运花砖时要注意强度和外观质量,要求颜色一致、无裂缝、不缺棱角,要轻装轻卸以免损坏。卸车前应先确定卸车地点和数量,尽量减少搬运。砖间缝隙为 2 mm,用经纬仪钢尺测量放线,打方格(一般边长 1~2 m)时要把缝宽计算在内。

(3)拌制砂浆。采用 1:3 石灰砂浆或 1:3 水泥砂浆,石灰粗砂要过筛,配合比(体积比)要准确,砂浆的和易性要好。

(4)修整基层。挂线或用测量仪器检查基层竣工高程,对≤2 m² 的凹凸不平处,当低处≤1 cm 时,可填 1:3 石灰砂浆或 1:3 水泥砂浆;当低处>1 cm 时,应将基层刨去 5 cm,用同样的基层混合料填平拍实,填补前应把坑槽修理平整干净,表面适当湿润,高处应铲平,但如铲后厚度小于设计厚度 90% 时,应进行反修。

(5)铺筑砂浆。在清理干净的基层上洒一遍水使之湿润,然后铺筑砂浆,厚度为 2 cm,用刮板找平。铺砂浆应随砌砖同时进行。

(6)铺砌水泥砖。

1)按桩橛高程,在方格内由第一行砖位纵横挂线绷紧,按线与标准缝宽砌第一行样板砖,然后纵线不动,横线平移,依次照样板砖砌筑。

2)直线段纵线应向远处延伸,以保持纵缝直顺。曲线段砖间可夹水泥砂浆楔形缝成扇形状也可按直线段顺延铺筑,然后在边缘处用1:3水泥砂浆补齐并刻缝。

3)砌筑时,砖要轻放,用木槌轻击砖的中心。砖如不平,应拿起砖平垫砂浆重新铺筑,不准向砖底塞灰或支垫硬料,必须使砖平铺在满实的砂浆上稳定无动摇、无任何空隙。

　　4)砌筑时砖与侧石应衔接紧密,如有空隙,应甩在临近建筑一边,在侧石边缘与井边有空隙处可用水泥砂浆填满镶边,并刻缝与花砖相仿以保持美观。

　　(7)灌缝扫墁。用1∶3(体积比)水泥细砂干浆灌缝,可分多次灌入,第一次灌满后浇水沉实,再进行第二次灌满、墁平并适当加水,直至缝隙饱满。

　　(8)养护。水泥砖灌缝后洒水养护。

　　(9)跟班检查。在铺筑整个过程中,班组应设专人不断地检查缝距、缝的顺直度、宽窄均匀度以及花砖平整度,发现有不平整的预制块,应及时进行更换。

　　(10)清理。每日班后,应将分散各处的物料堆放一起,保持工地整洁。

　　4. 沥青混合料铺筑人行道面层施工

　　(1)准备工作。清除表面松散颗粒及杂物,覆盖侧石及建筑物防止污染,喷洒乳化沥青或煤沥青透层油。次要道路人行道也可不用透层油。不用透层时,应清除浮土杂物,喷水湿润,用平碾或冷火轴压平一遍。与面层接触的侧石、井壁、墙边等部位应涂刷粘层油一道,以利于结合。

　　(2)铺筑面层。检查到达工地的沥青混凝土种类、温度及拌和质量等,冬季运输沥青混凝土必须苫盖保温。人工摊铺时应计算用量,分段卸料,卸料应卸在钢板上,虚铺系数为 1.2～1.3。上料时应注意扣铣操作,摊铺时不要踩在新铺混合料上,注意轻拉慢推,搂平时注意粗细均匀,不使大料集中。

　　(3)碾压。用平碾(宽度不足处用火轴)纵向错半轴碾压,并随时用 3 m 直尺检查平整度,不平处和粗麻处应及时修整或筛补,趁热压实。碾压不到处应用热夯或热烙铁拍平,或用振动夯板夯实。

　　(4)接槎。油面接槎应采用立槎涂油热料温边的方法。

　　(5)低温施工。低温施工应适当采取喷油皮铺热砂措施,以保护人行道面越冬,防止掉渣。

5. 相邻构筑物处理

（1）树穴。

1）无论何种人行道，均按设计间隔及尺寸留出树穴或绿带。

2）树穴与侧石要方正衔接，树带要与侧石平行。

3）树穴边缘应按设计用水泥混凝土预制件、水泥混凝土缘石或红砖围成，四面应成 90°角，树穴缘石顶面应与人行道面齐平。

4）常用树穴尺寸为 75 cm×75 cm、75 cm×100 cm、100 cm×100 cm、125 cm×125 cm、150 cm×150 cm 等。

5）树穴尺寸应包括护缘在内。

6）人行横道线、公共汽车站处不设树穴。

（2）绿带。

1）按设计间隔尺寸留出人行断口。

2）绿带与人行道面层衔接处应埋设水泥混凝土缘石、水泥砖（可利用花砖）或红砖。

3）人行横道线范围、公共汽车停车站、路口转角等处绿带一般应断开，并铺筑人行道面。

（3）电杆穴。

水泥混凝土电杆不留穴。铺筑沥青人行道面或现场浇筑水泥混凝土道面时，应与电杆铺齐，铺筑水泥砖或连锁砌块道面时，应用 1∶3（体积比）水泥砂浆补齐。

（4）各种检查井。

1）按设计标高、纵坡、横坡，调整各种检查井的井圈高程。

2）残缺不全、跳动的井盖、井圈应更换。

（5）侧缘石。侧缘石如有倾斜、下沉短缺、损坏者，应扶正、调整、更新。

（6）相邻房屋。

1）面层高于门口时，应调整设计横坡度至零，或降低便道留出缺口。

2）如相邻房屋地基与人行道高低落差较大时，应考虑增设踏步或挡土墙。

第二节　桥涵工程施工技术

一、桥梁下部结构施工

1. 桥梁墩台施工

（1）混凝土墩台施工。

1）制作与安装墩台模板。模板一般用木材、钢材和其他符合设计要求的材料制成。木模板质量轻，便于加工成结构物所需的尺寸和形状，但装拆时易损坏，重复使用次数少。对于大量或定型的混凝土结构物，则多采用钢模板。钢模板造价较高，但可多次重复使用，且拼装拆卸方便。常用墩台模板的类型见表3-12。

表 3-12　　　　　　　　　　常用墩台模板的类型

模板类型	释　义	应用特点
拼装模板	各种尺寸的标准模板利用销钉连接，并与拉杆、加劲构件等组成墩台所需形状的模板	拼装式模板在厂内加工制造，板面平整、尺寸准确、体积小、质量轻，拆装容易、快速，运输方便
整体吊装模板	将墩台模板水平分成若干段，每段模板组成一个整体，在地面拼装后吊装就位	安装时间短，无须设施工接缝，加快了施工进度，提高了施工质量；将拼装模板的高空作业改为平地操作，有利于施工安全；模板刚性较强，可少设拉筋或不设拉筋，节约钢材；可利用模外框架作简易脚手架，不需另搭施工脚手架；结构简单，装拆方便，对建造较高的桥墩较为经济
组合型钢模板	以各种长度、宽度及转角的标准构件，用定型的连接件将钢模拼成结构用模板	体积小、质量轻、运输方便、装拆简单、接缝紧密，适用于在地面拼装，整体吊装结构
滑动钢模板	将模板悬挂在工作平台的围圈上，沿着所施工的混凝土结构截面的周界组拼装配，并随着混凝土的浇筑由千斤顶带动向上滑升	适用于各种类型的墩台

2)混凝土浇筑。墩台混凝土浇筑前应对基础混凝土顶面做凿毛处理,清除锚筋污锈。

①混凝土的运送。墩台混凝土的水平与垂直运输相互配合方式与适用条件可参照表 3-13 选用。如混凝土数量多,浇筑捣固速度要求快时,可采用混凝土皮带运输机或混凝土输送泵。

表 3-13　　　　　　　混凝土的水平与垂直运输方式及适用条件

水平运输	垂直运输	适用条件		备　注
人力混凝土手推车、内燃翻斗车,或混凝土吊车	手推车	中小桥梁水平运距较近	$H<10$ m	搭设脚手平台,铺设坡道,用卷扬机拖拉手推车上平台
	轨道爬坡翻斗车			搭设脚手平台,铺设坡道,用卷扬机拖拉手推车上平台
	皮带输送机			倾角不宜超过15°,速度不超过 1.2 m/s。高度不足时,可用二台串联使用
	履带(或轮胎)起重机起吊高度约为 20 m		$10<H<20$ m	用吊斗输送混凝土
	木制或钢制扒杆			用吊斗输送混凝土
	墩外井架提升		$H>20$ m	在井架上安装扒杆提升吊斗
	墩内井架提升			适用于空心桥墩
	无井架提升			适用于滑动模板
轨道牵引车输送混凝土、翻斗车或混凝土吊斗汽车倾卸车、汽车运送混凝土吊斗、内燃翻斗车	履带(或轮胎)起重机起吊高度约为 30 m	大中桥,水平运距较远	$20<H<30$ m	用吊斗输送混凝土
	塔式吊机		$20<H<50$ m	用吊斗输送混凝土
	墩外井架提升		$H<50$ m	井架可用万能杆件组装
	墩内井架提升			适用于空心桥墩
	无井架提升			适用于滑动模板

注:H—墩台高度。

②混凝土灌注速度。为保证混凝土灌注质量,混凝土配制、输送及灌注速度 v 应满足下式要求:

$$v \geqslant Sh/t \qquad\qquad (3\text{-}1)$$

式中　v——混凝土配料、输送及灌注的容许最小速度(m^3/h);

　　　S——灌注的面积(m^2);

　　　h——灌注层的厚度(m);

　　　t——所用水泥的初凝时间(h)。

如混凝土的配制、输送及灌注所需时间较长,则应采用下式计算:

$$v \geqslant Sh/(t-t_0) \qquad\qquad (3\text{-}2)$$

式中　t_0——混凝土配制、输送及灌筑所消耗的时间(h)。

式中其他符号意义同前。

③重力式墩台混凝土浇筑。重力式墩台混凝土宜水平分层浇筑,每次浇筑高度宜为 1.5～2 m。墩台混凝土分块浇筑时,接缝应与墩台截面尺寸较小的一边平行,邻层分块接缝应错开,接缝宜做成企口形。分块数量,墩台水平截面面积在 200 m^2 内不得超过 2 块;在 300 m^2 以内不得超过 3 块。每块面积不得小于 50 m^2。

④柱式墩台混凝土浇筑。浇筑墩台柱混凝土时,应铺同配合比的水泥砂浆一层。墩台柱的混凝土宜一次连续浇筑完成。柱身高度内有系梁连接时,系梁应与柱同步浇筑。V 形墩柱混凝土应对称浇筑。钢管混凝土墩台柱应采用补偿收缩混凝土,一次连续浇筑完成。

(2)装配式墩台施工。

1)装配式柱式墩台施工是指将桥墩分解成若干轻型部件,在工厂或工地集中预制,再运送到现场装配成桥墩。

①装配式构件安装。基础杯口的混凝土强度必须达到设计要求,方可进行预制构件的安装。

预制柱安装前,应对杯口长、宽、高进行校核,确认合格后,对杯口与预制件接触面均应进行凿毛处理,埋件应除锈并应校核位置,合格后开始安装。预制柱安装就位后应采用硬木楔或钢楔固定,并加斜撑保持柱体稳定,在确保稳定后方可摘去吊钩。应及时浇筑杯口混凝土,待混凝土硬化后拆除硬楔,浇筑二次混凝土,待杯口混凝土达到设计强度 75％后方可拆除斜撑。

　　预制盖梁安装前,应对接头混凝土面进行凿毛处理,预埋件应除锈。在墩台柱上安装预制盖梁时,应对墩台柱进行固定和支承,确保稳定。盖梁就位时,应检查轴线和各部尺寸,确认合格后方可固定,并浇筑接头混凝土。接头混凝土达到设计强度后,方可卸除临时固定设施。

　　②装配式构件连接接头处理。装配式柱式墩台施工时,构件连接接头是关键工序,既要牢固、安全,又要结构简单便于施工,装配式构件连接接头处理见表 3-14。

表 3-14　　　　　　　装配式柱式墩台构件连接接头处理

接头类型	接头连接处理	特点与适用范围
承插式接头	将预制构件插入相应的预留孔内,插入长度一般为 1.2～1.5 倍的构件宽度,底部铺设 2 cm 砂浆,四周以半干硬性混凝土填充	常用于立柱与基础的接头连接
钢筋锚固接头	构件上预留钢筋或型钢,插入另一构件的预留槽内,或将钢筋互相焊接,再灌注半干硬性混凝土	多用于立柱与顶帽处的连接
焊接接头	将预埋在构件中的铁件与另一构件的预埋铁件用电焊连接,外部再用混凝土封闭	这种接头易于调整误差,多用于水平连接杆与立柱的连接
扣环式接头	相互连接的构件按预定位置预埋环式钢筋,安装时柱脚先坐落在承台的柱心上,上下环式钢筋互相错接,扣环间插入 U 形短钢筋焊牢,四周再绑扎钢筋一圈,立模浇筑外围接头混凝土	要求上下扣环预埋位置正确,施工较为复杂
法兰盘接头	在相互连接的构件两端安装法兰盘,连接时将法兰盘连接螺栓拧紧即可	要求法兰盘预埋位置必须与构件垂直。接头处可不用混凝土封闭

　　2)装配式预应力混凝土墩分为基础、实体墩身和装配式墩身三大部分。其施工工艺可分为施工准备、构件预制及墩身装配三个方面。

①施工准备。预应力混凝土装配墩施工前,应对混凝土构件进行检验,外观和尺寸应符合质量标准和设计要求;施工机具、设备及仪表应检验准确。

②构件预制。实体墩身浇筑时要按装配构件孔道的相对位置,预留张拉孔道及工作孔。装配墩身由基本构件、隔板、顶板及顶帽四种不同形状的构件组成,用高强钢丝穿入预留的上下贯通的孔道内,张拉锚固而成。实体墩身是装配墩身与基础的连接段,其作用是锚固预应力钢筋,调节装配墩身高度及抵御洪水时漂流物的冲击等。

③墩身装配。预应力混凝土装配墩的安装要确保平、稳、准、实、通五个关键。

平——起吊平、构件顶面平、内外壁砂浆接缝要抹平;

稳——起吊、降落、松钩要稳;

准——构件尺寸准、孔道位置准、中线准及预埋配件位置准;

实——接缝砂浆要密实;

通——构件孔道要畅通。

墩身装配时,水平拼装缝采用 M2.5 水泥砂浆,砂浆厚度为 15 mm,便于调整构件水平标高,不使误差积累。预应力钢丝束的张拉位置可以在顶帽上张拉,也可在实体墩下张拉,二者的利弊比较见表 3-15,预应力钢丝束的张拉顺序如图 3-2 所示。压浆采用纯正泥浆,且应由下而上压注。顶帽上的封锚采用钢筋网罩焊在垫板上,单个或多个连在一起,然后用混凝土封锚。

表 3-15　　　　　　　　　　　顶帽上和墩下张拉比较

顶帽上张拉	实体墩下张拉
高空作业,张拉设备需起吊,人员需在顶帽操作,张拉便于指挥与操作	地面作业,机具设备搬运方便。但彼此看不见指挥,不如顶帽操作方便
在直线段张拉,不计算曲线管道摩阻损失	必须计算曲线管道摩阻损失
向下垂直安放千斤顶,对中容易	向上斜向安装千斤顶,对中较困难
实体墩开孔小,削弱面积小,无须割断钢筋	实体墩开孔大,增大削弱面积,必须割断钢筋,增加封锚工作量

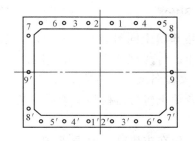

图 3-2　预应力钢丝束张拉顺序示意图

3)无承台大直径钻孔埋入空心柱墩施工综合了控制桩和钻孔成桩的施工优点,即具有直径大、承载力高、施工工序简单、施工速度快等,适用于土质地基。无承台大直径钻孔埋入空心桩墩是由预钻孔、预制大直径钢筋混凝土桩墩节、吊拼桩墩节并用预应力后张连接成整体、桩周填石压浆、桩底高压压浆、吊拼墩节、浇筑或组装盖梁等工序组成,各工序施工应符合下列要求。

①成孔深度大于设计深度,成孔直径应大于设计直径。

②预制桩节质量应符合《公路桥涵施工技术规范》(JTG/T F50—2011)的相关规定。

③桩壁压浆结石混凝土质量控制标准:桩底与桩节间交界处抛填 $\phi5\sim\phi20$ 小石子作过渡段,厚度为 0.5 m,以避免桩底注浆混凝土收缩缝集中在预制混凝土底节钢板下。抛掷落水高度不大于 0.5 m;填石粒料直径应选 $\phi20$、$\phi40$、$\phi40\sim\phi60$ 或 $\phi40\sim\phi80$ 间断级配;压浆水泥应选 42.5 级以上普通硅酸盐水泥;水泥浆液流动速度应根据填石空隙率和吸浆量确定,以确保注浆石混凝土抗压强度。

④桩周压浆结石混凝土强度达到 60% 后即可以进行桩底高压压浆;压力值以扬压管为控制标准,不超过设计值的 ±1%;桩的上抬量不超过设计值的 ±1%;注浆量应大于计算的 1.2~1.3 倍;闭浆时间应在 15~30 min,由闭浆时的吸浆量决定。

(3)墩台附属工程施工。

1)台背施工。

①台背填土不得使用含杂质、腐殖物或冻土块的土类,宜采用透

水性土。

②台背填土与路基填土同时进行,应按设计高度一次填齐,台背填土应采用机械碾压。台背在 0.8～1 m 范围内宜回填砂石、半刚性材料,并采用小型压实设备或人工夯实。

③轻型桥台台背填土应待盖板和支承梁安装完成后,两台对称均匀地进行。

④拱桥台背填土应在主拱施工前完成;拱桥台背填土长度应符合设计要求。

⑤桩式桥台台背填土宜在柱侧对称均匀地进行。

2)锥体护坡施工。

①坡面式基面夯实、整平后,方可开始铺砌锥体护坡,以保证护坡稳定。

②锥坡填土应与台背填土同时进行,桥涵台背、锥坡、护坡及拱上等各项填土,宜采用透水性土,不得采用含有泥草、腐殖物或冻土块的土。填土应在接近最佳含水量的情况下分层填筑和夯实,填土应按标高及坡度填足,每层厚度不得超过 0.30 m,密实度应达到相关规范要求。

③为防止坡角滑走,护坡基础与坡角的连接面应与护坡坡度垂直。片石护坡的外露面和坡顶、边口,应选用较大、较平整并略加修凿的块石铺砌。

④砌石时拉线要张紧,砌面要平顺,护坡片石背后应按规定做碎石倒滤层,以防止锥体土方被水冲蚀变形。护坡与路肩或地面的连接必须平顺,以利排水,并避免背后冲刷或渗透坍塌。

⑤砌体勾缝除设计有规定外,一般可采用凸缝或平缝,且宜待坡体土方稳定后进行。浆砌砌体应在砂浆初凝后,覆盖养护 7～10d。养护期间应避免碰撞、振动或承重。

3)泄水盲沟施工。泄水盲沟以片石、碎石或卵石等透水材料砌筑,并按要求坡度设置,沟底用黏土夯实。盲沟应建在下游方向,出口处应高出一般水位 0.2 m,平时无水的干河应高出地面 0.2 m;如桥台在挖方内横向无法排水时,泄水盲沟在平面上可在下游方向的锥体填土内折向桥台前端排出,在平面上呈 L 形。

2. 桥梁支座施工

(1)板式橡胶支座安设。板式橡胶支座安装前,应将垫块顶面清理干净,采用干硬性水泥砂浆抹平,且检查顶面标高是否满足设计要求;板式橡胶支座安装前还应对支座的长、宽、厚、硬度、容许荷载、容许最大温差及外观等进行全面检查,如不符合设计要求,则不得使用。

板式橡胶支座安装时,支座中心尽可能对准梁的计算支点,必须使整个橡胶支座的承压面上受力均匀。如就位不准或与支座不密贴时,必须重新起吊,采取垫钢板等措施,并应使支座位置控制在允许偏差内。不得用撬棍移动梁、板。

为保证板式橡胶支座安装装置准确,支座安装尽可能排在接近年平均气温的季节里进行,以减小由于温差变化过大而引起的剪切变形。

梁、板安装时,必须细致稳妥,使梁、板就位准确且与支座密贴,勿使支座产生剪切变形;就位不准时,必须吊起重放,不得用撬杠移动梁、板。

当墩台两端标高不同,顺桥向或横桥向有坡度时,支座安装必须严格按设计规定办理。

支座周围应设排水坡,防止积水,并注意及时清除支座附近的尘土、油脂与污垢等。

(2)盆式橡胶支座安设。盆式橡胶活动支座安装前,应将支座的各相对滑移面和其他部分用丙酮或酒精擦拭干净。

盆式橡胶支座各部件进行组装时,支座底面和顶面的钢垫板必须埋置牢固,垫板与支座间平整密贴,支座四周探测不得有 0.3 mm 以上的缝隙,支座中线水平位置不得有大于 2 mm 的偏差,当支座上、下座板与梁底和墩台顶采用螺栓连接时,螺栓预留孔尺寸应符合设计要求,安装前应清理干净,采用环氧砂浆灌注;当采用电焊连接时,预埋钢垫板应锚固可靠、位置准确。墩顶预埋钢板下的混凝土宜分两次浇筑,且一端灌入,另一端排气,预埋钢板不得出现空鼓。焊接时应采取防止烧坏混凝土的措施。

盆式橡胶固定支座安装时,其上下各部件纵轴线必须对正。

(3)球形支座安设。球形支座出厂时,应由生产厂家将支座调平,并拧紧连接螺栓,防止运输安装过程中发生转动和倾覆。球形支座可根据设计需要预设转角和位移,但需在厂内装配时调整好。

球形支座安装前应开箱检查配件清单、检验报告、支座产品合格证及支座安装养护细则。施工单位开箱后不得拆卸、转动连接螺栓。当下支座板与墩台采用螺栓连接时,应先用钢楔块将下支座板四角调平,高程、位置应符合设计要求,用环氧砂浆灌注地脚螺栓孔及支座底面垫层。环氧砂浆硬化后,方可拆除四角钢楔,并用环氧砂浆填满楔块位置。当下支座板与墩台采用焊接连接时,应采用对称、间断焊接的方法将下支座板与墩台上预埋钢板焊接。焊接时应采取防止烧伤支座和混凝土的措施。

当梁体安装完毕,或现浇混凝土梁体达到设计强度后,在梁体预应力张拉之前,应拆除上、下支座板连接板。

对于跨径为 10 m 左右的小型钢筋混凝土梁(板)桥,可采用油毡、石棉垫或铅板支座。安设这类支座时,应先对墩台支承面的平整度和横向坡度进行检查,若与设计要求不符应修凿平整并以水泥砂浆抹平,再铺垫油毡、石棉垫或铅板。梁(板)就位后梁(板)与支承间不得有空隙和翘动现象,否则将发生局部应力集中,使梁(板)受损,也不利于梁(板)的伸缩与滑动。

二、桥梁上部结构施工

1. 梁桥施工

(1)混凝土梁桥支架浇筑施工。混凝土梁桥支架浇筑施工是一种古老的施工方法,是指在桥孔位置搭设支架,并在支架上安装模板,绑扎及安装钢筋骨架,预留孔道,并在现场浇筑混凝土与施加预应力的施工方法。在支架上浇筑混凝土时,无论采用哪种方法都应尽量减小模板和支架产生的平移、扭转、下沉等变形,一般多采用水平分层浇筑、斜层浇筑和单元浇筑。

1)水平分层浇筑。采用水平分层浇筑法施工时,分层的厚度应根据振捣器的能力而定,一般为 0.15～0.3 m。为避免支架不均匀沉陷的影响,浇筑工作应尽量快速进行,以便在混凝土失去塑性以前完成。

2)斜层浇筑。斜层浇筑混凝土应从主梁两端对称向跨中进行,并在跨中合龙。T 形梁和箱梁采用浇筑的顺序,如图 3-3(a)所示。当采用梁式支架,支点不设在跨中时,应在支架下沉量大的位置先浇混凝土,使应该发生的支架变形及早完成,其浇筑顺序如图 3-3(b)所示。采用斜层浇筑混凝土的倾斜角与混凝土的流动性有关,一般为 20°～25°。

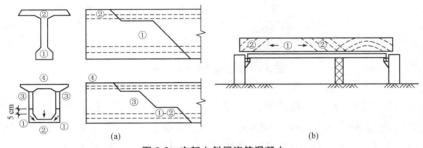

图 3-3　支架上斜层浇筑混凝土
(a)T 形梁和箱梁浇筑顺序;(b)支点不在跨中的梁式支架浇筑顺序

3)单元浇筑。单元浇筑法适用于桥面较宽且混凝土数量较多时的混凝土浇筑。每个单元的纵横梁可沿其长度方向采用水平分层浇筑斜层浇筑,在纵梁间的横梁上设置工作缝,并在纵横梁浇筑完成后填缝连接。对于桥面板的浇筑可沿桥全宽一次完成,不设工作缝。但对于桥面板的浇筑应在纵横梁间设置水平工作缝。

(2)混凝土梁桥的装配式梁施工。

1)构件预制。

①梁的整体预制。

a. 固定台位上的预制。混凝土梁可以在固定式台座上进行预制,台座表面应光滑平整,在 2 m 长度上平整度的允许偏差为 2 mm。预制时,在底板上设置垫木和底模板。在预制梁的长度范围内,每隔一定距离设置一组混凝土垫块,在横向的底座垫块之间设置钢横梁,并在钢横梁上铺设底模板。采用底座垫块的固定台位,可使底模下有足够的空间以便放置底模振捣器。为减少对垫块的振动,可在底板垫块与横梁之间放置1～2层橡胶垫板。同时,可在横梁下方加焊限位块,或在底座垫块上预留限位缺口或预埋限位钢筋,以便控制横梁的位置,如图3-4所示。先张法制造的预应力混凝土梁也是梁在固定台位上的预制。

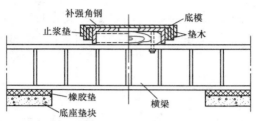

图3-4　横梁与底座垫块的连接

　　b. 流水台车上的预制。混凝土构件在流水台车上预制是指在预制厂内设置运输轨道,将预制构件的底模设置在活动台车上的预制方法。其优点在于可组织工厂采用流水台车生产后张法预应力混凝土简支梁,可在台车上生产多种规格的梁,一条流水线每天可生产一片预制梁。但它需要较大的生产车间和堆放场地,宜在生产量大的大型桥梁预制厂采用。

　　②梁节段的预制。根据施工方法的要求,需要根据起吊能力将梁式桥纵向分成适当长度的若干节段进行预制。常用混凝土梁节段预制方法,见表3-16。

表3-16　　　　　　　　　混凝土梁节段预制方法

梁节段预制方法	施工工艺	适用范围
长线预制	按桥梁底缘曲线制作固定的底座,在底座上安装底模进行节段预制,箱梁节段预制时,膜板常采用钢模,每段一块,为加快施工速度,保持节段之间密贴,常采用先浇筑奇数节段,然后以奇数节段的端面为端模浇筑偶数节段	长线预制需要较大的施工现场,底模的长度最小需有桥梁跨径的一半,并要求操作设备可在预制场移动。因此,长线法宜在具有固定梁底缘形状的多跨桥上采用,以提高设备的使用效率

梁节段预制方法	施工工艺	适用范围
短线预制	短线预制箱梁节段的施工,是由可调整外部及内部模板的台车与端模架来完成,第一节段混凝土浇筑完成后,在其相对位置上安装下一段模板,并利用第一节段的端面作为第二节段的端模完成混凝土浇筑工作	短线预制适合在工厂内进行节段预制,设备可周转使用,一般每条生产线平均五天约可以生产四块,但节段的尺寸和相对位置的调整要复杂一些
卧式预制	预制要有一个较大混凝土浇筑成的地坪。地坪的高程应经过测量,并有足够的强度。预制节段可直接在地坪上预制,对相同的节段还可以在已预制完成的节段上安装模板进行重叠施工,两层构件间常用塑料布或涂机油等方法分隔。桁架梁预制节段的起吊、翻身工作要求细致,并注意选择吊点和吊装机具	适用于桁架梁段预制

2)构件运输。

①构件场内运输。混凝土预制构件从工地预制场到桥头或桥孔下的运输称为场内运输。短距离的场内运输可采用龙门架配合轨道平板车来实现,首先由龙门架(或木扒杆)起吊移运构件出坑,将其横移至预制构件运输便道,卸落到轨道平车上,然后用绞车牵引至桥头或桥孔下。运输过程中梁应竖立放置,为了防止构件发生倾覆、滑动、跳动等现象,需在构件两侧采用斜撑和木楔等进行临时固定。

②构件场外运输。混凝土预制构件从桥梁预制厂到桥孔或桥头的运输称为场外运输。一般中小跨径的预制板、梁或小构件可用汽车运输。50 kN 以内的小构件可用汽车吊装卸;大于 50 kN 的构件可用轮胎吊、履带吊、龙门架或扒杆装卸。要运较长的构件时,搁放预制构件前,可先在汽车上先垫以长的型钢或方木,构件的支点应放在近两端处,以避免道路不平、车辆颠簸引起的构件开裂。

3)构件安装。预制梁(板)的安装是预制装配式混凝土梁桥施工中的关键性工序,应结合施工现场条件、工程规模、桥梁跨径、工期条件、架设安装的机械设备条件等具体情况,以安全可靠、经济简单和加快施工速度等为原则,合理选择架梁的方法。

①陆地架梁法。陆地架梁的施工方法主要包括移动式支架架梁法、摆动式支架架梁法、自行式吊机架梁法和跨墩或墩侧龙门架架梁法四种。

a. 移动式支架架梁法。移动式支架架梁法是顺桥轴线方向在梁设孔的地面上铺设孔道,并在轨道上设置可移动支架,将预制梁的前端搭在支架上,通过移动支架将梁移运到要求的位置后,再用龙门架或人字扒杆吊装;或者在桥墩上设枕木桥,用千斤顶卸下,再将梁横移就位的架梁方法。此法设备简单,但不宜在桥墩过高的场合采用,因为这时为保证架设安全,支架必须高大,从而提高了施工成本。移动式支架架梁法施工,如图 3-5 所示。

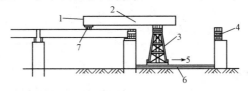

图 3-5　移动式支架架梁法

1—后拉绳;2—预制梁;3—移动式支架;4—枕木垛;5—拉绳;6—轨道;7—平车

b. 摆动式支架架梁法。摆动式支架架梁法是将预制梁(板)沿路基牵引到桥台上并稍悬出一段,悬出距离应根据梁的截面尺寸和配筋确定。从桥孔中心河床上悬出的梁(板)端底下设置人字扒杆或木支架,如图 3-6 所示。前方用牵引绞车牵引梁(板)端,此时支架随之摆动而到对岸。一般应在梁(板)的后端设制动绞车,对预制梁(板)进行牵引制动,以防止其摆动过快。此法较适宜于桥梁高跨比稍大的场合。若在河中有水情况下采用此方法进行架梁需在水中设一简单小墩,以供设立木支架用。

c. 自行式吊机架梁法。自行式吊机架梁可以采用一台吊机架设、两台吊机架设、吊机和绞车配合架设等方法。

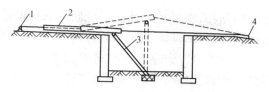

图 3-6　摆动式支架架梁法
1—制动绞车；2—预制梁；3—支架；4—牵引绞车

当预制梁质量不大，河床坚实无水或少水，允许吊机行驶、停搁时，可用一台具有一定的起重能力的吊机进行架梁，采用此法进行架梁时应使钢丝绳与梁面的夹角保持在 45°～60°，夹角过小应使用起重梁（扁担梁），如图 3-7 所示。

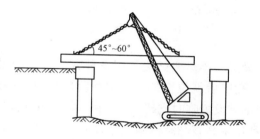

图 3-7　自行式吊机架梁法

两台吊机架梁法是用两台自行式吊机各吊住梁（板）的一端，将梁（板）吊起并架设安装。此法应注意两吊机的互相配合。吊机和绞车配合架梁是将预制梁一端用拖履、滚筒支垫，另一端用吊机吊起，前方用绞车或绞盘牵引预制梁前进，梁前进时，吊机起重臂随之转动。梁前端就位后，吊机行驶后后端，提起梁后端取出拖履滚筒，再将梁放下就位。

d. 跨墩或墩侧龙门架架梁法。跨墩或墩侧龙门架架梁法是以平板拖车或轨道平车将预制梁运送至桥孔，然后用跨墩龙门架或墩侧高低腿龙门架梁吊起，再横移到设计位置将梁放下就位的方法，如图 3-8 所示。搁置龙门腿的轨道基础要根据承受最大压力时能保持安全的原则进行加固处理。河滩上如有浅水时，可在水中填筑临时路堤，水稍深时可修建临时便桥,在便桥上铺设运行轨道。跨墩或墩侧龙门架架梁法具有架设速度较快,河滩无水时较经济等优点。而且架设时不需要特别复杂的技术工艺,作业人员用得也较少,但龙门吊机的设备费用在高桥墩施工中较高,常用于引桥和长桥施工。

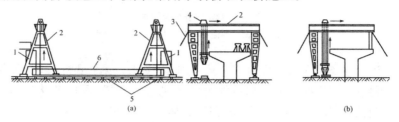

图 3-8　龙门架架梁法

(a)跨墩龙门架架设;(b)墩侧高低脚龙门架架设

1—桥墩;2—龙门架吊机(自行式);3—风缆;4—横移行车;5—轨道;6—预制梁

②浮运架梁法。浮运架梁法是用各种方法将预制梁移装至浮船上,浮运到架设孔以后就位安装。此法在跨海桥施工中用得较多,其优点是桥跨中不需设置临时支架,可以用一套浮运设备架设多跨同孔径的梁,设备利用率高,较经济,施工架设时浮运设备停留在桥孔的时间短,对河流通航影响小。常用的浮运架梁法包括吊装预制漂浮船法和浮船支架拖拉架设法两种。

a. 采用吊装预制梁浮船法进行架梁时,预制梁上船可采用在引道栈桥或岸边设置栈桥码头,在码头上组拼龙门架,用龙门架吊运预制梁上船。吊装预制梁的浮船结构,如图 3-9 所示。

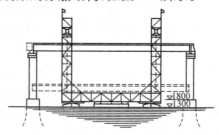

图 3-9　吊装预制梁浮船法

b. 浮船支架拖拉架设法。此法是将预制梁的一端纵向拖拉滚移到岸边的浮船支架上,再用移动式支架架浮法沿桥轴线拖拉浮船至对岸,预制梁也相应拖拉至对岸,当梁前端抵达安装位置后用龙门架或人字扒杆安装就位,如图 3-10 所示。

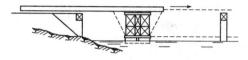

图 3-10　浮船支架拖拉架设法

4)构件横向联结。预制装配式混凝土梁桥的横向联结可分成横隔梁的横向联结和翼缘板的横向联结两种情况。

①横隔梁的横向联结。通常在设有横隔梁的混凝土梁桥中,均通过横隔梁的接头把所有主梁联结成整体。联结接头要有足够的强度,以保证结构的整体性,并在桥梁营运过程中不致因荷载反复作用和冲击作用而发生松动。横隔梁接头通常有扣环式、焊接钢板和螺栓接头等形式,具体见表 3-17。

表 3-17　　　　　　　混凝土梁桥横隔梁联结接头形式

联结接头形式	示意图	说　　明
扣环式接头	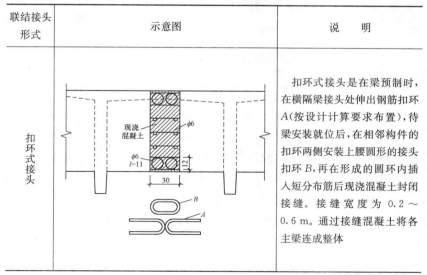	扣环式接头是在梁预制时,在横隔梁接头处伸出钢筋扣环 A(按设计计算要求布置),待梁安装就位后,在相邻构件的扣环两侧安装上腰圆形的接头扣环 B,再在形成的圆环内插入短分布筋后现浇混凝土封闭接缝。接缝宽度为 0.2 ~ 0.6 m。通过接缝混凝土将各主梁连成整体

续表

联结接头形式	示意图	说　明
焊接钢板接头	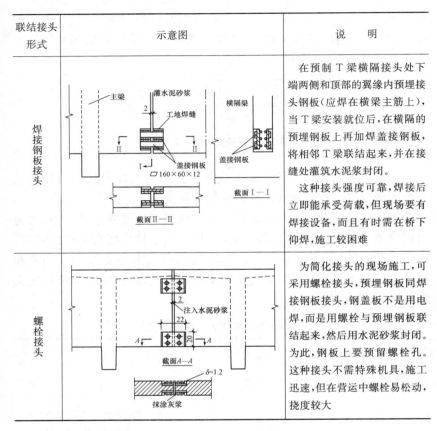	在预制 T 梁横隔接头处下端两侧和顶部的翼缘内预埋接头钢板(应焊在横梁主筋上),当 T 梁安装就位后,在横隔的预埋钢板上再加焊盖接钢板,将相邻 T 梁联结起来,并在接缝处灌筑水泥浆封闭。 　　这种接头强度可靠,焊接后立即能承受荷载,但现场要有焊接设备,而且有时需在桥下仰焊,施工较困难
螺栓接头		为简化接头的现场施工,可采用螺栓接头,预埋钢板同焊接钢板接头,钢盖板不是用电焊,而是用螺栓与预埋钢板联结起来,然后用水泥砂浆封闭。为此,钢板上要预留螺栓孔。这种接头不需特殊机具,施工迅速,但在营运中螺栓易松动,挠度较大

　　②翼缘板的横向联结。为改善翼缘板的受力状态,翼缘板之间应进行横向联结。翼缘板之间通常做成企口铰接式的联结,由主梁翼缘板内伸出连接钢筋,横向联结施工时,将此钢筋交叉弯制,并在接缝处再安放局部的 $\phi6$ 钢筋网,然后将其浇筑在桥面混凝土铺装层内,如图 3-11(a)所示;也可将主梁翼缘板内的顶层钢筋伸出,施工时将它弯转并套在一根纵向通长的钢筋上,形成纵向铰,然后浇筑在桥面铺装混凝土中,如图 3-11(b)所示。接缝处的桥面铺装层内应安放单层钢筋网,计算时不考虑铺装层受力。这种联结构造由于连接钢筋较多,对

施工增加了一些困难。

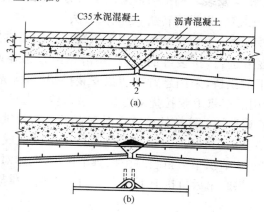

图 3-11 主梁翼板联结构造(单位:cm)

2. 拱桥施工

(1)拱架拼装。拱架可就地拼装或根据起吊设备能力,预拼成组件后再进行安装。拱架拼装过程中必须注意各节点、各杆件的受力平衡,并做好拱顶拆拱设备,以使拱装拆自如。

(2)拱架安装。

1)工字钢拱架安装。工字钢拱架,一般是将每片拱架先组成两片半拱片,然后安装就位。半个拱片可在桥下的地面或驳船上拼装,拱后应防扭曲,节间螺母应拧紧。插接应先安装在一个基本节上,拼接好的两个半片拱被吊离地面 1.5 m 时,检查、拧紧其所有螺母并安装拱顶卸设备,做好稳定工作。拼接第二片拱架时,应附带将横向连接用角钢装上并用绳子捆好。所需螺栓等零件应装入布袋、随同拱架起吊。工字钢拱架的架设应分片进行。架设每片拱片时,应同时将左、右半片拱片吊至一定高度,并将拱片脚纳入墩台缺口或预埋的工字钢支点上与拱座铰连接,然后安装拱顶卸拱设备进行合龙。对于横梁、弧形木及支撑木的安装应先安弧形木再安支撑、横梁及模板。弧形木上应通过抄平以检查标高准确,当误差过大时,可在弧形木上加铺垫木或刻槽。横梁应严格按设计安放。

2)钢桁架拱架安装。钢桁架拱架的安装方法较多,主要包括悬臂拼装法、浮运安装法、半拱旋转法、竖立安装法等。

①悬臂拼装法。悬臂拼装法适用于拼装式钢桁架拱架安装,拼装时从拱脚起逐节进行,拼装好的节段,用滑车组系吊在墩台塔架上。对于百米以下的拱桥,采用悬臂拼装法安装拱架时,应先拼上弦杆安好钢销,而后用滑车将下弦拉拢对好。用墩台锚系拉索时,应对墩台做倾覆稳定验算和抗剪抗拉的验算。对于百米以上的拱桥,采用悬臂拼装法安装拱架时,拼装前拱架必须先拼框架形式组成拼装单元,其长度可包括2~3节拱架。拼装时由拱脚至拱顶,两岸对称进行,先拼中间一半拱,封拱卸吊后再拼上下游余下的一半拱。拱架用门式索搭接装。

②浮运安装法。浮运安装法适用于在水流比较平稳的河流上进行钢桁架拱架安装。首先在浮航支架上进行拱架预拼装,即用数只木船联成整体,在其上安装满布式支架,在支架上进行拱架拼装。拱架拼装后,即可进行安装,为便于拱架进孔与就位,拱架拼装时的矢高,应稍大于设计矢高(即预留沉降值)。在拱架进孔后,用挂在墩台上的大滑车和放置在支架上的千斤顶来调整矢高,并用水压舱,以降低拱架,使拱架就位。安装时,拱顶铰须临时捆紧,拱脚铰和铰座位置须稍加调整,以使铰座密合。

③半拱旋转法。采用半拱旋转法进行钢桁架拱架安装的方法与工字形钢拱架安装相似,其不同之处在于钢桁架安装时,起吊前拱脚先安在支座上,然后用拉索使半拱架向上旋转合龙。

④竖立安装法。钢桁架拱架竖立安装是在桥跨内两端拱脚上,垂直地拼成两半孔骨架,再以绕拱脚铰旋转的方法放至设计位置进行合龙。

(3)拱圈施工。

1)石料及混凝土预制块砌筑拱圈。砌筑拱圈所用的拱石和混凝土预制块强度等级以及砌体所用水泥砂浆的强度等级,应符合设计要求。当设计对砌筑砂浆强度无规定时,拱圈跨度小于或等于30 m,砌筑砂浆强度不得低于M10;拱圈跨度大于30 m,砌筑砂浆强度不得低于 M15。

　　拱石加工，应按砌缝和预留空缝的位置和宽度统一规划。拱石应立纹破料，按样板加工，石面平整；拱石砌筑面应成辐射状，除拱顶石和拱座附近的拱石外，每排拱石沿拱圈内弧宽度应一致；拱座可采用五角石，拱座平面应与拱轴线垂直；拱石两相邻排间的砌缝，必须错开10 cm 以上。同一排上下层拱石的砌缝可不错开；当拱圈曲率较小、灰缝上下宽度之差在 30% 以内时，可采用矩形石砌筑拱圈；当拱圈曲率较大时，应将石料与拱轴平行面加工成上大下小的梯形。拱石的尺寸应符合表 3-18 的要求。

表 3-18　　　　　　　　　　　　拱石尺寸要求

尺寸类型	尺寸要求	备　　注
宽度	内弧边不得小于 20 mm	沿拱轴方向的尺寸
高度	为内弧宽度的 1.5 倍以上	沿拱圈厚度方向尺寸
长度	为内弧宽度的 1.5 倍以上	沿拱圈宽度方向尺寸

　　混凝土预制块形状、尺寸应符合设计要求。预制块提前预制时间，应以控制其收缩量在拱圈封顶以前完成为原则，并应根据养护方法确定。

　　石料及混凝土预制块砌筑拱圈施工时，对于跨径小于 10 m 的拱圈，当采用满布式拱架砌筑时，可从两端拱脚起顺序向拱顶方向对称、均衡地砌筑，最后在拱顶合龙。当采用拱式拱架砌筑时，宜先分段、对称地砌拱脚和拱顶段；跨径 10~25 m 的拱圈，必须分多段砌筑，先对称地砌拱脚和拱顶段，再砌 1/4 跨径段，最后砌封顶段；跨径大于 25 m 的拱圈，砌筑程序应符合设计要求。宜采用分段砌筑或分环分段相结合的方法砌筑。必要时可采用预压载，边砌边卸载的方法砌筑。分环砌筑时，应待下环封拱砂浆强度达到设计强度的 70% 以上后，再砌筑上环。

　　石料及混凝土预制块砌筑拱圈施工时，应在拱脚和各分段点设置空缝。空缝的宽度在拱圈外露面应与砌缝一致，空缝内腔可加宽 30~40 mm。空缝的填塞应由拱脚逐次向拱顶对称进行，也可同时填塞。

空缝填塞应在砌筑砂浆强度达到设计强度的 70% 后进行,应采用 M20 以上半干硬水泥砂浆分层填塞。

石料混凝土预制块砌筑拱圈封拱合龙时,圬工强度应符合设计要求,当设计无要求时,填缝的砂浆强度应达到设计强度的 50% 及以上;当封拱合龙前用千斤顶施压调整应力时,拱圈砂浆必须达到设计强度。

(2)拱架上浇筑混凝土拱圈。在拱架上浇筑混凝土拱圈(拱肋)时,根据拱圈(拱肋)跨径不同应采取不同的浇筑方法。

跨径小于 16 m 的拱圈或拱肋混凝土,应按拱圈全宽从拱脚向拱顶对称、连续浇筑,并在混凝土初凝前完成。当预计不能在限定时间内完成时,则应在拱脚预留一个隔缝并最后浇筑隔缝混凝土。

跨径大于或等于 16 m 的拱圈或拱肋,可分段浇筑,也可纵向分隔浇筑。

分段浇筑程序应对称于拱顶进行,且应符合设计要求。拱式拱架分段浇筑时,分段位置宜设置在拱架受力反弯点、拱架节点、拱顶及拱脚处;满布式拱架分段浇筑时,分段位置宜设置在拱顶、1/4 跨径、拱脚及拱架节点等处。各段的接缝面应与拱轴线垂直,各分段点应预留间隔槽,其宽度宜为 0.5~1 m。当预计拱架变形较小,可减少或不设间隔槽,应采取分段间隔浇筑。各浇筑段的混凝土应一次连续浇筑完成,因故中断时,应将施工缝凿成垂直于拱轴线的平面或台阶式接合面。间隔槽混凝土,应待拱圈分段浇筑完成,其强度达到 75% 设计强度,且接合面按施工缝处理后,由拱脚向拱顶对称浇筑。拱顶及两拱脚间隔槽混凝土应在最后封拱时浇筑。

钢筋混凝土拱圈(拱肋)分段浇筑时,纵向不得采用通长钢筋,钢筋接头应按设在后浇的几个间隔槽内,并应在浇筑间隔槽混凝土时焊接。

纵向分隔浇筑大跨径拱圈(拱肋)时,中幅先行浇筑合龙,达到设计要求后,再横向对称浇筑合龙其他幅。

混凝土拱圈(拱肋)封拱合龙时,混凝土强度应符合设计要求,设计无规定时,各段混凝土强度应达到设计强度的 75%;当封拱合龙前用千斤顶施加压力的方法调整拱圈应力时,拱圈(包括已浇间隔槽)的混凝土强度应达到设计强度。

(3)劲性骨架浇筑混凝土拱圈。劲性骨架混凝土拱圈(拱肋)浇筑前应进行加载程序设计,计算出各施工阶段钢骨架以及钢骨架与混凝土组合结构的变形、应力,并在施工过程中进行监控。

分环多工作面浇筑劲性骨架混凝土拱圈(拱肋)时,各工作面的浇筑顺序和速度应对称、均衡,对应工作面应保持一致,两个对称的工作段必须同步浇筑,且两段浇筑顺序应对称。

当采用水箱压载分环浇筑劲性骨架混凝土(拱肋)时,应严格控制拱圈(拱肋)的竖向和横向变形,防止骨架局部失稳。

当采用斜拉扣索法连续浇筑劲性骨架混凝土拱圈(拱肋)时,应设计扣索的张拉与放松程序,施工中应监控拱圈截面应力和变形,混凝土应从拱脚向拱顶对称连续浇筑。

三、桥面系施工

1. 排水设施施工

桥面排水设施主要包括汇水槽、泄水口及泄水管。汇水槽、泄水口顶面高程应低于桥面铺装层 $10\sim15$ mm。泄水管下端至少应伸出构筑物底面 $100\sim150$ mm。泄水管宜通过竖向管道直接引至地面或雨水管线,其竖向管道应采用抱箍、卡环、定位卡等预埋件固定在结构物上。

2. 桥面防水层施工

下雨时,雨水在桥面必须能及时排出,否则将影响行车安全,也会对桥面铺装和梁体产生侵蚀作用,影响梁体耐久性。桥面防水层应设在钢筋混凝土桥面板与铺装层之间,尤其在主梁受负弯矩作用处。桥面防水层应按设计要求设置,主要由垫层、防(隔)水层(图 3-12)与保护层三部分组成。其中垫层多做成三角形,以形成桥面横向排水坡度。垫层不宜过厚或过薄,当厚度超过 5 cm 时,宜用小石子混凝土铺筑,厚度在 5 cm 以下时,可只用 $1:3$ 或 $1:4$ 水泥砂浆抹平。水泥砂浆的厚度不宜小于 2 cm,垫层的表面不宜光滑,有的梁桥防水层可以利用桥面铺装来充当。

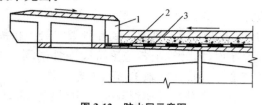

图 3-12　防水层示意图
1—缘石；2—现浇混凝土；3—防水层

桥面应采用柔性防水，不宜单独铺设刚性防水层。桥面防水层使用的涂料、卷材、胶黏剂及辅助材料必须符合环保要求。桥面防水层的铺设应在现浇桥面结构混凝土或垫层混凝土达到设计要求强度，经验收合格后进行。桥面防水层应直接铺设在混凝土表面上，不得在二者之间加铺砂浆找平层。

桥面防水层分为涂膜防水层和卷材防水层两种。防水涂膜和防水卷材均应具有高延伸率、高抗拉强度、良好的弹塑性、耐高温和低温及抗老化性能。防水卷材及防水涂料应符合现行国家标准和设计要求。

（1）涂膜防水层施工。涂膜防水层也称涂料防水层，是指在混凝土结构表面或垫层上涂刷防水涂料以形成防水层或附加防水层。防水涂料可使用沥青胶结材料或合成树脂、合成橡胶的乳液或溶液。涂膜防水层施工应符合下列规定。

1）基层处理剂干燥后，方可涂防水涂料，铺贴胎体增强材料。涂膜防水层应与基层黏结牢固。

2）涂膜防水层的胎体材料，应顺流水方向搭接，搭接宽度长边不得小于 50 mm，短边不得小于 70 mm，上下层胎体搭接缝应错开 1/3 幅宽。

3）下层干燥后，方可进行上层施工。每一涂层应厚度均匀、表面平整。

（2）卷材防水层施工。卷材防水层是在混凝土结构表面或垫层上铺贴防水卷材而形成的防水层。卷材防水层所用的卷材应采用耐腐蚀、抗老化的石油沥青油毡、沥青玻璃布油毡、再生胶油毡等。桥面卷材防水层施工应符合下列规定。

1）胶黏剂应与卷材和基层处理剂相互匹配，进场后应取样检验合格后方可使用。

2）基层处理剂干燥后，方可涂胶黏剂，卷材应与基层黏结牢固，各层卷材之间也应相互黏结牢固。卷材铺贴应不皱不折。

3）卷材应顺桥方向铺贴，自边缘最低处开始，顺流水方向搭接，长边搭接宽度宜为 70～80 mm，短边搭接宽度宜为 100 mm，上下层搭接缝错开距离不应小于 300 mm。防水层完成后应加强成品保护，防止压破、刺穿、划痕损坏防水层，并及时经验收合格后铺设桥面铺装层。

3. 桥面铺装层施工

（1）沥青混合料桥面铺装后施工。在水泥混凝土桥面上铺筑沥青铺装层前，应在桥面防水层上撒布一层沥青石屑保护层，或在防水黏结层上撒布一层石屑保护层，并应轻碾慢压。沥青铺装宜采用双层式，底层宜采用高温稳定性较好的中粒式密级配热拌沥青混合料，表层应采用防滑面层。铺装后宜采用轮胎或钢筒式压路机进行碾压。在钢桥面上铺筑沥青铺装层时，所用的材料应符合下列要求。

1）防水性能良好。

2）具有高温抗流动变形和低温抗裂性能。

3）具有较好的抗疲劳性能和表面抗滑性能。

4）与钢板黏结良好，具有较好的抗水平剪切、重复荷载和蠕变变形能力。

在钢桥面上铺筑沥青铺装层宜在无雨、少雾季节、干燥状态下且气温不得低于 15 ℃ 的条件下。施工前应涂刷防水黏结层。涂防水黏结层前应磨平焊缝，除锈、除污、涂防锈层。桥面铺装宜采用改性沥青，其压实设备和工艺应通过试验确定。采用浇筑式沥青混凝土铺筑桥面时，可不设防水黏结层。

防水黏结层施工所用的防水黏结材料包括高黏度的改性沥青、环氧沥青防水涂料等，其品种、规格、性能应符合设计要求和现行国家标准规定。

防水黏结层施工时的环境温度和相对湿度应符合防水黏结材料产品说明书的要求。施工时,应严格控制防水黏结层材料的加热温度和洒布温度。

(2)水泥混凝土桥面铺装层施工。

1)铺装层的厚度、配筋、混凝土强度等应符合设计要求。结构厚度误差不得超一20 mm。

2)铺装层的基面(裸梁或防水层保护层)应粗糙、干净,并于铺装前湿润。

3)桥面钢筋网应位置准确、连续。

4)铺装层表面应做防滑处理。

5)水泥混凝土施工工艺及钢纤维混凝土铺装的技术要求应符合国家现行标准《城镇道路工程施工与质量验收规范》(CJJ 1—2008)的有关规定。

(3)人行天桥塑胶混合料面层施工。

1)人行天桥塑胶混合料的品种、规格、性能应符合设计要求和国家现行标准的规定。

2)施工时的环境温度和相对湿度应符合材料产品说明书的要求,风力超过 5 级(含)、雨天和雨后桥面未干燥时,严禁铺装施工。

3)塑胶混合料均应计量准确,严格控制拌和时间。拌和均匀的胶液应及时运到现场铺装。

4)塑胶混合料必须采用机械搅拌,应严格控制材料的加热温度和洒布温度。

5)人行天桥塑胶铺装宜在桥面全宽度内、两条伸缩缝之间一次连续完成。

6)塑胶混合料面层终凝之前严禁行人通行。

4. 桥梁伸缩装置施工

桥梁伸缩装置是指为适应材料胀缩变形对结构的影响,而在桥梁结构的两端设置的间隙,其作用是能使梁体自由伸缩,而且行车还应舒适。

伸缩装置安装前应检查修正梁端预留缝的间隙,缝宽应符合设计要求,上下必须贯通,不得堵塞。伸缩装置安装前应对照设计要求和产品说明,对成品进行验收,合格后方可使用。安装伸缩装置时应按安装时气温确定安装定位值,保证设计伸缩量。

(1)填充式伸缩装置安装。填充式伸缩装置安装应符合下列规定。

1)预留槽宜为 50 cm 宽、5 cm 深,安装前预留槽基面和侧面应进行清洗和烘干。

2)梁端伸缩缝处应粘固止水密封条。

3)填料填充前应在预留槽基面上涂刷底胶,热拌混合料应分层摊铺在槽内并捣实。

4)填料顶面应略高于桥面,并撒布一层黑色碎石,用压路机碾压成型。

(2)齿形钢板伸缩装置安装。齿形钢板伸缩装置安装应符合下列规定。

1)底层支承角钢应与梁端锚固筋焊接。

2)支承角钢与底层钢板焊接时,应采取防止钢板局部变形措施。

3)齿形钢板宜采用整块钢板仿形切割成型,经加工后对号入座。

4)安装顶部齿形钢板,应按安装时气温经计算确定定位值。齿形钢板与底层钢板端部焊缝应采用间隔跳焊,中部塞孔焊应间隔分层满焊。焊接后齿形钢板与底层钢板应密贴。

5)齿形钢板伸缩装置宜在梁端伸缩缝处采用 U 形铝板或橡胶板止水带防水。

(3)橡胶伸缩装置安装。橡胶伸缩装置安装应符合下列规定。

1)安装橡胶伸缩装置应尽量避免预压工艺。橡胶伸缩装置在 5 ℃以下气温不宜安装。

2)安装前应对伸缩装置预留槽进行修整,使其尺寸、高程符合设计要求。

3)锚固螺栓位置应准确,焊接必须牢固。

4)伸缩装置安装合格后应及时浇筑两侧过渡段混凝土,并与桥面铺装接顺。每侧混凝土宽度不宜小于 0.5 m。

（4）模数式伸缩装置安装。模数式伸缩装置安装应符合下列规定。

1）模数式伸缩装置在工厂组装成型后运至工地，应按国家现行标准《公路桥梁伸缩装置》(JT/T 327—2004)对成品进行验收，合格后方可安装。

2）伸缩装置安装时，其间隙量定位值应由厂家根据施工时气温在工厂完成，用定位卡固定。如需在现场调整间隙量应在厂家专业人员指导下进行，调整定位并固定后应及时安装。

3）伸缩装置应使用专用车辆运输，按厂家标明的吊点进行吊装，防止变形。现场堆放场地应平整，并避免雨淋暴晒和防尘。

4）安装前应按设计和产品说明书要求检查锚固筋规格和间距、预留槽尺寸，确认符合设计要求，并清理预留槽。

5）分段安装的长伸缩装置需现场焊接时，宜由厂家专业人员施焊。

6）伸缩装置中心线与梁段间隙中心线应对正重合。伸缩装置顶面各点高程应与桥面横断面高程对应一致。

7）伸缩装置的边梁和支承箱应焊接锚固，并应在作业中采取防止变形措施。

8）过渡段混凝土与伸缩装置相接处应粘固密封条。

9）混凝土达到设计强度后，方可拆除定位卡。

5. 地袱、缘石、挂板施工

桥梁上部结构混凝土浇筑安装支架卸落后，应进行地袱、缘石、挂板的施工。施工时，地袱、缘石、挂板的外侧线形应平顺，伸缩缝必须全部贯通，并与主梁伸缩缝相对应。预制或石材地袱、缘石、挂板安装应与梁体连接牢固。挂板安装时，直线段宜每 20 m 设一个控制点，曲线段宜每 3～5 m 设一个控制点，并应采用统一模板控制接缝宽度，确保外形流畅、美观。对于尺寸超差和表面质量有缺陷的挂板不得使用。

6. 防护设施施工

桥梁防护设施一般包括栏杆、隔离设施护栏和防护网等。防护设施的施工应在桥梁上部结构混凝土的浇筑支架卸落后进行。其线形应流畅、平顺,伸缩缝必须全部贯通,并与主梁伸缩缝相对应。

防护设施采用混凝土预制构件安装时,砂浆强度应符合设计要求。当设计无规定时,宜采用 M20 水泥砂浆。

预制混凝土栏杆采用榫槽连接时,安装就位后应用硬塞块固定,灌浆固结。塞块拆除时,灌浆材料强度不得低于设计强度的 75%。采用金属栏杆时,焊接必须牢固,毛刺应打磨平整,并及时除锈防腐。

防撞墩必须与桥面混凝土预埋件、预埋筋连接牢固,并应在施作桥面防水层前完成。

护栏、防护网宜在桥面、人行道铺装完成后安装。

7. 人行道施工

人行道结构应在栏杆、地袱完成后施工,且在桥面铺装层施工前完成。

人行道施工应符合现行国家标准《城镇道路工程施工与质量验收规范》(CJJ 1—2008)的有关规定。人行道下铺设其他设施时,应在其他设施验收合格后,方可进行人行道铺装。悬臂式人行道构件必须在主梁横向连接或拱上建筑完成后安装。人行道板必须在人行道梁锚固后铺设。

四、附属结构施工

1. 声屏障安装

声屏障加工模数应根据桥梁两伸缩之间长度确定,声屏障安装时,必须与钢筋混凝土预埋件牢固连接,声屏障应连续安装,不得留有间隙,在桥梁伸缩缝部位应按设计要求处理。安装时,应选择桥梁伸缩缝一侧的端部为控制点,依序安装。5 级(含)以上大风时不得进行声屏障安装。

2. 防眩板安装

防眩板安装应与桥梁线形一致,防眩板的荧光标识面应迎向行车方向,板间距、遮光角应符合设计要求。

3. 梯道施工

梯道即梯形道,是城市竖向规划建设的步行系统。人行梯道按其功能和规模可分为三级:一级梯道为交通枢纽地段的梯道和城市景观性梯道;二级梯道为连接小区间步行交通的梯道;三级梯道为连接组闭间步行交通或人户的梯道。梯道平台和阶梯顶面应平整,不得反坡造成积水。钢结构梯道制造与安装,应符合相关规范规定。梯道每升高 1.2～1.5 m 宜设置休息平台,二、三级梯道连续升高超过 5.0 m 时,除应设置休息平台外,还应设置转折平台,且转折平台的宽度不宜小于梯道宽度。

4. 桥头搭板施工

桥头搭板一般包括现浇桥头搭板和预制桥头搭板两种,施工前,均应保证桥梁伸缩缝贯通、不堵塞,且与地梁、桥台锚固牢固。

现浇桥头搭板基底应平整、密实,在砂土上浇筑应铺 3～5 cm 厚水泥砂浆垫层。

预制桥头搭板安装时应在地梁、桥台接触面铺 2～3 cm 厚水泥砂浆,搭板应安装稳固不翘曲。预制板纵向留灌浆槽,灌浆应饱满,砂浆达到设计强度后方可铺筑路面。

5. 防冲刷结构施工

桥梁防冲刷结构主要包括锥坡、护坡、护岸、海墁及导流坝等,防冲刷结构的基础埋置深度及地基承载力应符合设计要求。锥坡、护坡、护岸、海墁结构厚度应满足设计要求。

干砌护坡时,护坡土基应夯实达到设计要求的压实度。砌筑时应纵横挂线,按线砌筑。需铺设砂砾垫层时,砂粒料的粒径不宜大于 5 cm,含砂量不宜超过 40%。施工中应随填随砌,边口处应用较大石块砌成整齐坚固的封边。

栽砌卵石护坡应选择长径扇形石料,长度宜为 25～35 cm。卵石应垂直于斜坡面,长径立砌,石缝错开。基脚石应浆砌。

栽砌卵石海墁,宜采用横砌的方法,卵石应相互咬紧,略向下游倾斜。

6. 照明设施施工

灯柱通常只在城镇设有人行道的桥梁上设置,灯柱的设置位置有两种:一种是设在人行道上;另一种是设在栏杆立柱上。

人行道上的灯柱布设较为简单,只要在人行道下布埋管线,按设计位置预设灯柱基座,在基座上安装灯柱、灯饰,连接好线路即可。这种布设方法大方、美观、灯光效果好,适用于人行道较宽(大于 1 m)的情况。但灯柱会减小人行道的宽度,影响行人通过,应要求灯柱布置稍高一些,不能影响行车净空。

灯柱石栏杆立柱上布设稍麻烦一些,电线在人行道下预埋后,还要在立柱内布设线路通至顶部,因立柱既要承受栏杆上传来的荷载,又要承受灯柱的重量,因此,带灯柱的立柱要特殊设计和制作。在立柱顶部还要预设灯柱基座,保证其连接牢固。这种布设方法的优点是灯柱不占人行道空间,桥面开阔,但施工、维修较为困难。这种情况一般只适用于安置单火灯柱,灯柱顶部可向桥面内侧弯曲延伸一部分,以保证照明效果。

桥上灯柱必须与桥面系混凝土预埋件连接牢固,桥外灯杆基础必须坚实,其承载力应符合设计要求。灯柱、灯杆的电气装置及其接地装置必须符合设计要求,并符合相关的现行国家标准。钢管灯柱结构制造应符合相关规范规定。

第四章 小城镇给排水工程施工技术

第一节 管道安装施工技术

一、钢管安装

1. 管道对口连接

（1）管节组对焊接时应先修口、清根，管端端面的坡口角度、钝边、间隙，应符合设计要求，设计无要求时应符合表 4-1 的规定。不应在对口间隙夹焊帮条或用加热法缩小间隙施焊。

表 4-1　　　　　　　　　　电弧焊管端倒角各部尺寸

倒角形式		间隙 b/mm	钝边 p/mm	坡口角度 a/°
图　示	壁厚 t/mm			
	4～9	1.5～3.0	1.0～1.5	60～70
	10～26	2.0～4.0	1.0～2.0	60±5

（2）对口时应使内壁齐平，错口的允许偏差应为壁厚的 20%，且不得大于 2 mm。

（3）不同壁厚的管节对口时，管壁厚度相差不宜大于 3 mm。不同管径的管节相连时，两管径相差大于小管管径的 15% 时，可用渐缩管连接。渐缩管的长度不应小于两管径差值的 2 倍，且不应小于 200 mm。

2. 对口时纵、环向焊缝的位置

（1）纵向焊缝应放在管道中心垂线上半圆的 45° 左右处。

（2）纵向焊缝应错开，管径小于 600 mm 时，错开的间距不得小于 100 mm；管径大于或等于 600 mm 时，错开的间距不得小于 300 mm。

（3）有加固环的钢管，加固环的对焊焊缝应与管节纵向焊缝错开，其间距不应小于 100 mm；加固环距管节的环向焊缝不应小于 50 mm。

（4）环向焊缝距支架净距离不应小于 100 mm。

（5）直管管段两相邻环向焊缝的间距不应小于 200 mm，且不应小于管节的外径。

（6）管道任何位置不得有十字形焊缝。

3. 管道上开孔

（1）不得在干管的纵向、环向焊缝处开孔。

（2）管道上任何位置不得开方孔。

（3）不得在短节上或管件上开孔。

（4）开孔处的加固补强应符合设计要求。

4. 管道焊接

（1）组合钢管固定口焊接及两管段间的闭合焊接，应在无阳光直照和气温较低时施焊；采用柔性接口代替闭合焊接时，应与设计协商确定。

（2）在寒冷或恶劣环境下焊接应符合下列规定。

1）清除管道上的冰、雪、霜等。

2）工作环境的风力大于 5 级、雪天或相对湿度大于 90% 时，应采取保护措施。

3）焊接时，应使焊缝可自由伸缩，并应使焊口缓慢降温。

4）冬季焊接时，应根据环境温度进行预热处理，并应符合表 4-2 的规定。

表 4-2　　　　　　　　　冬季焊接预热的规定

钢　号	环境温度（℃）	预热宽度/mm	预热达到温度（℃）
含碳量≤0.2%碳素钢	≤−20	焊口每侧不小于 40	100～150
0.2%＜含碳量＜0.3%	≤−10		100～150
16Mn	≤0		100～200

（3）钢管对口检查合格后，方可进行接口定位焊接。定位焊接采用点焊时，应符合下列规定。

1）点焊焊条应采用与接口焊接相同的焊条。

2）点焊时，应对称施焊，其焊缝厚度应与第一层焊接厚度一致。

3）钢管的纵向焊缝及螺旋焊缝处不得点焊。

4）点焊长度与间距应符合表 4-3 的规定。

表 4-3		点焊长度与间距	
管外径 D_o/mm	点焊长度/mm	环向点焊点
350～500	50～60	5 处
600～700	60～70	6 处
≥800	80～100	点焊间距不宜大于 400 mm

（4）焊接方式应符合设计和焊接工艺评定的要求，管径大于 800 mm 时，应采用双面焊。

5. 管道连接

（1）直线管段不宜采用长度小于 800mm 的短节拼接。

（2）管道对接时，环向焊缝的检验应符合下列规定。

1）检查前应清除焊缝的渣皮、飞溅物。

2）应在无损检测前进行外观质量检查，并应符合有关规定。

3）无损探伤检测方法应按设计要求选用。

4）无损检测取样数量与质量要求应按设计要求执行；设计无要求时，压力管道的取样数量应不小于焊缝量的 10%。

5）不合格的焊缝应返修，返修次数不得超过三次。

（3）钢管采用螺纹连接时，管节的切口断面应平整，偏差不得超过一扣；丝扣应光洁，不得有毛刺、乱扣、断扣，缺扣总长不得超过丝扣全长的 10%；接口坚固后宜露出 2～3 扣螺纹。

（4）管道采用法兰连接时，应符合下列规定。

1）法兰应与管道保持同心，两法兰间应平行。

2）螺栓应使用相同规格，且安装方向应一致；螺栓应对称紧固，紧固好的螺栓应露出螺母之外。

3)与法兰接口两侧相邻的第一个至第二个刚性接口或焊接接口，待法兰螺栓紧固后方可施工。

4)法兰接口埋入土中时，应采取防腐措施。

二、钢筋混凝土管安装

1. 基底钎探

(1)基槽(坑)挖好后，应将槽清底检查，并进行钎探。如遇松软土层、杂土层等深于槽底标高时，应予以加深处理。

(2)打钎可用人工打钎，直径为 25 mm，钎头为 60°尖锤状，长度为 20 m。打钎用 10 kg 的穿心锤，举锤高度为 500 mm。打钎时，每贯入 300 mm，记录锤击数一次，并填入规定的表格中。一般分五步打，钢钎上留 500 mm。钎探点的记录编号应与注有轴线尺寸和编号顺序的钎探点平面布置图相符。

(3)钎探后钎孔要进行灌砂，并应将不同强度等级的土在记录上用色笔或符号分开。在平面布置图上，应注明特硬和较软的点的位置，以便分析处理。钎孔的布置，见表 4-4。

表 4-4 钎孔的布置

槽宽/m	排列方式	钎探深度/m	钎探间距/m
0.8~1	中心一排	1.5	1.5
1~2	两排错开 1/2 钎孔间距，每排距槽边为 200 mm	1.5	—
2 以上	梅花形	1.5	1.5

2. 地基处理

(1)地基处理应按设计规定进行。施工中遇有与设计不符的松软地基及杂土层等情况，应会同设计协商解决。

(2)挖槽应控制槽底高程，槽底局部超挖宜按以下方法处理。

1)含水量接近最佳含水量的疏干槽超挖深度小于或等于 150 mm 时，可用含水量接近最佳含水量的挖槽原土回填夯实，其压实度不应低于原天然地基上的密实度,如用石灰土处理,其压实度不应低于95%。

2)槽底有地下水或地基土壤含水量较大,不适于压实时,可用天然级配砂石回填夯实。

(3)排水不良造成地基土壤扰动,可按以下方法处理。

1)扰动深度在100 mm以内,可换天然级配砂石或砂砾石处理。

2)扰动深度在300 mm以内,但下部坚硬时,可换大卵石或填块石,并用砾石填充空隙和找平表面。填块石时应由一端按顺序进行,大面向下,块与块相互挤紧。

(4)设计要求采用换土方案时,应按要求清槽,并经检查合格,方可进行换土回填。回填材料、操作方法及质量要求,应符合设计规定。

3. 钢筋混凝土管接口连接

(1)管节的规格、性能、外观质量及尺寸公差应符合国家有关标准的规定。

(2)管节安装前应进行外观检查,发现裂缝、保护层脱落、空鼓、接口掉角等缺陷,应修补并经鉴定合格后方可使用。

(3)管节安装前应将管内外清扫干净,安装时应使管道中心及内底高程符合设计要求,稳管时必须采取措施防止管道发生滚动。

(4)采用混凝土基础时,管道中心、高程复验合格后,应按有关规定及时浇筑管座混凝土。

(5)柔性接口形式应符合设计要求,橡胶圈应符合下列规定。

1)材质应符合相关规范规定。

2)应由管材厂配套供应。

3)外观应光滑平整,不得有裂缝、破损、气孔、重皮等缺陷。

4)每个橡胶圈的接头不得超过两个。

(6)柔性接口的钢筋混凝土管、预(自)应力混凝土管安装前,承口内工作面、插口外工作面应清洗干净;套在插口上的橡胶圈应平直、无扭曲,并正确就位;橡胶圈表面和承口工作面应涂刷无腐蚀性的润滑剂;安装后放松外力,管节回弹不得大于10 mm,且橡胶圈应在承、插口工作面上。

(7)刚性接口的钢筋混凝土管道,钢丝网水泥砂浆抹带接口材料应符合下列规定。

1)选用粒径 0.5～1.5 mm,含泥量不大于 3% 的洁净砂。

2)选用网格 10 mm×10 mm、丝径为 20 号的钢丝网。

3)水泥砂浆配合比满足设计要求。

(8)刚性接口的钢筋混凝土管道施工应符合下列规定。

1)抹带前应将管口的外壁凿毛、洗净。

2)钢丝网端头应在浇筑混凝土管座时插入混凝土内,在混凝土初凝前,分层抹压钢丝网水泥砂浆抹带。

3)抹带完成后应立即用吸水性强的材料覆盖,3～4h 后洒水养护。

4)水泥砂浆填缝及抹带接口作业时落入管道内的接口材料应清除;管径大于或等于 700 mm 时,应采用水泥砂浆将管道内接口部位抹平、压光;管径小于 700 mm 时,填缝后应立即拖平。

(9)钢筋混凝土管沿直线安装时,管口间的纵向间隙应符合设计及产品标准要求,无明确要求时应符合表 4-5 的规定。预(自)应力混凝土管沿曲线安装时,管口间的纵向间隙最小处不得小于 5 mm,接口允许转角应符合表 4-6 的规定。

表 4-5　　　　　　　　　钢筋混凝土管管口间的纵向间隙

管材种类	接口类型	管内径 D_i/mm	纵向间隙/mm
钢筋混凝土管	平口、企口	500～600	1.0～5.0
		≥700	7.0～15
	承插式乙型口	600～3 000	5.0～1.5

表 4-6　　　　　　预(自)应力混凝土管沿曲线安装接口的允许转角

管材种类	管内径 D_i/mm	允许转角(°)
预应力混凝土管	500～700	1.5
	800～1 400	1.0
	1 600～3 000	0.5
自应力混凝土管	500～800	1.5

(10)预(自)应力混凝土管不得截断使用。

(11)井室内暂时不接支线的预留管(孔)应封堵。

(12)预(自)应力混凝土管道采用金属管件连接时,管件应进行防腐处理。

4. 预应力钢筒混凝土管接口连接

(1)管节及管件的规格、性能应符合国家有关标准的规定和设计要求,进入施工现场时其外观质量应符合下列规定。

1)内壁混凝土表面平整光洁;承插口钢环工作面光洁干净;内衬式管(简称衬筒管)内表面不应出现浮渣、露石和严重的浮浆;埋置式管(简称埋筒管)内表面不应出现气泡、孔洞、凹坑以及蜂窝、麻面等不密实的现象。

2)管内表面出现的环向裂缝或者螺旋状裂缝宽度不应大于 0.5 mm(浮浆裂缝除外);距离管的插口端 300 mm 范围内出现的环向裂缝宽度不应大于 1.5 mm;管内表面不得出现长度大于 150 mm 的纵向可见裂缝。

3)管端面混凝土不应有缺料、掉角、孔洞等缺陷。端面应齐平、光滑,并与轴线垂直。管端面垂直度应符合表 4-7 的规定。

表 4-7　　　　　　　　　　　　管端面垂直度

管内径 D_i/mm	管端面垂直度的允许偏差/mm
600～1 200	6
1 400～3 000	9
3 200～4 000	13

4)外保护层不得出现空鼓、裂缝及剥落。

(2)承插式橡胶圈柔性接口施工时,应符合下列规定。

1)清理管道承口内侧、插口外部凹槽等连接部位和橡胶圈。

2)将橡胶圈套入插口上的凹槽内,保证橡胶圈在凹槽内受力均匀、没有扭曲翻转现象。

3)用配套的润滑剂涂擦在承口内侧和橡胶圈上,检查涂覆是否完好。

　4)在插口上按要求做好安装标记,以便检查插入是否到位。

　5)接口安装时,将插口一次插入承口内,达到安装标记为止。

　6)安装时接头和管端应保持清洁。

　7)安装就位,放松紧管器具后进行下列检查。

　①复核管节的高程和中心线。

　②用特定钢尺插入承插口之间检查橡胶圈各部的环向位置,确认橡胶圈在同一深度。

　③接口处承口周围不应被胀裂。

　④橡胶圈应无脱槽、挤出等现象。

　⑤沿直线安装时,插口端面与承口底部的轴向间隙应大于 5 mm,且不大于表 4-8 规定的数值。

表 4-8　　　　　　　　　　　　　最大轴向间隙

管内径 D_i/mm	内衬式管(衬筒管)		埋置式管(埋筒管)	
	单胶圈/mm	双胶圈/mm	单胶圈/mm	双胶圈/mm
600～1 400	15	—	—	—
1 200～1 400	—	25	—	—
1 200～4 000	—	—	25	25

　(3)采用钢制管件连接时,管件应进行防腐处理。

　(4)现场合龙应符合以下规定:

　1)安装过程中,应严格控制合龙处上、下游管道接装长度、中心位移偏差。

　2)合龙位置宜选择在设有人孔或设备安装孔的配件附近。

　3)不允许在管道转折处合龙。

　4)现场合龙施工焊接不宜在当日高温时段进行。

　(5)管道需曲线铺设时,接口的最大允许偏转角度应符合设计要求,设计无要求时应不大于表 4-9 规定的数值。

表 4-9　　　　　　预应力钢筒混凝土管沿曲线安装接口的最大允许偏转角

管材种类	管内径 D_i/mm	允许偏转角(°)
预应力钢筋混凝土管	600～1 000	1.5
	1 200～2 000	1.0
	2 200～4 000	0.5

三、复合管安装

1. 管节及管件

(1)不得有影响结构安全、使用功能及接口连接的质量缺陷。

(2)内、外壁光滑、平整,无气泡、无裂纹、无脱皮和严重的冷斑及明显的痕纹、凹陷。

(3)管节不得有异向弯曲,端口应平整。

2. 管道铺设

(1)采用承插式(或套筒式)接口时,宜人工布管且在沟槽内连接;槽深大于 3 m 或管外径大于 400 mm 的管道,宜用非金属绳索兜住管节下管;严禁将管节翻滚抛入槽中。

(2)采用电熔、热熔接口时,宜在沟槽边上将管道分段连接后以弹性铺管法移入沟槽;移入沟槽时,管道表面不得有明显的划痕。

3. 管道连接

(1)承插式柔性连接、套筒(带或套)连接、法兰连接、卡箍连接等方法采用的密封件、套筒件、法兰、紧固件等配套管件,必须由管节生产厂家配套供应;电熔连接、热熔连接应采用专用电器设备、挤出焊接设备和工具进行施工。

(2)管道连接时必须对连接部位、密封件、套筒等配件清理干净,套筒(带或套)连接、法兰连接、卡箍连接用的钢制套筒、法兰、卡箍、螺栓等金属制品应根据现场土质并参照相关标准采取防腐措施。

(3)承插式柔性接口连接宜在当日温度较高时进行,插口端不宜插到承口底部,应留出不小于 10 mm 的伸缩空隙,插入前应在插口端外壁做出插入深度标记;插入完毕后,承插口周围空隙均匀,连接的管道平直。

（4）电熔连接、热熔连接、套筒（带或套）连接、法兰连接、卡箍连接应在当日温度较低或接近最低时进行；电熔连接、热熔连接时电热设备的温度控制、时间控制，挤出焊接时对焊接设备的操作等，必须严格按接头的技术指标和设备的操作程序进行；接头处应有沿管节圆周平滑对称的外翻边，内翻边应铲平。

（5）管道与井室宜采用柔性连接，连接方式应符合设计要求；设计无要求时，可采用承插管件连接或中介层做法。

（6）管道系统设置的弯头、三通、变径处应采用混凝土支墩或金属卡箍拉杆等技术措施；在消火栓及闸阀的底部应加垫混凝土支墩；非锁紧型承插连接管道，每根管节应有 3 点以上的固定措施。

（7）安装完的管道中心线及高程调整合格后，即将管底有效支撑角范围用中粗砂回填密实，不得用土或其他材料回填。

四、污水管施工

1. 污水管布置

（1）在小城镇和工业企业进行污水管渠系统规划设计时，首先要在总平面图上进行污水管渠系统的平面布置。

（2）排水区界是指排水系统设置的边界，排水界限之内的面积，即为排水系统的服务面积，它是根据小城镇规划的建筑界限确定的。在地势平坦，无明显分水线的地区，应使干线在合理的埋深情况下，采用重力排水。根据地形及小城镇和工业区的竖向规划，划分排水流域，形成排水区界。

（3）管道的布置应遵循：充分利用地形，在管线较短、埋深较小的情况下，使污水能够自流排除。

（4）污水管的布置形式。

1）平行式布置是污水干管与等高线平行，而主干管则与等高线基本垂直，适用于地形坡度很大的小城镇，可以减少管道的埋深，避免设置过多的跌水井，改善干管的水力条件，如图 4-1 所示。

2）正交式布置是干管与地形等高线垂直相交，而主干管与等高线

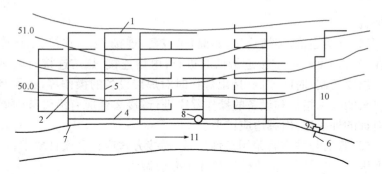

图 4-1　干管的平行式布置

1—支管;2—干管;3—地区干管;4—截流干管;5—主干管;6—出口渠
7—溢流口;8—泵站;9—污水处理厂;10—污水灌溉田;11—河流

平行敷设,适用于地形平坦略向一边倾斜的小城镇。由于主干管管径大,保持自净流速所需的坡度小,其走向与等高线平行是合理的,如图4-2 所示。

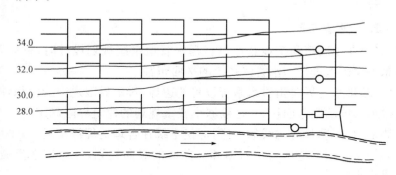

图 4-2　干管的正交式布置

(5)污水支管的布置形式。

污水支管的布置形式因地形建筑平面布局和用户接管而定。

1)低边式:将污水支管布置在街道地形较低一边,其管线较短,适用于街区狭长或地形倾斜时,如图 4-3 所示。

2)穿坊式:污水支管穿过街区,而街区四周不设污水管,其管线较短,工程造价低,适用于街区内部建筑规划已确定或街区内部管道自

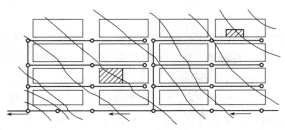

图 4-3　低边式支管布置

成体系时,如图 4-4 所示。

3)围坊式:将污水支管布置在街区四周,适用于街区(坊)地势平坦且面积较大时,如图 4-5 所示。

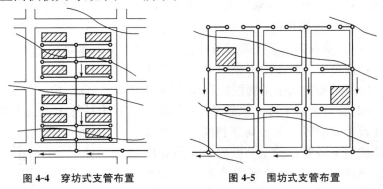

图 4-4　穿坊式支管布置　　　　　　图 4-5　围坊式支管布置

2. 污水管道敷设

(1)污水管道一般沿道路敷设并与道路中心平行。在交通繁忙的道路下应避免横穿埋置污水管道,当道路宽度大于 40 m 且两侧街区都需要向支管排水时,常在道路两侧各设一条污水管道。

(2)小城镇街道下常有多种管道和地下设施,这些管道和地下设施之间,以及与地面建筑之间,应当很好地配合。

(3)污水管道与其他地下管线或建筑设施之间的互相位置,应满足下列要求。

1)保证在敷设和检修管道时互不影响。

2)污水管道损坏时,不致影响附近建筑物及基础,不致污染生活饮用水。

3)污水管道与其他地下管线或建筑设施的水平和垂直最小净距,
应根据两者的类型、标高、施工顺序和管线损坏的后果等因素确定。

(4)在寒冷地区,必须防止管内污水冰冻和因土壤冰冻膨胀而损
坏管道。污水在管道中冰冻的可能性与土壤的冰冻深度、污水水温、
流量及管道坡度等因素有关。因污水水温冬季也在 4 ℃以上,所以没
有必要把各个管道埋在冰冻线下。

(5)在气候温暖的平坦地区,管道的最小覆土厚度取决于房屋排
出管在衔接上的要求。

(6)为防止管壁受荷载过大,管顶需有一定的覆土厚度,覆土厚度
取决于管道的强度,荷载的大小及覆土的密实程度等。

3. 污水管道衔接

(1)在检查井内上下游管道衔接时,应遵循下列原则。

1)避免上游管段中形成回水而造成的淤积。

2)尽可能提高下游管段的高程,以减少埋深、降低造价。

(2)管道水面平接。水面平接指污水管道水力计算中,上、下游管
段在设计充满度下水面高程相同。同径管
段往往使下游管段的充满度大于上游管段
的充满度,为避免上游管段回水而采用水
面平接。在平坦地区,为减少管道埋深,异
管径的管段有时也采用水面平接。但由于
小口径管道的水面变化大于大口径管道的
水面变化,难免在上游管道中形成回水。
小城镇污水管道通常采用水面平接法,如
图 4-6 所示。

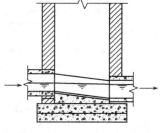

图 4-6　水面平接

(3)管道跌水衔接。当坡度突然变陡时,下游管段的管径可小于
上游管段的管径,但宜采用跌水井衔接,而避免上游管段回水。如图
4-7 所示,在坡度较大的地段,污水管道应用阶梯连接或跌水井连接。

(4)管道管顶平接。管顶平接指污水管道水力计算中,上、下游管
段的管顶内壁位于同一高程。采用管顶平接时,可以避免上游管段产

生回水,但增加了下游管段的埋深,管顶平接一般用于不同口径管道的衔接,如图 4-8 所示。

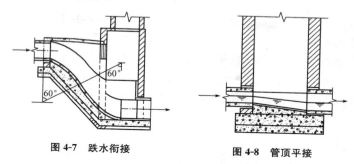

图 4-7　跌水衔接　　　　　　　　　图 4-8　管顶平接

五、雨水管施工

1. 雨水排放

(1)雨水水质虽然与它流经的地面情况有关,但一般来说,是比较清洁的,可以直接排入湖泊、池塘、河流等水体。一般不至于破坏环境卫生和水体的经济价值。所以,管渠的布置应尽量利用自然地形的坡度,以较短的距离、重力流方式排入水体。

(2)当地形坡度较大时,雨水管道宜布置在地形较低处;当地形较平坦时,雨水管道宜布置在排水区域中间。应尽可能扩大重力流排除范围,避免设置雨水泵站。

(3)雨水管渠接入池塘或河道的出水口构造一般比较简单,造价不高,增多出水口不致大量增加基建费用,而由于雨水就近排放,管线较短,管径也较小,可以降低工程造价。

(4)雨水干管的平面布置宜采用分散式出水口的管道布置形式,在技术上、经济上都是比较合理的。

(5)当河流的水位变化很大,管道出水口离水体很远时,出水口的建造费用很大,这时不宜采用过多的出水口,而应考虑集中式出水口的管道布置形式。

2. 雨水管道布置

(1)街区内部的地形、道路布置和建筑物的布置是确定街区内部雨水地面径流分配的主要因素。

（2）道路通常是街区内地面径流的集中地，因此，道路边沟最好低于相邻街区的地面标高。应尽量利用道路两侧边沟排除地面径流，在每一集水流域的起端 100～200 m 可以不设置雨水管渠。

（3）雨水口的作用是收集地面径流。雨水口的布置应根据汇水面积及地形确定，以雨水不致漫过路面为宜，通常设置在道路交叉口及地形低洼处。在道路交叉口设置雨水口的位置与路面的倾斜方向有关。

第二节　管道不开槽施工技术

一、地下不开槽施工

1. 顶管顶进方法的选择

（1）顶管顶进方法的选择，应根据工程设计要求、工程水文地质条件、周围环境和现场条件，经技术经济比较后确定，并应符合下列规定。

1）采用敞口式（手掘式）顶管机时，应将地下水位降至管底以下不小于 0.5 m 处，并应采取措施，防止其他水源进入顶管管道。

2）周围环境要求控制地层变形或无降水条件时，宜采用封闭式的土压平衡或泥水平衡顶管机施工。

3）穿越建（构）筑物、铁路、公路、重要管线和防汛墙等时，应制定相应的保护措施。

4）小口径的金属管道，无地层变形控制要求且顶力满足施工要求时，可采用一次顶进的挤密土层顶管法。

（2）盾构机的选择，应根据工程设计要求（管道的外径、埋深和长度）、工程水文地质条件、施工现场及周围环境安全等要求，经技术经济比较确定。

（3）浅埋暗挖施工方案的选择，应根据工程设计（隧道断面和结构形式、埋深、长度）、工程水文地质条件、施工现场和周围环境安全等要求,经过技术经济比较后确定。

（4）定向钻机的回转扭矩和回拖力确定,应根据终孔孔径、轴向曲率半径、管道长度,结合工程水文地质和现场周围环境条件,经过技术经济比较综合考虑后确定,并应有一定的安全储备;导向探测仪的配置应根据定向钻机类型、穿越障碍物类型、探测深度和现场探测条件选用。

（5）夯管锤的锤击力应根据管径、钢管力学性能、管道长度,结合工程地质、水文地质和周围环境条件,经过技术经济比较后确定,并应有一定的安全储备。

（6）工作井宜设置在检查井等附属构筑物的位置。

2. 管节要求

（1）管节的规格及其接口连接形式应符合设计要求。

（2）钢管制作质量应符合有关规定和设计要求,且焊缝等级应不低于Ⅱ级;外防腐结构层应满足设计要求,顶进时不得被土体磨损。

（3）双插口、钢承口钢筋混凝土管钢材部分制作与防腐应按钢管要求执行。

（4）玻璃钢管质量应符合国家有关标准的规定。

（5）衬垫的厚度应根据管径大小和顶进情况确定。

3. 设备要求

（1）施工设备、主要配套设备和辅助系统安装完成后,应经试运行及安全性检验,合格后方可掘进作业。

（2）操作人员应经过培训,掌握设备操作要领,熟悉施工方法、各项技术参数,考试合格方可上岗。

（3）管（隧）道内涉及的水平运输设备、注浆系统、喷浆系统,以及其他辅助系统应满足施工技术要求和安全、文明施工要求。

（4）施工供电应设置双路电源,并能自动切换;动力、照明应分路供电,作业面移动照明应采用低压供电。

（5）采用顶管、盾构、浅埋暗挖法施工的管道工程,应根据管（隧）道长度、施工方法和设备条件等确定管（隧）道内通风系统模式;设备供排风能力、管（隧）道内人员作业环境等还应满足国家有关标准规定。

（6）采用起重设备或垂直运输系统时，应符合下列规定。

1）起重设备必须经过起重荷载计算。

2）使用前应按有关规定进行检查验收，合格后方可使用。

3）起重作业前应试吊，吊离地面 100 mm 左右时，应检查重物捆扎情况和制动性能，确认安全后方可起吊；起吊时工作井内严禁站人，当吊运重物下井距离作业面底部小于 500 mm 时，操作人员方可近前工作。

4）严禁超负荷使用。

5）工作井上、下作业时必须有联络信号。

（7）所有设备、装置在使用中应按规定定期检查、维修和保养。

4. 盾构管片要求

（1）铸铁管片、钢制管片应在专业工厂中生产。

（2）现场预制钢筋混凝土管片时，应按管片生产的工艺流程，合理布置场地、管片养护装置等。

（3）钢筋混凝土管片的生产，应进行生产条件检查和试生产检验，合格后方可正式批量生产。

（4）管片堆放的场地应平整，管片端部应用枕木垫实。

（5）管片内弧面向上叠放时不宜超过三层，侧卧堆放时不得超过四层，内弧面不得向下叠放；否则应采取相应的安全措施。

（6）施工现场管片安装的螺栓连接件、防水密封条及其他防水材料应配套存放，妥善保存，不得混用。

水平定向法施工，应根据设计要求选用聚乙烯管或钢管；夯管法施工采用钢管，管材的规格、性能还应满足施工方案要求，并应符合下列规定。

（1）钢管接口应焊接，聚乙烯管接口应熔接。

（2）钢管的焊缝等级应不低于 Ⅱ 级；钢管外防腐结构层及接口处的补口材质应满足设计要求，外防腐层不应被土体磨损或增设牺牲保护层。

（3）定向钻施工时，轴向最大回拖力和最小曲率半径的确定应满足管材力学性能要求,钢管的管径与壁厚之比不应大于100,聚乙烯管标准尺寸比宜为 SDR11。

（4）夯管施工时,轴向最大锤击力的确定应满足管材力学性能要求,其管壁厚度应符合设计和施工要求;管节的圆度不应大于 0.005 管内径,管端面垂直度不应大于 0.001 管内径,且不大于 1.5 mm。

二、顶管施工

根据管道口径的不同,可以分为小口径、中口径和大口径三种。小口径管道是指内径小于 800 mm,不适宜人进入操作的管道;中口径管道是指内径为 800~1 800 mm;大口径管道是指内径不小于1 800 mm 的操作人员进出比较方便的管道。通常,人们所说的顶管法施工主要是针对大口径管道而言。管道顶进作业的操作要求根据所选用的工具管和施工工艺的不同而不同。

1. 大口径顶管

（1）人工掘进顶管。由人工负责管前挖土,随挖随顶,挖出的土方由手推车或矿车运到工作坑,然后用吊装机械吊出坑外。这种顶进方法工作条件差,劳动强度大,仅适用于顶管不受地下水影响,距离较短的场合。

（2）机械掘进顶管法。机械掘进顶管法除了掘进和管内运土不同外,与人工掘进顶管法大致相同。机械掘进顶管法是在顶进工具管里面安装了一台小型掘土机,把掘出来的土装在其后的上料机上,然后通过矿车、吊装机械将土直接排到坑外。该法不受地下水的影响,可适用于较长距离的施工现场。

（3）水力掘进顶管法。水力掘进顶管法是利用管端工具管内设置的高压水枪喷出高压水,将管前端的水冲散,变成泥浆,然后用水力吸泥机或泥浆泵将泥浆排除出去,这样边冲边顶,不断前进。管道顶进工作应连续进行,除非管道在顶进过程中工具管前方遇到障碍;后背墙变形严重;顶铁发生扭曲现象;管位偏差过大且校正无效;顶力超过管端的允许顶力;油泵、油路发生异常现象;接缝中漏泥浆等情况时,应暂停顶进,并应及时处理。顶管过程中,前方挖出的土可用卷扬机牵引或用电动、内燃的运土小车及时运送,并由起重设备吊运到工作坑外,避免管端因堆土过多而下沉,改变工作环境。

2. 小口径顶管

常用的小口径顶管管材有无缝钢管、有缝钢管、混凝土管(包括钢筋混凝土管)和可铸铁管。这种小口径管道一般不易进入或者无法进入,不可能进行管内操作。因此,与大口径管道顶管相比有其特殊性。

小口径顶管常用的施工方法可以分为挤压类、螺旋钻输类和泥水钻进类三种。

(1)挤压类。挤压类施工方法常适用于软土层,如淤泥质土、砂土、软塑状态的黏性土等,不适用于土质不均或混有大小石块的土层。其顶进长度一般不超过 30 m。

挤压类顶管管端的形状有锥形挤压(管尖)和开口挤压(管帽)两种。锥形挤压类顶管正面阻力较大,容易偏差,特别是土体不均和碰到障碍时更容易偏差。管道压入土中时,管道正面挤土并将管轴线上的土挤向四周,无须排泥。

为了减少正面阻力,可以将管端呈开口状。顶进时,可以将土体挤入管内形成土塞。当土塞增加到一定长度时,土塞不再移动。如果仍要减少正面阻力,必须在管内取土,以减少土塞的长度。管内取土可采用干出泥或水冲法,如图 4-9 所示。

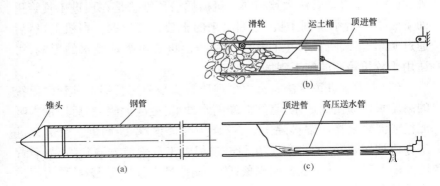

图 4-9 挤压法顶管

(a)锥形挤压头,不出土;(b)开口挤压,土桶出泥;(c)开口挤压,高压水出泥

（2）螺旋钻输类。螺旋钻输顶管法是指在管道前端管外安装螺旋钻头，钻头通过管道内的钻杆与螺旋输送机连接。随着螺旋输送机的转动，带动钻头切削土体，同时将管道顶进，就这样边顶进、边切削、边输送，将管道逐段向前敷设。这类顶管法适用于砂性土、砂砾土以及呈硬塑状态的黏性土。顶进距离可达 100 m 左右。

（3）泥水钻进类。泥水钻进顶管法是指采用切削法钻进，弃土排放用泥水作为载体的一类施工方法。其通常适用于硬土层、软岩层及流砂层和极易坍塌的土层。

由于碎石型泥水掘进机具有切削和破碎石块的功能，故而常采用碎石型泥水掘进机来顶进管道，一次可顶进 100 m 以上，且偏差很小。顶进过程中产生的泥水，一般由送水管和排泥管构成流体输送系统来完成。

扩管也是小口径顶管中常用的一种工艺，它是先把一根直径比较小的管道顶好，然后在这根管道的末端安装一只扩管器，再把所需管径的管道顶进去，或者把扩管器安装在已顶管子的起端，将所需的管道拖入。

三、盾构施工

1. 盾构掘进

（1）盾构掘进一般规定。

1）应根据盾构机类型采取相应的开挖面稳定方法，确保前方土体稳定。

2）盾构掘进轴线按设计要求进行控制，每掘进一环应对盾构姿态、衬砌位置进行测量。

3）在掘进中逐步纠偏，并采用小角度纠偏方式。

4）根据地层情况、设计轴线、埋深、盾构机类型等因素确定推进千斤顶的编组。

5）根据地质、埋深、地面的建筑设施及地面的隆陷值等情况，及时调整盾构的施工参数和掘进速度。

6）掘进中遇有停止推进且间歇时间较长时，应采取维持开挖面稳定的措施。

7)在拼装管片或盾构掘进停歇时,应采取防止盾构后退的措施。

8)推进中盾构旋转角度偏大时,应采取纠正的措施。

9)根据盾构选型、施工现场环境,合理选择土方输送方式和机械设备。

10)盾构掘进每次达到1/3管道长度时,对已建管道部分的贯通测量不少于一次;曲线管道还应增加贯通测量次数。

11)应根据盾构类型和施工要求做好各项施工、掘进、设备和装置运行的管理工作。

12)盾构掘进中遇有下列情况之一,应停止掘进,查明原因并采取有效措施:盾构位置偏离设计轴线过大;管片严重碎裂和水渗漏;盾构前方开挖面发生坍塌或地表隆沉严重;遭遇地下不明障碍物或意外的地质变化;盾构旋转角度过大,影响正常施工;盾构扭矩或顶力异常。

(2)始顶。盾构的始顶是指盾构在下放至工作坑导轨上后,自起点井开始至完全没入土中的这一段距离。它常需要借助另外的千斤顶来进行顶进工作。

盾构千斤顶是以已砌好的砌块环作为支撑结构来推进盾构的,在始顶阶段,尚未有已砌好的砌块环,在此情况下,常常通过设立临时支撑结构来支撑盾构千斤顶。一般情况下,砌块环的长度为30～50 m。在盾构初入土中后,可在起点井后背与盾构衬砌环内,各设置一个其外径和内径均与砌块环的外径与内径相同的圆形木环。在两木环之间砌半圆形的砌块环,而在木环水平直径以上用圆木支撑,作为始顶段的盾构千斤顶的支撑结构(图4-10)。随着盾构的推进,第一圈永久性砌块环用黏结料紧贴木环砌筑。

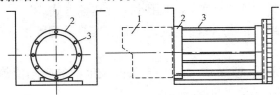

图4-10　始顶段盾构千斤顶支撑结构

1—盾构;2—木环;3—撑杠

在盾构从起点井进入土层时,由于起点井井壁挖口的土方很容易坍塌,因此,必要时可对土层采取局部加固措施。

(3)顶进。

1)确保前方土体的稳定,在软土地层,应根据盾构类型采取不同的正面支护方法。

2)盾构推进轴线应按设计要求控制质量,推进中每环测量一次。

3)纠偏时应在推进中逐步进行。

4)推进千斤顶应根据地层情况、设计轴线、埋深、胸板开孔等因素确定。

5)推进速度应根据地质、埋深、地面的建筑设施及地面的隆陷值等情况调整盾构的施工参数。

6)盾构推进中,遇有需要停止推进且间歇时间较长时,必须做好正面封闭、盾尾密封并及时处理。

7)在拼装管片或盾构推进停歇时,应采取防止盾构后退的措施。

8)当推进中盾构旋转时,采取纠正的措施。

9)根据盾构选型,施工现场环境,选择土方输送方式和机械设备。

(4)挖土。在地质条件较好的工程中,手工挖土依然是最好的一种施工方式。挖土工人在切削环保护罩内接连不断地挖土,工作面逐渐呈现锅底形状,其挖深应等于砌块的宽度。为减少砌块间的空隙,贴近盾壳的土可由切削环直接切下,其厚度为 $10 \sim 15 \ \mathrm{cm}$。如果是在不能直立的松散土层中施工时,可将盾构刃脚先行切入工作面,然后由工人在切削环保护罩内施工。

对于土质条件较差的土层,可以支设支撑,进行局部挖土。局部挖土的工作面在支设支撑后,应依次进行挖掘。局部挖掘应从顶部开始,当盾构刃脚难于先切入工作面,如砂砾石层,可以先挖后顶,但必须严格控制每次掘进的纵深,如图 4-11 所示。

2. 管片拼装

(1)管片拼装应符合下列有关规定。

1)管片下井前应进行防水处理,管片与连接件等应有专人检查,配套送至工作面,拼装前应检查管片编组编号。

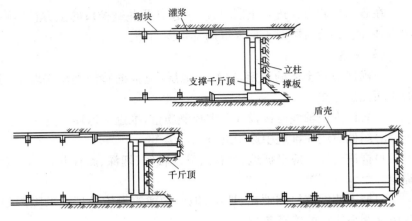

图 4-11　手挖盾构的工作面支撑

2)千斤顶顶出长度应满足管片拼装要求。

3)拼装前应清理盾尾底部,并检查拼装机运转是否正常;拼装机在旋转时,操作人员应退出管片拼装作业范围。

4)每环中的第一块拼装定位准确,自下而上,左右交叉对称依次拼装,最后封顶成环。

5)逐块初拧管片环向和纵向螺栓,成环后环面应平整;管片脱出盾尾后应再次复紧螺栓。

6)拼装时保持盾构姿态稳定,防止盾构后退、变坡变向。

7)拼装成环后应进行质量检测,并做好记录,填写报表。

8)防止损伤管片防水密封条、防水涂料及衬垫;有损伤或挤出、脱槽、扭曲时,及时修补或调换。

9)防止管片损伤,并控制相邻管片间环面平整度、整环管片的圆度、环缝及纵缝的拼接质量,所有螺栓连接件应安装齐全并及时检查复紧。

(2)管片安装。

1)盾构顶进后应及时进行衬砌工作,其使用的管片通常采用钢筋混凝土或预应力钢筋混凝土砌块,其形状有矩形、中缺形等,如图 4-12所示。预制钢筋混凝土管片应满足设计强度及抗渗规定,并不得有影响工程质量的缺损。管中应进行整环拼装检验,衬砌后的几何尺寸应符合质量标准。

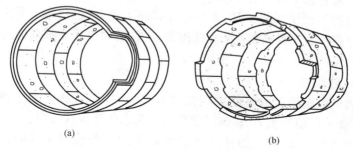

(a)　　　　　　　　　　　　(b)

图 4-12　盾构砌块

(a)矩形砌块;(b)中缺形砌块

2)根据施工条件和盾构直径,可以确定每个衬砌环的分割数量。矩形砌块形状简单,容易砌筑,产生误差时容易纠正,但整体性差;梯形砌块衬砌环的整体性要比矩形砌块好。为了提高砌块环的整体性,也可采用中缺形砌块,但其安装技术水平要求高,而且产生误差后不易调整。

3)砌块有平口和企口两种连接形式,可根据不同的施工条件选择不同的连接。企口接缝防水性好,但拼装不易;有时也可采用黏结剂进行连接,只是连接易偏斜,常用黏结剂有沥青胶或环氧胶泥等。

4)管片下井前应编组编号,并进行防水处理。管片与连接件等应有专人检查,配套送至工作面;千斤顶顶出长度应大于管片宽度20 cm。

5)拼装前应清理盾尾底部,并检查举重设备运转是否正常;拼装每环中的第一块时,应准确定位;拼装次序应自下而上,左右交叉对称安装,前后封顶成环。拼装时应逐块初拧环向和纵向螺栓,成环后环面平整时,复紧环向螺栓。继续推进时,复紧纵向螺栓。拼装成环后应进行质量检测,并做好记录,填写报表。

6)对管片接缝,应进行表面防水处理。螺栓与螺栓孔之间应加防水垫圈,并拧紧螺栓。当管片沉降稳定后,应将管片填缝槽填实,如有渗漏现象,应及时封堵,注浆处理。拼装时,应防止损伤管片防水涂料及衬垫;如有损伤或衬垫挤出环面时,应进行处理。

7)随着施工技术的不断进步,施工现场常采用杠杆式拼装器或弧形拼装器等砌块拼装工具,不但可提高施工速度,也使施工质量得到大大提高。为了提高砌块的整圆度和强度,有时也采用彼此间有螺栓连接的砌块。

3. 注浆

盾构衬砌的目的是使砌块在施工过程中,作为盾构千斤顶的后背,承受千斤顶的顶力;在施工结束后作为永久性承载结构。

为了在衬砌后,可以用水泥砂浆灌入砌块外壁与土壁间留的空隙,部分砌块应留有灌注孔,直径应不小于 36 mm。一般情况下,每隔 3~5 环应砌一灌注孔环,此环上设有 4~10 个灌注孔。

衬砌脱出盾尾后,应及时进行壁后注浆。注浆应多点进行,压浆量需与地面测量相配合,宜大于环形空隙体积的 50%,压力宜为 0.2~0.5 MPa,使空隙全部填实。注浆完毕后,压浆孔应在规定时间内封闭。

常用的填灌材料有水泥砂浆、细石混凝土、水泥净浆等;灌浆材料不应产生离析、不丧失流动性、灌入后体积不减少,早期强度不低于承受压力。灌入顺序应当自下而上,左右对称地进行,以防止砌块环周围的孔隙宽度不均匀。浆料灌入量应为计算孔隙量的 130%~150%。灌浆时应防止料浆漏入盾构内。

在一次衬砌质量完全合格的情况下,可进行二次衬砌,常采用浇灌细石混凝土或喷射混凝土的方法。对在砌块上留有螺栓孔的螺栓连接砌块,也应进行灌浆。

第三节　管道穿越施工技术

一、管道穿越河流

1. 管道过河方式的选择

(1)当城镇输配水管道穿越江河流域时,应将施工方案报经河道管理部门、环保部门等相关单位,经同意后方可实施。在确定方案时,应考虑河道的特性(如河床断面、流量、深度、地质等),通航情况,管道的水压、材质、管径,施工条件,机械设备等情况,并经过技术经济比较分析后确定。

(2)管道过河方法的选择应考虑河床断面的宽度、深度、水位、流量、地质等条件,过河管道水压、管材、管径,河岸工程地质条件,施工条件及作业机具布设的可能性等。

(3)穿越河道的方式有:倒虹吸管河底穿越;设专用管桥或桥面设有管道专用通道;桁架式、拱管式等河面跨越。

(4)顶管法穿越,适用于河底较高,河底土质较好,过河管管径较小的情况,其施工方便,节省人力、物力,但安全度较差。

(5)围堰法穿越,适用于河面不太宽,水流不急且不通航的条件下,施工技术条件要求较高,钢管、铸铁管、预(自)应力钢筋混凝土管过河均可。它易被洪水冲击,工作量较大。

(6)沉浮法穿越,适用于河床不受水流影响的任何条件下。它适用于面较宽,一般河流均可采用,不影响通航与河水正常流动,但沉浮法穿越,水下挖沟与装管难度较大,施工技术要求高。

(7)沿公路桥过河,要求公路桥具有永久性。它简便易行,节省人力、物力,但应采取防冻措施。

(8)管桥过河,适用于河流不太宽,两岸土质较好的条件下,施工难度不大,能在无公路桥的条件下架设过河,比较费时费力。

2. 水下铺筑倒虹管

(1)为保证不间断供水,给水管道从河底穿过敷设时,过河段一般设置双线,其位置宜设在河床、河岸不受冲刷的地段;两端设置阀门井、排气阀与排水装置。为了防止河底被冲刷而损坏管道,不通航河流管顶距河底高差应不小于 0.5 m;通航河流管顶距河底高差应不小于 1.0 m。

(2)排水管道河底埋管的设施要求和施工方法与给水管道河底埋管基本相同。排水管道的倒虹管一般采用钢筋混凝土管,也可采用钢管,如图 4-13 所示。

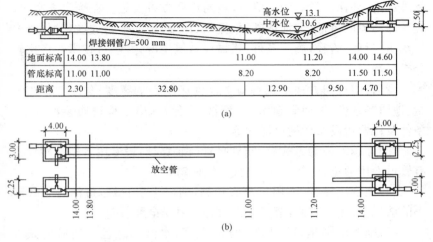

图 4-13　倒虹吸管(单位:m)

(3)确定倒虹管的路线时,应尽可能与障碍物正交通过,以缩短倒虹管的长度,并应选择在河床和河岸较稳定、不易被水冲刷的地段及埋深较小的部位敷设。

(4)穿过河道的倒虹管管顶与河床底面的垂直距离一般不小于0.5 m,其工作管线一般不少于两条。当排水量不大,不通达到设计流量时,其中一条可作为备用。如倒虹管穿过的是旱沟、小河和谷地时,也可单线敷设。通过构筑物的倒虹管,应符合与该构筑物相交的有关规定。

(5)由于倒虹管的清通比一般管道困难得多,因此,必须采取各种措施来防止倒虹管内污泥的淤积,在设计时,可采取提高流速、做沉泥槽、设置防沉装置等措施。

(6)倒虹管施工方法主要有顶管施工、围堰施工、沉浮法施工三种。

3. 架空管过河

跨越河道的架空管通常采用钢管,有时亦可采用铸铁管或预应力钢筋混凝土管。跨越区段较长时,应设置伸缩节,并于管线高处设自动排气阀;为了防止冰冻与震害,管道应采取保温措施,设置抗震柔口;在管道转弯等应力集中处应设置管镇墩。

(1)支柱式架空管。

设置管道支柱时,应事前征得有关航运部门、航道管理部门及农田水利部门的同意,并协商确定管底高程、支柱断面、支柱跨距等。管道宜选择河宽较窄,两岸地质条件较好的老土地段。

连接架空管和地下管之间的桥台部位,通常采用 S 弯部件,弯曲曲率为 $45°\sim90°$。若地质条件较差时,可于地下管道与弯头连接处安装波形伸缩节,以适应管道不均匀沉陷的需要。

若处强震区地段,可在该处加设抗震柔口,以适应地震波引起管道沿轴向波动变形的需要。

(2)沿桥敷设。

1)支、吊、托架的制作。应符合设计要求,制作符合相关规范。

2)支、吊、托架的安装。

①依据设计定出纵横位置,然后在桥上凿埋孔,安装位置应正确。

②支、吊、托架插入埋孔,埋设应平整、牢固、砂浆饱满,但不应突出墙面。

3)安装管道。

①管道可在地面上焊起一部分,吊在桥上,放入支、吊、托架后再对接。

②安装时,要注意管道与托架接触紧密。

③滑动支架应灵活,滑托与滑槽间应留有 $3\sim5$ mm 的间隙,并留有一定的偏移量。

4)固定管道。依次旋紧支、吊、托架螺钉,个别管道与托架间有空隙处,应用铁楔插入,用电焊焊于管架上。

(3)斜拉管跨河。

当河流较宽,不宜采用倒虹吸形式,也没有桥梁可敷设管线时,可采用斜拉管方式跨越河道,斜拉管跨河方式的跨径较大。作为一种新型的过河方式,斜拉索架空管道采用高强度钢索或粗钢筋及钢管本身作为承重构件,可节省钢材。

1)盘索运输。

①成盘运输可盘绕成不小于 30 倍直径特制钢圆盘上。

②直接萦绕成圆圈,其直径一般为 2.5～4 m。

③若有超高、超宽问题应先征得交通部门同意。

2)直索运输。

①一般在工地现场编制,在送到施工部位时,不宜先做刚性护套。

②做完刚性护套后用多台手拉葫芦将整索均匀吊起,要避免局部过小半径的弯曲。

③平放在多台连接在一起的人力或动力拖车上,拖车间距小于 5 m,用连杆固定,拉索护套外应再包麻布临时保护。

3)安装。

①将下端锚具装入梁体的预埋钢管,并旋紧螺母,使之固定。

②用卷扬机钢丝绳拴住上端锚具并通过转向滑轮将索徐徐拉近塔身,施车配合,徐徐送索,并将上锚具进入预埋钢管,旋紧螺母,使之固定。

③安装穿心式千斤顶,使之与张拉锚具连接准备张拉。

④以由低向高的顺序施工安装。

(4)拱管过河施工。

拱管过河是利用钢管自身成拱作支撑结构,起到了一管两用的作用,如图 4-14 所示。由于拱是受力结构,钢材强度较大,加上管壁较薄,故造价经济,因此用于跨度较大河流尤为适宜。

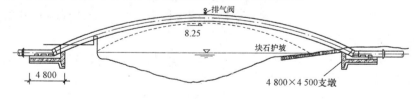

图 4-14　拱管过河示意图

1)拱管的弯制。

①先接后弯法。先将长度大于拱管总长的几根钢管焊接起来,然后在现场操作平台上采用卷扬机进行弯管。弯管所用的模具与弯管

的弧度正确与否有着极大关系,弯管作业时一定要做到牢固、准确,弯管的管子向模具靠紧速度要均匀,不宜过快。为防止放松卷扬机钢丝绳后管子回弹量过大,可在拉紧钢丝绳时,在拱管内侧用氧烘烤到管壁发红后即可放松钢丝绳。由于拱管内侧由高温降至低温开始收缩(收缩方向与回弹方向相反),待管壁温度降至常温时,回弹量得以减少。

　　②先弯后接法。先按拱管设计尺寸将管线分为适宜的几段,通常分为单数段(拱顶部分为一段,左右两个半跨对应分段),然后以分段的弧度及尺寸选择钢管,便可弯管焊制,钢管弯管可采用冷弯或热弯。采用冷弯时,管子尚有一定回弹量。因此在顶弯管子时,应当使管子的矢高较实际的矢高偏大一些,偏大多少应视不同管径与不同跨度通过试验决定。拱管弧形管段弯成后,按设计要求在平整的场地上进行预装,经测量合格后方可焊接。焊接完毕应再行测量,应当保证拱管管段中心轴线在同一个平面上,不得出现扭曲现象。

　　2)拱管的安装。

　　①立杆安装法。当管径较小、跨度较短时,立杆安装可采用两根扒杆,河岸两边各一根,其中一根为独脚扒杆,另一根是摇头扒杆。起吊前,先将拱管摆置在两个管架的中间,吊装时两根扒杆同时起吊。扒杆或悬臂将拱管提起之后,即送至两个管架上就位,由于管架上的水平托架已经焊死,因而拱管左右位置不致产生偏差,而前后位置以两端托架为准,用扒杆或悬臂加以调整,而拱管的垂直程度,则可用经纬仪在两端观测,用风绳予以校正。自拱管两个托架安装并校正后,随即进行焊接。如发现托架与管身之间有空隙,可用铁片嵌入后予以焊接。

　　②履带式吊车安装法。这种方法适用于水面较窄的河流条件下。与立杆安装法相比,该方法可以减少管子位移及立装扒杆等一些准备工作,可以加速施工速度,其安装作业的过程和要求,与立杆安装法基本相同。

　　③拱管安装注意事项:拱管控制的矢高跨度比为 $1/6 \sim 1/8$,一般采用 $1/8$;拱管由若干节短管焊接而成,每节短管长度为 $1.0 \sim 1.5$ m,

各节短管焊接要求较高,须进行充气或油渗试验;吊装时为避免拱管下垂变形或开裂,应在拱管中部加设临时钢索固定;拱管安装完毕,应做通水试验,并观测拱管轴线与管架变位情况,必要时应做纠偏。

二、沉管施工

(1)沉管施工方法的选择。

1)应根据管道所处河流的工程水文地质、气象、航运交通等条件,周边环境、建(构)筑物、管线,以及设计要求和施工技术能力等因素,经技术经济比较后确定。

2)水文和气象变化相对稳定、水流速度相对较 h,可采用水面浮运法。

3)水文和气象变化不稳定、沉管距离较长、水流速度相对较大时,可采用铺管船法。

4)水文和气象变化不稳定,且水流速度相对较大、沉管长度相对较短时,可采用底拖法。

5)预制钢筋混凝土管沉管工程,应采用浮运法,且管节浮运、系驳、沉放、对接施工时水文和气象等条件宜满足:风速小于 10 m/s,波高小于 0.5 m,流速小于 0.8 m/s,能见度大于 1 000 m。

(2)沉管施工。

1)水面浮运法可采取下列措施。

①整体组对拼装、整体浮运、整体沉放。

②分段组对拼装、分段浮运,管间接口在水上连接后整体沉放。

③分段组对拼装、分段浮运,沉放后管段间接口在水下连接。

2)铺管船法的发送船应设置管段接口连接装置、发送装置;发送后的水中悬浮部分管段,可采用管托架或浮球等方法控制管道轴向弯曲变形。

3)底拖法的发送可采取水力发送沟、小平台发送道、滚筒管架发送道或修筑牵引道等方式。

4)预制钢筋混凝土管沉放的水下管道接口,可采用水力压接法柔性接口、浇筑钢筋混凝土刚性接口等形式。

5）利用管道自身弹性能力进行沉管铺设时，管道及管道接口应具有相应的力学性能要求。

（3）沉管工程施工方案。

1）施工平面布置图及剖面图。

2）沉管施工方法的选择及相应的技术要求。

3）陆上管节组对拼装方法；分段沉管铺设时管道接口的水下或水上连接方法；铺管船铺设时待发送管与已发送管的接口连接及质量检验方案。

4）水下成槽、管道基础施工方法。

5）稳管、回填方法。

6）船只设备及管道的水上、水下定位方法。

7）沉管施工各阶段的管道浮力计算，并根据施工方法进行施工各阶段的管道强度、刚度、稳定性验算。

8）管道（段）下沉测量控制方法。

9）施工机械设备数量与型号的配备。

10）水上运输航线的确定，通航管理措施。

11）施工场地临时供电、供水、通讯等设计。

12）水上、水下等安全作业和航运安全的保证措施。

13）预制钢筋混凝土管沉管工程还应包括：临时干坞施工、钢筋混凝土管节制作、管道基础处理、接口连接、最终接口处理待施工技术方案。

（4）沉管基槽浚挖。

1）水下基槽浚挖前，应对管位进行测量放样复核，开挖成槽过程中应及时进行复测。

2）根据工程地质和水文条件因素，以及水上交通和周围环境要求，结合基槽设计要求选用浚挖方式和船舶设备。

3）基槽采用爆破成槽时，应进行试爆确定爆破施工方式，并符合下列规定：

①炸药量计算和布置，药桩（药包）的规格、埋设要求和防水措施等，应符合国家相关标准的规定和施工方案的要求。

②爆破线路的设计和施工、爆破器材的性能和质量、爆破安全措施的制定和实施,应符合国家相关标准的规定。

③爆破时,应有专人指挥。

4)基槽底部宽度和边坡应根据工程具体情况进行确定,必要时进行试挖;基槽底部宽度和边坡应符合下列规定。

①河床岩土层相当稳定,河水流速度小、回淤量小,且浚挖施工对土层扰动影响较 h,底部宽度可按下式确定,边坡尺寸可按表 4-10 的规定确定:

$$B \geqslant D_o + 2b + 1\,000 \tag{4-1}$$

式中　B——管道基槽底部的开挖宽度(mm);

　　　D_o——管外径(mm);

　　　b——管道外壁保护层及沉管附加物等宽度(mm)。

表 4-10　　　　　　　　　沉管基槽底部宽度和边坡尺寸

岩土类别	底部宽度/mm	边　　坡	
		浚挖深度<2.5 m	浚挖深度≥2.5 m
淤泥、粉砂、细砂	$D_o+2b+(2\,500\sim4\,000)$	1∶(3.5~4.0)	1∶(5.0~6.0)
砂质粉土、中砂、粗砂	$D_o+2b+(2\,000\sim4\,000)$	1∶(3.0~3.5)	1∶(3.5~5.0)
砂土、含卵砾石土	$D_o+2b+(1\,800\sim3\,000)$	1∶(2.5~3.0)	1∶(3.0~4.0)
黏质粉土	$D_o+2b+(1\,500\sim3\,000)$	1∶(2.0~2.5)	1∶(2.5~3.5)
黏土	$D_o+2b+(1\,200\sim3\,000)$	1∶(1.5~2.0)	1∶(2.0~3.0)
岩石	$D_o+2b+(1\,200\sim2\,000)$	1∶0.5	1∶1.0

②在回淤较大的水域,或河床岩土层不稳定、河水流速度较大时,应根据试挖实测情况确定浚挖成槽尺寸,必要时沉管前应对基槽进行二次清淤。

③浚挖缺乏相关试验资料和经验资料时,基槽底部宽度可按表 4-10 的规定进行控制。

5)基槽浚挖深度应符合设计要求,超挖时应采用砂或砾石填补。

6)基槽经检验合格后应及时进行管基施工和管道沉放。

(5)沉管管基处理。

1)管道及管道接口的基础,所用材料和结构形式应符合设计要求,投料位置应准确。

2)基槽宜设置基础高程标志,整平时可由潜水员或用专用刮平装置进行水下粗平和细平。

3)管基顶面的高程和宽度应符合设计要求。

4)采用管座、桩基时,施工应符合国家相关标准、规范的规定,管座、基础桩位置和顶面高程应符合设计和施工要求。

(6)组对拼装管道(段)的沉放。

1)水面浮运法施工前,组对拼装管道下水浮运时,应符合下列规定。

①岸上的管节组对拼装完成后进行溜放下水作业时,可采用起重吊装、专用发送装置、牵引拖管、滑移滚管等方法下水,对于潮汐河流还可利用潮汐水位差下水。

②下水前,管道(段)两端管口应进行封堵;采用堵板封堵时,应在堵板上设置进水管、排气管和阀门。

③管道(段)溜放下水、浮运、拖运作业时应采取措施防止管道(段)防腐层损伤,局部损坏时应及时修补。

④管道(段)浮运时,浮运所承受浮力不足以使管漂浮时,可在两旁系结刚性浮筒、柔性浮囊或捆绑竹、木材等;管道(段)浮运应适时进行测量定位。

⑤管道(段)采用起重浮吊吊装时,应正确选择吊点,并进行吊装应力与变形验算。

⑥应采取措施防止管道(段)产生超过允许的轴向扭曲、环向变形、纵向弯曲等现象,并避免外力损伤。

2)水面浮运至沉放位置时,在沉放前应做好下列准备工作。

①管道(段)沉放定位标志已按规定设置。

②基槽浚挖及管基处理经检查符合要求。

③管道(段)和工作船缆绳绑扎牢固,船只锚泊稳定;起重设备布置及安装完毕,试运转良好。

④灌水设备及排气阀门齐全完好。

⑤采用压重助沉时,压重装置应安装准确、稳固。

⑥潜水员装备完毕,做好下水准备。

3)水面浮运法施工,管道(段)沉放时,应符合下列规定。

①测量定位准确,并在沉放中经常校测。

②管道(段)充水时同时排气,充水应缓慢、适量,并应保证排气通畅。

③应控制沉放速度,确保管道(段)整体均匀、缓慢下沉。

④两端起重设备在吊装时应保持管道(段)水平,并同步沉放于基槽底,管道(段)稳固后,再撤走起重设备。

⑤及时做好管道(段)沉放记录。

4)采用水面浮运法,分段沉放管道(段),水上连接接口时,应符合下列规定。

①两连接管段接口的外形尺寸、坡口、组对、焊接检验等应符合有关规定和设计要求。

②在浮箱或船上进行接口连接时,应将浮箱或船只锚泊固定,并设置专用的管道(段)扶正、对中装置。

③采用浮箱法连接时,浮箱内接口连接的作业空间应满足操作要求,并应防止进水;沿管道轴线方向应设置与管径匹配的弧形管托,且止水严密;浮箱及进水、排水装置安装、运行可靠,并由专人指挥操作。

④管道接口完成后应按设计要求进行防腐处理。

5)采用水面浮运法,分段沉放管道(段),水下连接接口时,应符合下列规定。

①分段管道水下接口连接形式应符合设计要求,沉放前连接面及连接件经检查合格。

②采用管夹抱箍连接时,管夹下半部分可在管道沉放前,由潜水员固定在接口管座上或安装在先行沉放管段的下部;两分段管道沉放就位后,将管夹上半部分与下半部分对合,并由潜水员进行水下螺栓安装固定。

③采用法兰连接时,两分段管道沉放就位后,法兰螺栓应全穿入,

并由潜水员进行水下螺栓安装固定。

④管夹与管道外壁以及法兰表面的止水密封圈应设置正确。

6)铺管船法施工应符合下列规定。

①发送管道(段)的专用铺管船只及其管道(段)接口连接、管道(段)发送、水中拖浮、锚泊定位等装置经检查符合要求;应设置专用的管道(段)扶正和对中装置,防止受风浪影响而影响组装拼接。

②管道(段)发送前应对基槽断面尺寸、轴线及槽底高程进行测量复核;待发送管与已发送管的接口连接及防腐层施工质量应经检验合格;铺管船应经测量定位。

③管道(段)发送时铺管船航行应满足管道轴线控制要求,航行应缓慢平稳;应及时检查设备运行、管道(段)状况;管道(段)弯曲不应超过管材允许弹性弯曲要求;管道(段)发送平稳,管道(段)及防腐层无变形、损伤现象。

④及时做好发送管及接口拼装、管位测量等沉管记录。

7)底拖法施工应符合下列规定。

①管道(段)底拖牵引设备的选用,应根据牵引力的大小、管材力学性能等要求确定,且牵引功率不应低于最大牵引力的 1.2 倍;牵引钢丝绳应按最大牵引力选用,其安全系数不应小于 3.5;所有牵引装置、系统应安装正确、稳定安全。

②管道(段)底拖牵引前应对基槽断面尺寸、轴线及槽底高程进行测量复核;发送装置、牵引道等设置满足施工要求;牵引钢丝绳位于管沟内,并与管道轴线一致。

③管道(段)牵引时应缓慢均匀,牵引力严禁超过最大牵引力和管材力学性能要求,钢丝绳在牵引过程中应避免扭缠。

④应跟踪检查牵引设备运行、钢丝绳、管道状况,及时测量管位,发现异常应及时纠正。

⑤及时做好牵引速率、牵引力、管位测量等沉管记录。

8)管道沉放完成后,应检查下列内容,并做好记录。

①检查管底与沟底接触的均匀程度和紧密性,管下如有冲刷,应采用砂或砾石铺填。

②检查接口连接情况。

③测量管道高程和位置。

(7)预制钢筋混凝土管的沉放。

1)干坞结构形式应根据设计和施工方案确定,构筑干坞应遵守下列规定。

①基坑、围堰施工和验收应符合现行国家标准《给水排水构筑物工程施工及验收规范》(GB 50141—2008)、《建筑地基基础工程施工质量验收规范》(GB 50202—2002)等的有关规定和设计要求,且边坡稳定性应满足干坞放水和抽水的要求。

②干坞平面尺寸应满足钢筋混凝土管节制作、主要设备、工程材料堆放和运输的布置需要;干坞深度应保证管节制作后、浮运前的安装工作和浮运出坞的要求,并留出富余水深。

③干坞地基强度应满足管节制作要求;表面应设置起浮层,保证干坞进水时管节能顺利起浮;坞底表面允许偏差控制:平整度为10 mm、相邻板块高差为5 mm、高程为±10 mm。

2)钢筋混凝土管节制作应符合下列规定。

①垫层及管节施工应满足设计要求和有关规定。

②混凝土原材料选用、配合比设计、混凝土拌制及浇筑应符合现行国家标准《给水排水构筑物工程施工及验收规范》(GB 50141—2008)的有关规定,并满足强度和抗渗设计要求。

③混凝土体积较大的管节预制,宜采用低水化热配合比;应按大体积混凝土施工要求制定施工方案,严格控制混凝土配合比、入模浇筑温度、初凝时间、内外温差等。

④管节防水处理、施工缝处理等应符合现行国家标准《地下工程防水技术规范》(GB 50108—2008)的有关规定和设计要求。

⑤接口尺寸满足水下连接要求;采用水力压接法施工的柔性接口,管端部钢壳制作应符合现行国家标准《钢结构工程施工质量验收规范》(GB 50205—2001)的有关规定和设计要求。

⑥管节抗渗检验时,应按设计要求进行预水压试验,亦可在干坞中放水按有关规定在管节内检查渗水情况。

3)预制管节的混凝土强度、抗渗性能、管节渗漏检验达到设计要求后,方可进行浮运。

4)钢筋混凝土管节(段)两段封墙及压载施工时,应符合下列规定。

①封墙结构应符合设计要求,位置不宜设置在管节(段)接口施工范围内,并便于拆除。

②封墙应设置排水阀、进气阀,并根据需要设置人孔;所有预留洞口应设止水装置。

③压载装置应满足设计和施工方案要求并便于装拆,布置应对称、配重应一致。

5)沉管基槽浚挖及管基处理施工应符合有关规定,采用砂石基础时厚度可根据施工经验留出压实虚厚,管节(段)沉放前应再次清除槽底回淤、异物;在基槽断面方向两侧可打两排短桩设置高程导轨,便于控制基础整平施工。

6)管节(段)在浮起后出坞前,管节(段)四角干舷若有高差、倾斜,可通过分舱压载调整,严禁倾斜出坞。

7)管节(段)浮运、沉放应符合下列规定。

①根据工程具体情况,并考虑对水下周围环境及水面交通的影响因素,选用管节(段)拖运、系驳、沉放、水下对接方式和配备相关设备。

②管节(段)浮运到位后应进行测量定位,工作船只设备等应定位锚泊,并做好下沉前的准备工作。

③管节(段)下沉前应设置接口对接控制标志并进行复核测量;下沉时应控制管节(段)轴向位置、已沉放管节(段)与待沉放管节(段)间的纵向间距,确保接口准确对接。

④所有沉放设备、系统经检查运行可靠,管段定位、锚碇系统设置可靠。

⑤沉放应分初步下沉、靠拢下沉和着地下沉阶段,严格按施工方案执行,并应连续测量和及时调整压载。

⑥沉放作业应考虑管节的惯性运行影响,下沉应缓慢均匀,压载应平稳同步,管节(段)受力应均匀稳定、无变形损伤。

⑦管节(段)下沉应听从指挥。

8)管节(段)下沉后的水下接口连接应符合下列规定。

①采用水力压接法施工柔性接口时,其主要施工程序,如图 4-15所示,在压接完成前应保证管节(段)轴向位置稳定,并悬浮在管基上。

| 对位 |—| 拉合 |—| 压接 |—| 拆除封墙 |—| 管内接缝处理 |

图 4-15　水力压接法主要施工程序

②采用刚性接口钢筋混凝土管施工时,应符合设计要求和现行国家标准《地下工程防水技术规范》(GB 50108—2008)等的规定;施工前应根据底板、侧墙、顶板的不同施工要求以及防水要求分别制定相应的施工技术方案。

(8)管节(段)沉放经检查合格后应及时进行稳管和回填,防止管道漂移,并应符合下列规定。

1)采用压重、投抛砂石、浇筑水下混凝土或其他锚固方式等进行稳管施工时,应符合下列规定。

①对水流冲刷较大、易产生紊流、施工中对河床扰动较大等处,以及沉管拐弯、分段接口中连接等部位,沉放完成后应先进行稳管施工。

②应采取保护措施,不得损伤管道及其防腐层。

③预制钢筋混凝土管沉管施工,应进行稳管与基础三次处理,以确保管道稳定。

2)回填施工时,应符合下列规定。

①回填材料应符合设计材料,回填应均匀、并不得损伤管道;水下部位应连续回填至满槽,水上部位应分层回填夯实。

②回填高度应符合设计要求,并满足防止水流冲刷、通航和河道疏浚要求。

③采用吹填回土时,吹填土质应符合设计要求,取土位置及要求应征得航运管理部门的同意,且不得影响沉管管道。

3)应及时做好稳管和回填的施工及测量记录。

三、桥管施工

(1)桥管管道施工应根据工程具体情况确定施工方法,管道安装可采取整体吊装、分段悬臂拼装、在搭设的临时支架上拼装等方法。

桥管的下部结构、地基与基础及护岸等工程施工和验收应符合桥梁工程的国家有关标准、规范的规定。

(2)桥管工程施工方案。

1)施工平面布置图及剖面图。

2)桥管吊装施工方法的选择及相应的技术要求。

3)吊装前地上管节组对拼装方法。

4)管道支架安装方法。

5)施工各阶段的管道强度、刚度、稳定性验算。

6)管道吊装测量控制方法。

7)施工机械设备数量与型号的配备。

8)水上运输航线的确定,通航管理措施。

9)施工场地临时供电、供水、通信等设计。

10)水上、水下等安全作业和航运安全的保证措施。

(3)桥管管道安装铺设前准备工作。

1)桥管的地基与基础、下部结构工程经验收合格,并满足管道安装条件。

2)墩台顶面高程、中线及孔跨径,经检查满足设计和管道安装要求,与管道支架底座连接的支撑结构、预埋件已找正合格。

3)应对不同施工工况条件下临时支架、支撑结构、吊机能力等进行强度、刚度及稳定性检验。

4)待安装的管节(段)应符合下列规定。

①钢管组对拼装及管件、配件、支架等经检验合格。

②分段拼装的钢管,其焊接接口的坡口加工、预拼装的组对满足焊接工艺、设计和施工吊装要求。

③钢管除锈、涂装等处理符合有关规定。

④表面附着污物已清除。

5)已按施工方案完成各项准备工作。

(4)施工中应对管节(段)的吊点和其他受力点位置进行强度、稳定性和变形验算,必要时应采取加固措施。

（5）管节（段）移运和堆放，应有相应的安全保护措施，避免管体损伤；堆放场地平整夯实，支撑点与吊点位置一致。

（6）管道支架安装。

1）支架安装完成后方可进行管道施工。

2）支架底座的支撑结构、预埋件等的加工、安装应符合设计要求，且连接牢固。

3）管道支架安装应符合下列规定。

①支架与管道的接触面应平整、洁净。

②有伸缩补偿装置时，固定支架与管道固定之前，应先进行补偿装置安装及预拉伸（或压缩）。

③导向支架或滑动支架安装应无歪斜、卡涩现象；安装位置应从支撑面中心向位移反方向偏移，偏移量应符合设计要求，设计无要求时宜为设计位移值的 1/2。

④弹簧支架的弹簧高度应符合设计要求，弹簧应调整至冷态值，其临时固定装置应待管道安装及管道试验完成后方可拆除。

（7）管节（段）吊装。

1）吊装设备的安装与使用必须符合起重吊装的有关规定，吊运作业时必须遵守有关安全操作技术规定。

2）吊点位置应符合设计要求，设计无要求时应根据施工条件计算确定。

3）采用吊环起吊时，吊环应顺直；吊绳与起吊管道轴向夹角小于60°时，应设置吊架或扁担使吊环尽可能垂直受力。

4）管节（段）吊装就位、支撑稳固后，方可卸去吊钩；就位后不能形成稳定的结构体系时，应进行临时支撑固定。

5）利用河道进行船吊起重作业时，应遵守当地河道管理部门的有关规定，确保水上作业和航运的安全。

6）按规定做好管节（段）吊装施工监测，发现问题及时处理。

（8）桥管采用分段拼装。

1）高空焊接拼装作业时应设置防风、防雨设施，并做好安全防护措施。

2)分段悬臂拼装时,每管段轴线安装的挠度曲线变化应符合设计要求。

3)管段间拼装焊接应符合下列规定。

①接口组对及定位应符合现行国家标准的有关规定和设计要求,不得强力组对施焊。

②临时支撑、固定设施可靠,避免施焊时该处焊缝出现不利的施工附加应力。

③采用闭合、合龙焊接时,施工技术要求、作业环境应符合设计及施工方案要求。

④管道拼装完成后方可拆除临时支撑、固定设施。

4)应进行管道位置、挠度的跟踪测量,必要时应进行应力跟踪测量。

(9)钢管管道外防腐层的涂装前基面处理及涂装施工应符合设计要求。

四、管道交叉处理

在埋设给水排水管道时,经常出现互相交叉的情况,排水管理设一般要比其他管道深。给水排水管道有时与其他几种管道同时施工,有时是在已建管道的上面或下面穿过。为了保证各类管道交叉时下面的管道不受影响和便于检修,上面的管道不致下沉破坏,必须对交叉管道进行必要的处理。

(1)交叉处理原则。

1)给水管应设在污水管上方。若给水管与污水管平行设置时,管外壁净距不应小于 1.5 m。

2)当给水管设在污水管侧下方时,给水管必须采用金属管材,并应根据土壤的渗透水性及地下水位情况,妥善确定净距。

3)生活饮用水给水管道与污水管道或输送有毒液体管道交叉时,给水管道应敷设在上面,且不应有接口重叠;当给水管敷设在下面时,应采用钢管或钢套管,套管伸出交叉管的长度每边不得小于 3 m,套管两端应采用防水材料封闭。

4)给水管道从其他管道上方跨越时,若管间垂直净距大于等于0.25 m,一般不予处理,否则应在管间夯填黏土;若被跨越管回填土欠密实,尚需自其管侧底部设置墩柱支撑给水管。

(2)给水排水管道同时施工时交叉处理。混凝土或钢筋混凝土排水管道与其上方的给水钢管或铸铁管同时施工且交叉时,若钢管或铸铁管的内径不大于 400 mm 时,宜在混凝土管两侧砌筑砖墩支撑,如图 4-16 所示。若钢管或铸铁管道已建成时,应在开挖沟槽时,加以妥善保护,并砌筑砖墩支撑。

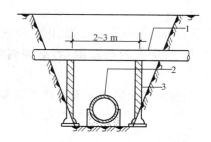

图 4-16　圆形管道两侧砖墩支撑

1—铸铁管道或钢管道;2—混凝土管;3—砖砌支墩

砖墩可采用黏土砖和水泥砂浆砌筑,其长度应不小于钢管或铸铁管道的外径加 300 mm;2 m 以内时,宽 240 cm;以后每增高 1 m,宽度也相应增加 125 cm;顶部砌筑座的支撑角不小于 90°。对铸铁管道,每一管节不少于两个砖墩。混凝土或钢筋混凝土排水管道与给水钢管或铸铁管道交叉时,顶板与其上方管道底部的空间,宜采用下列措施:

1)净空不小于 70 mm 时,可在侧墙上砌筑砖墩,以支撑管道;在顶板上砌筑的砖墩不能超过顶板的允许承载力,如图 4-17 所示。

2)净空小于 70 mm 时,可在顶板与管道之间采用低强度等级的水泥砂浆或细石混凝土填实,其支撑角不应小于 90°,如图 4-18 所示。

(3)给水管道与构筑物交叉处理。当构筑物埋深较浅时,给水管道可以从构筑物下部穿越。施工时,应给构筑物基础下面的给水管道增设套管。若在构筑物后施工时,须先将给水管及其套管安装就绪后再修筑构筑物。

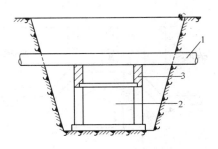

图 4-17 矩形管道上砖墩支撑

1—铸铁管或钢管道;2—混合结构或钢筋;3—混凝土矩形管道

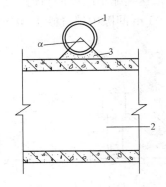

图 4-18 矩形管道上填料支撑

1—铸铁管道或钢管道;2—混合结构或钢筋混凝土矩形管道
3—低强度等级的水泥砂浆或细石混凝土;α—支撑角

当构筑物埋深较大时,给水管道可从其上部跨越,并保证给水管底与构筑物顶之间高差不小于 0.3 m;给水管顶与地面之间的覆土深度不小于 0.7 m;对冰冻深度较深的地区而言,还应按冰冻深度要求确定管道最小覆土深度,此外,在给水管道最高处应安装排气阀并砌筑排气阀井,如图 4-19 所示。

(4)管道高程一致时交叉处理。当给水管与排水干管的过水断面交叉,且管道高程一致时,在给水管道无法从排水干管跨越施工的条件下,亦可使排水干管在保持管底坡度及过水断面面积不变的前提

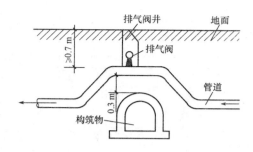

图 4-19　给水管道从上部跨越构筑物

下,将圆管改为沟渠,以达到缩小高度的目的。给水管设置于盖板上,管底与盖板间所留 0.05 m 间隙中填置砂土,沟渠两侧填夯砂夹石,如图 4-20 所示。

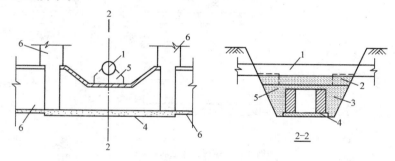

图 4-20　排水管扁沟法穿越

1—给水管;2—混凝土管座;3—砂夹石;4—排水沟渠;5—黏土层;6—检查井

(5)给水管道在排水管道下方时交叉处理。无论是圆形还是矩形的排水管道,在与下方给水钢管或铸铁管交叉施工时,则必须为下方的给水管道加设套管或管廊,如图 4-21 所示。

加设的套管可采用钢管、铸铁管或钢筋混凝土管;管廊可采用砖砌或其他材料砌筑的混合结构,其内径不应小于被套管道外径 30 mm;长度应不小于上方排水管道基础宽度与管道交叉高差的 3 倍,且不小于基础宽度加 1 m。套管或管廊两端与管道之间的孔隙应封堵严密。

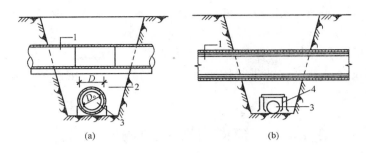

图 4-21　套管或管廊

（a）套管；（b）管廊

1—排水管道；2—套管；3—铸铁管道或钢管道；4—管廊

（6）排水管道与其上方电缆管块交叉处理。当排水管道与其上方的电缆管块交叉时，应在电缆管块基础以下的沟槽中回填低强度等级的混凝土、石灰土或砌砖，沿管道方向的长度不应小于管块基础宽度加 300 mm。

1）排水管道与电缆管块同时施工时，可在回填材料上铺一层中砂或粗砂，其厚度不小于 100 mm，如图 4-22 所示。

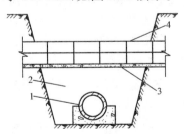

图 4-22　电缆管块下方回填

1—排水管道；2—回填材料；3—中砂或粗砂；4—电缆管块

2）电缆管块已建成，若采用混凝土回填时，混凝土应回填到电缆管块基础底部，其间不得有空隙；若采用砌砖回填时，砖砌体的顶面宜在电缆管块基础底面以下不小于 200 mm 处，再用低强度等级的混凝土填至电缆管块基础底部，其间不得有空隙。

对任何一个城镇而言,按照总体规划要求,街道下设置各种地下工程,应使交叉的管道与管道之间或管道与构筑物之间保持适宜的垂直净距及水平净距。各种地下工程在立面上重叠敷设是不允许的,这样不仅会给维修作业带来困难,而且极易因应力集中而发生爆管现象,以致产生灾害。

第四节　管道附属构筑物施工技术

一、井室施工

1. 管道穿过井壁施工

(1)混凝土类管道、金属类无压管道,其管外壁与砌筑井壁洞圈之间为刚性连接时水泥砂浆应坐浆饱满、密实。

(2)金属类压力管道,井壁洞圈应预设套管,管道外壁与套管的间隙应四周均匀一致,其间隙宜采用柔性或半柔性材料填嵌密实。

(3)化学建材管道宜采用中介层法与井壁洞圈连接。

(4)对于现浇混凝土结构井室,井壁洞圈应振捣密实。

(5)排水管道接入检查井时,管口外缘与井内壁平齐;接入管径大于 300 mm 时,砌筑结构井室应砌砖圈加固。

2. 砌筑结构井室施工

(1)砌筑前砌块应充分湿润;砌筑砂浆配合比符合设计要求,现场拌制应拌和均匀、随用随拌。

(2)排水管道检查井内的流槽,宜与井壁同时进行砌筑。

(3)砌块应垂直砌筑,需收口砌筑时,应按设计要求的位置设置钢筋混凝土梁进行收口;圆井采用砌块逐层砌筑收口,四面收口时每层收进不应大于 30 mm,偏心收口时每层收进不应大于 50 mm。

(4)砌块砌筑时,铺浆应饱满,灰浆与砌块四周黏结紧密、不得漏浆,上下砌块应错缝砌筑。

(5)砌筑时应同时安装踏步,踏步安装后在砌筑砂浆未达到规定抗压强度前不得踩踏。

（6）内外井壁应采用水泥砂浆勾缝；有抹面要求时，抹面应分层压实。

3. 预制装配式结构井室施工

（1）预制构件及其配件经检验符合设计和安装要求。

（2）预制构件装配位置和尺寸正确，安装牢固。

（3）采用水泥砂浆接缝时，企口坐浆与竖缝灌浆应饱满，装配后的接缝砂浆凝结硬化期间应加强养护，并不得受外力碰撞或震动。

（4）设有橡胶密封圈时，胶圈应安装稳固，止水严密可靠。

（5）设有预留短管的预制构件，其与管道的连接应按有关规定执行。

（6）底板与井室、井室与盖板之间的拼缝，水泥砂浆应填塞严密，抹角光滑平整。

4. 现浇钢筋混凝土结构井室施工

（1）浇筑前，钢筋、模板工程经检验合格，混凝土配合比满足设计要求。

（2）振捣密实，无漏振、走模、漏浆等现象。

（3）及时进行养护，强度等级未达设计要求不得受力。

（4）浇筑时应同时安装踏步，踏步安装后在混凝土未达到规定抗压强度前不得踩踏。

5. 井室内部处理

（1）预留孔、预埋件应符合设计和管道施工工艺要求。

（2）排水检查井的流槽表面应平顺、圆滑、光洁，并与上下游管道底部接顺。

（3）透气井及排水落水井、跌水井的工艺尺寸应按设计要求进行施工。

（4）阀门井的井底距承口或法兰盘下缘以及井壁与承口或法兰盘外缘应留有安装作业空间，其尺寸应符合设计要求。

（5）不开槽法施工的管道，工作井作为管道井室使用时，其洞口处理及井内布置应符合设计要求。

二、雨水口施工

1. 基础施工

（1）开挖雨水口槽及雨水管支管槽，每侧宜留出 300～500 mm 的施工宽度。

（2）槽底应夯实并及时浇筑混凝土基础。

（3）采用预制雨水口时，基础顶面宜铺设 20～30 mm 厚的砂垫层。

2. 雨水口砌筑

（1）管端面在雨水口内的露出长度，不得大于 20 mm，管端面应完整无破损。

（2）砌筑时，灰浆应饱满，随砌、随勾缝，抹面应压实。

（3）雨水口底部应用水泥砂浆抹出雨水口泛水坡。

（4）砌筑完成后雨水口内应保持清洁，及时加盖，保证安全。

3. 雨水口安装

（1）预制雨水口安装应牢固，位置平正，并符合上述二、2.（1）中的规定。

（2）雨水口与检查井的连接管的坡度应符合设计要求，管道铺设应符合《给水排水管道工程施工及验收规范》（GB 50268—2008）的相关规定。

（3）位于道路下的雨水口、雨水支、连管应根据设计要求浇筑混凝土基础。坐落于道路基层内的雨水支连管应做 C25 级混凝土包封，且包封混凝土达到 75％设计强度前，不得放行交通。

（4）井框、井箅应完整无损，安装平稳、牢固。

（5）井周回填土应符合设计要求和《给水排水管道工程施工及验收规范》（GB 50268—2008）的相关规定。

三、支墩施工

（1）管节及管件的支墩和锚定结构位置准确，锚定牢固。钢制锚固件必须采取相应的防腐处理。

（2）支墩应在坚固的地基上修筑。无原状土作后背墙时，应采取措施保证支墩在受力情况下，不致破坏管道接口。采用砌筑支墩时，原状土与支墩之间应采用砂浆填塞。

（3）支墩应在管节接口做完，管节位置固定后修筑。

（4）支墩施工前，应将支墩部位的管节、管件表面清理干净。

（5）支墩宜采用混凝土浇筑，其强度等级不应低于 C15。采用砌筑结构时，水泥砂浆强度不应低于 M7.5。

（6）管节安装过程中的临时固定支架，应在支墩的砌筑砂浆或混凝土达到规定强度后拆除。

（7）管道及管件支墩施工完毕，并达到强度要求后方可进行水压试验。

第五章　小城镇电力工程施工技术

第一节　室内外线路安装施工技术

一、架空线路安装

1. 直线单杆杆坑

（1）杆位标桩检查。在需要检查的标桩及其前后相邻的标桩中心点上各立一根测杆，从一侧看过去，要求三根测杆都在线路中心线上。此时，在标桩前后沿线路中心线各钉一辅助标桩，以确定其他杆坑位置。

（2）用大直角尺找出线路中心线的垂直线，将直角尺放在标桩上，使直角尺中心 A 与标桩中心点重合，并使其底边中心线 AB 与线路中心线重合，此时直角尺底边 CD 即为路线中心线垂直线（图 5-1），在此垂直线上于标桩的左右侧各钉一辅助标桩。

（3）根据表 5-1 中的公式，计算出坑口宽度和周长（坑口四个边的总长度）。用皮尺在标桩左右两侧沿线路中心线的垂直线各量出坑口宽度的一半（即为坑口宽度），钉上两个小木桩。再用皮尺量取坑口周长的一半，折成半个坑口形状，将皮尺的两个端头放在坑宽的小木桩上，拉紧两个折点，使两个折点与小木桩的连线平行于线路中心线，

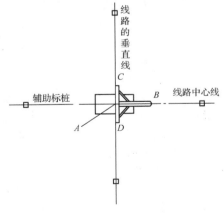

图 5-1　直线单杆杆坑定位

此时两折点与小木桩和两折点间的连接即为半个坑口尺寸。依此画线后,将尺翻过来按上述方法画出另半个坑口尺寸,这样即完成了坑口画线工作,如图 5-1 所示。

表 5-1　　　　　　　　　**坑口尺寸加大的计算公式**

土质情况	坑壁坡度(%)	坑口尺寸
一般黏土、砂质黏土	10	$B=b+0.4+0.1h\times2$
砂砾、松土	30	$B=b+0.4+0.3h\times2$
需用挡土板的松土	—	$B=b+0.4+0.6$
松石	15	$B=b+0.4+0.15h\times2$
坚石	—	$B=b+0.4$

注:h——坑的深度(m);

　　b——杆根宽度(不带地中横木、卡盘或底盘者)(m);或地中横木或卡盘长度者(带地中横木或卡盘者)(m);或底盘宽度(带底盘者)(m)。

2. 拉线的安装

(1)拉线盘的埋设。在埋设拉线盘之前,首先应将下把拉线棒组装好,然后进行整体埋设。拉线坑应有斜坡,回填土时应将土块打碎后夯实。拉线坑宜设防沉层。拉线棒应与拉线盘垂直,其外露地面部分长度应为 500～700 mm。目前,普遍采用的下把拉线棒为圆钢拉线棒,它的下端套有丝扣,上端有拉环,安装时拉线棒穿过水泥拉线盘孔,放好垫圈,拧上双螺母即可,如图 5-2 所示。在下把拉线棒装好后,将拉线盘放正,使底把拉环露出地面 500～700 mm,即可分层填土夯实。

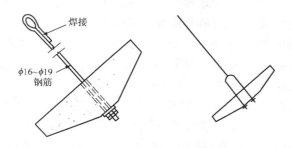

焊接

$\phi16\sim\phi19$ 钢筋

拉线盘选择及埋设深度,以及拉线底把所采用的镀锌线和镀锌钢绞线与圆钢拉线棒的换算,可参照表 5-2。

表 5-2　　　　　　　　　　拉线盘的选择及埋设深度

拉线所受拉力 /kN	选用拉线规格		拉线盘规格 /m	拉线盘埋深 /m
	$\phi 4.0$ 镀锌铁线 /股数	镀锌钢绞线 /mm²		
15 及以下	5 及以下	25	0.6×0.3	1.2
21	7	35	0.8×0.4	1.2
27	9	50	0.8×0.4	1.5
39	13	70	1.0×0.5	1.6
54	2×3	2×50	1.2×0.6	1.7
78	2×13	2×70	1.2×0.6	1.9

拉线棒地面上下 200～300 mm 处,都要涂以沥青,泥土中含有盐碱成分较多的地方,还要从拉线棒出土 150 mm 处起,缠卷 80 mm 宽的麻带,缠到地面以下 350 mm 处,并浸透沥青,以防腐蚀。涂油和缠麻带,都应在填土前做好。

(2)拉线上把安装。拉线上把装在混凝土电杆上,须用拉线抱箍及螺栓固定。其方法是用一只螺栓将拉线抱箍抱在电杆上,然后把预制好的上把拉线环放在两片抱箍的螺孔间,穿入螺栓拧上螺母固定好。上把拉线环的内径以能穿入 $\phi 16$ 螺栓为宜,但不能大于 $\phi 25$。

在来往行人较多的地方,拉线上应装设拉线绝缘子。其安装位置,应使拉线断线而沿电杆下垂时,绝缘子距地面的高度在大于 2.5 m,不致触及行人。同时,使绝缘子距电杆的最近距离也应保持在 2.5 m,使人不致在杆上操作时触及接地部分,如图 5-3 所示。

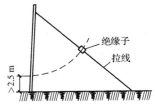

图 5-3　拉紧绝缘子安装位置

(3)收紧拉线做中把。下部拉线盘埋设完毕,上部拉线做好后可以收紧,使上部拉线和下部拉线连接起来,成为一个整体。收紧拉线可使用紧线钳,其方法如图 5-4(a)所示。在收紧拉线前,先将花篮螺栓的两端螺杆旋入螺母内,使它们之间保持最大距离,以备继续旋入调整。然后将紧线钳的钢丝绳伸开,一只紧线钳夹握在拉线高处,再将拉线下端穿过花篮螺栓的拉环放在三角圈槽里,向上折回,并用另一只紧线钳夹住,花篮螺栓的另一端套在拉线棒的拉环上,所有准备工作做好后,将拉线慢慢收紧,紧到一定程度时,检查一下杆身和拉线的各部位,如无问题后,再继续收紧,把电杆校正,如图 5-4(b)所示。对于终端杆和转角杆,拉线收紧后,杆顶可向拉线侧倾斜电杆梢径的 1/2,最后用自缠法或另缠法绑扎。

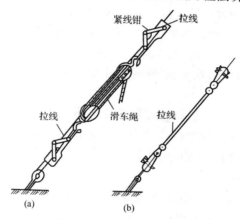

图 5-4　收紧拉线做中把方法
(a)使用紧线钳收紧拉线;(b)继续收紧将电杆校正

为了防止花篮螺栓螺纹倒转松退,可用一根 $\phi4.0$ 镀锌铁线,两端从螺杆孔穿过,在螺栓中间绞拧二次,再分向螺母两侧绕 3 圈,最后将两端头自相扭结,使调整装置不能任意转动,如图 5-5 所示。

图 5-5　花篮螺栓的封缠

3. 横担安装施工

(1)导线水平排列。当导线采取水平排列时,应从钢筋混凝土电杆杆顶向下量 200 mm,然后安装 U 形抱箍。此时 U 形抱箍从电杆背部抱过杆身,抱箍螺扣部分应置于受电侧。在抱箍上安装好 M 形抱铁,再在 M 形抱铁上安装横担。在抱箍两端各加一个垫圈并用螺母固定,但是先不要拧紧螺母,应留有一定的调节余地,待全部横担装上后再逐个拧紧螺母。

(2)导线三角排列。当电杆导线进行三角排列时,杆顶支持绝缘子应使用杆顶支座抱箍。如使用 A 形支座抱箍,可由杆顶向下量取 150 mm,再将角钢置于受电侧,然后将抱箍用 M16×70 mm 方头螺栓,穿过抱箍安装孔,用螺母拧紧固定。安装好杆顶抱箍后,再安装横担。

横担的位置由导线的排列方式来决定,导线采用正三角排列时,横担距离杆顶抱箍为 0.8 m;导线采用扁三角排列时,横担距离杆顶抱箍为 0.5 m。

(3)瓷横担安装。瓷横担安装应符合下列规定。

1)垂直安装时,顶端顺线路歪斜不应大于 10 mm。

2)水平安装时,顶端应向上翘起 5°~10°,顶端顺线路歪斜不应大于 20 mm。

3)全瓷式瓷横担的固定处应加软垫。

4)电杆横担安装好以后,横担应平正。双杆的横担,横担与电杆的连接处的高差不应大于连接距离的5/1000;左右扭斜不应大于横担总长度的 1/100。

5)同杆架设线路横担间的最小垂直距离见表 5-3。

表 5-3　　　　　　　同杆架设线路横担间的最小垂直距离　　　　　　　　(m)

架设方式	直线杆	分支或转角杆
1~10kV 与 1~10kV	0.80	0.50
1~10kV 与 1kV 以下	1.20	1.00
1kV 以下与 1kV 以下	0.60	0.30

4. 绝缘子安装施工

(1)绝缘子在安装时,应清除表面灰土、附着物及不应有的涂料,还应根据要求进行外观检查和测量绝缘电阻。

（2）安装绝缘子采用的闭口销或开口销不应有断、裂缝等现象，工程中使用闭口销比开口销具有更多的优点，当装入销口后，能自动弹开，不需将销尾弯成 45°，当拔出销孔时，也比较容易。它具有销住可靠、带电装卸灵活的特点。当采用开口销时应对称开口，开口角度应为 30°～60°。工程中严禁用线材或其他材料代替闭口销、开口销。

（3）绝缘子在直立安装时，顶端顺线路歪斜不应大于 10 mm；在水平安装时，顶端宜向上翘起 5°～15°，顶端顺线路歪斜不应大于 20 mm。

（4）转角杆安装瓷横担绝缘子，顶端竖直安装的瓷横担支架应安装在转角的内角侧（瓷横担绝缘子应装在支架的外角侧）。

（5）全瓷式瓷横担绝缘子的固定处应加软垫。

5. 放线施工

（1）放线前，应选择合适位置，放置放线架和线盘，线盘在放线架上要使导线从上方引出。

如采用拖放法放线，施工前应沿线路清除障碍物，石砾地区应垫以隔离物（草垫），以免磨损导线。

（2）在放线段内的每根电杆上挂一个开口放线滑轮（滑轮直径应不小于导线直径的 10 倍）。铝导线必须选用铝滑轮或木滑轮，这样既省力又不会磨损导线。

（3）在放线过程中，线盘处应有专人看守，负责检查导线的质量和防止放线架的倾倒。放线速度应尽量均匀，不宜突然加快。

（4）当发现导线存在问题，而又不能及时进行处理时，应作显著标记，如缠绕红布条等，以便导线展放停止后，专门进行处理。

（5）展放导线时，还必须有可靠的联络信号。沿线还必须有人看护，不使导线受损伤和发生环扣（导线自己绕成小圈）。导线跨越道路和跨越其他线路处也应设人看护。

（6）放线时，线路的相序排列应统一，对设计、施工、安全运行以及检修维护都是有利的。高压线路面向负荷从左侧起，导线排列相序为 L_1、L_2、L_3；低压线路面向负荷从左侧起，导线排列相序为 L_1、N、L_2、L_3。

（7）在展放导线的过程中，对已展放的导线应进行外观检查，导线不应发生磨伤、断股、扭曲、金钩、断头等现象。如有损伤，可根据导线的不同损伤情况进行修补处理。

　　1 kV 以下电力线路采用绝缘导线架设时,展放中不应损伤导线的绝缘层和出现扭、弯等现象,对破口处应进行绝缘处理。

　　(8)当导线沿线路展放在电杆根旁的地面上以后,可由施工人员登上电杆,将导线用绳子提升至电杆横担上,分别摆放好。对截面较小的导线,可将 4 根导线一次吊起提升至横担上;当导线截面较大,用绳子提升时,可一次吊起两根。

6. 导线连接

　　(1)钳压连接法。

　　1)连接要求。在任何情况下,每一个挡距内的每条导线,只能有一个接头,但架空线路跨越线路、公路(Ⅰ~Ⅱ级)、河流(Ⅰ~Ⅱ级)、电力和通信线路时,导线及避雷线不能有接头;不同金属、不同截面、不同捻回方向的导线,只能在杆上跳线内连接。导线接头处的机械强度,不应低于原导线强度的 90%。接头处的电阻,不应超过同长度导线电阻的 1.2 倍。

　　2)连接管的选用。压接管和压模的型号应根据导线的型号选用。铝绞线压接管和钢芯铝绞线压接管规格不同,在实用时不能互相代用。钳压接用连接管与导线的配合见表 5-4。

表 5-4　　　　　　　　　　钳压接用连接管与导线的配合表

型　　号	截面/mm²	型　　号	截面/mm²	型　　号	截面/mm²
QLG-35	35	QL-16	16	QT-16	16
QLG-50	50	QL-25	25	QT-25	25
QLG-70	70	QL-35	35	QT-35	35
QLG-95	95	QL-50	50	QT-50	50
QLG-120	120	QL-70	70	QT-70	70
QLG-150	150	QL-95	95	QT-95	95
QLG-185	185	QL-120	120	QT-120	120
QLG-240	240	QL-150	150	QT-150	150
		QL-185	185		

　　注:"QLG"、"QL"、"QT"分别适用于钢芯铝绞线、铝绞线和铜绞线。

3)施工准备。导线连接前,应先将准备连接的两个线头用绑线扎紧再锯齐,然后清除导线表面和连接管内壁的氧化膜。由于铝在空气中氧化速度很快,在短时间内即可形成一层表面氧化膜,这样就增加了连接处的接触电阻,故在导线连接前,需清除氧化膜。在清除过程中,为防止再度氧化,应先在连接管内壁和导线表面涂上一层电力复合脂,再用细钢丝刷在油层下擦刷,使之与空气隔绝。刷完后,如果电力复合脂较为干净,可不要擦掉;如电力复合脂已被沾污,则应擦掉重新涂刷一层,最后带电力复合脂进行压接。

4)压接顺序。压接铝绞线时,压接顺序由连接管的一端开始;压接钢芯铝绞线时,压接顺序从中间开始分别向两端进行。压接铝绞线时,压接顺序由导线断头开始,按交错顺序向另一端进行,如图 5-6 所示。

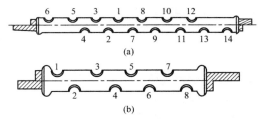

图 5-6　导线压接顺序

(a)钢芯铝绞线压接顺序;(b)铝绞线压接顺序

当压接 240 mm² 钢芯铝绞线时,可用两只连接管串联进行,两管间的距离不应少于 15 mm。每根压接管的压接顺序是由管内端向外端交错进行,如图 5-7 所示。

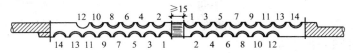

图 5-7　240 mm² 钢芯铝绞线压接顺序

5)压接连接。当压接钢芯铝绞线时,连接管内两导线间要夹上铝垫片,填在两导线间,可增加接头握裹力,并使接触良好。被压接的导线,应以搭接的方法,由管两端分别插入管内,使导线的两端露出管外

25～30 mm,并使连接管最边上的一个压坑位于被连接导线断头旁侧。压接时,导线端头应用绑线扎紧,以防松散。每次压接时,当压接钳上杠杆碰到顶住螺钉为止。此时应保持一分钟后才能放开上杠杆,以保证压坑深度准确。压完一个,再压第二个,直到压完为止。压接后的压接管,不能有弯曲,其两端应涂以樟丹油,压后要进行检查,如压管弯曲,要用木槌调直,压管弯曲过大或有裂纹的,要重新压接。

　　6)压缩高度。为了保证压缩后的高度符合设计要求,可根据导线的截面来选择压模,并适当调整压接钳上支点螺钉,使其适应于压模深度,压缩处椭圆槽(凹口)距管边的高度 h 值,如图5-8所示。其允许误差为:钢芯铝绞线连接管±0.5 mm;铝绞线连接管±0.1 mm;铜绞线连接管±0.5 mm。

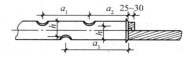

图 5-8　压缩后的高度

　　(2)爆炸压接法。

　　1)采用爆炸压接法,主要材料有以下几种。

　　①炸药:应用最普通的岩石2号硝铵炸药。炸药如存放过期,须检查是否符合标准,如受潮结块变质及炸药中混有石块、铁屑等坚硬物质时,不得使用。

　　②雷管:应使用8号纸壳工业雷管。

　　③导火线:应使用正确燃速为180～210 cm/min,缓燃速为100～120 cm/min 的导火线。导火线不得有破损、曲折和沾有油脂及涂料不均等现象。

　　④爆压管:钢芯铝绞线截面为50～95 mm² 时,所用爆压管的长度为钳压管长的1/3;导线截面为120～240 mm² 时,所用爆压管的长度为钳压管长的1/4。

　　2)药包制作步骤。

　　①用0.35～1.0 mm 厚的黄板纸(即马粪纸)做成锥形外壳箱。

　　②用黄板纸做一小封盖,并糊在锥形外壳的小头上。

　　③将爆压管从小盖的预留孔穿入锥形外壳内,两端应各露出10 mm。

　　④将炸药从外壳的大头装入爆压管与壳筒的中间。装药时要边装边捣实，边用手轻轻敲打外壳筒，使外壳筒成为椭圆形。必须保持爆压管位于外壳的中心，并防止炸药进入爆压管内。

　　⑤炸药装满后，再将用黄板纸做成的大封盖糊在外壳筒的大头上。制好的药包，应坚固成形，接缝结实，形式尺寸准确，其误差不得超过规定值的±10 mm。

　　3）爆炸压接的操作要点。

　　①药包运到现场后，在穿线前应清除爆压管内的杂物、灰尘、水分等。

　　②将连接的导线调直，并从爆压管两端分别穿过，导线端头应露出压管 20 mm。

　　③将已穿好导线的炸药包，绑在 1.5 m 高的支架上，并用破布将靠近药包 1 m 处的导线包缠好，以防爆炸时损伤导线。

　　④将已连好导火线的雷管，插入药包靠近外壳的大头内 10～15 mm，并做好点燃准备，然后点火起爆。起爆时，人应距起爆点 30 m 以外。

　　4）爆炸压接的质量标准和注意事项。

　　①爆压前，对其接头应进行拉力和电阻等质量检查试验，试件不得少于三个，若其中一个不合格，则认为试验不合格。在查明原因后再次试验，但试件不得少于五个，试件制作条件应与施工条件相同。

　　②爆炸压接后，如出现未爆部分时，应割掉重新压接。

　　③爆压管横向裂纹总长度超过爆压管周长 1/8 时，应割掉重新压接。

　　④如爆压管出现严重烧伤或鼓包时，应割掉重新压接。

　　⑤炸药、雷管、导火线应分别存放，妥善保管。应遵守炸药、雷管、导火线等存放与使用的有关规定。

7. 紧线

　　紧线方法有两种：一种是导线逐根均匀收紧；另一种是三线同时收紧或两线同时收紧，如图 5-9 所示。后一种方法紧线速度快，但需要有较大的牵引力，如利用卷扬机或绞磨的牵引力等。施工时可根据具体条件采用不同的方法。

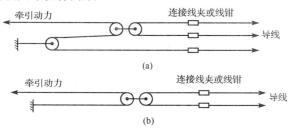

图 5-9　紧线图

(a)三线同时收紧;(b)两线同时收紧

(1)紧线前必须先做好耐张杆、转角杆和终端杆的本身拉线,然后分段紧线。

(2)在展放导线时,导线的展放长度应比挡距长度略有增加,平地时一般可增加 2%,山地可增加 3%,还应尽量在一个耐张段内。导线紧好后再剪断导线,避免造成浪费。

(3)紧线前,在一端的耐张杆上,先把导线的一端在绝缘子上做终端固定,然后在另一端用紧线器紧线。

(4)紧线前在紧线段耐张杆受力侧除有正式拉线外,应装设临时拉线。一般可用钢丝绳或具有足够强度的钢线拴在横担的两端,以防紧线时横担发生偏扭。待紧完导线并固定好以后,才可拆除临时拉线。

(5)紧线时在耐张段操作端,直接或通过滑轮组来牵引导线,使导线收紧后,再用紧线器夹住导线。

(6)紧线时,一般应做到每根电杆上有人,以便及时松动导线,使导线接头能顺利地越过滑轮和绝缘子。

8. 导线固定

导线在绝缘子上通常用绑扎方法来固定,绑扎方法因绝缘子形式和安装地点不同而各异,常用的有以下几种。

(1)顶绑法。顶绑法适用于 1～10 kV 直线杆针式绝缘子的固定绑扎。铝导线绑扎时应在导线绑扎处先绑 150 mm 长的铝包带,所用铝包带宽 10 mm,厚 1 mm。绑线材料应与导线的材料相同,其直径在 2.6~3.0 mm 范围内。绑扎步骤如图 5-10 所示。

1)把绑线绕成卷,在绑线一端留出一个长为 250 mm 的短头,用短头在绝缘子左侧的导线上绑 3 圈,方向是从导线外侧经导线上方,绕向导线内侧,如图 5-10(a)所示。

2)用绑线在绝缘子颈部内侧,绕到绝缘子右侧的导线上绑 3 圈,其方向是从导线下方,经外侧绕向上方,如图 5-10(b)所示。

3)用绑线在绝缘子颈部外侧,绕到绝缘子左侧导线上再绑 3 圈,其方向是由导线下方经内侧绕到导线上方,如图 5-10(c)所示。

4)用绑线从绝缘子颈部内侧,绕到绝缘子右侧导线上再绑 3 圈,其方向是由导线下方经外侧绕向上方,如图 5-10(d)所示。

5)用绑线从绝缘子外侧绕到绝缘子左侧导线下面,并从导线内侧上来,经过绝缘子顶部交叉压在导线上,然后从绝缘子右侧导线内侧绕到绝缘子颈部内侧,并从绝缘子左侧导线的下侧,经导线外侧上来,经过绝缘子顶部交叉压在导线上,此时,在导线上已有一个十字叉。

6)重复以上方法再绑一个十字叉,把绑线从绝缘子右侧导线内侧,经下方绕到绝缘子颈部外侧,与绑线另一端的短头,在绝缘子外侧中间扭绞成 2~3 圈的麻花线,余线剪去,留下部分压平,如图 5-10(e)所示。

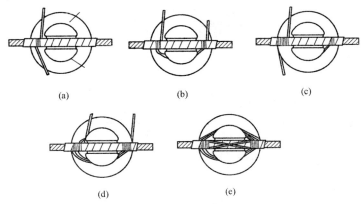

(a)   (b)   (c)

(d)   (e)

图 5-10 顶绑法

（2）侧绑法。转角杆针式绝缘子上的绑扎，导线应放在绝缘子颈部外侧。若由于绝缘子顶槽太浅，直线杆也可以用这种绑扎方法。侧绑法如图 5-11 所示。在导线绑扎处同样要绑以铝带，操作步骤如下。

1）把绑线绕成卷，在绑线一端留出 250 mm 的短头。用短头在绝缘子左侧的导线绑 3 圈，方向是从导线外侧，经过导线上方，绕向导线内侧，如图 5-11（a）所示。

2）绑线从绝缘子颈部内侧绕过，绕到绝缘子右侧导线上方，交叉压在导线上，并从绝缘子左侧导线的外侧，经导线下方，绕到绝缘子颈部内侧，接着再绕到绝缘子右侧导线的下方，交叉压在导线上，再从绝缘子左侧导线上方，绕到绝缘子颈部内侧，如图 5-11（b）所示。此时导线外侧形成一个十字叉。随后，重复上述方法再绑一个十字叉。

3）把绑线绕到右侧导线上，并绑 3 圈，方向是从导线上方绕到导线外侧，再到导线下方，如图 5-11（c）所示。

4）把绑线从绝缘子颈部内侧，绕回到绝缘子左侧导线上，并绑 3 圈，方向是从导线下方，经过外侧绕到导线上方，然后经过绝缘子颈部内侧，回到绝缘子右侧导线上再绑 3 圈，方向是从导线上方，经过外侧绕到导线下方，最后回到绝缘子颈部内侧中间，与绑线短头扭绞成 2～3 圈的麻花线，余线剪去，留下部分压平，如图 5-11（d）所示。

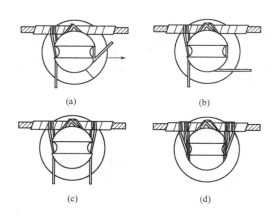

　　　　　(a)　　　　　　　　　　　　　(b)

　　　　　(c)　　　　　　　　　　　　　(d)

图 5-11　侧绑法

（3）终端绑扎法。终端杆蝶式绝缘子的绑扎，其操作步骤如下。

1）首先在与绝缘子接触部分的铝导线上绑以铝带，然后把绑线绕成卷，在绑线一端留出一个短头，长度为 200～250 mm（绑扎长度为150 mm者，留出短头长度为 200 mm；绑扎长度为 200 mm者，短头长度为 250 mm）。

2）把绑线短头夹在导线与折回导线之间，再用绑线在导线上绑扎，第一圈应离蝶式绝缘子表面80 mm，绑扎到规定长度后与短头扭绞2～3圈，余线剪断压平。最后把折回导线向反方向弯曲，如图 5-12 所示。

（4）耐张线夹固定导线法。耐张线夹固定导线法如图 5-13 所示，操作步骤如下。

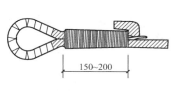

图 5-12　终端绑扎法

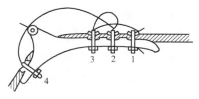

图 5-13　耐张线夹固定导线法

1～4—U 形螺栓

1）用紧线钳先将导线收紧，使弧垂比所要求的数值稍小些。然后在导线需要安装线夹的部分，用同规格的线股缠绕，缠绕时，应从一端开始绕向另一端，其方向必须与导线外股缠绕方向一致。缠绕长度必须露出线夹两端各 10 mm。

2）卸下线夹的全部 U 形螺栓，使耐张线夹的线槽紧贴导线缠绕部分，装上全部 U 形螺栓及压板，并稍拧紧。最后按顺序进行拧紧。在拧紧过程中，要使受力均衡，不要使线夹的压板偏斜和卡碰。

二、电缆敷设

1. 电缆直埋敷设

（1）直埋电缆敷设前，应在铺平夯实的电缆沟内先铺一层 100 mm厚的细砂或软土，作为电缆的垫层。直埋电缆周围是铺砂好还是铺软土好,应根据各地区的情况而定。

软土或砂子中不应含有石块或其他硬质杂物。若土壤中含有酸或碱等腐蚀性物质,则不能做电缆垫层。

(2)在电缆沟内放置滚柱,其间距与电缆单位长度的质量有关,一般每隔 3～5 m 放置一个(在电缆转弯处应加放一个),以不使电缆下垂碰地为原则。

(3)电缆放在沟底时,边敷设边检查电缆是否受伤。放电缆的长度不要控制过紧,应按全长预留 1.0%～1.5% 的余量,并做波浪状摆放。在电缆接头处也要留出裕量。

(4)直埋电缆敷设时,严禁将电缆平行敷设在其他管道的上方或下方,并应符合下列要求。

1)电缆与热力管线交叉或接近时,如不能满足表 5-5 所列数值要求,应在接近段或交叉点前后 1 m 范围内做隔热处理,方法如图 5-14 所示,使电缆周围土壤的温升不超过 10 ℃。

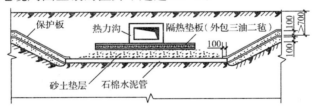

图 5-14　电缆与热力管线交叉隔热做法

表 5-5　电缆之间、电缆与管道、道路、建筑物之间平行和交叉时的最小允许净距

序号	项　目	最小允许净距/m 平行	交叉	备　注
1	电力电缆间及其与控制电缆间			(1)控制电缆间平行敷设的间距不做规定;序号 1、3 项,当电缆穿管或用隔板隔开时,平行净距可降低为 0.1 m。
	(1)10 kV 及以下	0.10	0.50	
	(2)10 kV 及以上	0.25	0.50	
2	控制电缆	—	0.50	(2)在交叉点前后 1 m 范围内,如电缆穿入管中或用隔板隔开,交叉净距可降低为 0.25 m
3	不同使用部门的电缆间	0.50	0.50	

续表

序号	项　目		最小允许净距/m		备　注
			平　行	交　叉	
4	热力管道(管沟)及热力设备		2.0	0.50	(1)虽净距能满足要求,但检修管路可能伤及电缆时,在交叉点前后1m范围内,尚应采取保护措施。
5	油管道(管沟)		1.0	0.50	
6	可燃气体及易燃液体管道(管沟)		1.0	0.50	
7	其他管道(管沟)		0.50	0.50	
8	铁路路轨		3.0	1.0	(2)当交叉净距不能满足要求时,应将电缆穿入管中,则其净距可减为0.25 m。
9	电气化铁路路轨	交　流	3.0	1.0	
		直　流	10.0	1.0	(3)对序号第4项,应采取隔热措施,使电缆周围土壤的温升不超过10 ℃。
10	公路		1.50	1.0	
11	城市街道路面		1.0	0.7	
12	电杆基础(边线)		1.0	—	(4)电缆与管径大于800mm的水管,平行间距应大于1 m,如不能满足要求,应采取适当防电化腐蚀措施,特殊情况下,平行净距可酌减
13	建筑物基础(边线)		0.6	—	
14	排水沟		1.0	0.5	
15	独立避雷针集中接地装置与电缆间		5.0		—

注:当电缆穿管或者其他管道有防护设施(如管道保温层等)时,表中净距应从管壁或防护设施的外壁算起。

2)电缆与热力管线平行敷设时距离不应小于 2 m。若有一段不能满足要求时,可以减少但不得小于 500 mm。此时,应在与电缆接近的一段热力管道上加装隔热装置,使电缆周围土壤的温升不得超过 10 ℃。

3)电缆与热力管道交叉敷设时,其净距虽能满足大于或等于 500 mm 的要求,但检修管路时可能伤及电缆,应在交叉点前后 1 m 的范围内采取保护措施。

如将电缆穿入石棉水泥管中加以保护,其净距可减为 250 mm。

(5)10 kV 及以下电力电缆之间,以及 10 kV 以下电力电缆与控制电缆之间平行敷设时,最小净距为 100 mm。

10 kV 以上电力电缆之间及 10 kV 以上电力电缆和 10 kV 及以

下电力电缆或与控制电缆之间平行敷设时,最小净距为 250 mm。特殊情况下,10 kV 以上电缆之间及与相邻电缆间的距离可降低为 100 mm,但应选用加间隔板电缆并列方案;如果电缆均穿在保护管内,并列间距也可降至 100 mm。

(6)电缆沿坡度敷设的允许高差及弯曲半径应符合要求,电缆中间接头应保持水平。多根电缆并列敷设时,中间接头的位置宜相互错开,其净距不宜小于 500 mm。

(7)电缆铺设完后,再在电缆上面覆盖 100 mm 的砂或软土,然后盖上保护板(或砖),覆盖宽度应超出电缆两侧各 50 mm。板与板连接处应紧靠。

(8)覆土前,沟内如有积水则应抽干。覆盖土要分层夯实,最后清理场地,做好电缆走向记录,并应在电缆引出端、终端、中间接头、直线段每隔 100 m 处和走向有变化的部位挂标志牌。

标志牌可采用 C15 钢筋混凝土预制,安装方法如图 5-15 所示。标志牌上应注明线路编号、电压等级、电缆型号、截面、起止地点、线路长度等内容,以便维修。标志牌规格宜统一,字迹应清晰不易脱落。标志牌挂装应牢固。

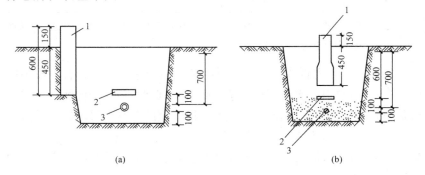

图 5-15　直埋电缆标志牌的装设

(a)埋设于送电方向右侧;(b)埋设于电缆沟中心

1—电缆标志牌;2—保护板;3—电缆

(9)在含有酸碱、矿渣、石灰等场所,电缆不应直埋;如必须直埋,应采取缸瓦管、水泥管等防腐保护措施。

2. 电缆沟内电缆敷设

电缆在电缆沟内敷设,首先挖好一条电缆沟,电缆沟壁要用防水水泥砂浆抹面,然后把电缆敷设在沟壁的角钢支架上,最后盖上水泥板。电缆沟的尺寸根据电缆多少(一般不宜超过 12 根)而定。这种敷设方式较直埋式投资高,但检修方便,能容纳较多的电缆,在厂区的变、配电所中应用很广。在容易积水的地方,应考虑开挖排水沟。

(1)电缆敷设前,应先检验电缆沟及电缆竖井,电缆沟的尺寸及电缆支架间距应满足设计要求。

(2)电缆沟应平整,且有 0.1‰ 的坡度。沟内要保持干燥,并能防止地下水浸入。沟内应设置适当数量的积水坑,及时将沟内积水排出,一般每隔 50 m 设一个,积水坑的尺寸以 400 m×400 mm×400 mm 为宜。

(3)敷设在支架上的电缆,按电压等级排列,高压电缆在上面,低压电缆在下面,控制与通信电缆在最下面。如两侧装设电缆支架,则电力电缆与控制电缆、低压电缆应分别安装在沟的两边。

(4)电缆支架横撑间的垂直净距,无设计规定时,一般与电力电缆不小于 150 mm;与控制电缆不小于 100 mm。

(5)在电缆沟内敷设电缆时,其水平间距不得小于下列数值。

1)电缆敷设在沟底时,电力电缆间为 35 mm,但不小于电缆外径尺寸;不同级电力电缆与控制电缆间为 100 mm;控制电缆间距不作规定。

2)电缆支架间的距离应按设计规定施工,当设计无规定时,则不应大于表 5-6 的规定值。

表 5-6   电缆支架之间的距离   (m)

电缆种类	支架敷设方式	
	水平	垂直
电力电缆(橡胶及其他油浸纸绝缘电缆)	1.0	2.0
控制电缆	0.8	1.0

注:水平与垂直敷设包括沿墙壁、构架、楼板等处所非支架固定。

（6）电缆在支架上敷设时，拐弯处的最小弯曲半径应符合电缆最小允许弯曲半径。

（7）电缆表面距地面的距离不应小于 0.7 m，穿越农田时不应小于 1 m；66 kV 及以上电缆不应小于 1 m。只有在引入建筑物、与地下建筑物交叉及绕过地下建筑物处，可埋设浅些，但应采取保护措施。

（8）电缆应埋设于冻土层以下；当无法深埋时，应采取保护措施，以防止电缆受到损坏。

3. 竖井内电缆敷设

电缆在竖井内敷设，电缆的绝缘或护套应具有非延燃性。通常采用较多的为聚氯乙烯护套细钢丝铠装电力电缆，因为，此类电缆能承受的拉力较大。

（1）在多、高层建筑中，一般低压电缆由低压配电室引出后，沿电缆隧道、电缆沟或电缆桥架进入电缆竖井，然后沿支架或桥架垂直上升。

（2）电缆在竖井内沿支架垂直布线。所用的扁钢支架与建筑物之间的固定应采用 M10×80 mm 的膨胀螺栓紧固。支架设置距离为 1.5 m，底部支架距楼（地）面的距离不应小于 300 mm。

扁钢支架上，电缆宜采用管卡子固定，各电缆之间的间距不应小于 50 mm。

（3）电缆沿支架的垂直安装如图 5-16 所示。小截面电缆在电气竖井内布线，也可沿墙敷设，此时可使用管卡子或单边管卡子用 $\phi6×30$ mm 的塑料胀管固定，如图 5-17 所示。

（4）电缆在穿过楼板或墙壁时，应设置保护管，并用防火隔板、防火堵料等做好密封隔离，而且保护管两端管口空隙也应做好密封隔离。

（5）电缆布线过程中，垂直干线与分支干线的连接通常采用"T"接方法。为了接线方便，树干式配电系统电缆应尽量采用单芯电缆。单芯电缆 T 接接头大样如图 5-18 所示。

（6）电缆敷设过程中，固定单芯电缆应使用单边管卡子，以减少单芯电缆在支架上的感应涡流。

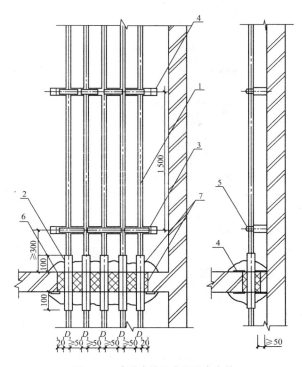

图 5-16　电缆布线沿支架垂直安装

1—电缆；2—电缆保护管；3—支架；4—膨胀螺栓；5—管卡子；6—防火隔板；7—防火堵料

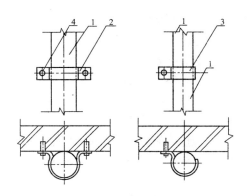

图 5-17　电缆沿墙固定

1—电缆；2—双边管卡子；3—单边管卡子；4—塑料胀管

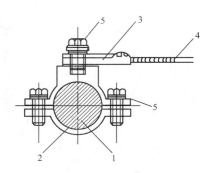

图 5-18　单芯电缆"T"接接头大样图

1—干线电缆芯线；2—U 形铸铜卡；3—接线耳；4—"T"出支线；5—螺栓、垫圈、弹簧垫圈

4. 桥架内电缆敷放

（1）电缆沿桥架敷设前，要防止电缆排列不整齐，出现严重交叉现象，必须事先就将电缆敷设位置排列好，规划出排列图表，按图表进行施工。

（2）施放电缆时，对于单端固定的托臂可以在地面上设置滑轮施放，放好后拿到托盘或梯架内；双吊杆固定的托盘或梯架内敷设电缆，应将电缆直接在托盘或梯架内安放滑轮施放，电缆不得直接在托盘或梯架内拖拉。

（3）电缆沿桥架敷设时，应单层敷设，电缆与电缆之间可以无间距敷设，电缆在桥架内应排列整齐，不应交叉，并敷设一根，整理一根，卡固一根。

（4）垂直敷设的电缆，每隔 1.5～2 m 处应加以固定；水平敷设的电缆，在电缆的首尾两端、转弯及每隔 5～10 m 处进行固定，对电缆在不同标高的端部也应进行固定。大于 45°倾斜敷设的电缆，每隔 2 m 设一固定点。

（5）电缆固定可以用尼龙卡带、绑线或电缆卡子进行固定。为了运行中巡视、维护和检修方便，在桥架内电缆的首端、末端和分支处应设置标志牌。

（6）电缆出入电缆沟、竖井、建筑物、柜（盘）、台处及导管管口处等应做密封处理。出入口、导管管口封堵的目的是防火、防小动物入侵、防异物跌入,均是为安全供电而设置的技术防范措施。

(7)在桥架内敷设电缆,每层电缆敷设完成后应进行检查;全部敷设完成后,经检验合格,才能盖上桥架的盖板。

5. 电缆保护管敷设

(1)敷设要求。

1)直埋电缆敷设时,应按要求事先埋设好电缆保护管,待电缆敷设时穿在管内,以保护电缆、避免损伤及方便更换和便于检查。

2)电缆保护钢、塑管的埋设深度不应小于 0.7 m,直埋电缆当埋设深度超过 1.1 m 时,可以不再考虑上部压力的机械损伤,即不需要再埋设电缆保护管。

3)电缆与铁路、公路、城市街道、厂区道路下交叉时应敷设于坚固的保护管内,一般多使用钢保护管,埋设深度不应小于 1 m,管的长度除应满足路面的宽度外,保护管的两端还应两边各伸出道路路基 2 m;伸出排水沟 0.5 m;在城市街道应伸出车道路面。

4)直埋电缆与热力管道、管沟平行或交叉敷设时,电缆应穿石棉水泥管保护,并应采取隔热措施。电缆与热力管道交叉时,敷设的保护管两端各伸出长度不应小于 2 m。

5)电缆保护管与其他管道(水、石油、煤气管)以及直埋电缆交叉时,两端各伸出长度不应小于 1 m。

(2)电缆保护钢管连接。电缆保护钢管连接时,应采用大一级短管套接或采用管接头螺纹连接,用短套管连接施工方便,采用管接头螺纹连接比较美观。为了保证连接后的强度,管连接处短套管或带螺纹的管接头的长度,不应小于电缆管外径的 2.2 倍。无论采用哪一种方式,均应保证连接牢固,密封良好,两连接管管口应对齐。

电缆保护钢管连接时,不宜直接对焊。当直接对焊时,可能在接缝内部出现焊瘤,穿电缆时会损伤电缆。在暗配电缆保护钢管时,在两连接管的管口处打好喇叭口再进行对焊,且两连接管对口处应在同一管轴线上。

(3)硬质聚氯乙烯电缆保护管连接。对于硬质聚氯乙烯电缆保护管,常用的连接方法有两种,即插接连接和套管连接。

1)插接连接。硬质聚氯乙烯管在插接连接时,先将两连接端部管口进行倒角,如图 5-19 所示。然后清洁两个端口接触部分的里、外面,如有油污则用汽油等溶剂擦净。接着可将连接管承口端部均匀加热,加热部分的长度为插接部分长度的 1.2~1.5 倍,待加热至柔软状态后即将金属模具(或木模具)插入管中,浇水冷却后将模具抽出。

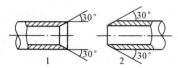

图 5-19　连接管管口加工

为了保证连接牢固可靠、密封良好,其插入深度宜为管子内径的 1.1~1.8 倍,在插接面上应涂以胶合剂粘牢密封。涂好胶合剂插入后,再次略加热承口端管子,然后急骤冷却,使其连接牢固,如图 5-20 所示。

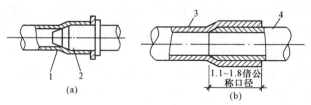

图 5-20　管口承插做法

(a)管端承插加工;(b)承插连接

1—硬质聚氯乙烯管;2—模具;3—阴管;4—阳管

2)套管连接。在采用套管套接时,套管长度不应小于连接管内径的 1.5~3 倍,套管两端应以胶合剂粘接或进行封焊连接。采用套管连接时,做法如图 5-21 所示。

(4)高强度保护管的敷设地点。在下列地点,需敷设具有一定机械强度的保护管保护电缆。

1)电缆进入建筑物及墙壁处;保护管

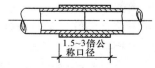

图 5-21　套管连接

伸入建筑物散水坡的长度不应小于 250 mm,保护罩根部不应高出地面。

2)从电缆沟引至电杆或设备,距地面高度 2 m 及以下的一段,应设钢保护管。钢保护管埋入非混凝土地面的深度不应小于 100 mm。

3)电缆与地下管道接近和交叉时的距离不能满足有关规定时。

4)当电缆与道路、铁路交叉时。

5)其他可能受到机械损伤的地方。

(5)明敷电缆保护管。

1)明敷电缆保护管与土建结构平行时,通常采用支架固定在建筑结构上,保护管装设在支架上。支架应均匀布置,支架间距不宜大于表 5-7 中的数值,以免保护管出现垂度。

表 5-7　　　　　　　电缆管支持点间最大允许距离　　　　　　(mm)

电缆管直径	硬质塑料管	钢　管		电缆管直径	硬质塑料管	钢　管	
		薄壁钢管	厚壁钢管			薄壁钢管	厚壁钢管
20 及以下	1 000	1 000	1 500	40～50	—	2 000	2 500
25～32	—	1 500	2 000	50～70	2 000	—	—
32～40	1 500	—	—	70 以上	—	2 500	3 000

2)如明敷的保护管为塑料管,其直线长度超过 30 m 时,宜每隔 30 m 加装一个伸缩节,以消除由于温度变化引起管子伸缩带来的应力影响。

3)保护管与墙之间的净空距离不宜小于 10 mm;与热表面距离不宜小于 200 mm;交叉保护管净空距离不宜小于 10 mm;平行保护管间净空距离不宜小于 20 mm。

4)明敷金属保护管的固定不得采用焊接方法。

(6)混凝土内保护管敷设。对于埋设在混凝土内的保护管,在浇筑混凝土前应按实际安装位置量好尺寸,下料加工。管子敷设后应加以支撑和固定,以防止在浇筑混凝土时受震而移位。保护管敷设或弯制前应进行疏通和清扫,一般采用铁丝绑上棉纱或破布穿入管内清除脏污,检查通畅情况,在保证管内光滑畅通后,将管子两端暂时封堵。

（7）电缆保护钢管顶管敷设。当电缆直埋敷设线路时，其通过的地段有时会与铁路或交通频繁的道路交叉，由于不可能较长时间地断绝交通，因此，常采用不开挖路面的顶管方法。不开挖路面的顶管方法，即在铁路或道路的两侧各挖掘一个作业坑，一般可用顶管机或油压千斤顶将钢管从道路的一侧顶到另一侧。顶管时，应将千斤顶、垫块及钢管放在轨道上用水准仪和水平仪将钢管找平调正，并应对道路的断面有充分的了解，以免将管顶坏或顶坏其他管线。被顶钢管不宜做成尖头，以平头为好，尖头容易在碰到硬物时产生偏移。

在顶管时，为防止钢管头部变形并阻止泥土进入钢管和提高顶管速度，也可在钢管头部装上圆锥体钻头，在钢管尾部装上钻尾，钻头和钻尾的规格均应与钢管直径相配套。也可以电动机为动力，带动机械系统撞打钢管的一端，使钢管平行向前移动。

（8）电缆保护钢管接地。用钢管作电缆保护管时，若利用电缆的保护钢管作接地线时，要先焊好接地跨接线，再敷设电缆，应避免在电缆敷设后再焊接地线时烧坏电缆。钢管有丝扣的管接头处，在接头两侧应用跨接线焊接。若利用圆钢作跨接线时，其直径不宜小于 12 mm；若利用扁钢作跨接线时，扁钢厚度不应小于 4 mm，截面面积不应小于 100 mm^2。当电缆保护钢管接头采用套管焊接时，不需再焊接地跨接线。

6. 电缆排管敷设

（1）石棉水泥管排管敷设。石棉水泥管排管敷设，就是利用石棉水泥管以排管的形式周围用混凝土或钢筋混凝土包封敷设。

1）石棉水泥管混凝土包封敷设。石棉水泥管排管在穿过铁路、公路及有重型车辆通过的场所时，应选用混凝土包封的敷设方式。

①在电缆管沟沟底铲平夯实后，先用混凝土打好 100 mm 厚底板，在底板上浇筑适当厚度的混凝土后，再放置定向垫块，并在垫块上敷设石棉水泥管。

②定向垫块应在管接头处两端 300 mm 处设置。

③石棉水泥管排放时，应注意使水泥管的套管及定向垫块相互错开。

④石棉水泥管混凝土包装敷设时,要预留足够的管孔,管与管之间的相互间距不应小于 80 mm。如采用分层敷设时,应分层浇筑混凝土并捣实。

2)石棉水泥管钢筋混凝土包封敷设。对于直埋石棉水泥管排管,如果敷设在可能发生位移的土壤中(如流砂层、8 度及以上地震基本烈度区、回填土地段等),应选用钢筋混凝土包封敷设方式。钢筋混凝土的包封敷设,在排管的上、下侧使用 $\phi16$ 的圆钢,在侧面当排管截面高度大于 800 mm 时,每 400 mm 需设 $\phi12$ 的钢筋一根,排管的箍筋使用 $\phi8$ 的圆钢,间距 150 mm,如图 5-22 所示。当石棉水泥管管顶距地面不足 500 mm 时,应根据工程实际另行计算确定配筋数量。

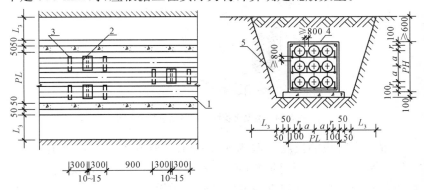

图 5-22　石棉水泥管钢筋混凝土包封敷设
1—石棉水泥管;2—石棉水泥套管;3—定向垫块;4—配筋;5—回填土

石棉水泥管钢筋混凝土包封敷设,在排管方向及敷设标高不变时,每隔 50m 须设置变形缝。石棉水泥管在变形缝处应用橡胶套管连接,并在管端部缝隙处用沥青木丝板填充。在管接头处每隔 250 mm 处另设置 $\phi20$ 长度为 900 mm 的接头联系钢筋;在接头包封处设 $\phi25$ 长 500 mm 的套管,在套管内注满防水油膏,在管接头包封处,另设 $\phi6$ 间距 250 mm 长的弯曲钢管,如图 5-23 所示。

3)混凝土管块包封敷设。当混凝土管块穿过铁路、公路及有重型车辆通过的场所时,混凝土管块应采用混凝土包封的敷设方式,如图 5-24 所示。

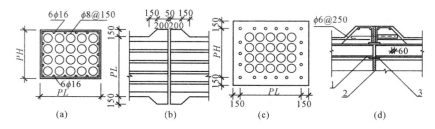

图 5-23　钢筋混凝土包封石棉水泥管排管变形缝做法

(a)排管断面图;(b)平面图;(c)排管变形缝断面图;(d)局部剖面图

1—石棉水泥管;2—橡胶套管;3—沥青木丝板

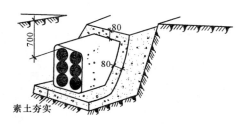

图 5-24　混凝土管块用混凝土包封示意图

混凝土管块的长度一般为 400 mm,其管孔的数量有 2 孔、4 孔、6 孔不等。现场常采用的是 4 孔、6 孔管块。根据工程情况,混凝土管块也可在现场组合排列成一定形式进行敷设。

①混凝土管块混凝土包封敷设时,应先浇筑底板,然后放置混凝土管块。

②在混凝土管块接缝处,应缠上宽 80 mm、长度为管块周长加上 100 mm 的接缝砂布、纸条或塑料胶粘布,以防止砂浆进入。

③缠包严密后,先用 1∶2.5 水泥砂浆抹缝封实,使管块接缝处严密,然后在混凝土管块周围灌注强度不小于 C10 的混凝土进行包封,如图 5-25 所示。

④混凝土管块敷设组合安装时,管块之间上、下、左、右的接缝处,应各保留 15 mm 的间隙,用 1∶25 水泥砂浆填充。

⑤混凝土管块包封敷设,按规定设置工作井,混凝土管块与工作井连接时,管块距工作井内地面不应小于 400 mm。管块在接近工作

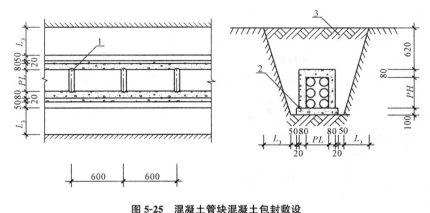

图 5-25　混凝土管块混凝土包封敷设

1—接口处缠纱布后用水泥砂浆包封；2—C10 混凝土；3—回填土

井处，其基础应改为钢筋混凝土基础。

（2）电缆在排管内敷设。敷设在排管内的电缆，应按电缆选择的内容进行选用，或采用特殊加厚的裸铅包电缆。穿入排管中的电缆数量应符合设计规定。

电缆排管在敷设电缆前，为了确保电缆能顺利穿入排管，并不损伤电缆保护层，应进行疏通，以清除杂物。清扫排管通常采用排管扫除器，把扫除器通入管内来回拖拉，即可清除积污并刮平管内不平的地方。此外，也可采用直径不小于管孔直径 0.85 倍、长度约为 600 mm 的钢管来疏通，再用与管孔等直径的钢丝刷来清除管内杂物，以免损伤电缆。

在排管中拉引电缆时，应把电缆盘放在入孔井口，然后用预先穿入排管孔眼中的钢丝绳，把电缆拉入管孔内。为了防止电缆受损伤，排管管口处应套以光滑的喇叭口，入孔井口应装设滑轮。为了使电缆更容易被拉入管内，同时，减少电缆和排管壁间的摩擦阻力，电缆表面应涂上滑石粉或黄油等润滑物。

7. 电缆低压架空及桥梁上敷设

（1）电缆低压架空敷设。

1）适用条件。当地下情况复杂不宜采用电缆直埋敷设，且用户密度高、用户的位置和数量变动较大,今后需要扩充和调整以及总图无隐蔽要求时,可采用架空电缆。但在覆冰严重地面不宜采用架空电缆。

2)施工材料。架空电缆线路的电杆,应使用钢筋混凝土杆,采用定型产品,电杆的构件要求应符合国家标准。在有条件的地方,宜采用岩石的底盘、卡盘和拉线盘,应选择结构完整、质地坚硬的石料(如花岗岩等),并进行强度试验。

3)敷设要求。

①电杆的埋设深度不应小于表 5-8 所列数值,除 15 m 杆的埋设深度不小于 2.3 m 外,其余电杆埋设深度不应小于杆长的 1/10 加 0.7 m。

表 5-8　　　　　　　　　　　电杆埋设深度

杆高/m	8	9	10	11	12	13	15
埋深/m	1.5	1.6	1.7	1.8	1.9	2	2.3

②架空电缆线路应采用抱箍与不少于 7 根 $\phi3$ 的镀锌铁绞线或具有同等强度及直径的绞线作吊线敷设,每条吊线上宜架设一根电缆。当杆上设有两层吊线时,上下两吊线的垂直距离不应小于 0.3 m。

③架空电缆与架空线路同杆敷设时,电缆应在架空线路的下面,电缆与最下层的架空线路横担的垂直间距不应小于 0.6 m。

④架空电缆在吊线上以吊钩吊挂,吊钩的间距不应大于 0.5 m。

⑤架空电缆与地面的最小净距不应小于表 5-9 所列数值。

表 5-9　　　　　　　　架空电缆与地面的最小净距　　　　　　(m)

线路通过地区	线路电压	
	高压	低压
居民区	6	5.5
非居民区	5	4.5
交通困难地区	4	3.5

（2）电缆在桥梁上敷设。

1）木桥上敷设的电缆应穿在钢管中，一方面能加强电缆的机械保护；另一方面能避免因电缆绝缘击穿，发生短路故障电弧损坏木桥或引起火灾。

2）其他结构的桥上，如在钢结构或钢筋混凝土结构的桥梁上敷设电缆，应在人行道下设电缆沟或穿入由耐火材料制成的管道中，确保电缆和桥梁的安全。在人不易接触处，电缆可在桥上裸露敷设，但为了不降低电缆的输送容量和避免电缆保护层加速老化，应采取避免太阳直接照射的措施。

3）悬吊架设的电缆与桥梁构架之间的净距不应小于 0.5 m。

4）在经常受到震动的桥梁上敷设的电缆，应采取防震措施，以防止电缆长期受震动，造成电缆保护层疲劳龟裂，加速老化。

5）对于桥梁上敷设的电缆，在桥墩两端和伸缩缝处的电缆，应留有松弛部分。

三、线槽布线

1. 金属线槽内导线的敷设

（1）金属线槽内配线前，应清除线槽内的积水和杂物。清扫线槽时，可用抹布擦净线槽内残存的杂物，使线槽内外保持清洁。

清扫地面内暗装的金属线槽时，可先将引线钢丝穿通至分线盒或出线口，然后将布条绑在引线一端送入线槽内，从另一端将布条拉出，反复多次即可将槽内的杂物和积水清理干净。也可用压缩空气或氧气将线槽内的杂物积水吹出。

（2）放线前，应先检查导线的选择是否符合要求，导线分色是否正确。

（3）放线时，应边放边整理，不应出现挤压背扣、扭结、损伤绝缘等现象，并应将导线按回路（或系统）绑扎成捆，绑扎时应采用尼龙绑扎带或线绳，不允许使用金属导线或绑线进行绑扎。导线绑扎好后，应分层排放在线槽内，并做好永久性编号标志。

（4）穿线时，在金属线槽内不宜有接头，但在易于检查（可拆卸盖板)的场所,可允许在线槽内有分支接头。电线电缆和分支接头的总截面(包括外护层),不应超过该点线槽内截面的75％。在不易于拆卸盖板的线槽内,导线的接头应置于线槽的接线盒内。

(5)电线在线槽内有一定余量。线槽内电线或电缆的总截面(包括外护层)不应超过线槽内截面面积的20％,载流导线不宜超过30根。当设计无此规定时,包括绝缘层在内的导线总截面面积不应大于线槽截面面积的60％。

控制、信号或与其相类似的线路,电线或电缆的总截面不应超过线槽内截面的50％,电线或电缆根数不限。

(6)同一回路的相线和中性线,敷设于同一金属线槽内。

(7)同一电源的不同回路无抗干扰要求的线路可敷设于同一线槽内;由于线槽内电线有相互交叉和平行紧挨现象,敷设于同一线槽内有抗干扰要求的线路用隔板隔离,或采用屏蔽电线且屏蔽护套一端接地等屏蔽和隔离措施。

(8)在金属线槽垂直或倾斜敷设时,应采取措施防止电线或电缆在线槽内移动,使绝缘造成损坏,拉断导线或拉脱拉线盒(箱)内导线。

(9)引出金属线槽的线路,应采用镀锌钢管或普利卡金属套管,不宜采用塑料管与金属线槽连接。线槽的出线口应位置正确、光滑、无毛刺。

引出金属线槽的配管管口处应有护口,电线或电缆在引出部分不得遭受损伤。

2. 塑料线槽内导线的敷设

对于塑料线槽,导线应在线槽槽底固定后开始敷设。导线敷设完成后,再固定槽盖。导线在塑料线槽内敷设时,应注意以下几点。

(1)线槽内电线或电缆的总截面(包括外护层)不应超过线槽内截面的20％,载流导线不宜超过30根(控制、信号等线路可视为非载流导线)。

(2)强、弱电线路不应同时敷设在同一根线槽内。同一路径无抗干扰要求的线路,可以敷设在同一根线槽内。

(3)放线时先将导线放开抻直,从始端到终端边放边整理,导线应顺直,不得有挤压、背扣、扭结和受损等现象。

（4）电线、电缆在塑料线槽内不得有接头,导线的分支拉头应在接线盒内进行。从室外引进室内的导线在进入墙内一段应使用橡胶绝缘导线,严禁使用塑料绝缘导线。

四、母线安装

1. 裸母线的相序排列及涂色

为了鉴别相位而规定的母线相序的统一排列方式和涂色,是为方便维护检修和扩建结线与有助于运行操作及保证人员的安全。

裸母线的相序排列及涂色,当设计无要求时应符合下列规定。

（1）上下布置的交流母线,由上至下排列为 L_1、L_2、L_3 相;直流母线正极在上,负极在下。

（2）水平布置的交流母线,由盘后向盘前排列为 L_1、L_2、L_3 相;直流母线正极在后,负极在前。

（3）面对引下线的交流母线,由左至右排列为 L_1、L_2、L_3 相;直流母线正极在左,负极在右。

（4）母线的涂色:交流,L_1 相为黄色、L_2 相为绿色、L_3 相为红色;直流,正极为赭色,负极为蓝色;在连接处或支持件边缘两侧 10 mm 以内不涂色。

裸母线的相序排列,如图 5-26 所示。

2. 裸母线安装

（1）首先在支柱绝缘子上安装母线固定金具。母线在支柱绝缘子上的固定方式有:螺栓固定、卡板固定(图 5-27)、夹板固定。螺栓固定直接用螺柱将母线固定在瓷瓶上。

管形母线安装在滑动式支持器上时,支持器的轴座与管形母线之间应有 1~2 mm 的间隙。

多片矩形母线间,应保持不小于母线厚度的间隙;相邻的间隔垫边缘间距离应大于 5 mm。

（2）母线敷设应按设计规定装设补偿器(伸缩节),当设计未规定时,宜每隔下列长度设一个。

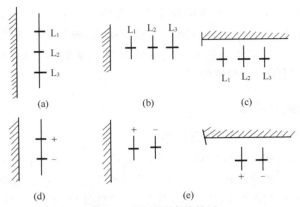

图 5-26　裸母线的相序排列

(a)交流上下布置;(b)交流水平布置;(c)引下线交流母线;

(d)直流上下布置;(e)直流水平布置

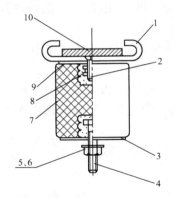

图 5-27　卡板固定母线

1—卡板;2—埋头螺栓;3—红钢纸垫片;4—螺栓;5、6—螺母、垫圈;7—瓷瓶

8—螺母;9—红钢纸垫片;10—母线

1)铝母线:20~30 m。

2)铜母线:30~50 m。

3)钢母线:35~60 m。

母线补偿器由厚度为 0.2~0.5 mm 的薄片叠合而成,不得有裂纹、断股和折皱现象;其组装后的总截面应不小于母线截面的 1.2 倍。

（3）硬母线跨柱、梁或跨屋架敷设时，母线在终端及中间分段处应分别采用终端及中间拉紧装置。终端或中间拉紧固定支架宜装有调节螺栓的拉线，拉线的固定点应能承受拉线张力。且同一挡距内，母线的各相弛度最大偏差应小于10%。

母线长度超过300～400 m而需换位时，换位不应小于一个循环。槽形母线换位段处可用矩形母线连接，换位段内各相母线的弯曲程度应对称一致。

（4）母线与母线或母线与电器接线端子的螺栓搭接面的安装，应符合下列要求。

1）母线接触面加工后必须保持清洁，并涂以电力复合脂。

2）母线平置时，贯穿螺栓应由下往上穿，其余情况下，螺母应置于维护侧，螺栓长度宜露出螺母2～3扣。

3）贯穿螺栓连接的母线两外侧均应有平垫圈，相邻螺栓垫圈间应有3 mm以上的净距，螺母侧应装有弹簧垫圈或锁紧螺母。

4）螺栓受力应均匀，不应使电器的接线端子受到额外应力。

5）母线的接触面应连接紧密，连接螺栓应用力矩扳手紧固，其紧固力矩值应符合表5-10的规定。

表5-10 钢制螺栓的紧固力矩值

螺栓规格/mm	力矩值/(N·m)	螺栓规格/mm	力矩值/(N·m)
M8	8.8～10.8	M16	78.5～98.1
M10	17.7～22.6	M18	98.0～127.4
M12	31.4～39.2	M20	156.9～196.2
M14	51.0～60.8	M24	274.6～343.2

母线与螺杆形接线端子连接时，母线的孔径不应大于螺杆形接线端子直径1 mm。丝扣的氧化膜必须刷净，螺母接触面必须平整，螺母与母线间应加铜质搪锡平垫圈，并应有锁紧螺母，但不得加弹簧垫。

（5）母线安装控制技术数据见表5-11。

表 5-11　　　　　　　　　**母线安装控制技术数据**

项　目	控制技术数据
夹板和母线之间的间隙	同一垂直部分其余的夹板和母线之间应留有 1.5～2 mm 的间隙
最小安全距离	符合设计要求及相关规定
支持点的间距	对低压母线不得大于 900 mm 对高压母线不得大于 1 200 mm
支持点误差	1)水平段:二支持点高度误差不大于 3 mm,全长不大于 10 mm 2)垂直段:二支持点垂直误差不大于 2 mm,全长不大于 5 mm 3)间距:平行部分间距应均匀一致,误差不大于 5 mm
螺栓垫圈间的距离	相邻螺栓垫圈间应有 3 mm 以上的距离

第二节　室内外照明安装施工技术

一、普通灯具安装

1. 白炽灯安装

白炽灯的安装方法,常用于吊灯、壁灯、吸顶灯等灯具,并安装成许多花型的灯(组)。

(1)吊灯安装。安装吊灯需使用木台和吊线盒两种配件。

1)安装要求。吊灯安装时,应符合下列规定。

①当吊灯灯具的质量超过 3 kg 时,应预埋吊钩或螺栓;软线吊灯仅限于 1 kg 以下,超过者应加吊链或用钢管来悬吊灯具。

②在振动场所的灯具应有防振措施,并应符合设计要求。

③当采用钢管作灯具吊杆时,钢管内径一般不小于 10 mm。

④吊链灯的灯具不应受拉力,灯线宜与吊链编叉在一起。

2)木台安装。木台一般为圆形,其规格大小按吊线盒或灯具的法兰选取。电线套上保护用塑料软管从木台出线孔穿出,再将木台固定好,最后将吊线盒固定在木台上。

木台的固定要因地制宜,如果吊灯在木梁上或木结构楼板上,则可用木螺钉直接固定。如果为混凝土楼板,则应根据楼板结构形式预埋木砖或钢丝榫。空心楼板则可用弓板固定木台,如图 5-28 所示。

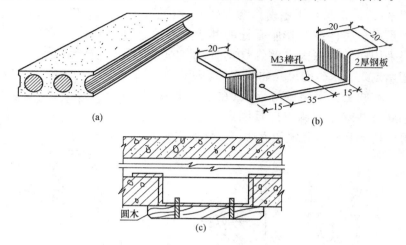

图 5-28　空心钢筋混凝土楼板木台安装

(a)空心楼板示意图;(b)弓板示意图;(c)空心楼板用弓板固定木台

　　3)吊线盒安装。吊线盒要安装在木台中心,要用不少于两个螺钉固定,线吊灯一般采用胶质或塑料吊线盒,在潮湿处应采用瓷质吊线盒。由于吊线盒的接线螺钉不能承受灯具的质量,因此,从接线螺钉引出的电线两端应打好结扣,使结扣处在吊线盒和灯座的出线孔处。如图 5-29 所示。

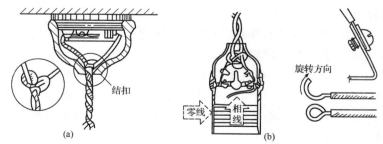

图 5-29　电线在吊灯两头打结的方法

(a)吊线盒内电线的打结方法;(b)灯座内电线的打结方法

（2）壁灯安装。壁灯一般安装在墙上或柱子上。当装在砖墙上，一般在砌墙时应预埋木砖，但是禁止用木楔代替木砖，当然也可用预埋金属件或打膨胀螺栓的办法来解决。当采用梯形木砖固定壁灯灯具时，木砖必须随墙砌入。木砖的尺寸如图 5-30 所示。

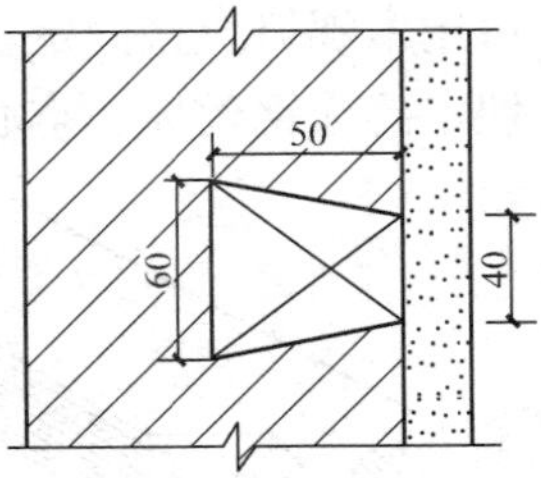

图 5-30　木砖尺寸示意图

在柱子上安装壁灯，可以在柱子上预埋金属构件或用抱箍将灯具固定在柱子上，也可以用膨胀螺栓固定的方法。壁灯的安装如图 5-31 所示。

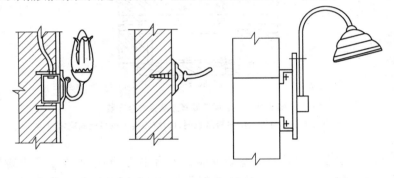

图 5-31　壁灯安装示意图

（3）吸顶灯安装。安装吸顶灯时，一般直接将木台固定在天花板的木砖上。在固定之前，还需在灯具的底座与木台之间铺垫石棉板或石棉布。

安装白炽灯泡及吸顶灯具时，若灯泡与木台过近（如半扁罩灯），在灯泡与木台间应有隔热措施。

（4）灯头安装。在电气安装工程中，100 W 及以下的灯泡应采用胶质灯头；100 W 以上的灯泡和封闭式灯具应采用瓷质灯头；安全行灯禁止采用带开关的灯头。安装螺口灯头时，应把相线接在灯头的中心柱上，即螺口要接零线。

灯头线应无接头，其绝缘强度应不低于 500 V 交流电压。除普通吊灯外，灯头线均不应承受灯具质量，在潮湿场所可直接通过吊线盒接防水灯头。杆吊灯的灯头线应穿在吊管内,链吊灯的灯头线应围着铁链编花穿入;软线棉纱上带花纹的线头应接相线,单色的线头接零线。

2. 荧光灯安装

荧光灯一般采用吸顶式安装、链吊式安装、钢管式安装、嵌入式安装等方法。

(1)吸顶式安装时,镇流器不能放在日光灯的架子上,否则散热困难;安装时日光灯的架子与天花板之间应留 15 mm 的空隙,以便通风。

(2)在采用吊链或钢管安装时,镇流器可放在灯架上。若为木制灯架,在镇流器下应放置耐火绝缘物,通常垫以瓷夹板隔热。

(3)为防止灯管掉下,应选用带弹簧的灯座,或在灯管的两端,加管卡或尼龙绳扎牢。

(4)对于吊式日光灯安装,在三盏以上时,安装前应弹好十字中线,按中心线定位。如果日光灯超过十盏,可增加尺寸调节板,这时将吊线盒改用法兰盘,灯位调节板如图 5-32 所示。

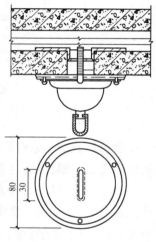

图 5-32　灯位调节板

(5)在装接镇流器时,要按镇流器的接线图施工,特别是带有附加线圈的镇流器,不能接错,否则会损坏灯管。选用的镇流器、启辉器与灯管要匹配,不能随便代用。由于镇流器是一个电感元件,功率因数很低,为了改善功率因数,一般还需加装电容器。

3. 高压汞灯安装

(1)高压汞灯的构造。高压汞灯有两个玻壳。内玻壳是一个管状石英管,管内充有水银和氩气,管的两端有两个主电极 E_1 和 E_2,如图 5-33 所示,这两个电极都是用钍钨丝制成的。在电极 E_1 的旁边有一个 4 000 Ω 电阻串联的辅助电极 E_3，它的作用是帮助启辉放电。外玻壳的内壁涂有荧光粉，它能将水银蒸气放电时所辐射的紫外线转变为可见光。在内外玻壳之间充有二氧化碳气体，以防止电极与荧光粉氧化。

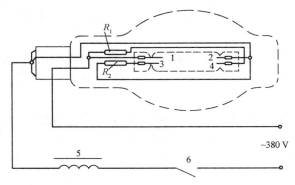

图 5-33　高压汞灯的接线图
1—主电极 E_1；2—主电极 E_2；3—辅助电极 E_3；4—电阻；5—镇流器；6—开关

自镇流式高压汞灯的结构与普通的高压汞灯类似，只是在石英管的外面绕上一根钨丝，这根钨丝与放电管串联，利用它起镇流作用。

（2）高压汞灯的工作原理。高压汞灯的发光原理类似于荧光灯。开关接通后，在辅助电极 E_3 与主电极 E_1 之间辉光放电，接着在主电极 E_1 与 E_2 间弧光放电，由于弧光放电，故辉光放电停止。随着主电极的弧光放电，水银逐渐气化，灯管就稳定地工作，紫外线激励荧光粉，就发出了可见光。

高压汞灯的光效高，使用寿命长，但功率因数较低，适用于道路、广场等不需要仔细辨别颜色的场所。目前，已逐渐被高压钠灯和钪钠灯所取代。

（3）高压汞灯的安装。高压汞灯有两种，一种需要配镇流器；另一种不需要配镇流器。所以，安装时一定要看清楚。需配镇流器的高压汞灯一定要使镇流器功率与灯泡的功率相匹配，否则灯泡会损坏或者启动困难。高压汞灯可在任意位置使用，但水平点燃时，会影响光通量的输出,而且容易自灭。高压汞灯工作时,外玻壳温度很高,必须配备散热好的灯具。外玻壳破碎后的高压汞灯应立即换下,因为大量的紫外线会伤害人的眼睛。高压汞灯的线路电压应尽量保持稳定,当电压降低 5%时,灯泡可能会自行熄灭,所以必要时应考虑调压措施。

4. 花灯安装

(1)固定花灯的吊钩,其圆钢直径不应小于灯具吊挂销钉的直径,且不得小于 6 mm。

(2)大型花灯采用专用绞车悬挂固定应符合下列要求。

1)绞车的棘轮必须有可靠的闭锁装置。

2)绞车的钢丝绳抗拉强度不小于花灯质量的 10 倍。

3)钢丝绳的长度:当花灯放下时,距离地面或其他物体不得少于 200 mm,且灯线不应拉紧。

4)吊装花灯的固定及悬吊装置,应做 1.2 倍的过载起吊试验。

(3)安装在重要场所的大型灯具的玻璃罩,应采取防止其碎裂后向下溅落措施。除设计另有要求外,一般可用透明尼龙编织的保护网,网孔的规格应根据实际情况决定。

(4)在配合高级装修工程中的吊顶施工时,必须根据建筑吊顶装修图核实具体尺寸和分格中心,定出灯位,下准吊钩。对大的宾馆、饭店、艺术厅、剧场、外事工程等的花灯安装,要加强图纸会审,密切配合施工。

(5)在吊顶夹板上开灯位孔洞时,应先选用木钻钻成小孔,小孔对准灯头盒,待吊顶夹板钉上后,再根据花灯法兰盘大小,扩大吊顶夹板眼孔,使法兰盘能盖住夹板孔洞,保证法兰、吊杆在分格中心位置。

(6)凡是在木结构上安装吸顶组合灯、面包灯、半圆球灯和日光灯具时,应在灯爪子与吊顶直接接触的部位,垫上 3 mm 厚的石棉布(纸)隔热,防止火灾事故发生。

(7)在天棚上安装灯群及吊式花灯时,应先拉好灯位中心线,按十字线定位。

(8)一切花饰灯具的金属构件,都应做良好的保护接地或保护接零。

（9）花灯吊钩应采用镀锌件，并需能承受花灯自重 6 倍的重力。特别重要的场所和大厅中的花灯吊钩，安装前应对其牢固程度做出技术鉴定，做到安全可靠。一般情况下，如采用型钢作吊钩时，圆钢最小规格不小于 $\phi 12$；扁钢不小于 50 mm×5 mm。

二、景观灯与航空障碍标准灯安装

1. 霓虹灯安装

（1）霓虹灯的组成。霓虹灯是由霓虹灯管和高压变压器两大部分组成。霓虹灯管由直径为 10～20 mm 的玻璃管弯制做成。灯管两端各装一个电极，玻璃管内抽成真空后，再充入氖、氦等惰性气体作为发光的介质，在电极的两端加上高压，电极发射电子激发管内惰性气体，使电流导通灯管发出红、绿、蓝、黄、白等不同颜色的光束。

（2）灯管安装。由于霓虹灯管本身容易破碎，管端部还有高电压，因此，应安装在人不易触及的地方，并不应和建筑物直接接触。

1）安装霓虹灯灯管时，一般用角钢做成框架。框架既要美观又要牢固，在室外安装时还要经得起风吹雨淋。

2）安装时，应在固定霓虹灯管的基面上（如立体文字、图案、广告牌和牌匾的面板等），确定霓虹灯每个单元（如一个文字）的位置。

3）灯体组装时，要根据字体和图案的每个组成件（每段霓虹灯管）所在位置安设灯管支持件（也称灯架）。灯管支持件要采用绝缘材料制品（如玻璃、陶瓷、塑料等），其高度不应低于 4mm，支持件的灯管卡接口要和灯管的外径相匹配。支持件宜用一个螺钉固定，以便调节卡接口与灯管的衔接位置。

4）灯管和支持件要用绑线绑扎牢靠，每段霓虹灯管其固定点不得少于 2 处，在灯管的较大弯曲处（不含端头的工艺弯折）应加设支持件。霓虹灯管在支持件上装设不应承受应力。

5）霓虹灯管要远离可燃性物质，其距离至少应在 30 cm 以上；和其他管线应有 150 mm 以上的间距，并应设绝缘物隔离。

6）霓虹灯管出线端与导线连接应紧密可靠，以防打火或断路。

7）安装灯管时应用各种玻璃或瓷制、塑料制的绝缘支持件固定。

有的支持件可以将灯管直接卡入,有的则可用 $\phi0.5$ 的裸细铜线扎紧,如图 5-34 所示。安装灯管时不可用力过猛,可用螺钉将灯管支持件固定在木板或塑料板上。

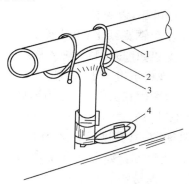

图 5-34 霓虹灯管支持件固定

1—霓虹灯管;2—绝缘支持件;3—$\phi0.5$ 裸铜丝扎紧;4—螺钉固定

8)室内或橱窗里的小型霓虹灯管安装时,在框架上拉紧已套上透明玻璃管的镀锌钢丝,组成 $200\sim300$ mm 间距的网格,然后将霓虹灯管用 $\phi0.5$ 的裸铜丝或弦线等与玻璃管绞紧即可,如图 5-35 所示。

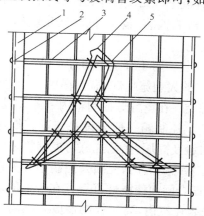

图 5-35 霓虹灯管绑扎固定

1—型钢框架;2—$\phi1.0$ 镀锌钢丝;3—玻璃套管;4—霓虹灯管;5—$\phi0.5$ 铜丝扎紧

9)固定后的灯管与建筑物、构筑物表面的最小距离不宜小于20 mm。

（3）变压器安装。霓虹灯变压器的选用要根据设计要求而定，变压器的安装位置应安全可靠，以免触电。

1)变压器应安装在角钢支架上，其支架宜设在牌匾、广告牌的后面或旁侧的墙面上。支架如埋入固定，埋入深度不得少于120 mm；如用胀管螺栓固定，螺栓规格不得小于M10。

2)变压器要用螺栓紧固在支架上，或用扁钢抱箍固定。变压器外皮及支架要做接零（地）保护。

3)变压器在室外明装，其高度应在3 m以上，距离建筑物窗口或阳台也应以人不能触及为准。如上述安全距离不足或将变压器明装于屋面、女儿墙、雨篷等人易触及的地方，均应设置围栏并覆盖金属网进行隔离、防护，确保安全。

4)为防雨、雪和尘埃的侵蚀可将变压器安装于不燃或难燃材料制作的箱内加以保护，金属箱要做保护接零（地）处理。

5)霓虹灯变压器应紧靠灯管安装，一般隐蔽在霓虹灯板后，可以减短高压接线，但要注意切不可安装在易燃品周围。安装在室外的变压器，离地高度不宜低于3 m，距离阳台、架空线路等不应小于1 m。

6)霓虹灯变压器的铁芯、金属外壳、输出端的一端以及保护箱等均应进行可靠的接地。

（4）低压电路安装。对于容量不超过4 kW的霓虹灯，可采用单相供电；对超过4 kW的大型霓虹灯，需要提供三相电源，霓虹灯变压器要均匀分配在各相上。在霓虹灯控制箱内一般装设有电源开关、定时开关和控制接触器。控制箱一般装设在邻近霓虹灯的房间内。为防止在检修霓虹灯时触及高压，在霓虹灯与控制箱之间应加装电源控制开关和熔断器。在检修灯管时，先断开控制箱开关再断开现场的控制开关，以防止造成误合闸而使霓虹灯管存在带电的危险。霓虹灯控制器严禁受潮，应安装在室内，高压控制器应有隔离和其他可靠防护措施。霓虹灯通电后，灯管内会产生高频噪声电波，它将辐射到霓虹灯的周围，会严重干扰电视机和收音机的正常使用。为了避免这种情况发生,只要在低压回路上接装一个电容器就可以了,如图5-36所示。

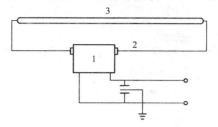

图 5-36 低压回路接装电容器图
1—霓虹灯变压器;2—高压导线;3—霓虹灯管

(5)高压线连接。霓虹灯专用变压器的二次导线和灯管间的连接线,应采用额定电压不低于15 kV的高压尼龙绝缘线。霓虹灯专用压器的二次导线与建筑物、构筑物表面之间的距离均不应大于20 mm。高压导线支持点间的距离,在水平敷设时为0.5 m;垂直敷设时为0.75 m。高压导线在穿越建筑物时,应穿双层玻璃管加强绝缘,玻璃管两端须露出建筑物两侧,长度各为50~80 mm。

2. 建筑彩灯安装

(1)安装彩灯时,应使用钢管敷设,严禁使用非金属管作敷设支架。

(2)管路安装时,应先按尺寸将镀锌钢管(厚壁)切割成段,端头套丝,缠上油麻,将电线管拧紧在彩灯灯具底座的丝孔上,严禁漏水,然后将彩灯一段一段连接起来。

按画出的安装位置线就位,然后用镀锌金属管卡将其固定。固定位置是距灯位边缘100 mm处,且每管设一卡即可。

(3)连接彩灯具的每段管路应用管卡子和塑料膨胀螺栓固定,管路之间(即灯具两旁)应用不小于φ6的镀锌圆钢进行跨接连接。

(4)土建施工完成后,在彩灯安装部位,顺线路的敷设方向拉通线定位。根据灯具位置及间距要求,沿线打孔埋入塑料胀管。把组装好的灯底座及连接钢管一起放到安装位置(也可边固定边组装),用膨胀螺钉将灯座固定。

（5）对于悬挂式彩灯,当采用防水吊线灯头连同线路一起悬挂于钢丝绳上时,悬挂式彩灯导线应采用绝缘强度不低于 500 V 的橡胶铜导线,截面不应小于 4 mm²。灯头线与干线的连接应牢固,绝缘包扎紧密。导线所载有灯具质量的拉力不应超过该导线的允许的力学强度。灯的间距一般为 700 mm,距离地面 3 m 以下的位置不允许装设灯头,如图 5-37 所示。

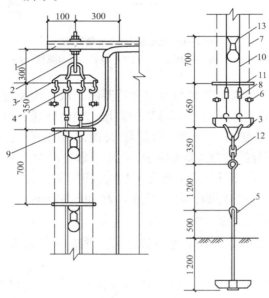

图 5-37　垂直彩灯安装做法

1—角钢；2—拉索；3—拉板；4—拉钩；5—地锚环；6—钢丝绳扎头；7—钢丝绳
8—绝缘子；9—绑扎线；10—铜导线；11—硬塑管；12—花篮螺钉；13—接头

（6）彩灯穿管导线应使用橡胶铜导线敷设。

（7）彩灯装置的钢管应与避雷带（网）进行连接,并应在建筑物上部将彩灯线路线芯与接地管路之间接以避雷器或放电间隙,借以控制放电部位,减少线路损失。

3. 景观灯安装

景观照明灯通常采用泛光灯。其设置和安装应符合下列规定。

（1）选择泛光灯安装位置时，要注意建筑物本身所具有的特点，如有纪念性建筑物或有观赏价值的风景区重要建筑，有条件时可在投光灯离开建筑物一定距离处设置。如果被照的建筑物地处比较狭窄的街道，则泛光灯可在建筑物本体上安装。

（2）在离开建筑物的地面安装泛光灯时，为了能得到较均匀的亮度，灯与建筑物的距离 D 和建筑物高度 H 之比不应小于 1/10，即 $D/H>1/10$。

（3）在建筑物本体上安装泛光灯时，投光灯凸出建筑物的长度应在 0.7～1 m 处。低于 0.7 m 时会使被照射的建筑物的照明亮度不均匀；而超过 1 m 时又会在投光灯的附近出现暗角，使建筑物周边形成阴影。

（4）设置景观照明尽量不要在顶层设向下的投光照明，因为投光灯要伸出墙一段距离，不但难安装、难维护，而且妨碍建筑物外表美观。

建筑物景观照明要求有比较均匀的照度，能够形成适当的阴影和亮度对比，因此，必须正确地确定投光灯的安装位置。

（5）景观照明灯控制电源箱可安装在所在楼层竖井内的配电小间内，控制启闭应由控制室或中央计算机统一管理。

（6）在建筑物本体上安装投光灯的间隔，可参考表 5-12 推荐的数值选取。

表 5-12　在建筑物本体上安装泛光灯的间隔（推荐值）

建筑物高度/m	照明器所形成的光束类型	灯具伸出建筑物1m时的安装间隔/m	灯具伸出建筑物0.7m时的安装间隔/m
25	狭光束	0.6～0.7	0.5～0.6
30	狭光束或中光束	0.6～0.9	0.6～0.7
15	狭光束或中光束	0.7～1.2	0.6～0.9
10	狭、中、宽光束均可	0.7～1.2	0.7～1.2

注：狭光束——30°以下；
　中光束——30°～70°；
　宽光束——70°～90°及以上。

4. 航空障碍标准灯安装

高空障碍灯设备是防止飞机在航行中与建筑物或构筑物相撞的标志灯,一般应装设在建筑物或构筑物凸起的顶端(避雷针除外)。当制高点平面面积较大或为建筑群时,除在最高端处装设障碍灯以外,还应在其外侧转角的顶端分别装设。

高空障碍灯应为红色。为了使空中任何方向航行的飞机均能识别出该物体,因此需要装设一盏以上。最高端的障碍灯,其光源不宜少于 2 个。每盏灯的容量不小于 100 W。有条件时宜用闪光照明灯。

(1)高层建筑航空障碍灯设置的位置,不但要考虑不被其他物体遮挡,使远处能够容易看见,而且要考虑维修方便。

(2)在顶端设置高空障碍灯时,应设在避雷针的保护范围内,灯具的金属部分要与钢构架等施行电气连接。

(3)建筑物或构筑物中间部位安装的高空障碍灯,需采用金属网罩加以保护,并与灯具的金属部分做接地处理。

(4)烟囱高度在 100 m 以上者装设障碍灯时,为减少其对灯具的污染,宜装设在低于烟囱口 4～6 m 的部位。同时,还应在其高度的 1/2 处装设障碍灯。烟囱上的障碍灯宜装设 3 盏并呈三角形排列。

(5)高空障碍灯采用单独的供电回路,最好能设置备用电源,其配电设备应有明显标志。电源配线应采取防火保护措施。高空障碍灯的配线要穿过防水层,因此要注意封闭,使之不漏水为好。

(6)在距地面 60 m 以上装设标志灯时,应采用恒定光强的红色低光强障碍标志灯。距地面 90 m 以上装设时,应采用红色光的中光强障碍标志灯,其有效光强应大于 1 600 cd。距地面 150 m 以上应为白色光的高光强障碍标志灯,其有效光强随背景亮度而定。

(7)障碍标志灯电源应按主体建筑中最高负荷等级要求供电,且宜采用自动通断其电源的控制装置。

(8)障碍标志灯的启闭一般可使用露天安放的光电自动控制器进行控制,它以室外自然环境照度为参照来控制光电元件的动作启闭障碍标志灯;也可以通过建筑物的管理电脑,以时间程序来启闭障碍标志灯。为了有可靠的供电电源,两路电源的切换最好在障碍标志灯控制盘处进行。

航空障碍标志灯接线系统图,如图 5-38 所示。

屋顶障碍标志灯安装大样图,如图 5-39 所示。安装金属支架一定要与建筑物装置进行焊接。

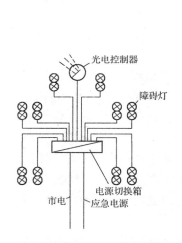

图 5-38 航空障碍标志灯接线系统图

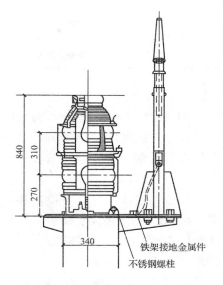

图 5-39 屋顶障碍标志灯安装大样图

5. 庭院灯安装

(1)常用照明器。室外庭院照明,主要是运用光线照射的强弱变化和色彩搭配,形成光彩夺目、和谐统一的灯光环境。常用室外庭院照明器的种类和特征见表 5-13。

表 5-13 庭院中常用的照明器种类及特征

种类	特征
投光器 (包括反射型灯座)	用于白炽灯、高强度放电灯,从一个方向照射树木、草坪、纪念碑等。安装挡板或百叶板以使光源绝对不致进入眼内。在白天最好放在不碍观瞻的茂密树荫内或用箱覆盖起来

种类	特　　征
杆头式照明器	布置在园路或庭院的一隅,适用于全面照射路面、树木、草坪。必须注意不要在树林上面突出照明器
低照明器	有固定式、直立移动式、柱式照明器。光源低于眼睛时,完全遮挡上方光通量会有效果。由于设计照明器的关系,露出光源时必须尽可能降低它的亮度

(2)安装要求。

1)每套灯具的导电部位对地绝缘电阻值大于 $2M\Omega$。

2)立柱式路灯、落地式路灯、特种庭院灯等灯具与基础固定可靠,地脚螺栓备帽齐全。灯具的接线盒或熔断器盒,盒盖的防水密封垫完整。

3)金属立柱及灯具可接近裸露导体接地(PE)或接零(PEN)可靠,接地线单设干线,干线沿庭院灯布置位置形成环网状,且不少于2处与接地装置引出线连接。由干线引出支线与金属灯柱及灯具的接地端子连接,且有标识。

4)灯具的自动通、断电源控制装置动作准确,每套灯具熔断器盒内熔丝齐全,规格与灯具适配。

5)架空线路电杆上的路灯,固定可靠,紧固件齐全、拧紧,灯位正确;每套灯具配有熔断器保护。

(3)灯架、灯具安装。

1)按设计要求测出灯具(灯架)安装高度,在电杆上画出标记。

2)将灯架、灯具吊上电杆(较重的灯架、灯具可使用滑轮,大绳吊上电杆),穿好抱箍或螺栓,按设计要求找好照射角度,调好平整度后,将灯架紧固好。

3)成排安装的灯具其仰角应保持一致,排列整齐。

(4)配接引下线。

1)将针式绝缘子固定在灯架上,将导线的一端在绝缘子上绑好回头,并分别与灯头线、熔断器进行连接。将接头用橡胶布和黑胶布半幅重叠各包扎一层。然后将导线的另一端拉紧,并与路灯干线背扣后进行缠绕连接。

2)每套灯具的相线应装有熔断器,且相线应接螺口灯头的中心端子。

3)引下线与路灯干线连接点距杆中心应为 400～600 mm,且两侧对称一致。

4)引下线凌空段不应有接头,长度不应超过 4 m,超过时应加装固定点或使用钢管引线。

5)导线进出灯架处应套软塑料管,并做防水弯。

第三节　消防电气安装施工技术

一、火灾探测器安装

探测器的接线实质上就是探测器底座的接线。在实际施工中,底座的安装和接线是同时进行的。

1. 施工要求

(1)火灾探测器的规格与型号繁多,故接线方法也有所不同。在接线和安装时,应详细参照产品说明书进行。

(2)探测器底座在安装时,先将预留在盒内的导线用钢丝钳或剥线钳剥去绝缘层,露出线芯 10～15 mm,剥线时,注意不要碰掉编号套管。

(3)将剥好的线芯顺时针连接在探测器底座的各级相对应的接线端子上,需要焊接连接时,导线剥头应焊接焊片,通过焊板接于探测器底座接线端子上。

(4)探测器根据型号的不同,输出的导线数也有所不同。探测器的输出导线数应和型号对应。

(5)接线完毕后,将底座用配套的机螺栓固定在预埋盒上,并安好防潮罩。最后按设计图纸要求检查无误,再拧上探测器的探头。

(6)探测器探头通常是通过接插旋卡式装入底座中,如探测器底座上有缺口或凹槽,探头上有凸出部分,在安装时,探头对准底座以顺时针方向旋转拧紧。

2. 注意事项

(1)各类探测器有中间型和终端型之分。每分路(一个探测区内的火灾探测器组成的一个报警回路)应有一个终端型探测器,以实现线路故障监测。一般的感温探测器的探头上有红点标记的为终端型,无红色标记的为中间型。感烟探测器上的确认灯为白色发光二极管者为终端型,而确认灯为红色发光二极管者则为中间型。

(2)最后一个探测器加终端电阻 R,其阻值大小应根据产品技术说明书中的规定取值,并联探测器的数值一般取 $5.6 \, \text{k}\Omega$。有的产品不需接终端电阻,但是有的终端器为一个半导体硅二极管(ZCK 型或 ZCZ 型)和一个电阻并联,应注意安装二极管时,其负极应接在＋24 V 端子或底座上。

(3)并联探测器数目一般以少于 5 个为宜,其他有关要求见产品技术说明书。

(4)如要装设外接门灯必须采用专用底座。

(5)当采用防水型探测器有预留线时,要采用接线端子过渡分别连接,接好后的端子必须用胶布包缠好,放入盒内再固定火灾探测器。

(6)采用总线制,并要进行编码的探测器,应在安装前对照厂家技术说明书的规定,按层或区域事先进行编码分类,然后按照上述工艺要求安装探测器。

二、火灾报警控制器安装

1. 区域火灾报警控制器安装

区域火灾报警控制器是一种能直接接收火灾探测器或中继器发来的报警信号的多路火灾控制器。

区域报警器是由输入回路、光报警单元、声报警单元、自动监控单元、手动检查试验单元、输出回路和稳压电源、备用电源等电路组成。其作用是将所监视区域探测器送来的电压信号转换为声、光报警,并在显示板上以光的形式显示出着火部位。它还为探测器提供 24 V 直流稳压电源,并输出火灾报警信号给集中报警器。同时,还备有操作其他设备的输出接点。

为了记忆第一次报警时间,在区域报警器上设置计时单元。当有火灾信号输入时,电子钟停走,记下报警时间,为调查起火原因提供时间依据。

区域火灾报警控制器基本容量是 50 路,每路接一个探测器。安装时,应符合下列规定。

(1)首先根据施工图位置,确定好控制器的具体位置。测量好箱体的孔眼尺寸,在墙上画好孔眼位置,然后进行钻孔,孔应垂直墙面,使螺栓间的距离与控制器上的孔眼位置相同。

(2)安装控制器时应平直、端正,否则应调整箱体上的孔眼位置。

(3)控制器安装在墙面上可采用膨胀螺栓固定。如果控制器质量小于 30 kg,则使用 $\phi 8 \times 120$ mm 的膨胀螺栓。如果控制器质大于30 kg,则采用 $\phi 10 \times 120$ mm 的膨胀螺栓固定。

(4)区域火灾报警控制器一般为壁挂式,可以直接安装在墙上,也可以安装在支架上,如图 5-40 所示。

如果报警控制器安装在支架上,应先将支架加工好,并进行防腐处理,支架上钻好固定螺栓的孔眼,然后将支架装在墙上,控制箱装在支架上,安装方法与上述基本相同。

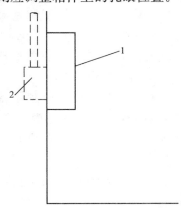

图 5-40 区域火灾报警控制器安装
1—区域火灾报警控制器;2—分线箱

2. 集中火灾报警控制器安装

集中火灾报警控制器是一种能接收区域火灾报警控制器(包括相当于区域火灾报警控制器的其他装置)发来的报警信号的多路火灾报警控制器。

集中火灾报警器的工作原理与区域火灾报警器类似,由若干个电路单元组成,主要有声报警单元、光报警单元、巡回检测单元、计时单元、电源单元等。它能将被监视区域内探测器输送来的输入火灾信号（电压信号）转换为声报警并以光报警的形式显示火灾部位（火灾发生的区域以数字形式由荧光数码管显示）。

为了减少区域报警至集中报警间的连线，各区域报警器上的同一位置号的输出采用并联方式，由一条导线接至集中报警器的光报警单元上。而火灾区域的确定，由巡回检查单元来完成，即采用巡层不巡点的方式，因此，使工程配线大大减少。

（1）集中火灾报警控制器一般为落地式安装，柜下面有进出线地沟，如图 5-41 所示。

（2）应将集中火灾报警控制箱（柜）、操作台安装在型钢基础底座上，一般采用 8～10 号槽钢，也可以采用相应的角钢。型钢的底座制作尺寸，应与报警控制器相等。

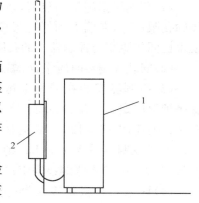

（3）当火灾报警控制设备经检查，内部器件完好、清洁整齐、各种技术文件齐全、盘面无损坏时，可将设备安装就位。

图 5-41　集中火灾报警控制器安装
1—集中火灾报警控制器；2—分线箱

（4）报警控制设备固定好后，应进行内部清扫，用抹布将各种设备擦干净，柜内不应有杂物，同时，应检查机械活动部分是否灵活，导线连接是否紧固。

三、警铃、报警按钮安装

1. 警铃安装

警铃是火灾报警的一种振动性很强的声响设备，固定螺钉上要加弹簧垫片。一般应安装在门口、走廊和楼梯等人员众多的场所，每个火灾监测区域内应至少安装一个，应安装在明显的位置，在防火分区任何一处都能听见响声。安装在室内墙上应距楼（地）面 2.5 m 以上。

2. 报警按钮安装

手动火灾报警按钮具有确认火情和人工发出火警信号的作用。在报警区域内,每个防火分区至少应设置一个手动火灾报警按钮。为防止误报警,手动火灾报警按钮一般为打破玻璃按钮。有的火警电话插孔也设置在报警按钮上。

(1)手动火灾报警按钮的安装基本上与火灾探测器相同,需采用相配套的灯位盒安装。

(2)手动火灾报警按钮应设置在明显和便于操作的部位,安装在墙上距楼(地)面高度 1.5 m 处,且应有明显的标志。

(3)从一个防火分区内的任何位置到最邻近的一个手动火灾报警按钮的步行距离,不应大于 30 m。

(4)手动火灾报警按钮并联安装时,终端按钮内应加装监控电阻,其阻值由生产厂家提供。

FJ-2712 型手动火灾报警按钮安装时,其并联接线图如图 5-42所示。

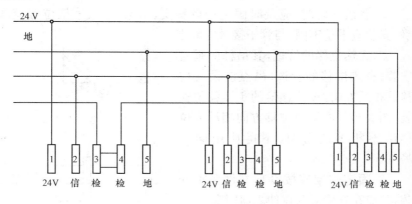

图 5-42　FJ-2712 型手动火灾报警按钮并联接线图

第六章　小城镇燃气工程施工技术

第一节　燃气管道安装施工技术

一、室外燃气管道敷设

1. 燃气管道的架空敷设

（1）管架制作。架空敷设的燃气管道，一般采用单柱式管架。其可分为钢结构和钢筋混凝土结构两类，其高度一般为 5～8 m；但如在市郊区，不影响交通并有安全措施时，也可采用距离地面 0.5 m 的低管架。管架应根据设计图纸提前预制，并根据安装位置编号。

（2）管道支、吊架的安装。

1）管道安装时，应及时固定和调整支、吊架。支、吊架位置应准确，安装应平整牢固，与管子接触应紧密。

2）无热位移的管道，其吊杆应垂直安装；有热位移的管道，吊点应设在位移的相反方向，按位移值的 1/2 偏位安装（图 6-1）。两根热位移方向相反或位移值不相等的管道，不得使用同一吊杆。

3）固定支架应按设计文件要求安装，并应在补偿器预拉伸之前固定。

4）导向支架或滑动支架的滑动面应洁净平整，不得有歪斜和卡涩现象。其安装位置应从支撑面中心向位移反

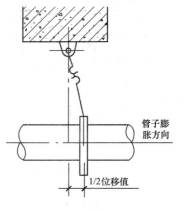

管子膨胀方向

1/2位移值

图 6-1　有热位移管吊架安装

方向偏移，偏移量应为位移值的 1/2（图 6-2）或符合设计文件规定，绝热层不得妨碍其位移。

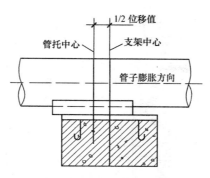

图 6-2 滑动支架安装位置

5)弹簧支、吊架的弹簧高度,应按设计文件规定安装,弹簧应调整至冷态值,并做记录。弹簧的临时固定件,应待系统安装、试压、绝热完毕后方可拆除。

6)支、吊架的焊接应由合格的焊工施焊,并不得有漏焊、欠焊或焊接裂纹等缺陷。管道与支架焊接时,管子不得有咬边、烧穿等现象。

7)铸铁、铅、铝及大口径管道上的阀门,应设有专用支架,不得以管道承重。

8)管架紧固在槽钢或工字钢翼板斜面上时,其螺栓应有相应的斜垫片。

9)管道安装时不宜使用临时支、吊架。当使用临时支、吊架时,不得与正式支、吊架位置冲突,并应有明显标记,在管道安装完毕后应予拆除。

10)管道安装完毕后,应按设计文件规定逐个核对支、吊架的形式和位置。

（3）管道安装。

1)管架检查。管道安装前,应对管架进行检查,内容包括支架是否稳固可靠、位置和标高是否符合设计图样要求。通常要求各支架中心线为一条直线,人工湿燃气管道按设计的要求符合规定的坡度,不允许因支架标高错误而造成管道的倒坡,或因支架太低,使得个别支架不受力,管道悬空。

2) 管道预制与布管。是指将管子运到工地,并按顺序放置在管架旁的地面上。为了减少高空作业,提高焊接质量,通常将 2～3 根管子在地上组对焊接。

3) 脚手架搭设。为了安全和操作方便,必须在支架两侧搭设如图 6-3 所示的脚手架,注意必须搭设安全、牢固可靠。

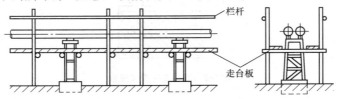

图 6-3　架空支架及安装脚手架

4) 管道吊装。通常用尼龙软带绑扎管段起吊,管段两端绑麻绳,由人调整管段的方向。

5) 管道与支座焊接。管段调整就位后与已安装的管段组对焊接。检查每个支座是否都受力,如果发现支座与支架之间存在间隙,应用钢板垫平,并将钢板与钢支架或钢筋混凝土支架顶部预埋的钢支撑板焊牢。然后将活动支座调整到安装位置,将活动支座与管道焊接起来,再焊接固定支座。

(4) 管道防腐。涂料应有制造厂的质量合格文件,涂漆前应清除被涂表面的铁锈、焊渣、毛刺、油、水等污物。

2. 钢管敷设

(1) 测量放线。施工人员应熟悉图纸,根据设计的施工图,确定临时水准点,并定位埋地管道的中心线。

(2) 沟槽开挖。沟槽开挖是钢管敷设的第一道工序。施工时,可按设计图纸在地面上测量放线,并按规程要求确定合理的开槽断面。沟槽挖出的土方应堆在沟槽一侧,另一侧做运管、排管之用。

(3) 管材检查与清理。检查管材、管子的名称、规格是否符合设计要求,金属管道无严重锈腐、重皮和扭曲等缺陷。检查合格的管材,先用棍棒消除管内的杂物,然后用细铁丝绑上破布,两端头来回拖,将管内清理干净。

（4）管材运输与布置。

1）煤焦油磁漆低温时易脆裂，当气温低于可搬运最低温度时，不能运输或搬运。由于煤焦油磁漆覆盖层较厚，易碰伤，因此，应使用较宽的尼龙带吊具。卡车运输时，管子放在支撑表面为弧形的、宽的木支架上，紧固管子的钢丝绳等应衬垫好，运输过程中，管子不能互相碰撞。煤焦油磁漆防腐的钢管焊接，不允许滚动焊接，要求固定焊，以保护覆盖层。因此，在管沟挖成后，即将焊接工作坑挖好，将管子从车上直接吊至沟内，使其就位。当管子沿管沟旁堆放时，应当支撑起来，离开地面，以防止覆盖层损伤；当沟底为岩石等，会损伤覆盖层时，应在沟底垫一层过筛的土或砂子。

2）环氧煤沥青防腐层、石油沥青涂层与聚乙烯胶黏带防腐层防腐的钢管、吊具应用较宽的尼龙带，不得用钢丝绳或铁链。移动钢管用的撬棍，应套橡胶管。卡车运输时，钢管间应垫草袋，避免碰撞。当沟边布管时，应将管子垫起，以防损伤防腐层。

（5）下管。

1）人工下管。

①人工下管一般采用压绳下管法，即在管子两端各套一根大绳，下管时，把管子下面的半段大绳用脚踩住，必要时用铁钎锚固，上半段大绳用手拉住，必要时用撬棍拨住，两组大绳用力一致，听从指挥，将管子徐徐下入沟槽。根据情况，下管处的槽边可斜立方木两根。钢管组成的管段，则根据施工方案确定的吊点数增加大绳的根数。

②直径 200 mm 以内的混凝土管及小型金属管件，可用绳勾从槽边吊下。

2）机械下管。

①采用起重机下管时，应事先与起重人员或起重机司机一起勘察现场，根据沟槽深度、土质、环境情况等，确定起重机距槽边的距离、管材存放位置以及其他配合事宜。起重机进出路线应事先进行平整，清除障碍。

②起重机不得在架空输电线路下工作，在架空线路一侧工作时，

起重臂、钢丝绳或管子等与线路的垂直、水平安全距离应符合安全规定。

③起重机下管应有专人指挥。指挥人员必须熟悉机械吊装有关安全操作规程及指挥信号。在吊装过程中,指挥人员应精力集中,起重机司机和槽下工作人员必须听从指挥。

④指挥信号应统一、明确。起重机进行各种动作之前,指挥人员必须检查操作环境情况,确认安全后,方可向司机发出信号。

⑤绑(套)管子应找好重心,以使起吊平稳。管子起吊速度应均匀,回转应平稳,下落应低速轻放,不得忽快忽慢或突然制动。

3)起重机下管时,起重机采用专用的尼龙作为吊具,沿沟槽移动,起吊高度以 1 m 为宜。将管子起吊后,转动起重臂,使管子移至管沟上方,然后轻放至沟底。起重机的位置要与沟边保持一定距离,以防沟边土壤受压过大而塌方。管子两端拴绳子,由人拉住,随时调整方向并防止管子摆动,严禁损伤防腐层。管子外径大于或等于 529 mm 的管道下沟时,应使用 3 台吊管机同时吊装;管子直径小于 529 mm 的管道下沟时,吊管机不应少于 2 台。管道应放置在管沟中心,其允许偏差不得大于 100 mm。移动管道使用的撬棍或滚杠,应外套胶管,以保护防腐层不受损伤。

(6)管道组对焊接。管材组对分为沟槽上和沟槽下两种方法。可在沟槽上每 2 根一组组对焊接,然后下沟各组连接焊;沟槽下进行各组组对焊接,在固定焊口处提前挖工作坑,根据每段长度确定位置。焊前须对管口进行坡口,使端面符合要求,坡口周围的杂物、氧化物等要清除干净。坡口不得用气割直接切坡口,要用砂轮机打磨坡口。坡口表面不得有夹层、裂纹、加工损伤、毛刺。钢管对口、坡口要求:根据不同的管壁厚度确定坡口夹角、对口间隙、钝边。有焊前预热规定的焊缝,应检查预热区域的预热温度,并应做好记录。

(7)焊口探伤。

①射线照相检验或超声波检验应在被检验的焊缝覆盖前或影响检验作业的工序前进行。射线照相检验或超声波检验应由有资质的专业检测部门进行,并出具检测报告。

②对有无损检验要求的焊缝,竣工图上应标明焊缝编号、无损检验方法、局部无损检验焊缝的位置、底片编号、热处理焊缝位置及编号、焊缝补焊位置及施焊焊工代号。

(8)管道清扫。燃气管道安装完后应进行管道清扫,清扫介质采用压缩空气。

(9)坡度调整。

①干式输送是指天然气脱水后,不含水分的运输方式。管道的坡度随地形而定,要求不是很严格。

②人工湿煤气在管道运行过程中,会产生大量的冷凝水,因此,敷设的管道必须保持一定的坡度,以便管内的水能汇集于排水器中排放。

③地下人工煤气管道的坡度规定为:中压管不小于 3‰;低压管不小于 4‰。施工时,沿管道敷设方向,用小线和水平尺检查坡度是否在设计允许范围内,如发现坡度不符合要求,应进行调整。

④管道敷设坡度方向是由支管坡向干管,再由干管的最低点用排水器将水排出,所有管道严禁倒坡。

(10)钢管的连接。

①焊接:管径较大的卷焊钢管以及无缝钢管采用焊接连接,根据不同的壁厚及使用要求,其接口形式有对接焊和贴角焊等。

②法兰连接:法兰接口常用于需拆卸检修的部位以及管道与带有法兰的附属设备(如阀门、补偿器等)的连接。

(11)严密性试验。

①严密性试验采用气体作为试验介质。管道的强度试验合格后,方可进行严密性试验,管线顶部以上回填不得小于 0.5 m。管道内的温度与周围土壤温度一致后,进行 24 h 严密性试验,试验过程中每小时记录一次压力读数及地温、大气压的变化和试验情况。

②严密性试验压力:设计压力大于 0.5 MPa 时试验压力取 1.15 倍设计工作压力;设计压力小于 0.5 MPa 时试验压力为 2.0 MPa。压力表等级同强度试验或采用电子压力计。

(12)管沟回填。燃气管道安装完毕,经过清扫、通过强度试验和严密性试验,检查验收后才能进行回填。

二、室内燃气管道敷设

1. 定位

(1)根据埋地敷设燃气管立管甩头坐标,在顶层楼地板上找出立管中心线位置,先打出一个直径 20 mm 左右的小孔,用线坠向下层吊线,直至地下燃气管道立管甩头处(或立管阀门处),核对各层楼板孔洞位置并进行修整。若立管设在管道井内,则可用量棒定位。

(2)根据施工图的横支管的标高和位置,结合立管测量后横支管的甩头,按土建给定的地面水平线、抹灰层(或装修层)厚度及管道设计坡度,排尺找准支管穿墙孔洞的中心位置,并用"十"字线标记在墙面上。

2. 剔凿孔洞

开孔洞时,采用空心钻,它劳动强度低,易操作,可以不破坏墙体与楼板,使孔洞开孔尺寸一致,美观实用。当使用电锤和钢凿打孔时,应注意防止损坏其他物件。打孔洞时,遇到钢筋不得随意折断。必须征得土建负责人的同意,并采取可靠的技术措施才能切断。空心楼板孔要堵严,防止杂物进入空心板内。穿管孔洞直径应根据表 6-1 确定。孔洞开口不宜过大,否则可能破坏土建结构,给堵塞孔洞带来不便。

表 6-1　　　　　　　　　　　　穿管孔洞直径

管道公称直径/mm	孔洞直径/mm	管道公称直径/mm	孔洞直径/mm
15	45	50	90
20~25	50	65	115
32	60	80	140
40	75	100	165

3. 绘制施工草图

在剔凿孔洞完成后,即可绘制施工草图,具体步骤如下。

（1）安装长度的确定。在现场实测出管道的建筑长度。管道系统中管件与管件间或管件与设备间的尺寸称之为建筑长度，它与安装长度的关系如图 6-4 所示，具体按下式计算：

$$L_安 = L_建 - 2a \qquad (6-1)$$

式中　$L_安$——管道安装长度（mm）；

　　　　$L_建$——管道建筑长度（mm）；

　　　　a——管道预留量（mm）。

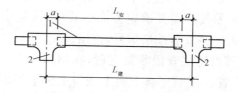

图 6-4　建筑长度与安装长度关系
1—钢管；2—螺纹三通

读数要准确到 1 mm，记录应清楚。

（2）确定立管上各层横支管的位置尺寸。根据图纸和有关规定，按土建给定的各层标高线确定各横支管中心线，并将中心线画在临近的墙面上。

（3）逐一量出各层立管上所带各横支管中心线的标高，将其记录在草图上，直到一层阀门甩头处为止。

4. 下料

按先测立管后测横支管的顺序，测得实际长度，绘制成草图，按实测尺寸进行下料。

5. 配管

（1）管子配制前应仔细检查，不符合质量标准的不能使用，必要时进行调直和清理。

（2）使用球墨铁管时，要先除锈，刷防锈漆后方可使用。

（3）管端螺纹由套丝方法加工成型，$DN \leqslant 20$ mm 时，一次套成；

$DN=25\sim40$ mm 时,分两次套成;$DN>50$ mm 时,分三次套成。

(4)管子切割时,若采用切管器切断管子时,应用铣刀将缩径部分铣掉;若采用气割割断时,要用手动砂轮磨平切口。

(5)根据施工图纸中的明细表,对管材、配件、气嘴、管件的规格、型号进行选择,其性能符合质量标准中的各项要求。

6. 管道预制

(1)为使施工操作方便快捷,管道需提前预制。预制时尽量将每一层立管所带的管件、配件在操作台上完成其连接。在预制管段时,若一个预制管段带数个需要确定方向的管件,预制中应严格找准朝向,然后将预制好的主立管按层编号,待用。

(2)将主立管的每层管段预制完后,在预制场地垫好木方。然后将预制管段按立管连接顺序自下而上或自上而下层层连接好。连接时注意各管段间需要确定位置的管件方向,直至将主立管所有管段连接完,然后对全管段进行调直。有的管件螺纹不够标准,有偏丝情况,连接后,有可能出现管段弯曲现象。注意管道走向,操作时应由两人进行,将管子依正式安装连接后,一人持管段一端,掌握方向指挥,另一人用锤击管身法进行调直。

(3)调直后,将各管段连接处相邻两端(管端头与另一管段上的管件)标出连接位置的轴向标记,以便于在室内实际安装时管道找中。再依次把各管段(管段上应带有管件)拆开,将一根立管的全部管段和立管上连接的横支管管段集中在一起,这样每根管道就可以在室内安装了。

7. 管道安装

(1)套管安装。管道穿过承重墙基础、地板、楼板、墙体时,必须安装套管。套管尺寸见表 6-2,做法如图 6-5 所示。套管在穿过楼板、地板和楼板平台时,套管应高出地面 50 mm,套管的下端应与楼板相平;套管穿过承重墙时,套管的两端应伸出墙壁两端各 50 mm。管道与套管之间环形间隙先填油麻,再用沥青堵严;套管与墙基础、楼板、地板、墙体间的空隙,用水泥砂浆填实。

表 6-2 室内燃气管道套管规格

管道公称直径/mm	20	25	32	40	50	70	80	100	125	150
套管公称直径/mm	32	40	50	70	80	100	125	150	150	200

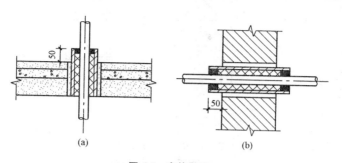

图 6-5 套管做法

(a)穿过地板、楼板、隔墙；(b)穿过承重墙基础

(2)支架安装。安装立管、横支管、支、托架、卡子时，应根据规定的间距，凿出栽卡子和支托架的孔洞。燃气管的卡子、支架、钩钉均不得设在管件及丝扣接头处，主立管每层距离地面 2.0 m 设固定卡子一个，横支管用支架或钩钉固定，按管径大小而定。使用钩钉固定时，除木结构墙壁外，均应先在孔洞塞进木楔再钉钩钉。

(3)当安装立管时，从一层阀门处开始向上逐层安装。安装时，注意将每段立管端头的划痕与另一端头的划痕记号对准，以保证管件的朝向准确无误，找正立管。还要注意主立管甩头位置阀门上应安装临时封堵。若下层与上层因墙壁厚不相同，应搣制灯叉弯使主立管靠墙，不能使用管件使其急转弯，焊缝安装不能在靠墙处。主立管安装完后，可以先用铁钎临时固定。在立管的最上端应装放散丝堵，以便于管道通气时空气的放散。

对于高层建筑而言，其立管较长、自重大，需在立管底端设置支墩支撑。同时，为补偿温差产生的变形，需将管道两端固定，并在中间设置可吸收变形的挠性管或波纹管补偿装置(图 6-6)，这种补偿装置还可以消除地震和大风时建筑物震动对管道的影响。

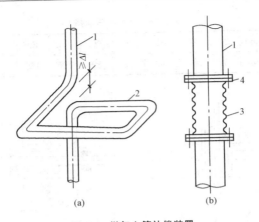

图 6-6　燃气立管补偿装置

（a）挠性管；（b）波纹管

1—供气立管；2—挠性管；3—波纹管；4—法兰

（4）当横支管安装时，将已预制好的横支管依次按顺序安放在支架上，接口调直，找准、找正立支管甩头的朝向，然后紧固横水平管。对返身的水平管应在最低点设丝堵，以便于管道排污，如图 6-7 所示。

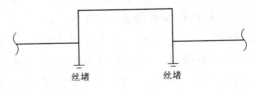

　　　　　　　　丝堵　　　　　　　丝堵

图 6-7　返身燃气水平管的丝堵设置

（5）当安装立支管时，从横水平管的甩头管件口中心吊一线坠，根据双叉气嘴距炉台的高度及离墙弯曲角度，量出支立管加工尺寸，然后根据尺寸下料接管到炉台上。

（6）管道安装好后，封堵楼板眼，对燃气管道穿越楼板的孔隙周围，先用水冲湿孔洞四周，吊模板，再用小于楼板混凝土强度等级的细石混凝土灌、捣实，待卡具及堵眼混凝土达到强度后拆模。

8. 管道强度试验和严密性试验

管道安装完毕后,应按有关规范规定进行强度试验和严密性试验,合格后才能交付使用。对于暗敷管道,应在隐蔽前做强度试验,合格后才能隐蔽。

三、燃气管道附属设备安装

1. 阀门安装

(1)安装时,吊装绳索应拴在法兰上,不允许拴在手轮、阀杆或传动机上,以防这些部位扭弯折断,影响阀门使用。

(2)阀门安装前应核对阀门规格和型号,鉴定有无损坏,清除通口封盖和阀内的杂物。按介质流向确定阀门的安装方向,一般阀门阀体上有标志,不得装反,因为有多种阀门要求介质单向流通,如安全阀、减压阀、止回阀等。大型阀门起吊,绳子不能系在手轮或阀杆上。

(3)双闸板闸阀宜直立安装,即阀杆处于垂直位置,手轮或手柄在顶部。单闸板闸阀可直立、倾斜或水平安装,但不允许倒置安装。安装时,在阀门底部或阀门两侧设支座或支架,勿使阀门质量造成管线下凹,形成管线倒坡。

(4)法兰与螺纹连接的阀门应在关闭的状态下安装。

(5)对焊阀门与管件连接焊缝底层宜采用氩弧焊。

(6)焊接时阀门不宜关闭,防止受热变形。安装螺纹阀门时,不要将用作填料的麻丝挤到阀门里面;安装旋塞时要注意清除阀门包装物及污物。

(7)安装法兰阀门时,法兰之间要端面平行,不得使用双垫,紧螺栓时要对称进行,用力均匀。

(8)闸阀的安装。

1)闸阀可装在管道或设备的任何位置,通常没有规定介质的流向。

2)闸阀的安装姿态,根据闸阀的结构而定。双闸板结构的闸阀,阀杆应铅垂直安装,闸阀整体直立安装,手轮在上面;单闸板结构的闸阀,可在任意角度上安装,但不允许倒装,若倒装,介质将长期存于阀体提升空间,检修不方便;明杆闸阀必须安装在地面上,以免引起阀杆锈蚀。

3)小直径的闸阀在螺纹连接中,若安装空间有限,需拆卸压盖和阀杆手轮时,应略微开启阀门,再加力拧动和拆卸压盖。如果闸板处于全闭状态时,加力拧动压盖,易将阀杆拧断。

(9)地下手动阀的安装。

1)地下的手动阀门一般设在阀门井内(图 6-8)。

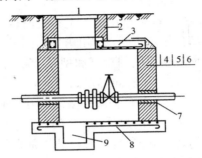

图 6-8　地下阀门井构造

1—铸铁井盖;2—砖砌井脖;3—盖板;4—井墙;5—防水层
6—浸沥青线麻;7—沥青砂浆;8—底板;9—集水坑

2)钢燃气管道上的阀门与补偿器可以预先组对好,然后与套在管子上的法兰组对,组对时应使阀门和补偿器的中心轴线与管道一致,并用螺栓将组对法兰紧固到一定程度后,进行管道与法兰的焊接。最后加入法兰垫片把组对法兰完全紧固。

3)铸铁燃气管道上的阀门安装如图 6-9 所示,安装前应先配备与阀门具有相同公称直径的承盘或插盘短管以及法兰垫片和螺栓,并在地面上组对紧固后,再吊装至地下与铸铁管道连接,其接口最好采用柔性接口。

(10)截止阀和止回阀安装。

1)安装截止阀和止回阀时,应使介质流动方向与阀体上的箭头指向一致。

2)升降式止回阀只能水平安装;旋启式止回阀要保证阀盘的旋转

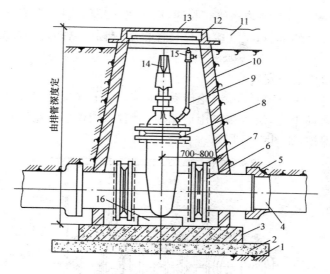

图 6-9　铸铁管道上的阀门安装

1—素土层；2—碎石基础；3—钢筋混凝土层；4—铸铁管；5—接口
6—法兰垫片；7—盘插管；8—阀体；9—加油管；10—闸井墙；11—路基
12—铸铁井框；13—铸铁井盖；14—阀杆；15—加油管阀门；16—预制钢筋水泥垫块

轴呈水平状态，水平或垂直安装均可。

3）截止阀的安装，有着严格的方向限制，其原则是"低进高出"，即首先看清两端阀孔的高低，使进入管接入低端，出口管接于高端。这种方式安装时，其流动阻力小，开启省力，关闭后，填料不与介质接触，易于检修。

（11）旋塞阀安装。

1）旋塞阀广泛应用于小直径的燃气管道。根据密封方式分为无填料旋塞和有填料旋塞。

①无填料旋塞是利用阀芯尾部螺栓的作用，使阀芯与阀体紧密接触，不致漏气，只能用于低压管道上。

②有填料旋塞是利用填料填塞阀体与阀芯之间的间隙而避免漏气，可用于中压管道上。

2）安装时注意旋塞与管道的连接方式。如与燃气灶具相连的旋塞阀,进气接口与室内送气管相连,通常采用螺纹连接,在安装时应留有使用扳手的部位;出气接口与胶管相连,插上以后的胶管应该不易脱落。

(12)传动阀安装。

1)对 $DN \geqslant 500$ mm 齿轮传动的闸阀,水平安装有困难时可将阀体部分直埋土内,法兰接口用玻璃布包缠,而阀盖和传动装置必须用闸门井保护,如图 6-10 所示。

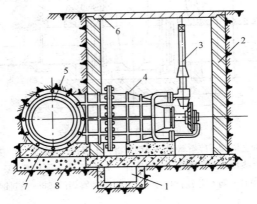

图 6-10　齿轮传动闸阀的水平安装
1—集水坑;2—闸井;3—传动轴;4—阀体;5—连接管道
6—阀门井盖;7—混凝土垫块;8—碎石基础层

2)当站内地下闸阀埋深较浅时,阀体以下部分可直立直埋土内,法兰接口用玻璃布包缠,填料箱、传动装置和电动机等必须露出地面,并用不可燃材料保护。

(13)防爆阀安装。

1)防爆阀主要由阀体、阀盖、安全膜(由薄铝板制造)和重锤组成,如图 6-11 所示。

2)当燃气管道压力突然升高时,安全膜首先破裂,气体向外冲出,并掀动阀盖,因而支撑杆自动脱落,泄压后阀盖在重锤的作用下封闭阀口,防止空气渗入管路系统。

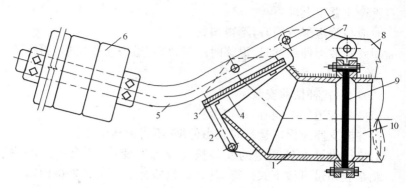

图 6-11 防爆安全阀

1—阀壳；2—支撑杆；3—阀盖；4—衬垫；5—杠杆

6—重锤；7—支撑板；8—拉板；9—安全膜；10—连接管

3)安全膜在安装前应进行破坏性试验,试验压力为工作压力的 1.25 倍。安装好后,应保证动作部分灵活,阀盖严密不漏。

2. 补偿器安装

(1)波形补偿器。波形补偿器安装前,先在两端接好法兰短管,用拉管器拉伸(或压缩)到预定值,整体和管道焊接完后,再将拉管器拆下。波形补偿器的预拉量和预压量见表 6-3。

表 6-3 波形补偿器的预拉量和预压量

实际安装温度/(℃)	−20	−10	0	10	20	30	40	50	60	70	80
预拉量/mm	$0.5\Delta L$	$0.4\Delta L$	$0.3\Delta L$	$0.2\Delta L$	$0.4\Delta L$	0	—	—	—	—	—
预压量/mm	—	—	—	—	—	—	$0.1\Delta L$	$0.2\Delta L$	$0.3\Delta L$	$0.4\Delta L$	$0.5\Delta L$

注:ΔL 为一个波的补偿量(mm)。

安装波形伸缩器,应符合下列要求。

1)按设计规定进行预拉伸(或预压缩),应使受力均匀。

2)波形伸缩器内套有焊缝的一端,水平管道应迎介质流向安装,垂直管道应置于上部。

3)应与管道保持同心,不得偏斜。

4)安装波形伸缩器时,设临时固定,待管道安装固定后,再拆除临时固定。

(2)填料式补偿器安装。

1)应与管道保持同心,不得歪斜。

2)导向支座应保证运行时自由伸缩,不得偏离中心。

3)应按设计文件规定的安装长度及温度变化,留有剩余的收缩量。剩余收缩量可按下式计算,其允许偏差为±5 mm(图6-12)。

$$S = S_0 \frac{t_1 - t_0}{t_2 - t_0} \tag{6-2}$$

式中　S——插管与外壳挡圈间的安装剩余收缩量(mm);

　　　　S_0——补偿器的最大行程(mm);

　　　　t_0——室外最低设计温度(℃);

　　　　t_1——补偿器安装时的温度(℃);

　　　　t_2——介质的最高设计温度(℃)。

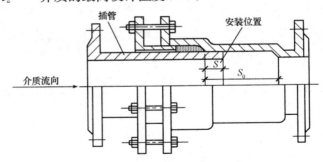

图6-12　填料式补偿器安装剩余收缩量

4)插管应安装在介质流入端。

5)填料石棉绳应涂石墨粉,并应逐圈装入、逐圈压紧,各圈接口应相互错开。

3. 排水器安装

(1)安装准备。排水器安装前,应将其内部清理干净,并保证芯管完好。

（2）预制与组装。将排水器按图纸施工，进行组装。

（3）排水器安装。将排水器底平放于铲平的原土上，如土方开挖超深，应在排水器底部垫放水泥预制板，水泥预制板必须置于原土上。大口径排水器安装时，应预先浇筑混凝土基础，其面积大于排水器底部，厚度一般大于 30 mm 以上。注意排水器应位于管道的最低点。在我国北方地区，应对排水器的筒体及排凝结水的立管进行保温，以免冬季冻坏。

4. 凝水缸安装

（1）钢制凝水缸在安装前，应按设计要求对外表面进行防腐处理。

（2）安装完毕后，凝水缸的抽液管应按同管道的防腐等级进行防腐处理。

（3）凝水缸必须按现场实际情况，安装在所在管段的最低处。

（4）凝水缸盖应安装在凝水缸井的中央位置，出水口阀门的安装位置应合理，并应有足够的操作和检修空间。

5. 流量计安装

（1）流量孔板安装时，应符合下列要求。

1）孔板的进气及出气方向不得装错。为了防止装错，一般在进气端刻有"＋"的记号，出气端刻有"－"的记号。如未有以上标记时，一般应按孔板的孔径确定，小孔径是进气方向，大孔径是出气方向。

2）流量孔板接仪表的管口位置，一般应安装在管道的上方。

3）在流量孔板前两倍管道直径的范围内，管子内表面应平滑，不得有凹凸不平现象。

4）为了使气流在流过孔板前后不产生涡流、紊流，孔板前后直管段的长度应符合设计的规定。

（2）流量表安装时，应符合下列要求。

1）安装前应确定流量表的进气口和出气口不得接错；一般表的进气口，应与孔板进气口上部的小管口相接，表的出气口，应与孔板出气口上部的小管口相接。

2）接仪表的小管安装，应保证螺纹接口质量，活接头应用石棉绳垫或橡胶石棉板垫。管道坡度设计无规定时,一般坡向干管。

3)仪表应垂直安装,并注意保护使其不受到振动和损伤。

6. 调压器安装

(1)调压器的合格证上,应有说明、经气压试验、强度和严密性以及进出口压力的调节,均达到质量标准的要求。无以上说明时,不得进行安装。

(2)调压器安装时,应符合下列要求。

1)安装前,应检查调压器外表面不应有粘砂、砂眼、裂纹等缺陷。

2)调压器安装应平正、稳牢,进出口方向不得装错。

3)调压器薄膜的连接管、指挥器的连接管,均应连于调压器出口管道的上方,连接管的长度应符合设计要求。

第二节　燃气管道穿越施工技术

一、燃气管道穿越道路与铁路

1. 燃气管道穿越道路

(1)管道穿越公路的夹角应尽量接近 90°,在任何情况下不得小于 30°。应尽量避免在潮湿或岩石地带以及需要深挖处穿越。

(2)燃气管道管顶距公路路面埋深不得小于 1.2 m,距路边边坡最低处的埋深不得小于 0.9 m。

(3)套管保护,如图 6-13 所示。采用套管保护施工时应符合下列要求:

1)套管两端需超出路基底边。

2)当燃气管道外径不大于 200 mm 时,套管内径应比燃气管道外径大 100 mm。当燃气管道外径大于 200 mm 时,套管内径应比燃气管道外径大 200 mm。

3)在套管内的燃气管道尽量不设焊口,若非有焊口不可时,应在无损探伤和强度试验合格后,方准穿入套管内。

4)燃气管道需要穿过套管时,要做特加强绝缘防腐层。

5)当穿越段有铁轨时,从轨底到套管顶应不小于1.2 m。

(4)敷设方式。燃气管道穿越公路时,有地沟敷设、套管敷设和直埋敷设三种方式。

1)地沟敷设:如图 6-14 所示,地沟需按设计要求砌筑,在重要的地沟端部应安装检漏管。

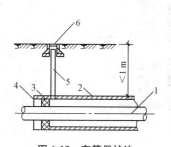

图 6-13　套管保护法

1—燃气管道;2—套管;3—油麻填料
4—沥青密封层;5—检漏管;6—防护罩

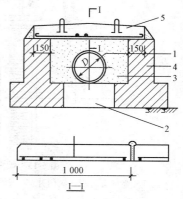

图 6-14　地沟敷设

1—燃气管道;2—原土夯实;3—填砂
4—砖墙沟壁;5—盖板

2)套管敷设:套管端部距电车轨道不应小于 2.0 m,距道路边缘不应小于 2.0 m。套管敷设有顶管法和明沟开挖两种形式。

3)直埋敷设:当燃气管道穿越县、乡公路和机耕道时,可直接敷设在土壤中,不加套管。

2. 燃气管道穿越铁路

(1)穿越点选择。

1)管道穿越铁路时夹角应尽量接近 90°,不小于 30°。

2)穿越点应选择在铁路区间直线段路堤下,土质均匀,地下水位低,有施工场地的地区。不能选在铁路站区域和道岔内,穿越电气铁路不能选在回流电缆与钢轨连接处。

(2)穿越施工。燃气管道穿越铁路施工,如图 6-15 所示。采用钢套管或钢筋混凝土套管防护,套管内径应比燃气管道外径大 100 mm

以上。铁路轨道至套管顶不应小于 1.2 m,套管端部距路堤坡脚外距离不应小于 2.0 m。

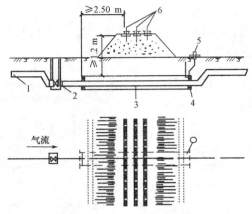

图 6-15　燃气管道穿越铁路
1—燃气管道;2—阀门井;3—套管;4—密封层;5—检漏管;6—铁道

1)套管安装:穿越铁路的套管敷设采用顶管法。采用钢套管时,套管外壁与燃气管道应具有相同的防腐绝缘层。采用钢筋混凝土套管时,要求管子接口能承受较大顶力而不破裂,管节不易错开,防渗漏,在管基不均匀沉陷时的变形较小等。钢筋混凝土套管多用平口管,两管节之间加塑料圈或麻辫,抹石棉水泥后内加钢圈。套管两端与燃气管道的间隙应采用柔性的防腐、防水材料密封,其中一端应安装检漏管。检漏管用于鉴定套管内燃气管道的严密性,主要由管罩、检查管和防护罩组成。管罩与燃气管之间填以碎石或中砂,以便燃气管道漏气时,燃气易漏出。检查管要伸入安装在地面的防护罩内,并装有管接头和管堵。

2)套管内燃气管道的安装:安装在套管内的燃气管道不宜有对接焊缝。当有对接焊缝时,焊接应采用双面焊,焊缝检查合格后,需做特级加强防腐处理。为了防止燃气管道进入套管时损坏防腐层,燃气管道应安装滚动或滑动支座,如图 6-16 所示。滑动支座事先固定在燃气管道上,支座与燃气管道之间垫橡胶板或油毛毡,防止移动燃气管道时支座损伤防腐层,支座间距应按设计要求。安装支座时,要保证支座与燃气管道使用寿命相同,避免因锈蚀使支座损坏而使燃气管道悬空、承受过大的弯曲应力。

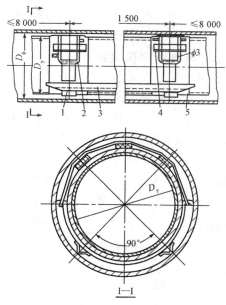

图 6-16 套管内燃气管道支座构造

1—卡板;2—加固拉条;3—滑道;4—极条;5—包扎层

此外,当燃气管道穿越铁路干线处,路基下已做好涵洞,施工时将涵洞挖开,在涵洞内安装。涵洞两侧设检查井,均安装阀门。安装完毕后,按设计要求将挖开的涵洞口封住。穿越电气化铁路以及铁路编组枢纽一般采用架空跨越。

二、燃气管道穿、跨越河流

1. 燃气管道穿越河流

(1)测量放线。

1)管槽开挖前,应测出管道轴线,并在两岸管道轴线上设置固定醒目的岸标。施工时岸上设专人用测量仪器观测,校正管道施工位置,检测沟槽超挖、欠挖情况。

2)水面管道轴线上宜每隔 50 m 抛设一个浮标标示位置。

3)两岸应各设置水尺一把,水尺零点标高应经常检测。

(2)沟槽开挖。

1)沟槽宽度及边坡坡度应按设计规定执行,当设计无规定时,由施工单位根据水底泥土流动性和挖沟方法在施工组织设计中确定,但最小沟底宽度应大于管道外径 1 m。

2)当两岸没有泥土堆放场地时,应使用驳船装载泥土运走。在水流较大的江中施工,且没有特别环保要求时,开挖泥土可排至河道中,任水流冲走。

3)水下沟槽挖好后,应做沟底标高测量,宜按 3 m 间距测量,当标高符合设计要求后即可下管。若挖深不够应补挖,若超挖应采用砂或小块卵石补到设计标高。

4)水下沟槽开挖的方式有机械开挖、吸泥法开挖、水力冲击法等。

(3)管道组装。

1)在岸上将管道组装成管段,管段长度宜控制在 50~80 m。

2)组装完成后,焊缝质量应符合相关规定的要求,并应进行试验,合格后按设计要求加焊加强钢箍套。

3)焊口应进行防腐补口,并应进行质量检查。

4)组装后的管段应采用下水滑道牵引下水,置于浮箱平台,并调整至管道设计轴线水面上,将管段组装成整管。焊口应进行射线照相探伤和防腐补口,并应在管道下沟前对整条管道的防腐层做电火花绝缘检查。

(4)运管沉管。沉管前,检查设置的定位标志是否准确、稳固;开挖沟槽断面是否满足沉管要求,必要时由潜水员下水摸清沟槽情况,并清除沟槽内的杂物。沉管方法有围堰法、河底拖运法、浮运法和船运法等。根据定位桩或岸标控制下沉管的位置。

(5)回填。

1)回填前,管道就位后,检查管底与沟底接触的均匀程度和紧密性及管道接口情况,并测量管道高程和位置。为防止在拖运和就位过程中管道有损伤,必要时可进行第二次试压。以上项目经检查符合设计要求后,即可进行回填。

2)管沟回填,回填时从施工角度考虑,最方便的方法是将开挖沟槽的土料直接作为回填土料。开挖时将土料堆放在管沟的两侧或一侧,利用水流自行回填或由潜水员操纵水枪进行。但从管道防腐角度考虑,最好使用洁净的砂石,故凡是砂石来源方便的地区,应尽量采用砂石材料回填。

(6)稳管。水下管道敷设后,沟槽回填土比较松软,存在较大的空隙,且竣工后由于河水流动、冲刷,会影响管道的稳定性,可采取平衡重块、抗浮抱箍、复壁管、挡桩、石笼压重等措施稳管。

2. 燃气管道跨越河流

(1)选择跨越路线。

1)跨越点应选河流的直线部分,因为在直线部分,水流对河床及河岸冲刷较少,水流流向比较稳定,跨越工程的墩台基础受漂流物的撞击机会较少。

2)跨越点应在河流与其支流汇合处的上游,避免将跨越点设置在支流出口和推移泥砂沉积带的不良地质区域。

3)跨越点应选在河道宽度较小,远离上游坝闸及可能发生冰塞和筏运壅阻的地段。

4)跨越点必须在河流历史上无变迁的地段。

5)跨越工程的墩台基础应在岩层稳定,无风化、错动、破碎的地质良好的地段。必须避开坡积层滑动或沉陷地区,洪积层分选不良及夹层地区,冲积层含有大量有机混合物的淤泥地区。

6)跨越点附近不应有稠密的居民点。

7)跨越点附近应有施工组装场地或有较为方便的交通运输条件,以便施工和今后维修。

(2)对勘察测量的要求。跨越管道架设在支墩之上,裸露在空气中。故勘察测量时必须对当地气象资料和支墩基础的工程地质条件有全面了解,具体测量勘察内容如下。

1)跨越点所在地区气象变化的一般规律和气候特征,极端温度、风速,主导风向及频率,积雪深度,最大冻土深度等。

2)跨越基础的地质概貌,河谷构造特征,地层分布特征,有无软弱夹层存在。需绘出地质剖面图和土质分界线,确定地基承载能力和岩石的物理力学性质等。

3)跨越地区的地震烈度。

(3)施工。

1)沿桥架设,将管道架设在已有的桥梁上,这样架设简便、投资少,但必须征得有关部门的同意。利用道路桥梁跨越河流的燃气管道,其管道输送压力不应大于 0.4 MPa,且应采取必要的安全措施。如燃气管道采用加厚的无缝钢管或焊接钢管,应尽量减少焊缝,并对焊缝进行 100% 探伤;采用较高等级的防腐保护并设置必要的温度补偿和减振措施。在确定管道位置时,应与沿桥架设的其他管道保持一定距离。

2)当不能沿桥架设、河流情况复杂或河道较窄时,应采用管桥跨越。燃气管桥如图 6-17 所示。将燃气管桥搁置在河床上自建的管道支架上,管道支架应采用非燃烧材料制成,且应在任何可能的荷载情况下,能保证管道稳定和不受破坏。

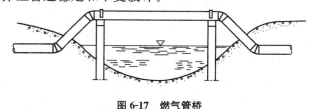

图 6-17 燃气管桥

第三节 燃气场站安装施工技术

一、燃气场站管道设备安装

1. 垫铁安装

(1)找正调平设备用的垫铁应符合各类机械设备安装规范、设计或设备技术文件的要求,常用的有斜垫铁和平垫铁。

（2）当设备的负荷由垫铁组承受时,垫铁组的位置和数量,应符合下列要求。

1）每个地脚螺栓旁边至少应有一组垫铁。

2）垫铁组在能放稳和不影响灌浆的情况下,应放在靠近地脚螺栓和底座主要受力部位下方。

3）相邻两垫铁组间的距离宜为 500~1 000 mm。

4）每一垫铁组的面积,应根据设备负荷,按下式计算:

$$A \geqslant C\frac{(Q_1+Q_2)\times10^4}{R} \tag{6-3}$$

式中　A——垫铁面积(mm^2);

　　　Q_1——由于设备等的重量加在该垫铁组上的负荷(N);

　　　Q_2——由于地脚螺栓拧紧所分布在该垫铁组上的压力(N),可取螺栓的许可抗拉力;

　　　R——基础或地坪混凝土的单位面积抗压强度(MPa),可取混凝土设计强度;

　　　C——安全系数,宜取 1.5~3。

5）设备底座有接缝处的两侧应各垫一组垫铁。

（3）使用斜垫铁或平垫铁调平时,应符合下列规定。

1）承受负荷的垫铁组,应使用成对斜垫铁,且调平后灌浆前用定位焊焊牢,钩头成对斜垫铁(图 6-18)能用灌浆层固定牢固的可不焊。

2）承受重负荷或有较强连续振动的设备,宜使用平垫铁。

（4）每一垫铁组宜减少垫铁的块数,不宜超过 5 块,且不宜采用薄垫铁。放置平垫铁时,厚的放在下面,薄的放在中间且不宜小于 2 mm,并应将各垫铁相互用定位焊焊牢,但铸铁垫铁可不焊。

（5）每一垫铁组应放置整齐平稳,接触良好。设备调平后,每组垫铁均应压紧,并应用手锤逐组轻击听声音检查。对高速运转的设备,当采用 0.05 mm 塞尺检查垫铁之间及垫铁与底座面之间的间隙时,在垫铁同一断面处以两侧塞入的长度总和不得超过垫铁长度或宽度的 1/3。

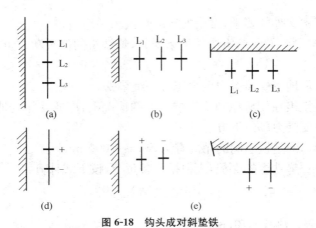

图 6-18　钩头成对斜垫铁

（a）上块；（b）下块

（6）设备调平后，垫铁端面应露出设备底面外缘，平垫铁宜露出 10～30 mm；斜垫铁宜露出 10～50 mm。垫铁组伸入设备底座底面的长度应超过设备地脚螺栓的中心。

（7）安装在金属结构上的设备调平后，其垫铁均应与金属结构用定位焊焊牢。

（8）设备采用螺栓调整垫铁（图 6-19）调平时，应符合下列要求。

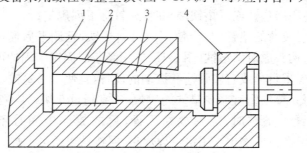

图 6-19　螺栓调整垫铁

1—升降块；2—调整块滑动面；3—调整块；4—垫座

1）螺纹部分和调整块滑动面上应涂以耐水性较好的润滑脂。

2）调平应采用升高升降块的方法。需要降低升块时，应在降低后重新再做升高调整,调平后,调整块应留有调整的余量。

3)垫铁垫座应用混凝土灌牢,但不得灌入活动部分。

(9)设备采用调整螺钉调平时(图 6-20),应符合下列要求。

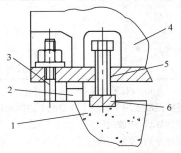

图 6-20　螺栓调整螺钉

1—基础或地坪;2—垫铁;3—地脚螺栓

4—设备底座;5—调整螺钉;6—支撑板

1)不做永久性支撑的调整螺钉调平后,设备底座下应用垫铁垫实后,再将调整螺钉松开。

2)调整螺钉支撑板的厚度宜大于螺钉的直径。

3)支撑板应水平,并应稳固地装设在基础面上。

4)作为永久性支撑的调整螺钉伸出设备底座底面的长度,应小于螺钉直径。

(10)设备采用无垫铁安装施工时,应符合下列要求。

1)应根据设备的重量和底座的结构确定临时垫铁、小型千斤顶或调整顶丝的位置和数量。

2)当设备底座上设有安装用的调整顶丝(螺钉)时,支撑顶丝用的钢垫板放置后,其顶面水平度的允许偏差应为 1/1 000。

3)采用无收缩混凝土灌注应随即捣实灌浆层,待灌浆层达到设计强度的 75% 以上时,方可松掉顶丝或取出临时支撑件,并应复测设备水平度,将支撑件的空隙用砂浆填实。

4)灌浆用的无收缩混凝土及微膨胀的混凝土的配合比宜符合表6-4 的规定。

表 6-4　　　　　　　　　　无收缩混凝土及微膨胀混凝土的配合比

名称	配方/kg					试验性能	
	水	水泥	砂子	碎石子	其他	尺寸变化率	强度/MPa
无收缩混凝土	0.4	1(42.5级硅酸盐)	2	—	0.000 4（铝粉）	0.7/10 000收缩	40
微膨胀混凝土	0.4	1(42.5级矾土)	0.71	2.03	石膏 0.02白矾 0.02	2.4/10 000膨胀	30

注：1. 砂子粒度 0.4～0.45 mm,石子粒度 5～15 mm。

　　2. 表中的用水量是指混凝土用干燥砂子的情况下的用水量。

　　3. 无收缩混凝土搅拌好后,停放时间应不大于 1 h。

　　4. 微膨胀混凝土搅拌好后,停放时间应不大于 0.5 h。

　　5. 此配方也可用于垫铁安装的较重要的设备。

（11）当采用坐浆法放置垫铁时,坐浆混凝土配制的施工方法应符合下列要求。

1）在设置垫铁的混凝土基础部位凿出坐浆坑,坐浆坑的长度和宽度应比垫铁的长度和宽度大 60～80 mm,坐浆坑凿入基础表面的深度不应小于 30 mm,且坐浆层混凝土的厚度不应小于 50 mm。

2）用水冲或用压缩空气吹除坑内的杂物,并浸润混凝土坑约 30 min,除尽坑内积水,坑内不得沾有油污。

3）在坑内涂一层薄的水泥浆。水泥浆的水灰比宜为(2～2.4)∶1。

4）将搅拌好的混凝土灌入坑内。灌筑时应分层捣固,每层厚度宜为 40～50 mm,连续捣至浆浮表层。混凝土表面形状应呈中间高四周低的弧形。

5）当混凝土表面不再泌水或水迹消失后(具体时间视水泥性能、混凝土配合比和施工季节而定),即可放置垫铁并测定标高。垫铁上表面标高允许偏差为±0.5 mm。垫铁放置于混凝土上应用手压、木槌敲击或手锤垫木板敲击垫铁面,使其平稳下降,敲击时不得斜击。

6）垫铁标高测定后,应拍实垫铁四周混凝土。混凝土表面应低于垫铁面 2～5 mm,混凝土初凝前应再次复查垫铁标高。

7）盖上草袋或纸袋并浇水湿润养护,养护期间不得碰撞和振动垫铁。

（12）设备采用减振垫铁调平,应符合下列要求。

1）基础或地坪应符合设备技术要求,在设备占地范围内,地坪(基础)的高低差不得超出减振垫铁调整量的 30%～50%,放置减振垫铁的部位应平整。

2）减振垫铁按设备要求,可采用无地脚螺栓或胀锚地脚螺栓固定。

3）设备调平时,各减振垫铁的受力应基本均匀,在其调整范围内应留有余量,调平后应将螺母锁紧。

4）采用橡胶垫型减振垫铁时,设备调平 1～2 周后,应再进行一次调平。

2. 地脚螺栓安装

（1）埋设预留孔中的地脚螺栓,应符合下列要求。

1）地脚螺栓在预留孔中应垂直,无倾斜。

2）地脚螺栓任一部分离孔壁的距离应大于 15 mm(图 6-21),地脚螺栓底端不应碰孔底。

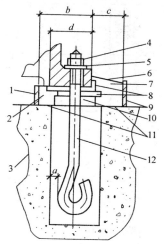

图 6-21　地脚螺栓、垫铁和灌浆

1—内模板;2—设备底座底面;3—地坪或基础;4—螺母;5—垫圈;6—灌浆层斜面
7—灌浆层;8—成对斜垫铁;9—外模板;10—平垫铁;11—麻面;12—地脚螺栓

3)地脚螺栓上的油污和氧化皮等应清除干净,螺纹部分应涂少量油脂。

4)螺母与垫圈、垫圈与设备底座间的接触均应紧密。

5)拧紧螺母后,螺栓应露出螺母,其露出的长度宜为螺栓直径的1/3~2/3。

6)应在预留孔中的混凝土达到设计强度的75%以上时拧紧地脚螺栓,各螺栓的拧紧力应均匀。

(2)当采用和装设T形头地脚螺栓(图6-22)时,应符合下列要求。

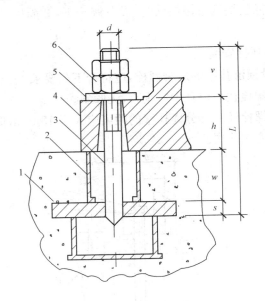

图6-22　T形头地脚螺栓的安设

1—基础板;2—管状模板;3—T形头地脚螺栓;4—设备底座;5—垫板;6—螺母

d—螺栓直径;v—螺栓露出设备底座上表面长度;s—基础板厚度

h—设备底座穿螺栓处的厚度;w—管状模板高度;L—T形头地脚螺栓长度

1)T形头地脚螺栓的规格、尺寸和质量应符合现行国家标准的相关规定。

2)装设T形头地脚螺栓的主要尺寸,应符合表6-5的规定。

表 6-5　　　　　　　　　装设 T 形头地脚螺栓的主要尺寸

螺栓直径 d	基础板厚度 s/mm	露出设备底座最小长度 v/mm	管状模板最大高度 w/mm
M24	20	55	800
M30	25	65	1 000
M36	30	85	1 200
M42	30	95	1 400
M48	35	110	1 600
M56	35	130	1 800
M64	40	145	2 000
M72×6	40	160	2 200
M80×6	40	175	2 400
M90×6	50	200	2 600
M100×6	50	220	2 800
M110×6	60	250	3 000
M125×6	60	270	3 200
M140×6	80	320	3 600
M160×6	80	340	3 800

3)埋设 T 形头地脚螺栓的基础板应牢固、平正。螺栓安装前,应加设临时盖板保护,并应防止油、水、杂物掉入孔内。

4)地脚螺栓光杆部分和基础板应刷防锈漆。

5)预留孔或管状模板内的密封填充物,应符合设计规定。

(3)装设胀锚螺栓时,应符合下列要求。

1)胀锚螺栓的中心线应按施工图放线。胀锚螺栓的中心至基础或构件边缘的距离不得小于胀锚螺栓公称直径 d 的 7 倍,底端至基础底面的距离不得小于 $3d$,且不得小于 30 mm。相邻两根胀锚螺栓的中心距离不得小于 $10d$。

2)装设胀锚螺栓的钻孔应防止与基础或构件中的钢筋、预埋管和电缆等埋设物相碰,不得采用预留孔。

3)安设胀锚螺栓的基础混凝土强度不得小于 10 MPa。

4)基础混凝土或钢筋混凝土有裂缝的部位不得使用胀锚螺栓。

5)胀锚螺栓钻孔的直径和深度应符合规定,钻孔深度可超过规定值 5～10 mm,成孔后应对钻孔的孔径和深度及时进行检查。

(4)设备基础浇灌预埋的地脚螺栓应符合下列要求。

1)地脚螺栓的坐标及相互尺寸应符合施工图的要求,设备基础尺寸的允许偏差应符合表 6-6 的规定。

表 6-6　　　　　设备的平面位置和标高对安装基准线的允许偏差

项　　目	允许偏差/mm	
	平面位置	标高
与其他设备无机械联系的	±10	+20 −10
与其他设备有机械联系的	±2	±1

2)地脚螺栓露出基础部分应垂直,设备底座套入地脚螺栓应有调整余量,每个地脚螺栓均不得有卡住现象。

(5)装设环氧树脂砂浆锚固地脚螺栓,应符合下列要求。

1)螺栓中心线至基础边缘的距离不应小于 $4d$,且不应小于 100 mm。当小于 100 mm 时,应在基础边缘增设钢筋网或采取其他加固措施。螺栓底端至基础底面的距离不应小于 100 mm。

2)螺栓孔应避开基础受力钢筋的水电、通风管线等埋设物。

3)当钻地脚螺栓孔时,基础混凝土强度不得小于 10 MPa,螺栓孔应垂直,孔壁应完整,周围无裂缝和损伤,其平面位置偏差不得大于 2 mm。

4)成孔后,应立即清除孔内的粉尘、积水,并应用螺栓插入孔中检验深度,深度适宜后,将孔口临时封闭。在浇筑环氧树脂砂浆前,应使孔壁保持干燥,孔壁不得沾染油污。

5)地脚螺栓表面的油污、铁锈和氧化铁皮应清除,且露出金属光泽,并应用丙酮擦洗洁净后,方可插入灌有环氧砂浆的螺栓孔中。

(6)环氧树脂砂浆的调制程序和技术要求,应符合以下规定:

1)环氧砂浆的调制按下列程序进行。

首先将环氧树脂加热至 60～80 ℃,然后加入邻苯二甲酸二丁酯,并拌和均匀。待冷却至 30～35 ℃时,再加入乙二胺,经拌和均匀之后,再把 30～35 ℃的砂子加入,最后拌和均匀(图 6-23)。为缩短现场调制时间,也可将环氧树脂与邻苯二甲酸二丁酯按配合比事先拌和好,待需使用时再加入乙二胺和砂子调制成环氧砂浆。

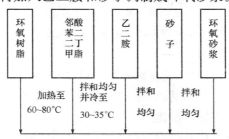

图 6-23　环氧砂浆调制程度

2)调制环氧砂浆时,应符合下列规定。

①环氧树脂加热是为了增加流动性及排除内部气泡,加热时不应放在火上直接加热,可在烘箱或水浴、砂浴池内加热,加热温度不宜超过 80 ℃。

②当加入乙二胺时,环氧树脂基液的温度不得高于 35 ℃。

③加入砂子的温度应为 30～35 ℃。

④调制时,其材料和配合比应符合表 6-7 的规定。环氧树脂的一次配量宜为 2 kg。

表 6-7　　　　　　　　　环氧砂浆的材料和配合比

材料名称	规　格	用量(按质量计)(%)
环氧树脂	6101(E-44)	100
邻苯二甲酸二丁酯	工业用	17
乙二胺	无水(含胺量 98% 以上)	8

材料名称	规　　格	用量(按质量计)(%)
砂　子	粒径(自然级配)≤1.0 mm 含水量≤0.20%,含泥量≤2%	250

注:1. 若采用有水乙二胺代替无水乙二胺时,用量可按下式计算:

$$有水乙二胺的用量 = \frac{无水乙二胺的用量}{有水乙二胺的含胺量} \times 100\%$$

  2. 环氧砂浆的材料和配合比,当有可靠试验依据时,可采用其他代用材料和配合比。

⑤每当加入增韧剂、硬化剂和填料后,应拌和均匀。

⑥拌和用的容器和工具,在每次拌和后,应立即用酒精擦洗干净。

⑦不得使丙酮等易燃化学药品接近火源。

3)调制及浇筑环氧砂浆时应做施工记录,并应做试块,当发现质量问题或螺栓数量多,以及螺栓的部位比较重要时,可在现场进行抗拔检验。

4)环氧砂浆调制完毕,应迅速进行浇筑,并应立即将螺栓缓慢旋转插入。

5)当螺栓插入后,应立即校正螺栓的平面位置和顶部标高,然后用洁净的小石子予以固定。

6)浇筑后的环氧砂浆,应经一定时间养护后,方可进行设备安装。养护时间可按表6-8选取。

表6-8　　　　　　　　环氧砂浆在不同气温的养护时间

	平均气温/(℃)	15	20	25	≥30
养护时间 /h	采用无水乙二胺	4	3	2	1
	采用有水乙二胺	6	5	4	3

(7)当采用风动凿岩机成孔及调制环氧砂浆时,应采取防尘、防毒的安全措施。

3. 管道焊接

(1)管道连接时,不得采用强力对口、加热管子、加偏心垫或多层垫等方法来消除接口端面的偏差。

(2)工作压力等于或大于 6.3 MPa 的管道,其对口焊缝的质量,不应低于Ⅱ级焊缝标准;工作压力小于 6.3 MPa 的管道,其对口焊缝质量不应小于Ⅲ级焊缝标准。

(3)壁厚大于 25 mm 的 10 号、15 号和 20 号低碳钢管道在焊接前应进行预热,预热温度为 100～200 ℃;当环境温度低于 0 ℃时,其他低碳钢管道也应预热至手有温感;合金钢管道的预热按设计规定进行。壁厚大于 36 mm 的低碳钢、大于 20 mm 的低合金钢、大于 10 mm 的不锈钢管道,焊接后应进行与其相应的热处理。

(4)采用氩弧焊焊接或用氩弧焊打底时,管内宜通保护气体。对下列焊缝,宜采用氩弧焊焊接或用氩弧焊打底,电弧焊填充。

1)液压伺服系统管道焊缝。

2)奥氏体不锈钢管道焊缝。

3)焊后对焊缝根部无法清理的液压、润滑系统管道的焊缝。

(5)焊缝探伤抽查量应符合表 6-9 的规定。按规定抽查量探伤不合格者,应加倍抽查该焊工的焊缝,仍不合格时,应对其全部焊缝进行无损探伤。

表 6-9　　焊缝探伤抽查量

工作压力/MPa	抽查量(%)
≤6.3	5
6.3～31.5	15
>31.5	100

(6)管道敷设时,管子外壁与相邻管道的管件边缘距离应不小于 10 mm;同排管道的法兰或活接头,应相互错开 100 mm 以上;穿墙管道应加套管,其接头位置与墙面的距离宜大于 800 mm。

(7)管道支架安装,应符合下列规定。

1)现场制作的支架,其下料切割和螺栓孔加工,宜采用机械方法。

2)管道直管部分的支架间距,宜符合表 6-10 的规定。弯曲部分的管道,应在起弯点附近增设支架。

表 6-10　　　　　　　　　　　直管支架间距

直管外径/mm	≤10	10～25	25～50	50～80	＞80
支架间距/mm	500～1 000	1 000～1 500	1 500～2 000	2 000～3 000	3 000～5 000

3)管子不得直接焊在支架上。不锈钢管道与支架间应垫入不锈钢垫片、不含氯离子的塑料或橡胶垫片等,不得使不锈钢管与碳素钢直接接触。安装时,不得使用铁质工具直接敲击管道。

(8)管子与设备连接时,不应使设备承受附加外力,并不得使异物进入设备或元件内。

(9)管道坐标位置、标高的安装允许偏差为±10 mm;水平度或铅垂度允许偏差为 2/1 000;同一平面上排管的管外壁间距及高低宜一致。

(10)气动系统的支管宜从主管的顶部引出。长度超过 5m 的气动支管路,宜按沿气体流动方向布置,其坡度应大于 10/1 000,并向下倾斜。

(11)润滑油系统的回油管道,应向油箱方向布置,其坡度宜为12.5/1 000～25/1 000,并向下倾斜。润滑油黏度高时,回油管道斜度取大值;黏度低时,取小值。

(12)油雾系统管道应沿油雾流动方向布置,其坡度应大于5/1 000,并向上倾斜,且不得有下凹弯。

(13)软管的安装应符合下列规定。

1)应避免急弯。外径大于 30 mm 的软管,其最小弯曲半径,不应小于管子外径的 9 倍;外径小于或等于 30 mm 的软管,其最小弯曲半径,不应小于管子外径的 7 倍。

2)与管接头的连接处,应有一段直线过渡部分,其长度不应小于管子外径的 6 倍。

3)在静止及随机移动时,均不得有扭转变形现象。

4)当长度过长或受急剧振动时,宜用管卡夹牢。高压软管应少用管卡。

5)当自重会引起过大变形时,应设支托或按其自垂位置安装。

6)软管长度除满足弯曲半径和移动行程外,尚应留有 4%的余量。

7)软管相互间及同其他物件不得摩擦,靠近热源时,应有隔热措施。

(14)润滑脂系统的管路中,给油器或分配器与润滑点间的管道,在安装前应充满润滑脂,管内不得有空隙。

(15)双线式润滑脂系统的主管与给油器及压力操纵阀连接后,应使系统中所有给油器的指示杆及压力操纵阀的触杆在同一润滑周期内,并应同时伸出或缩入。

(16)双缸同步回路中两液压缸管道应对称敷设。

(17)液压泵和液压马达的排放油管位置,应稍高于液压泵和液压马达本体的高度。

二、燃气场站内机具安装

1. 风机安装

(1)离心通风机。

1)离心通风机的清洗和检查应符合下列要求。

①将机壳和轴承箱拆开并清洗转子、轴承箱体和轴承,但叶轮直接装在电动机轴上的风机可不拆卸。

②轴承的冷却水管路应畅通,并应对整个系统进行试压,试验压力应符合设备技术文件的规定。当设备技术文件无规定时,其压力应不低于 0.4 MPa。

③调节机构应清洗洁净,并转动灵活。

2)轴承箱的找正、调平应符合下列要求。

①轴承箱与底座应紧密结合。

②整体安装的轴承箱的纵向和横向安装水平偏差应不大于 0.10/1 000,且应在轴承箱中分面上进行测量,其纵向安装水平也可在主轴上进行测量。

③左、右分开式轴承箱的纵向和横向安装水平。

3)具有滑动轴承的通风机,除应符合上述 2)的规定外,还应使轴瓦与轴颈的接触弧度及轴向接触长度、轴承间隙和压盖过盈量符合设备技术文件的规定,当不符合规定时,应进行修刮和调整。当无规定时,宜符合下列要求。

①轴瓦表面与轴颈接触应均匀,接触弧面应不小于 60°,接触面与非接触面之间不应有明显的界限。轴向接触长度不应小于轴瓦长度的 80%。

②轴承推力瓦与主轴推力盘的接触应均匀,其接触面面积不应小于止推面积的 70%。

③轴瓦与轴颈之间的径向总间隙宜为轴颈直径的 2/1 000～3/1 000。

④轴瓦与压盖之间的过盈量宜为 0.03～0.06 mm。

4)机壳组装时,应以转子轴线为基准找正机壳的位置。机壳进风口或密封圈与叶轮进口圈的轴向插入深度 S_1 和径向间隙 S_2 应调整到设备技术文件规定的范围内(图 6-24),同时,还应使机壳后侧板轴孔与主轴同轴,并不得碰刮。当设备技术文件无规定时,轴向插入深度应为叶轮外径的 10/1 000,径向间隙应均匀,其间隙值应为叶轮外径的 1.5/1 000～3/1 000(外径小者取大值)。高温风机还应预留热膨胀量。

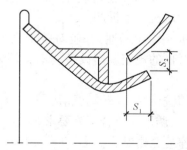

图 6-24　进风口或密封圈与叶轮进口圈之间的安装尺寸
S_1—进风口轴向插入深度;S_2—进风口与叶轮之间径向间隙

5)电动机与离心通风机找正时,应符合下列要求。

①两半联轴器之间的间隙应符合设备技术文件的规定。对具有滑动轴承的电动机,应在测定电机转子的磁力中心位置后再确定联轴

器间的间隙。

②联轴器的径向位移应不大于 0.025 mm;轴线倾斜度应不大于 0.2/1 000。

6)风机试运转前,应符合下列要求。

①轴承箱应清洗并检查合格后,方可按规定加注润滑油。

②电机的转向应与风机的转向相符。

③盘动转子,不得有碰剐现象。

④轴承的油位和供油应正常。

⑤各连接部位不得松动。

⑥冷却水系统供水应正常。

⑦应关闭进气调节门。

7)风机试运转应符合下列要求:

①点动电动机,各部位均无异常现象和摩擦声响后,方可进行运转。

②风机起动达到正常转速后,应首先在调节门开度为 0°~5°之间的小负荷运转,待达到轴承温升稳定后连续运转时间应不小于 20 min。

③小负荷运转正常后,应逐渐开大调节门但电动机电流不得超过额定值,直至规定的负荷为止,连续运转时间应不小于 2 h。

④具有滑动轴承的大型通风机,负荷试运转 2h 后应停机检查轴承,轴承应无异常,当合金表面有局部研伤时,应进行修整,再连续运转应不小于 6 h。

⑤高温离心通风机进行高温试运转时,其升温速率应不大于 50 ℃/h;进行冷态试运转时,其电机不得超负荷运转。

⑥试运转中,滚动轴承温升不得超过环境温度 40 ℃;滑动轴承温度不得超过 65 ℃;轴承部位的振动速度有效值(均方根速度值)应不大于 6.3 mm/s,其振动速度有效值的测量及方法应符合相关要求。

(2)轴流通风机。

1)轴流通风机的清洗和检查除应按上述(1)中 1)的规定执行外,还应符合下列要求。

①叶片根部应无损伤,叶片的紧固螺母应无松动,可调叶片的安装角度应符合设备技术文件的要求。

②立式机组应清洗变速箱、齿轮副或蜗轮副。

2)整体出厂机组的安装水平和铅垂度应在底座和风筒上进行测量,其偏差应不大于 1/1 000。

3)解体出厂的机组组装时,应符合下列要求。

①水平剖分机组应将主体风筒下部、轴承座和底座等在基础上组装后再调平。

②垂直剖分机组组装应符合下列要求。

a. 应将进气室放在基础上,用成对斜垫铁调平后安装轴承座,其轴承座与底座平面应接触均匀。

b. 以进气室密封圈为基体、将主轴装入轴承中,主轴和进气室的同轴度应不大于直径 2 mm。

c. 依次装上叶轮、机壳、静子和扩压器。

③水平剖分机组和垂直剖分机组的纵向和横向安装水平偏差应不大于 0.1/1 000,分别在主轴和轴承座中分面上进行测量。对左、右分开式轴承座的风机,两轴承孔与主轴颈的同轴度应不大于 0.1 mm。

④立式机组的安装水平偏差应不大于 0.1/1 000,且应在轮毂上进行测量。具有减速器的立式机组安装水平偏差应不大于 0.1/1 000,且应在减速器加工面上进行测量。

4)各叶片的安装角度应按设备技术文件的规定进行复查和校正,其允许偏差为±2°,并应锁紧固定叶片的螺母。拆、装叶片均应按标记进行,不得错装和互换,更换叶片应按设备技术文件的规定执行。

5)转子和轴承的组装应符合设备技术文件的规定。

6)风机转子部件的连接螺栓应按设备技术文件规定的力矩拧紧。

7)可调动叶片在关闭状态下与机壳间的径向间隙应符合设备技术文件的规定。当无规定时,其间隙的算术平均值宜为转子直径的 1/1 000～2/1 000,其最小间隙不应小于转子直径的 1/1 000。

8)电动机轴与风机轴找正时,应符合下列要求。

①无中间传动轴机组的联轴器找正时,其径向位移偏差应不大于

0.025 mm;两轴线倾斜度偏差应不大于 0.2/1 000。

②具有中间传动轴的机组找正时,应符合下列要求。

a. 计算并留出中间轴的热膨胀量,同时使电动机转子位于电动机所要求的磁力中心位置上,然后再稳定两轴之间的距离。

b. 测量同轴度时转动轴系应每隔 90°分别测量中间轴两端每对半联轴器两端面之间四个位置的间隙差,其差值应控制在图 6-25 所示的范围内。

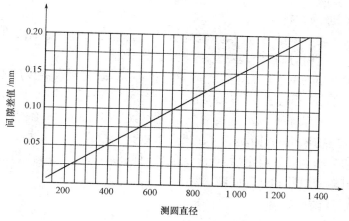

图 6-25　半联轴器的两端面间隙差值

9)可调叶片及其调节装置在静态下应检查其调节功能、调节角度范围、安全限位的可靠性和角度指示的准确性。各供油系统和液压控制系统应无泄漏现象。

10)进气室、扩压器与机壳之间,进气室、扩压器与前后风筒之间的连接应对中,并贴平。各部分的连接不得使机壳(主风筒)产生叶顶间隙改变的变形。

11)轴流通风机试运转前,应符合下列要求。

①电动机转向应正确,油位、叶片数量、叶片安装角、叶顶间隙、叶片调节装置功能、调节范围均应符合设备技术文件的规定,风机管道内不得留有任何污杂物。

②叶片角度可调的风机,应将可调叶片调节到设备技术文件规定的启动角度。

③盘车应无卡阻现象,并关闭所有入孔门。

④起动供油装置并运转 2 h,其油温和油压均应符合设备技术文件的规定。

12)风机试运转,应符合下列要求。

①起动时,各部位应无异常现象;当有异常现象时,应立即停机检查,查明原因并排除。

②起动后调节叶片时,其电流不得大于电动机的额定电流值。

③运行时,风机严禁停留在喘振工况内。

④滚动轴承正常工作温度应不大于 70 ℃,瞬时最高温度应不大于 95 ℃,温升应不超过 55 ℃;滑动轴承的正常工作温度应不大于 75 ℃。

⑤风机轴承的振动速度有效值应不大于 6.3 mm/s,轴承箱安装在机壳内的风机,其振动值可在机壳上进行测量。

⑥主轴承温升稳定后,连续试运转时间应不少于 6 h;停机后应检查管道的密封性和叶顶间隙。

2. 压缩机安装

(1)解体出厂的往复活塞式压缩机。

1)压缩机组装前,设备的清洗和检查应符合下列要求。

①零件、部件和附属设备应无损伤和锈蚀等缺陷。

②零件、部件和附属设备应清洗洁净,清洗后应将清洗剂和水分除净,并在加工面上涂一层润滑油。无润滑压缩机及其与介质接触的零件和部件不得涂油,气阀、填料和其他密封件不得采用蒸汽清洗。

2)压缩机组装前应检查零件、部件的原有装配标记。下列零件和部件应按标记进行组装。

①机身轴承座、轴承盖和轴瓦。

②同一列机身、中体、连杆、十字头、中间接筒、汽缸和活塞。

③机身与相应位置的支撑架。

④填函、密封盒应按级别与其顺序进行组装。

3)在组装机身和中体时应符合下列要求。

①将煤油注入机身内,使润滑油升至最高油位,持续时间不得小于 4 h,并无渗漏现象。

②机身安装的纵向和横向水平偏差不应大于 0.05/1 000,其测量部位应符合下列要求。

a.卧式压缩机、对称平衡型压缩机的横向安装水平应在机身轴承孔处进行测量,纵向安装水平应在滑道的前、后两点的位置上进行测量(图 6-26)。

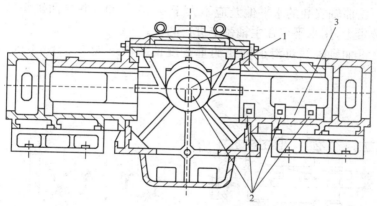

图 6-26　测量机身纵、横向安装水平

1—轴承孔;2—水平仪;3—下滑道

b.立式压缩机应在机身接合面上测量。

c.L 形压缩机应在机身法兰面上测量。

③两机身压缩机主轴承孔轴线的同轴度应不大于 0.05 mm。

4)组装曲轴和轴承时,应符合下列要求。

①曲轴和轴承的油路应洁净和畅通,曲轴的堵油螺塞和平衡块的锁紧装置应紧固。

②轴瓦钢壳与轴承合金层黏合应牢固,并无脱壳和哑声现象。

③轴瓦背面与轴瓦座应紧密贴合,其接触面面积应不小于 70%。

④轴瓦与主轴颈之间的径向和轴向间隙应符合设备技术文件的规定。

⑤对开式厚壁轴瓦的下瓦与轴颈的接触弧面夹角应不小于 90°,

接触面面积不应小于该接触弧面面积的 70%；四开式轴瓦的下瓦和侧瓦与轴颈的接触面面积不应小于每块瓦面积的 70%。

⑥薄壁瓦的瓦背与瓦座应紧密贴合。当轴瓦外圆直径小于或等于 200 mm 时，其接触面面积不应小于瓦背面积的 85%；当轴瓦外圆直径大于 200 mm 时，其接触面面积不应小于瓦背面积的 70%，且接触应均匀。薄壁瓦的组装间隙应符合设备技术文件的规定，瓦面的合金层不宜刮研，当需要刮研时，应修刮轴瓦座的内表面。

⑦曲轴安装的水平偏差应不大于 0.10/1 000，并在曲轴每转 90°的位置上，用水平仪在主轴颈上进行测量。

⑧曲轴轴线对滑道轴线的垂直度偏差应不大于 0.10/1 000（图6-27）。

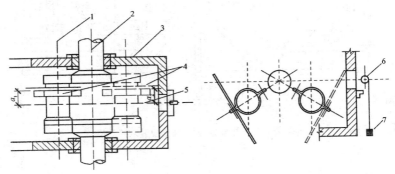

图 6-27　测量曲轴轴线对滑道轴线的垂直度

1—曲柄销轴线；2—曲轴轴线；3—轴身

4—测量托架；5—机身滑道轴线；6—钢丝线支架；7—拉紧重锤

⑨检查各曲柄之间上下左右四个位置的距离（图 6-28），其允许偏差应符合设备技术文件的规定。当无规定时，其偏差不应大于行程的0.10/1000。

⑩曲轴组装后盘动数转，无阻滞现象。

5)组装汽缸时，应符合下列要求。

①汽缸组装后，其冷却水路应按设备技术文件的规定进行严密性试验，并无渗漏。

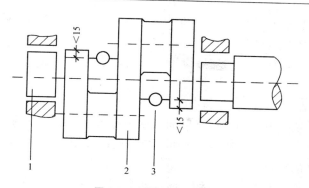

图 6-28　测量曲柄间距离
1—主轴颈；2—曲轴；3—百分表

②卧式汽缸轴线对滑道轴线的同轴度允许偏差应符合表 6-11 的规定，其倾斜方向应与滑道倾斜方向一致。在调整汽缸轴线时，不得在汽缸端面加放垫片。

表 6-11　　　　　　汽缸轴线对滑道轴线的同轴度允许偏差

汽缸直径/mm	径向位移/mm	整体倾斜/mm
100～300	0.07	0.02
300～500	0.10	0.04
500～1 000	0.15	0.06
＞1 000	0.20	0.08

③立式汽缸找正时，活塞在汽缸内四周的间隙应均匀，其最大与最小间隙之差不应大于活塞与汽缸间平均间隙值的 1/2。

6）组装连杆时，应符合下列要求。

①油路应清洁和畅通。

②厚壁的连杆大头瓦与曲柄轴颈的接触面面积不应小于大头瓦面积的 70%；薄壁的连杆大头瓦不宜研刮，其连杆小头轴套（轴瓦）与十字销的接触面面积不应小于小头轴套（轴瓦）面积的 70%。

③连杆大头瓦与曲柄轴颈的径向间隙、轴向间隙应符合设备技术文件的规定。

④连杆小头轴套(轴瓦)与十字销的径向间隙、轴向间隙,均应符合设备技术文件的规定。

⑤连杆螺栓和螺母应按设备技术文件规定的预紧力,均匀拧紧和锁牢。

7)组装十字头时,应符合下列要求。

①十字头滑履与滑道接触面面积不应小于滑履面积的60%。

②十字头滑履与滑道间的间隙在行程的各位置上均应符合设备技术文件的规定。

③对称平衡型压缩机的十字头组装时,应按制造厂所做的标记进行,并不得装错,以保持活塞杆轴线与滑道轴线重合。

④十字头销的连接螺栓和锁紧装置,均应拧紧和锁牢。

8)组装活塞和活塞杆时,应符合下列要求:

①活塞环表面应无裂纹、夹杂物和毛刺等缺陷。

②活塞环应在汽缸内做漏光检查。在整个圆周上漏光不应超过两处,每处对应的弧长应不大于36°,且与活塞环开口的距离应大于对应15°的弧长,非金属环除外。

③活塞环与活塞环槽端面之间的间隙、与活塞环放入汽缸的开口间隙,均应符合设备技术文件的规定。

④活塞环在活塞环槽内应能自由转动,手压活塞环时,环应能全部沉入槽内,相邻活塞环开口的位置应互相错开。

⑤活塞与汽缸镜面之间的间隙和活塞在汽缸内、外止点间隙应符合设备技术文件的规定。

⑥浇有轴承合金的活塞支撑面,与汽缸镜面的接触面面积不应小于活塞支撑弧面的60%。

⑦活塞杆与活塞、活塞杆与十字头应连接牢固并且锁紧。

9)组装填料和刮油器时,应符合下列要求。

①油、水、气孔道应清洁和畅通。

②各填料环的装配顺序不得互换。

③填料与各填料环端面、填料盒端面的接触应均匀,其接触面面积不应小于端面面积的70%。

④填料、刮油器与活塞杆的接触面面积应符合设备技术文件的规定。当无规定时,其接触面面积不应小于该组环面积的 70%,且接触应均匀。

⑤刮油刃口不应倒圆,刃口应朝向来油方向。

⑥填料和刮油器组装后,各处间隙应符合设备技术文件的规定,并能自由转动。

⑦填料压盖的锁紧装置应锁牢。

10)组装气阀时,应符合下列要求。

①各气阀弹簧的自由长度应一致,阀片和弹簧无卡阻和歪斜现象。

②阀片升程应符合设备技术文件的规定。

③气阀组装后应注入煤油进行严密性试验,应无连续的滴状渗漏。

11)组装盘车装置时,应符合下列要求。

①盘车装置可在曲轴就位后进行组装,并应符合设备技术文件的规定。

②应调整操作手柄的各个位置,其动作应正确可靠。

(2)整体出厂的压缩机。

1)压缩机安装时,设备的清洗和检查应符合下列要求。

①往复活塞式压缩机应对活塞、连杆、气阀和填料进行清洗和检查,其中气阀和填料不得采用蒸汽清洗。

②隔膜式压缩机应拆卸清洗缸盖、膜片、吸气阀和排气阀,并应无损伤和锈蚀。

2)压缩机的安装水平偏差不应大于 0.20/1 000,并应在下列部位进行测量:

①卧式压缩机、对称平衡型压缩机应在机身滑道面或其他基准面上测量。

②立式压缩机应拆去汽缸盖,并在汽缸顶平面上测量。

③其他形式的压缩机应在主轴外露部分或其他基准面上测量。

(3)螺杆式压缩机。

1)压缩机安装时,设备清洗和检查应符合下列要求。

①主机和附属设备的防锈油封应清洗洁净,并应除尽清洗剂和水分。

②设备应无损伤等缺陷,工作腔内不得有杂质和异物。

2)整体安装的压缩机在防锈保证期内安装时,其内部可不拆清洗。

3)整体安装的压缩机纵向和横向安装水平偏差应不大于0.20/1 000,并应在主轴外露部分或其他基准面上进行测量。

4)压缩机试运转前应按设备技术文件的规定进行检查,并应符合下列要求:

①在润滑系统清洗洁净后,加注润滑剂的规格和数量应符合设计规定。

②冷却水系统,进、排水管路应畅通,无渗漏,冷却水水质应符合设计要求,供水应正常。

③油压、温度、断水、电动旁通阀、过电流、欠电压等安全联锁装置应调试合格。

④压缩机吸入口处应装设空气过滤器和临时过滤网。

⑤应按规定开启或拆除有关阀件。

5)压缩机空负荷试运转时,应符合下列要求。

①启动油泵,在规定的压力下运转应不小于15 min。

②单独起动驱动机,其旋转方向应与压缩机相符;当驱动机与压缩机连接后,盘车应灵活,无阻滞现象。

③启动压缩机并运转2～3 min,无异常现象后其连续运转时间应不小于30 min;当停机时,油泵应在压缩机停转15 min后,方可停止运转,停泵后应清洗各进油口的过滤网。

④再次启动压缩机,应连续进行吹扫,并不小于2 h,轴承温度应符合设备技术文件的规定。

6)压缩机空气负荷试运转时,应符合下列要求。

①各种测量仪表和有关阀门的开启或关闭应灵敏、正确、可靠。

②起动压缩机空负荷运转应不少于30 min。

③应缓慢关闭旁通阀,并按设备技术文件规定的升压速率和运转时间,逐级升压试运转,使压缩机缓慢地升温。在前一级升压运转期间无异常现象后,方可将压力逐渐升高,升压至额定压力下连续运转的时间不应小于 2 h。

④在额定压力下连续运转中,应检查下列各项,并每隔 0.5 h 记录一次。

a. 润滑油压力、温度和各部分的供油情况。

b. 各级吸、排气的温度和压力。

c. 各级进、排水的温度和冷却水的供水情况。

d. 各轴承的温度。

e. 电动机的电流、电压、温度。

7)压缩机升温试验运转应按设备技术文件的规定执行。

8)压缩机试运转合格后,应彻底清洗润滑系统,并应更换润滑油。

3. 离心泵安装

(1)泵的清洗和检查应符合下列要求。

1)整体出厂的泵在防锈保证期内,其内部零件不宜拆卸,只清洗外表。当超过防锈保证期或有明显缺陷需拆卸时,其拆卸、清洗和检查应符合设备技术文件的规定。当无规定时,应符合下列要求。

a. 拆下叶轮部件清洗洁净,叶轮应无损伤。

b. 冷却水管路应清洗洁净,保持畅通。

c. 管道泵和共轴式泵不宜拆卸。

2)解体出厂的泵的清洗和检查应符合下列要求。

a. 泵的主要零件、部件和附属设备、中分面和套装零件、部件的端面不得有擦伤和划痕;轴的表面不得有裂纹、压伤及其他缺陷。清洗洁净后应去除水分并应将零件、部件和设备表面涂上润滑油和按装配的顺序分类放置。

b. 泵壳垂直中分面不宜拆卸和清洗。

(2)整体安装的泵,纵向安装水平偏差应不大于 0.10/1 000;横向安装水平偏差应不大于 0.20/1 000,并应在泵的进出口法兰面或其他水平面上进行测量。解体安装的泵,纵向和横向安装水平偏差应不大于 0.05/1 000,并应在水平中分面、轴的外露部分、底座的水平加工面上进行测量。

(3)泵的找正应符合下列要求。

1)驱动机轴与泵轴、驱动机轴与变速器轴以联轴器连接时,两半联轴器的径向位移、端面间隙、轴线倾斜均应符合设备技术文件的规定。当无规定时,应符合相关规定。

2)驱动机轴与泵轴以带连接时,两轴的平行度、两轮的偏移应符合有关规定。

3)汽轮机驱动的泵和输送高温、低温液体的泵(锅炉给水泵、热油泵、低温泵等)在常温状态下找正时,应按设计规定预留其温度变化的补偿值。

(4)高转速泵或大型解体泵安装时,应测量转子叶轮、轴套、叶轮密封环、平衡盘、轴颈等主要部位的径向和端面跳动值,其允许偏差应符合设备、技术文件的规定。

(5)转子部件与壳体部件之间的径向总间隙应符合设备技术文件的规定。

(6)叶轮在蜗室内的前轴向、后轴向间隙、节段式多级泵的轴向尺寸均应符合设备技术文件的规定,多级泵各级平面间原有垫片的厚度不得变更。高温泵平衡盘(鼓)和平衡套之间的轴向间隙,单壳体节段式泵为 0.04~0.08 mm,双壳体泵为 0.35~1 mm。推力轴承和止推盘之间的轴向总间隙,单壳体节段式泵为 0.5~1 mm,双壳体泵为 0.5~0.7 mm。

(7)叶轮出口的中心线应与泵壳流道中心线对准,多级泵在平衡盘与平衡板靠紧的情况下,叶轮出口的宽度应在导叶进口宽度范围内。

(8)滑动轴承轴瓦背面与轴瓦座应紧密贴合,其过盈值应在 0.02~0.04 mm 的范围内,轴瓦与轴颈的顶间隙和侧间隙均应符合设备技术文件的规定。

(9)滚动轴承与轴和轴承座的配合公差、滚动轴承与端盖间的轴向间隙以及介质温度引起的轴向膨胀间隙、向心推力轴承的径向间隙及其预紧力,均应按设备技术文件的要求进行检查和调整。

(10)组装填料密封径向总间隙应符合设备技术文件的规定。当无规定时,应符合表 6-12 的要求,填料压紧后,填料环进液口与液封管应对准或使填料环稍向外侧。

表 6-12　　　　　　　　　　　组装填料密封的要求

序　　号	组装件名称	径向总间隙/mm
1	填料环与轴套	1.00～1.50
2	填料环与填料箱	0.15～0.20
3	填料压盖与轴套	0.75～1.00
4	填料压盖与填料箱	0.10～0.30
5	有底环时底环与轴套	0.70～1.00

(11)机械密封、浮动环密封、迷宫密封及其他形式的轴密封件的各部间隙和接触要求均应符合设备技术文件的规定。

(12)轴密封件组装后,盘动转子应转动灵活,转子的轴向窜动量应符合设备技术文件的规定。

(13)双层壳体泵的内壳。外壳组装时,应按设备技术文件的规定保持对中,双头螺栓拧紧的拉伸量和螺母旋转角度应符合设计规定。

(14)泵试运转前的检查应符合下列要求。

1)驱动机的转向与泵的转向相符。

2)检查管道泵和共轴泵的转向。

3)检查屏蔽泵的转向。

4)各固定连接部位无松动。

5)各润滑部位加注润滑剂的规格和数量符合设备技术文件的规定,有预润滑要求的部位按规定进行预润滑。

6)各指示仪表、安全保护装置及电控装置均灵敏、准确、可靠。

7)盘车灵活,无异常现象。

(15)泵启动时,应符合下列要求。

1)离心泵应打开吸入管路阀门,关闭排出管路阀门,高温泵和低温泵应按设备技术文件的规定执行。

2)泵的平衡盘冷却水管路应畅通,吸入管路应充满输送液体,并排尽空气,不得在无液体情况下启动。

3)泵启动后应快速通过喘振区。

4)转速正常后应打开出口管路的阀门,出口管路阀门的开启不宜超过 3 min,并将泵调节到设计工况,不得在性能曲线驼峰处运转。

(16)泵试运转时,应符合下列要求。

1)各固定连接部位不应有松动。

2)转子及各运动部件运转应正常,不得有异常声响和摩擦现象。

3)附属系统的运转应正常,管道连接应牢固,无渗漏。

4)滑动轴承的温度应不大于 70 ℃,滚动轴承的温度应不大于 80 ℃,特殊轴承的温度应符合设备技术文件的规定。

5)各润滑点的润滑油温度、密封液和冷却水的温度均应符合设备技术文件的规定,润滑油不得有渗漏和雾状喷油现象。

6)泵的安全保护和电控装置及各部分仪表均应灵敏、正确、可靠。

7)机械密封的泄漏量应不大于 5 mL/h,填料密封的泄漏量不应大于表 6-13 的规定,且温升应正常。杂质泵及输送有毒、有害、易燃、易爆等介质的泵,密封的泄漏量不应大于设计的规定值。

表 6-13　　　　　　　　　　　填料密封的泄漏量

设计流量/(m³/h)	≤50	50~100	100~300	300~1 000	>1 000
泄漏量/(mL/min)	15	20	30	40	60

8)工作介质比重小于 1 的离心泵,用水进行试运转时,应控制电动机的电流不得超过额定值,且水流量不应小于额定值的 20%。用有毒、有害、易燃、易爆、颗粒等介质进行运转的泵,其试运转应符合设备技术文件的规定。

9)低温泵不得在节流情况下运转。

10)需要测量轴承体处振动值的泵,应在运转无汽蚀的条件下测量,测量振动速度有效值的方法可按有关规定执行。

11)泵在额定工况点连续试运转时间不应小于 2 h,高速泵及特殊要求的泵试运转时间应符合设备技术文件的规定。

(17)泵停止试运转后,应符合下列要求。

1)离心泵应关闭泵的入口阀门,待泵冷却后应再依次关闭附属系统的阀门。

2)高温泵停车应按设备技术文件的规定执行,停车后应每隔 20～30 min 盘车半圈,直到泵体温度降至 50 ℃为止。

3)低温泵停车时,当无特殊要求时,泵内应经常充满液体。吸入阀和排出阀应保持常开状态,采用双端面机械密封的低温泵,液位控制器和泵密封腔内的密封液应保持泵的灌泵压力。

4)输送易结晶、凝固、沉淀等介质的泵,停泵后,应防止堵塞,并及时用清水或其他介质冲洗泵和管道。

5)放净泵内积存的液体,防止锈蚀和冻裂。

三、燃气储气罐安装

1. 基础检查验收

(1)球罐安装前应对基础各部位尺寸进行检查和验收(图 6-29),其允许偏差应符合表 6-14 的规定。

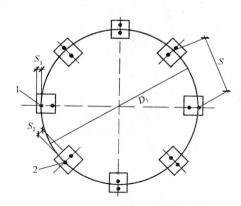

图 6-29 基础各部位尺寸检查

1—地脚螺栓;2—地脚螺栓预留孔

表 6-14　　　　　　　　　　　基础各部位尺寸允许偏差

序　号	项　　目		允许偏差
1	基础中心圆直径(D_1)	球罐容积<1 000 m³	±5 mm
		球罐容积≥1 000 m³	±D_1/2 000 mm
2	基础方位		1°
3	相邻支柱基础中心距(S)		±2 mm
4	支柱基础上的地脚螺栓中心与基础中心圆的间距(S_1)		±2 mm
5	支柱基础地脚螺栓预留孔中心与基础中心圆的间距(S_2)		±3 mm
6	基础标高	采用地脚螺栓固定的基础	各支柱基础上表面的标高	−D_1/1 000 mm,且不低于−15 mm
			相邻支柱的基础标高差	4 mm
		采用预埋地脚板固定的基础	各支柱基础地脚板上表面标高	−3 mm
			相邻支柱基础地脚板标高差	2 mm
7	单个支柱基础上表面的水平度	采用地脚螺栓固定的基础	5 mm
		采用预埋地脚板固定的基础地脚板	2 mm

注:D_1 为球罐设计内径。

(2)基础混凝土的强度不低于设计要求的 75% 方可进行安装。

(3)地脚螺栓埋设位置的伸出长度、规格、尺寸应符合《建筑地基基础工程施工质量验收规范》(GB 50202—2002)的有关规定。

2. 球形罐的规格

球形罐的基本参数见表 6-15。

表 6-15　　　　　　　　　　　球形罐的基本参数

序号	公称容积/m³	几何容积/m³	外径/mm	工作压力/MPa	材　料	单重/t
1	1 000	974	12 396	2.2	16MnR	195
2	1 500	1 499	14 296	1.85	16MnR	255
3	2 000	2 026	15 796	1.65	16MnR	310
				2	15MnVNR	330

续表

序号	公称容积/m³	几何容积/m³	外径/mm	工作压力/MPa	材 料	单重/t
4	3 000	3 054	18 096	1.5	16MnR	405
			18 100	1.7	15MnVNR	435
5	4 000	4 003	19 776	1.35	15MnVNR	390
6	5 000	4 989	21 276	1.29	15MnVNR	475
7	6 000	6 044	22 676	1.2	15MnVNR	540
8	8 000	7 989	24 876	1.08	15MnVNR	635
9	10 000	10 079	26 876	1.01	15MnVNR	765

　　球罐在相同的储气容积下,球形罐的表面积小,与圆柱形罐比较节省钢材 30% 左右。但球罐的制作及安装都比圆柱形罐复杂,一般采用较大容积的球形罐时,经济上是适宜的。

3. 球罐的安装

　　(1)球罐的构造。球形罐由球罐主体、接管、人孔、支柱、梯子及走廊平台等组成,如图 6-30 所示。

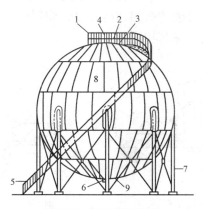

图 6-30　高压球形储气柜

1—人孔;2—液体或气体进口;3—压力计;4—安全阀;5—梯子

6—液体或气体出口;7—支柱;8—球体;9—排冷凝水出口

1)球罐主体。球形罐通常是由分瓣制的壳板拼焊组装而成。罐的瓣片分布颇似地球仪,球壳由数个环带组对而成。国产球壳板供应情况将球罐分为三带和五带,各环带按地球纬度的气温分布情况取名,五带取名为上极带(北极带)、上温带(北温带)、赤道带、下温带(南温带)、下极带(南极带),每一环带由一定数量的球壳板组对而成。组对时球壳板的分布以"T"形为主,也可以呈"Y"形或"+"形。

2)接管与人孔。根据工艺要求在球壳板上开孔焊接管道的方式,称为接管。如进出气管、底部冷凝水管、排水管、排污管、回流管、放散管、各种压力表和阀件的接管等。球形罐的接管开孔都设在上下极板上。

接管开孔处是应力集中的部位,壳体上开孔后,在壳体与接管连接处周围应进行补强。对于钢板厚度≤25mm 的开孔,当材质为低碳钢时,由于其缺口韧性及抗裂缝性良好,可采用补强板形式,如图 6-31所示;当钢板厚度>25 mm 或采用高强度钢板时,为避免钢板厚度急剧变化所带来的应力分布不均匀,以及使焊接部位易于检查,多采用厚壁管插入形式,如图 6-32 所示。亦可采用锻性形式,如图 6-33 所示。补强板的优点是制作简单,造价低;但缺点是结构形式覆盖焊缝,其焊接部件无法检查,内部缺陷很难发现,开孔补强施工应避开球壳焊缝。球壳开孔需补强的面积、补强形式,应严格按设计图纸施工,补强件的材质一般应与球壳相同。

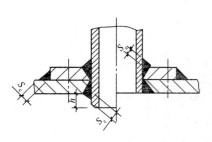 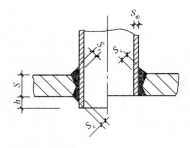

图 6-31　补强板形式　　　　　　　图 6-32　厚壁管插入形式

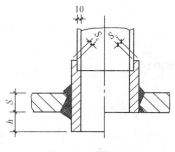

图 6-33　锻性形式

　　球罐如需要检修,通常在上下极的中心线上设置两个人孔,人孔直径一般不小于 500 mm,人孔补强可采用整体锻件补强。

　　3)支撑。球形罐的支撑柱,为把水平方向的外力传给基础,采用赤道正切方式、拉杆支撑等方式支撑。设计支撑时应考虑到罐体的自重、风荷载、地震力及试压时充水的重量,并应有足够的安全系数。

　　球罐的总重量是由等距离布置的多根支柱支撑,支柱正切于赤道圈,故赤道圈上的支撑力与球壳体相切,受力情况良好。支柱间设有拉杆,拉杆的作用主要是为了承受地震力及风力等所产生的水平荷载。

　　赤道正切柱式支撑能较好地承受热膨胀和各类荷载产生的变形,便于组装和检修。缺点是稳定性不够理想。赤道正切柱式支撑是国内外广泛采用的支撑形式。

　　赤道正切支柱构造如图 6-34 所示,一般由上下两段钢管组成,现场焊接组装。上段带有一块赤道带球壳板,上端管口用支柱帽焊接封堵。下段带有底板,底板上开有地脚螺栓孔。用地脚螺栓与支柱基础连接。支柱焊接在赤道带上,焊缝承受全部荷载,因此,焊缝必须有足够的长度和强度。当球罐直径较大,应在赤道带设

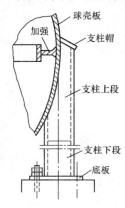

图 6-34　赤道正切支柱构造

置加强圈。

4)梯子及走廊平台。球罐内外应设梯子和平台,以备维修、检查生产时使用。常见的外梯有直梯、斜梯、圆形梯、螺旋梯和盘旋梯等。小型球罐一般可设置直梯,由地面到达球罐赤道圈,然后改圆形梯到达球罐顶面平台。对于大型球罐,由地面到赤道圈一般设置斜梯,赤道圈以上则用盘旋梯到达顶面平台。

常见内梯多为沿内壁的旋转梯。这种旋转梯是由球顶人孔至赤道圈,以及赤道圈至球底的圆弧形梯子。球罐内外梯子如图 6-35所示。

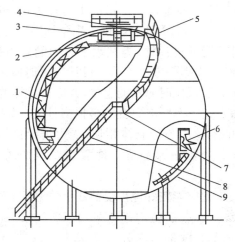

图 6-35　内旋梯与外旋梯

1—上部旋梯;2—上部平台;3—直爬梯
4—顶部平台;5—外旋梯;6—中间轨道平台
7—外梯中间平台;8—外斜梯;9—下旋梯

在球罐赤道圈处,一般设置一个中间休息平台,在罐顶设置圆形检修平台。梯子与平台和球罐的连接一般为螺接可拆卸式,以便球罐检修时搭设脚手架。

5)其他附件。常见球罐上的附件有液位计、温度计、安全阀、消防喷射装置、压力表以及静电接地、放射管及安全放散管、避雷装置等。

应根据燃气介质、储存压力及输送工艺的要求制造,严格按图纸要求施工。

(2)球壳板的预制。

1)施工准备。

①技术准备。

a. 施工前设计图纸和其他技术文件必须齐备,分瓣图已会审,施工方案已批准,技术交底已完成。

b. 预制用的胎具、工装夹具已齐备完好。

c. 劳动工种齐全,预制设备可保证连续施工。

d. 检验工器具、仪器仪表齐全并符合检查精度要求。

②材料准备。

a. 预制钢板必须具备产品质量合格证和质量复验合格报告。

b. 钢板外观应进行检查,表面不得有气孔、裂纹、夹渣、折痕、夹层,边缘不得有重皮、表面腐蚀深度不得超过板材厚度的负偏差,且不大于 0.5mm。

2)球壳板的下料。

①球壳板的外形尺寸要求。

a. 球壳板曲率检查(图 6-36)所用的样板及球壳板与样板允许间隙应符合表 6-16 的规定。

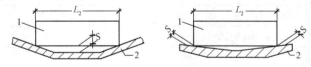

图 6-36 球壳板曲率检查(单位:mm)
1—样板;2—球壳板

表 6-16　　　　　　　　　样板及球壳板与样板允许间隙

球壳板弦长 L_1/m	样板弦长 L_2/m	允许间隙 S/mm
≥2	2	3
<2	与球壳板弦长相同	3

b. 球壳板几何尺寸(图 6-37)允许偏差应符合表 6-17 的规定。

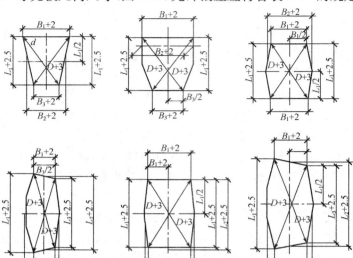

图 6-37　球壳板几何尺寸检查(单位:mm)

表 6-17　　　　　　　　　　球壳板几何尺寸允许偏差

项　　　目	允许偏差/mm
长度方向弦长 L_1、L_2、L_3	±2.5
任意宽度方向弦长 B_1、B_2、B_3	±2
对角线弦长 D	±2
两条对角线间的距离	5

注:对刚性差的球壳板,可检查弧长,其允许偏差应符合表中前 2 项的规定。

②球壳板焊接坡口应符合下列要求。

a. 气割坡口表面质量应符合下列要求。

(a)平面度应小于或等于球壳板名义厚度(δ_n)的 0.04 倍,且不得大于 1 mm。

(b)表面应平滑,表面粗糙度 $Ra \leqslant 25\ \mu m$。

(c)缺陷间的极限间距 $Q \geqslant 0.5$ m。

(d)熔渣与氧化皮应清除干净,坡口表面不应有裂纹和分层等缺陷。用标准抗拉强度大于 540 MPa 的钢材制造的球壳板,坡口表面应经磁粉或渗透检测抽查,不应有裂纹、分层和夹渣等缺陷。抽查数量为球壳板数量的 20%,若发现有不允许的缺陷,应加倍抽查;若仍有不允许的缺陷,应逐件检测。

b. 坡口几何尺寸允许偏差应符合下列要求(图 6-38)。

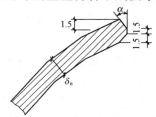

图 6-38 球壳板坡口几何尺寸检查(单位:mm)

(a)坡口角度(α)的允许偏差为$\pm2°30'$。

(b)坡口钝边(P)及坡口深度(h)的允许偏差为±1.5 mm。

③球壳板周边 100 mm 范围内应进行全面积超声检测抽查,抽查数量不得少于球壳板总数的 20%,且每带应不少于 2 块,上、下极应不少于 1 块。对球壳板有超声检测要求的还应进行超声检测抽查,抽查数量与周边抽查数量相同。检测方法和结果应符合现行国家标准《承压设备无损检测》(JB/T 4730.1~4730.6—2005)的规定,合格等级应符合设计图样的要求。若有不允许的缺陷,应加倍抽查,若仍有不允许的缺陷,应逐件检测。

④当相邻板的厚度差大于或等于 3 mm 或大于其中的薄板厚度的 1/4 时,厚板边缘应削成斜边(图 6-39),削边后的端部厚度应等于薄板厚度。

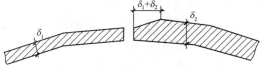

图 6-39 不同厚度的球壳板焊接时对厚板削薄的要求

3)制造单位应提供每台球罐不少于 6 块的产品焊接试板和焊接工艺评定所需要的试板,基本尺寸应为 180 mm×650 mm。试板的材料应合格,且应与球壳板具有相同钢号和相同厚度,产品焊接试板的坡口形式应与球壳板相同。

(3)球罐的组装。球罐常用组装方法有三种:即半球法(适应公称容积 $V_g \geqslant 400$ m^3)、环带组装法(适应公称容积 400 m$^3 \leqslant V_g < 1\ 000$ m^3)和拼板散装法(适应公称容积 $V_g \geqslant 1\ 000$ m^3)。这里重点介绍拼板散装法。

球罐组装前,应对每块球壳板和焊缝进行编号。球壳板的编号宜沿球罐 0°→90°→180°→270°→0°进行编排,编号为 1 的球壳板应放在 0°上或与紧靠 0°向 90°方向偏转的位置上。当上、下极采用足球瓣式球壳板时,应画出上、下极的排版图,标出球壳板编号和焊缝编号。

拼板散装法是指在球罐基础上,将球壳板逐块地组装起来。也可以在地面将各环带上相邻的两块、三块或四块拼对组装成大块球壳板,然后将大块球壳板逐块组装成球。采用以赤道带为基础的拼板散装法,其组装程序为:球壳板地面拼对→支柱组对安装→搭设内脚手架→赤道带组装→搭设外脚手架→下温带板组装→上温带板组装→下寒带板组装→上寒带板组装→下极板组装→上极板组装→组装质量检查→搭设防护棚→各环带焊接→内旋梯安装→外旋梯安装→附件安装。

1)球壳板地面拼对。在地面拼对组装时,注意对口错边及角变形。在点焊前应反复检查,严格控制几何尺寸变化。所有与球壳板焊接的定位块,焊接应按焊接工艺完成。用完拆除时禁止用锤强力击落,以免拉裂母材。

①支柱与赤道板地面拼对,首先在支柱、赤道板上画出纵向中心线(板上还须画出赤道线)。把赤道板放在规定平台的垫板上,支柱上部弧线与赤道板贴合,应使其自然吻合,否则应进行修整。赤道板与支柱相切线应满足(符合)基础中心直径,同时,用等腰三角形原理调整支柱与赤道带板赤道线的垂直度,再用水准仪找平。拼对尺寸符合要求后再点焊,如图 6-40 所示。

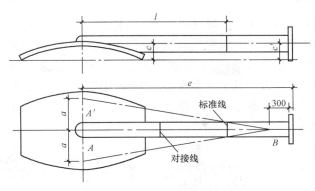

图 6-40　支柱对接找正

②上下温带板、寒带板及极板地面拼对，按制造厂的编号顺序把相邻的 2～3 块球壳板拼成一大块，拼对须在胎具上进行，在球壳板上按 800 mm 左右的间距焊接定位块，用卡码连接两块球壳板并调整间隙。错边及角变形应符合以下要求。

间隙：(3±2) mm。

错边：≤3 mm(用 1 m 样板测量)。

角变形：≤7 mm，每条焊缝上、中、下各测一点(用 1 m 样板测量)，并记录最大偏差处。

③球罐组装时，下列相邻焊缝的边缘距离不应小于球壳板厚度的 3 倍，且应不小于 10 mm。

a. 相邻两带的纵焊缝。

b. 支柱与球壳的角焊缝至球壳板的对接焊缝。

c. 球罐人孔、接管、补强圈和连接板等与球壳的连接焊缝至球壳板的对接焊缝及其相互之间的焊缝。

2)吊装组对。

①支柱赤道带吊装组对，支柱对焊后，对焊缝进行着色检查，测量从赤道线到支柱底的长度，并在距支柱底板一定距离处画出标准线，作为组装赤道带时找水平，以及水压试验前后观测基础沉降的标准线。基础复测合格后，摆上垫铁，找平后放上滑板，在滑板上画出支柱安装中心线。

　　按支柱编号顺序,把焊好的赤道板、支柱吊装就位,找正支柱垂直度后,固定预先捆好的四根揽风绳,使其稳定,然后调整预先垫好的平垫铁,使其垂直后,用斜楔卡子使之固定。两根支柱之间插装一块赤道板,用卡具连接相邻的两块板,并调整间隙错边及角变形使其符合要求,在吊下一根支柱直至一圈吊完,安装柱间拉杆。支柱吊装如图6-41(a)所示。

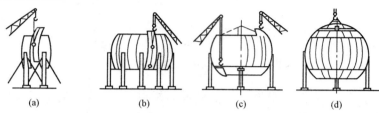

图6-41　以赤道带为基准的逐块组装过程示意图

(a)相邻两支柱间安装赤道板;(b)赤道带合围;(c)上下温带组装;(d)上下极板组装

　　赤道带是球罐的基准带,其组装精确度直接影响其他各环带甚至整个球罐的安装质量,所以吊装完的赤道带应校正调圆间隙,错边角变形等应符合以下要求:间隙(3±2)mm;错边<3 mm;角变形≤7 mm;支柱垂直度允差≤12 mm;椭圆度不得大于80 mm。

　　检查以上尺寸合格后方可允许点焊,赤道带合围吊装如图6-41(b)所示。

　　②上下温带吊装相对,拼接好的上下温带,在吊装前应将挂架、跳板、卡具带上并捆扎牢固,吊装按以下工艺进行。

　　先吊装下温带板,吊点布置为大头两个吊点,小头两相近的吊点成等腰三角形,用钢丝绳和倒链连接吊点,并调整就位角度。就位后用预先带在块板上的卡码连接下温带板与赤道带板的环缝,使其稳固,并用弧度与球罐内弧度相同的龙门板做连接支撑(大头龙门板9块,小头龙门板3块),再用木楔圆销调整焊缝使其符合要求。

　　用同样的方法吊装第二块温带板,就位后紧固第一块温带板的竖缝与赤道带板的环缝的连接卡具,并调整各部位的尺寸间隙后,带上五块连接龙门板。依次把该环吊装组对完,再按上述工艺吊装上温带。

　　上下温带组装点焊后,对组装的球罐进行一次总体检查,其错边、间隙、角变形、椭圆度等均应符合要求后,方可进行主体焊接。上下温带组装如图 6-41(c)所示。

　　上下极板吊装组对与上下温带组对工艺基本相同。

　　③上下极板吊装组对,赤道带、温带等所有对接焊缝焊完并经外观和无损检测合格后,吊装组对极板。先吊装放置于基础内的下极板,后吊装上极板。吊装前检测温带径口及极板径口尺寸。尺寸相符再组对焊接。极板就位后应检查接管方位符合图纸要求并调整环口间隙,错边及角变形均符合要求,方可进行点焊。上下极板吊装如图6-41(d)所示。

4. 附件制作安装

　　(1)梯子安装。

　　1)梯子的特点。连接中间平台和顶部平台的盘梯,多用近似球面螺旋线型,或称之为球面盘梯。盘梯由内外侧扶手和栏杆(或侧板)、踏步板及支架组成。球面盘梯具有如下特点。

　　①盘梯上端连接顶部平台,下端连接赤道线处的中间平台(或称休息平台),中间不需增加平台,行走安全舒适。

　　②盘梯内侧栏杆的下边线与球罐外壁距离始终保持不变。梯子旋转曲率与球面一致,外栏杆下边线与球面的距离自中间平台开始逐渐变小,在盘梯与顶部平台连接处,内外栏杆下边线与球面等距离。

　　③踏步板保持水平,并指向盘梯的旋转中心轴,盘梯一般采用右旋式。

　　④盘梯与顶部平台正交,且栏杆下边线与顶部平台齐平。

　　2)盘梯的组对与安装。盘梯内外侧栏杆放出实样后,应在下边线上画出踏步板的位置线,然后将踏步板对号安装,逐块点焊牢固。

　　盘梯安装一般采用两种方法。一种方法是先把支架焊在球罐上再整体吊装盘梯,这种方法要求支架在球罐上的安装位置必须准确;另一种方法是把支架焊在盘梯上,连同支架一起将盘梯吊起,在球罐上找正就位。盘梯吊装时,应注意防止变形。

（2）人孔及接管等受压元件的安装。

1）开孔位置允许偏差为 5 mm。

2）开孔直径与组装件直径之差宜为 2～5 mm。

3）接管外伸长度及位置允许偏差为 5 mm。

4）除设计规定外，接管法兰面应与接管中心轴线垂直，且应使法兰面水平或垂直，其偏差不得超过法兰外径的 1%（法兰外径小于 100 mm 时按 100 mm 计），且应不大于 3 mm。

5）以开孔中心为圆，开孔直径为半径的范围外，采用弦长不小于 1 m 的样板检查球壳板的曲率，其间隙不得大于 3 mm。

6）补强圈应与球壳板紧密贴合。

（3）球罐上的连接板应与球壳紧密贴合，并在热处理之前与球壳焊接。当连接板与球壳的角焊缝是连续焊缝时，应在不易流进雨水的部位留出 10 mm 的通气孔隙。连接板安装位置的允许偏差为 10 mm。

（4）影响球罐焊后整体热处理及充水沉降的零部件，应在热处理及沉降试验完成后再与球罐固定。

（5）焊接施工。

1）焊接前应检查坡口，并应在坡口表面和两侧至少 20 mm 范围内清除铁锈、水分、油污和灰尘。

2）预热和后热应符合下列规定。

①预热温度应按焊接工艺规程执行，常用钢材可按表 6-18 选用。

②要求焊前预热的焊缝，施焊时层间温度不得低于预热温度的下限值。

表 6-18　　　　　　　　常用钢材的预热温度　　　　　　　　（℃）

板厚/mm ＼ 钢种	20R	16MnR	15MnVR	15MnVNR	07MnCrMoVR
20	—	—	—	75～125	
25	—	—	75～125	100～150	
32	—	75～125	100～150	125～175	75～100
38	75～125	100～150	125～175	175～200	
50	100～150	125～175	150～200	150～200	

③符合下列条件之一的焊缝,焊后应立即进行后热处理。

a. 厚度大于 32 mm,且材料标准抗拉强度大于 540 MPa。

b. 厚度大于 38 mm 的低合金钢。

c. 嵌入式接管与球壳的对接焊缝。

d. 焊接工艺规程确定需要后热处理者。

④后热处理,应按焊接工艺规程执行或按下列要求进行。

a. 后热温度应为 200～250 ℃。

b. 后热时间应为 0.5～1 h。

⑤预热和后热温度应均匀,在焊缝中心两侧,预热区和后热区的宽度应各为板厚的 3 倍,且应不小于 100 mm。

⑥预热和后热及层间温度测量,应在距焊缝中心 50 mm 处对称测量,每条焊缝测量点数应不少于 3 对。

⑦对不需要预热的焊缝,当焊件温度低于 0 ℃时,应在始焊处 100 mm 范围内预热至 15 ℃后进行施焊。

⑧接管、人孔等拘束度高的部位及环境气温低于 5 ℃时,应扩大预热范围。

⑨预热和后热可根据施工地区能源供应情况,选用电加热法或火焰加热法。预热和后热宜在焊缝焊接侧的背面进行。

3)定位焊及工卡具的焊接应符合下列要求。

①应按焊接工艺规程施焊。

②需要预热时,应以焊接处为中心,至少在 150 mm 范围内进行预热。

③定位焊宜在初焊层的背面。定位焊的质量要求应与正式焊缝相同,当出现裂纹时必须清除。

④定位焊长度应大于 50 mm,间距宜为 250～300 mm,定位焊的引弧和熄弧都应在坡口内。

⑤工卡具等临时焊缝焊接时,引弧和熄弧点均应在工卡具或焊缝上,严禁在非焊接位置引弧和熄弧。

4)焊接线能量的确定和控制应符合下列要求。

①焊接线能量应根据球壳板的材质、厚度、焊接位置和预热温度

等,由焊接工艺规程确定。对于标准抗拉强度大于 540 MPa 的钢材及厚度大于 38 mm 的碳素钢和厚度大于 25 mm 的低合金钢的焊接线能量,必须进行测定和严格控制。

②焊接线能量的控制应按下式计算进行。

$$Q = \frac{60IU}{V} \qquad\qquad (6\text{-}4)$$

式中　Q——焊接线能量(J/ cm);

　　　I——焊接电流(A);

　　　U——电弧电压(V);

　　　V——焊接速度(cm/min)。

③手工电弧焊时,可由允许线能量范围预先确定的每根焊条的焊道长度范围进行线能量的控制。

④药芯焊丝自动焊和埋弧焊时,可依据焊接工艺规程选用合适的焊接速度进行线能量控制。

5)手工电弧焊时,球罐焊接顺序和焊工布置应符合下列要求。

①球罐采用分带组装时,宜在平台上焊接各带的纵缝,然后组装成整体,再进行各带间环缝的焊接。

②球罐采用分片组装时,应按先纵缝后环缝的原则安排焊接顺序。

③焊工布置应均匀,并同步焊接。

6)手工电弧焊双面对接焊缝,单侧焊接后应进行背面清根。当采用碳弧气刨清根时,清根后应采用砂轮修整刨槽和磨除渗碳层,并应采用目视、磁粉或渗透检测方法进行检测。标准抗拉强度大于 540 MPa 的钢材清根后必须采用磁粉或渗透检测方法进行检测。焊缝清根时应清除定位焊的焊缝金属,清根后的坡口形状应一致。

7)药芯焊丝自动焊和半自动焊时,球罐焊接顺序应符合下列要求。

①球罐组装完毕后,应按先纵缝后环缝的原则安排焊接顺序。

②纵缝焊接时,焊机布置应对称均匀,并同步焊接。

③环缝焊接时,焊机布置应对称,并沿同一旋转方向焊接。

8)焊接时起弧端应采用后退起弧法,收弧端应将弧坑填满,多层焊的层间接头应错开。

9)每条焊缝中断焊接时,应根据工艺要求采取防止产生裂纹的措施。继续焊接前应检查确认无裂纹后,方可继续施焊。

10)在距球罐焊缝 50 mm 处的指定部位,应打上焊工代号钢印,并做出记录。对不允许打钢印的球罐应采用排版图记录。

参 考 文 献

[1] 高毅存. 城市规划与城市化[M]. 北京:机械工业出版社,2004.

[2] 王宁. 小城镇规划与设计[M]. 北京:科学出版社,2001.

[3] 孙士权. 村镇供水工程.[M]. 郑州:黄河水利出版社,2008.

[4] 张启海,原玉英. 城市与村镇给水工程[M]. 北京:中国水利水电出版社,2005.

[5] 吴继伟. 建筑施工技术[M]. 杭州:浙江大学出版社,2010.

[6] 蒋春平,张蓓. 建筑施工技术[M]. 北京:中国建材工业出版社,2012.

[7] 《城镇道路施工员一本通》编委会. 城镇道路施工员一本通[M]. 北京:中国建材工业出版社,2010.

[8] 《电气施工员一本通》编委会. 电气施工员一本通[M]. 北京:中国建材工业出版社,2010.